Marcus Einbock

Die fahrleistungsabhängige LKW-Maut

WIRTSCHAFTSWISSENSCHAFT

Marcus Einbock

Die fahrleistungs-abhängige LKW-Maut

Konsequenzen für Unternehmen am Beispiel Österreichs

Mit einem Geleitwort von Prof. Dr. Sebastian Kummer

Deutscher Universitäts-Verlag

Bibliografische Information Der Deutschen Nationalbibliothek
Die Deutsche Nationalbibliothek verzeichnet diese Publikation in der Deutschen Nationalbibliografie; detaillierte bibliografische Daten sind im Internet über <http://dnb.d-nb.de> abrufbar.

Dissertation Techn. Universität Dresden, 2005 u. d. T.: Einbock, Marcus: Auswirkungen der Einführung der fahrleistungsabhängigen Maut in Österreich auf Unternehmen

1. Auflage April 2007

Lektorat: Brigitte Siegel / Anita Wilke

Der Deutsche Universitäts-Verlag ist ein Unternehmen von Springer Science+Business Media.
www.duv.de

Umschlaggestaltung: Regine Zimmer, Dipl.-Designerin, Frankfurt/Main
Gedruckt auf säurefreiem und chlorfrei gebleichtem Papier
Printed in Germany

ISBN 978-3-8350-0740-6

Geleitwort

Leere Staatskassen und die - für Ökonomen ohnehin evidente - Erkenntnis, dass der Preis ein sehr guter Steuerungsparameter ist, haben dazu geführt, dass die Bemautung der (hochrangigen) Straßeninfrastruktur in Europa mehr und mehr zunimmt. In den letzten Jahren haben die Schweiz, Österreich oder Deutschland fahrleistungsabhängige Bemautungssysteme für den Straßengüterverkehr eingeführt. Andere Staaten, wie zum Beispiel Holland, Großbritannien, Slowakei oder Tschechien werden in absehbarer Zeit folgen.

Schon seit langer Zeit beschäftigen sich Wissenschaftler mit der Beschreibung und Bewertung unterschiedlicher Ansätze der Bepreisung der Verkehrsinfrastruktur. Insbesondere über Road Pricing als Steuerungsinstrument für die Nachfrage nach Fahrleistungen auf der Straßeninfrastruktur sind eine große Anzahl wissenschaftlicher Publikationen veröffentlicht worden. Auch existiert ein großer Fundus an Schriften, die sich mit Transportkosten und deren Folgen auf die unterschiedlichsten Betrachtungsobjekte auseinandersetzen.

In der wissenschaftlichen Literatur findet eine Auseinandersetzung mit den Auswirkungen der fahrleistungsabhängigen Maut auf Unternehmen bisher nur sehr eingeschränkt statt. Wissenschaftliche Untersuchungen über die Auswirkungen der fahrleistungsabhängigen Maut auf Unternehmen fehlen bisher weitestgehend. Obwohl die betriebswirtschaftlichen Konsequenzen der fahrleistungsabhängigen Maut für die Unternehmen enorm sind, besteht hier bisher eine Forschungslücke.

Die Unternehmen sind durch die Einführung der fahrleistungsabhängigen Maut teilweise mit deutlichen Kostensteigerungen konfrontiert, die zu Logistikstrategieveränderungen führen können. Die vorliegende Dissertation untersucht systematisch die Konsequenzen auf Unternehmen. Auf Basis der Theorie der Unternehmensführung nach Jürgen Weber werden die Veränderungen im Informationssystem, im Kontroll- sowie Planungssystem strukturiert dargestellt. Die Arten der Auswirkungen der fahrleistungsabhängigen Maut auf Unternehmen werden identifiziert, eine Kategorisierung wird vorgenommen und partiell wird das Ausmaß der Auswirkungen quantifiziert. Ergänzend werden die Ergebnisse einer empirischen Untersuchung zu den Auswirkungen auf österreichische Unternehmen bei den einzelnen Führungsteilsystemen anschaulich diskutiert.

Die Arbeit ist somit das erste umfangreiche Werk, welches sich mit den Auswirkungen auseinandersetzt und damit eine Forschungslücke schließt. Nicht nur aus diesem Grund verdient die Dissertation Anerkennung.

Prof. Dr. Sebastian Kummer

Vorwort

Die vorliegende Arbeit entstand während meiner Arbeit als Assistent am Institut für Transportwirtschaft und Logistik der Wirtschaftsuniversität Wien.

Die Untersuchung beschäftigt sich mit den Auswirkungen der fahrleistungsabhängigen Maut auf Unternehmen in Österreich. Die fahrleistungsabhängige Maut wurde pünktlich ohne größere technische Probleme zum 01. Januar 2004 auf dem hochrangigen Straßennetz Österreichs eingeführt. Die teils starken Kostensteigerungen veranlassten viele Unternehmen, über die Auswirkungen der Maut auf ihr Unternehmen nachzudenken und Konzepte zu suchen, die den Zuwachs der Gesamtkosten im logistischen System minimieren. Das Institut für Transportwirtschaft und Logistik erstellte in diesem Zusammenhang mehrere Studien, welche die Konsequenzen der fahrleistungsabhängigen Maut auf einzel- und gesamtwirtschaftlicher Ebene beleuchtete. Einige dieser Untersuchungen fungierten als ein Input für die Erstellung dieser Arbeit.

Der Abschluss der Erstellung einer Dissertation ist gewöhnlich mit einer Vielzahl von Danksagungen verbunden. Zunächst möchte ich mich bei meinem akademischen Vater, Herrn Prof. Dr. Sebastian Kummer, für die jahrelange fruchtbare Zusammenarbeit an der Technischen Universität Dresden wie auch an der Wirtschaftsuniversität Wien bedanken. Er ist für mich ein Mensch, dem ich viele interessante fachliche Anregungen verdanke. Durch seinen unermüdlichen Einsatz für das Institut, seinen Ehrgeiz sowie seine konsequente Kundenorientierung wirkt er als Vorbild auf mich.
Weiterhin möchte ich mich bei meinen Kollegen in Dresden und Wien für die gute Zusammenarbeit bedanken. Besonders erwähnen möchte ich die Dresdner Kollegen Herrn Dipl.-Volkswirt Roberto Fuster, Herrn Dr. Sönke Reise sowie Herrn Dipl.-Volksw. Hans-Joachim Schramm. In Wien bin ich Herrn Mag. Philipp Nagl zu besonderem Dank verpflichtet. Durch wertvolle Gedankenanregungen trugen sie zum Gelingen des Dissertationsprojektes bei. Auch den Sekretärinnen Frau Claudia Gottwald, Frau Angelika Koller sowie Frau Isabell Kvitek gilt mein herzlicher Dank. Sie haben mich während der Erstellung der Doktorarbeit von der gewöhnlichen Institutsarbeit entlastet.

Weiterhin möchte ich mich bei den Teilnehmern der gemeinsamen Doktorandenseminare mit dem Lehrstuhl Prof. Dr. Wolfgang Stölzle, Universität Duisburg-Essen, für viele interessante Gedankenanregungen bedanken.

Meinen Eltern, Herrn Ministerialdirigent Albrecht Einbock sowie Frau Barbara Einbock, verdanke ich sehr viel. Sie haben mich immer unterstützt und gefördert. Ihnen möchte ich daher diese Arbeit widmen.

Marcus Einbock

Inhaltsverzeichnis

Abbildungsverzeichnis

Tabellenverzeichnis

Abkürzungsverzeichnis

ABGB	Allgemeines Bürgerliches Gesetzbuch
AGE	Automatisches Gebührensystem
ASFINAG	Autobahnen- und Schnellstraßen-Finanzierungs-Aktiengesellschaft
AVUS	Automobil-Verkehrs- und Übungsstraße
BStG	Bundesstraßengesetz
BStMG	Bundesstraßenmautgesetz
BVG	Bundesverfassungsgesetz
DSRC	Dedicated Short Range Communication
ECE	Economic Commission for Europe
ERP	Elektronisches Road Pricing
GSM	Global System for Mobile Communication
GPS	Global Positioning System
GPRS	General Packet Radio Service
HOT	High occupancy tax lanes
HOV	High occupancy vehicle lanes
JIT	Just in time
KartG	Kartellgesetz
KEP	Kurier-, Express- und Paketdienste
KfzStG	Kraftfahrzeugsteuergesetz
LSVA	Leistungsabhängige Schwerverkehrsabgabe
ME	Mengeneinheit
NÖStG	Niederösterreich Straßengesetz
OBU	On Board Unit
StraBAG	Straßenbenützungsabgabegesetz
SUFA	Studiengesellschaft für Autostraßen
UMTS	Universale Mobile Telecommunication System
WKÖ	Wirtschaftskammer Österreich

Symbolverzeichnis

A	Achskategorie
α_F	durchschnittlicher Anteil der mautpflichtigen Entfernung an der Periodenfahrleistung
α_K	Verhältnis der fahrzeugbezogenen gesamten Mautkosten p.a. für eine Region zu den Transportkosten exkl. Mautkosten
α_L	durchschnittlicher Leerkilometeranteil
b	beschaffungsfixe Kosten ohne Transportkosten
c	stückbezogene Lagerkosten
d_{en}	zurückgelegte Entfernung des mautpflichtigen Fahrzeuges e auf dem mautpflichtigen Straßennetz in km in Periode n
d_{xy}	Entfernung auf dem mautpflichtigen Straßennetz in km in den Ländern Österreich und Deutschland bei einer Fahrt vom Standort x in Region y
e	mautpflichtiges Fahrzeug
F_{en}	Fahrleistung des mautpflichtigen Fahrzeuges e in der Periode n
h	Ladefaktor
i_K	Kontokorrentkreditzinssatz p.a.
i_{KBK}	Zinssatz
j	nachgefragte Menge
K_F	mautbezogene abgeschriebene Forderungen p.a.
K_{Fa}	Kosten der Forderungsadministration p.a.
K_{KM}	Kosten der Mitarbeiter für Mautkontrolle p.a.
K_{Kp}	Kreditprovision
K_{KS}	Kosten der Mautsoftware p.a.
K_{Mden}	direkte Mautkosten des mautpflichtigen Fahrzeuges e in Periode n
K_{Mdges}	direkte Mautkosten des Unternehmens pro Jahr
K_{Mdgesn}	direkte Mautkosten des Unternehmens in der Periode n
K_{MdQS}	direkte Mautkosten der einfachen Fahrt zwischen Quelle Q und Senke S (Hinfahrt)
K_{MdQST}	auf den Kostenträger zuzuordnende direkte Mautkosten einer Tour
K_{MdSQ}	direkte Mautkosten der einfachen Fahrt zwischen Senke S und Quelle Q (Rückfahrt)
$K_{MdSQ'}$	direkte Mautkosten der Fahrt zwischen Senke S und dem nächsten Beladeort Q' im Großraum des Senkstandortes
K_{Me}	gesamte Mautkosten p.a. für ein mautpflichtiges Fahrzeug e
K_{Mexy}	gesamte Mautkosten für eine Fahrt mit einem mautpflichtigen Fahrzeug e vom Standort x in Zielregion y

K_{Mexyb}	gesamte Mautkosten p.a. für ein mautpflichtiges Fahrzeug e für Fahrten vom Standort x in Zielregion y
K_{Mexyxg}	gesamte Mautkosten p.a. für ein mautpflichtiges Fahrzeug e für Fahrten vom Standort x in Zielregion y inklusive intraregionaler Fahrten
K_{Mges}	Mautkosten des Unternehmens p.a.
$K_{MgesQSS}$	anteilige direkte und indirekte Mautkosten einer Sendungseinheit, die zwischen Quelle Q und Senke S transportiert wird
$K_{MgesQST}$	auf den Kostenträger zuzuordnende direkte und indirekte Mautkosten einer Tour zwischen Quelle Q und Senke S
K_{MgesS}	entfernungsunabhängige Mautkostenpauschale einer Sendung im logistischen Netzwerk
K_{MindD}	Kosten des Delkredere-Risikos des Unternehmens in Bezug auf Mautkosten p.a.
K_{Mindf}	Faktor der indirekten Mautkosten
$K_{Mindges}$	indirekte Mautkosten des Unternehmens p.a.
K_{MindK}	Kosten der Mautkontrolle im Unternehmen p.a.
K_{MindV}	Vorfinanzierungskosten der Maut p.a.
K_{MS}	Mautkostensatz
K_{MSSt}	Mautkostensatz für Stückgut im Speditionssammelgutverkehr
K_{MSTl}	Mautkostensatz für Teilladung im Speditionssammelgutverkehr
K_T	Transportkosten exlusive Mautkosten p.a.
K_{Te}	Transportkosten exklusive Mautkosten für ein Fahrzeug e
k_T	Transportkostensatz je Kilometer
K_{Tges}	Transportkosten des Unternehmens p.a.
K_{Up}	Umsatzprovision
K_{Zb}	Zinsbetrag der Kreditzinsen des Kontokorrentkredites für die Vorfinanzierung der Maut p.a.
L	Land
l_{EZ}	Entfernungszonenmittelpunkt der jeweiligen Entfernungszone
$m_e(A)$	Mautsatz pro km in Abhängigkeit der Achskategorie des mautpflichtigen Fahrzeuges e
$\overline{m}$	durchschnittlicher Mautsatz
n	Periode
N	Anzahl der betrachteten Perioden
N_{QS}	Anzahl der Touren zwischen Quellzone und Senkzone in der betrachteten Periode
Q_{opt}	optimale Bestellmenge
p_E	Einstandspreis für ein Stück
p_{QS}	Rückfrachtwahrscheinlichkeit für Relation Quellzone Q und Senkzone S

p_{xy}	Wahrscheinlichkeit für eine Fahrt von Standort x in eine bestimmte Zielregion y
p_{xyx}	Wahrscheinlichkeit für eine Fahrt in eine bestimmte Zielregion y inklusive intraregionaler Fahrten
r	Forderungsausfallrisiko, auf Forderungswert bezogen
S	Anzahl der Sendungen, die im logistischen Netzwerk in der betrachteten Periode befördert werden
v	durchschnittliche Volumenauslastung der Fahrzeuge
VFZ	Vorfinanzierungszeitraum in Tagen
v_{QSS}	Volumen der Sendung, die zwischen Quelle Q und Senke S transportiert wird
w	durchschnittliches Nettogewicht
w_{QSS}	Nettogewicht der Sendung, die zwischen Quelle Q und Senke S transportiert wird
x_{QS}	Mengenstrom zwischen Quellzone Q und Senkzone S in einer Periode
x_{SQ}	Mengenstrom zwischen Großraum Senke S und Großraum Quelle Q (Rückfrachten) in einer Periode
Z_{ges}	summierte Einwohnerzahl in allen Regionen
Z_y	Einwohnerzahl in Zielregion y

1 Einleitung

1.1 Problemstellung und Forschungsfrage

In der Republik Österreich wurde zum 1.Januar 2004 die fahrleistungsabhängige Maut auf dem hochrangigen Straßennetz für alle Kraftfahrzeuge über 3,5 Tonnen zulässigem Gesamtgewicht eingeführt. Die Mautsätze bewegen sich zwischen 0,13 EUR / km für 2-Achser und 0,273 EUR / km für vier- oder mehrachsige Fahrzeuge.

Der Gegenstand der Arbeit ist die Darstellung der Auswirkungen der Einführung der fahrleistungsabhängigen Maut auf Unternehmen. Die Auswirkungen der fahrleistungsabhängigen Maut auf Unternehmen sind vielfältiger Natur. Unternehmen, die mit eigenen mautpflichtigen Fahrzeugen das bemautete Straßennetz benutzen, sind durch die Zahlung der fahrleistungsabhängigen Maut unmittelbar betroffen. Das gilt für Transportdienstleister ebenso wie für Unternehmen aus Industrie, Gewerbe und Handel. Für die Unternehmen entstehen Mautkosten, die in direkte und indirekte Mautkosten differenziert werden können. Die anfallenden Mautkosten erhöhen die Transportkosten des Unternehmens. Weiterhin können die Beschaffungskosten ansteigen, wenn die Lieferanten ihre Mautkosten anteilig an die Kunden weiterverrechnen. Die Besonderheit der fahrleistungsabhängigen Maut liegt darin, dass sie zum einen eine Transportkostensteigerung in erheblichem Ausmaß verursacht und zum anderen die Kostenerhöhung stichtagsbezogen ist.

Die Transport- und Beschaffungskostenerhöhungen haben eine Vielzahl weiterer Auswirkungen zur Folge. Sofern die Mautkosten in der Wertschöpfungskette weitergegeben werden, kommt es zu einer Erhöhung der Verkaufspreise. Die fahrleistungsabhängige Maut kann auch die Wettbewerbssituation in vielen Branchen verändern. Die Wettbewerbsposition von Unternehmen kann sich gegenüber inländischen oder ausländischen Mitbewerbern auf dem österreichischen Heimatmarkt wie auch in ausländischen Märkten verbessern bzw. verschlechtern. Die Größe von Beschaffungs- und Absatzmärkten kann ebenfalls durch die erhöhten Transportkosten eine Veränderung erfahren. Die Maut wird bei einer Vielzahl von Unternehmen auch zu veränderten Strategien in der Beschaffung führen. Gegebene Standortstrukturen werden aufgrund der höheren Bedeutung der Transportkosten einer Überprüfung unterzogen. Die Unternehmen können darüber hinaus eine Vielzahl von Strategien im Transportbereich eines Unternehmens anwenden, welche den primären Fokus haben, die Transportkostenbelastung des Unternehmens zu senken.

In der wissenschaftlichen Literatur findet eine Auseinandersetzung mit den Auswirkungen der fahrleistungsabhängigen Maut auf Unternehmen nur sehr eingeschränkt statt. Dagegen ist die Beschreibung und Bewertung unterschiedlicher Ansätze der Bepreisung der Verkehrsinfrastruktur in der Literatur eine intensiv diskutierte Thematik. Insbesondere über Road Pricing als Steuerungsinstrument für die Nachfrage nach Fahrleistungen auf der Straßeninfrastruktur existiert eine große Anzahl wissenschaftlicher Publikationen.[1] Unter Road Pricing wird eine Stauungsgebühr verstanden, die zeitlich und örtlich differiert, um eine optimale Allokation der knappen Ressource Straßeninfrastruktur vorzunehmen.[2] Das Standardmodell des Road Pricing geht bereits auf Pigou und Knight zurück, die in den 20er Jahren des 20. Jahrhunderts die Grundlagen des Modells entwickelt haben.[3] Das Standardmodell hat jedoch nur eingeschränkte Relevanz für die Praxis, da die Annahmen sehr restriktiv sind.[4] Daher wurden eine Vielzahl weiterer, abgewandelter Modelle entwickelt, die mit praxisnäheren Annahmen arbeiten.[5] Auch ist eine umfangreiche Literatur zur Akzeptanz von Road Pricing bei Verkehrsteilnehmern sowie zu den Auswirkungen auf das Verkehrssystem zu finden, wobei eine fast ausschließliche Fokussierung auf den Personenverkehr erfolgt.[6] In diesem Zusammenhang spielen die Verteilungswirkungen eine große Rolle, die von einigen Autoren ermittelt werden.[7] Die Darstellung der Auswirkungen von Road Pricing auf den Güterverkehr ist aufgrund der Personenverkehrsfokussierung jedoch fast kein Thema in der Literatur.

In Zusammenhang mit der Betrachtung der Auswirkungen der fahrleistungsabhängigen Maut sind auch diejenigen Forschungsgebiete von Relevanz, die sich mit der Existenz von Transportkosten und deren Folgen auseinandersetzen. Transportkosten finden bereits seit vielen Jahrzehnten in der ökonomischen Literatur Berück-

---

1 Vgl. Walters (1961), S.676 ff; Walters (1968), S.82 ff; Aberle (1969), S.307 ff; Vickrey (1969), S.251 ff; Baum (1972), S.90 ff; Oakland (1972), S.339 ff; Willeke / Baum (1972), S.63 ff; Lehmacher (1975), S.49 ff; Freeman / Haveman (1977), S.225 ff; Keeler / Small (1977), S.1 ff; Thomson (1978), S.173 ff; Jansson (1980), S.329 ff; Else (1981), S.217 ff; Eisenkopf (1992), S.316 ff; Evans (1992), S.213 ff; Hauser (1992), S.65 ff; Button (1993), S.153 ff; Hills (1993), S.91 ff; Arnold (1994), S.223; Berger / Kruse (1994), S.213 ff; Knieps (1995), S.151 ff; Kruse (1996), S.184 ff; Verhoef (1996), S.33 ff; Small / Gomez-Ibanez (1997), S.373 ff; Verhoef (1997), S.3 ff; Marcucci (1998), S.3 ff; Neuenschwander / Suter / Walter (1998), S.165 ff; Yang / Huang (1998), S.45 ff; Liu / McDonald (1999), S.352 ff; Meyer (1999), S.139 ff; Dial (2000), S.645 ff; Palma / Lindsey (2000), S.13 ff; Yang / Meng (2000), S.207 ff; Brotcorne / Labbe / Marcotte / Savard (2001), S.345 ff; Meng / Yang / Bell (2001), S.83 ff; Teubel (2001), S.73 ff; Eisenkopf (2002), S.176 ff; Izquierdo / Vassallo (2002), S.33 ff; Levinson (2002), S.161 ff; Aberle (2003), S.342 ff; Yang / Zhang / Meng (2004), S.191 ff

2 Vgl. Ewers (1991a), S.56 f; Eisenkopf (1992), S.317; Berger (2000), S.70; Aberle (2003), S.342

3 Vgl. Pigou (1920), S.194; Knight (1924), S.584 ff

4 Vgl. Thomson (1978), S.178 ff; Jansson (1980), S.329 ff; Emmerink / Nijkamp / Rietveld (1995), S.582 ff; Kruse (1996), S.188; Meyer (1999), S.141 ff; Teubel (2001), S.110 ff; Eisenkopf (2002), S.182 ff

5 Vgl. Verhoef (1997), S.3 ff; Liu / McDonald (1999), S.352 ff; Dial (2000), S.645 ff; Palma / Lindsey (2000), S.13 ff; Yang / Meng (2000), S.207 ff ; Brotcorne / Labbe / Marcotte / Savard (2001), S.345 ff; Meng / Yang / Bell (2001), S.83 ff; Levinson (2002), S.166 ff; Yang / Zhang / Meng (2004), S.191 ff

6 Vgl. Baum (1972), S.349; Jones (1991a), S.245 ff; Jones (1991b), S.194; Winston (1991), S.120 f; Vgl. Aberle / Engel (1992), S.162 f; Eisenkopf (1992), S.323; Arnott / Palma / Lindsey (1994), S.139; Berger / Kruse (1994), S.230 f; Kruse (1996), S.196; Lehmann (1996), S.8; Verhoef (1996), S.192 ff; Odeck / Brathen (1997), S.76 ff; Emmerink (1998), S.42; Marcucci (1998), S.4; Nielsen (2000), S.17 f; Borger / Peirson / Vickerman (2001), S.41 f; Harrington / Krupnick / Alberini (2001), S.96; Teubel (2001), S.51 ff; Herry (2002), S.13; Frey (2003), S.65; Horsman (2003), S.142; Krause (2003), S.33 f; Link (2003), S.301 f; Schlag (2003), S.110 f

7 Vgl. Verhoef (1996), S.139 ff; Thaller (2000), S.8 ff; Teubel (2001), S.61 ff und S.143 ff

sichtigung, so zum Beispiel im Operations Research. Eine Vielzahl von Modellen des Operations Research hat eine Minimierung der Transportkosten zum Ziel. Dazu gehören neben den Transportmodellen auch die Tourenplanungsmodelle sowie die Standortmodelle.[8] Transportmodelle dienen der Disposition von Gütern für eine vorgegebene Standortkonfiguration. Transportmodelle bestimmen einen transportkostenminimalen Transportplan.[9] Mautkosten können bei Transportmodellen berücksichtigt werden und sie üben einen Einfluss auf den transportkostenminimalen Transportplan aus. Im Rahmen der strategischen Planung sind Transportmodelle hilfreich, kostenoptimale Transportflüsse und Liefergebiete für Unternehmen nach Einführung der fahrleistungsabhängigen Maut neu zu bestimmen.

Tourenplanungsmodelle als eine weitere Modellkategorie des Operations Research lösen - wie der Begriff suggeriert - Tourenplanungsprobleme. Ziel der Tourenplanungsmodelle ist die Minimierung der Transportkosten von Touren.[10] Auch bei diesen Modellen können Mautkosten als ein Input fungieren, so dass sich bei Berücksichtigung von Mautkosten optimale Tourenpläne verändern können.

Zu den Modellen des Operations Research gehören auch die Standortmodelle, mit welchen optimale Standorte im logistischen Netzwerk bestimmt werden können. Standortmodelle ermitteln Standorte mit minimalen Transportkosten.[11] Mautkosten können als Parameter in die Modelle eingehen, die ggf. zu einer Veränderung optimaler Standorte in logistischen Netzwerken führen können.

Zusammenfassend betrachtet, können die Modelle des Operations Research die Auswirkungen der fahrleistungsabhängigen Maut auf Transportpläne, Touren sowie Standortstrukturen für eine konkrete Problemstellung bestimmen.

Auch in makroökonomischen Modellen spielen Transportkosten eine wichtige Rolle. So werden in der Literatur eine Vielzahl von Modellen diskutiert, die den Einfluss der Transportkosten auf den internationalen Handel beschreiben.[12] Eine Berücksichtigung von Mautkosten im Straßengüterverkehr ist bei diesen Modellen jedoch sehr schwierig, da Transportkosten eines Landes nur in sehr aggregierter Form als Input-

---

8 Vgl. Domschke (1997a), S.1098 ff

9 Vgl. Domschke (1995), S.112 ff; Crainic / Laporte (1997), S.418 ff; Weber / Kummer (1998), S.90 ff; Diruf (1999), S.381 ff; Zimmermann / Stache (2001), S.90 ff; Berens / Delfmann (2002), S.295 ff; Neumann / Morlock (2002), S.325 ff; Ellinger / Beuermann / Leisten (2003), S.75 ff; Gohout (2003), S.85 ff; Vahrenkamp (2003), S.90 f

10 Vgl. Crainic / Laporte (1997), S.424 ff; Diruf (1997), S.1074 ff; Domschke (1997b), S.204 ff; Buchholz / Clausen / Vastag (1998), S.199 ff; Vogt (1998), S.19; Diruf (1999), S.383 ff; Zimmermann / Stache (2001), S. 147 ff; Berens / Delfmann (2002), S.376 f; Neumann / Morlock (2002), S.468 ff; Toth / Vigo (2002), S.1 ff; Vahrenkamp (2003), S.233 ff

11 Vgl. Eilon / Watson-Gandy / Christofides (1971), S.36 ff; Domschke (1996), S.1 ff; Weber / Kummer (1998), S.91 ff; Götze (1997), S.984 ff; Buchholz / Clausen / Vastag (1998), S.179 ff; Maier / Tödtling (2001), S.49 ff; Eiselt / Sandblom (2004), S.153 ff

12 Vgl. Ruiz-Mier (1990), S.943 ff; Yarbrough / Yarbrough (2000), S.167 ff; Limao / Venables (2001), S.451 ff; Marrewijk (2002), S.269 f; Martinez-Zarzoso / Garcia-Menendez / Suarez-Burguet (2003), S.179 ff; Rivera-Batiz / Oliva i Armengol (2003), S.457 f; Krugman / Obstfeld (2004), S. 62 ff

parameter eingehen. Auf Österreich bezogen, ist Steininger nach Wissen des Verfassers der einzige Autor, der die Auswirkungen der Einführung einer fahrleistungsabhängigen Maut in Österreich auf den internationalen Handel diskutiert.[13]

Die Bestimmung der volkswirtschaftlichen Auswirkungen der Einführung einer fahrleistungsabhängigen Maut kann unter anderem mit Hilfe von input-output-basierten makroökonometrischen Modellen erfolgen. So wurden beispielsweise in einer Studie des Österreichischen Instituts für Wirtschaftsforschung mittels eines solchen Modells die volkswirtschaftlichen Wirkungen der Einführung der fahrleistungsabhängigen Maut untersucht.[14]

Zwar lassen die makroökonomischen Modelle generelle Aussagen über die Auswirkungen der fahrleistungsabhängigen Maut auf volkswirtschaftliche Größen zu, jedoch können diese Modelle die Auswirkungen auf Unternehmen nur in aggregierter Form beschreiben. Sie sind daher nur sehr eingeschränkt geeignet, die Folgen der fahrleistungsabhängigen Maut für Unternehmen zu bestimmen.

Im Hinblick auf die Auswirkungen der fahrleistungsabhängigen Maut auf Unternehmen besteht eine Forschungslücke in der Betriebswirtschaftslehre. Wissenschaftliche Untersuchungen über die Konsequenzen der fahrleistungsabhängigen Maut für Unternehmen sind kaum existent. Die Auswirkungen auf österreichische Unternehmen beleuchtet in der wissenschaftlichen Literatur bisher nur ein einziger Aufsatz.[15]

Einen Forschungsbedarf ergibt sich demnach dadurch, die Arten der Auswirkungen der fahrleistungsabhängigen Maut auf Unternehmen zu identifizieren, eine Kategoriisierung vorzunehmen sowie gegebenenfalls das Ausmaß der Auswirkungen zu quantifizieren.

Diese Untersuchung hat zum Ziel, die Auswirkungen der Einführung der fahrleistungsabhängigen Maut auf die Unternehmen in Österreich darzustellen. Dabei erfolgt eine Beschränkung der Beschreibung der Auswirkungen auf die drei Führungsteilsysteme Informations-, Kontroll- und Planungssystem. Die Auswirkungen auf die anderen beiden Führungsteilsysteme Organisations- und Personalführungssystem werden nur am Rande behandelt. Die Betrachtung der Auswirkungen wird für Transportdienstleister ebenso wie für Industrie-, Gewerbe sowie Handelsunternehmen vorgenommen.

1.2 Gang der Untersuchung

Nach der Einleitung setzt sich die Arbeit zunächst mit grundlegenden Aspekten der Bepreisung von Straßeninfrastruktur auseinander, wie auch die Abbildung 1 hinweist.

---

13 Vgl. Steininger (2002), S.213 ff

14 Vgl. Kratena / Puwein (2002), S.2 ff

15 Vgl. Kummer / Einbock (2004), S.36 ff

Neben der Begriffsbestimmung zentraler Begriffe liegt der Fokus auf der Beschreibung und Bewertung des Konzepts Road Pricing. Im Anschluss daran werden weitere Ansätze zur Bepreisung von Straßeninfrastruktur im Überblick vorgestellt.

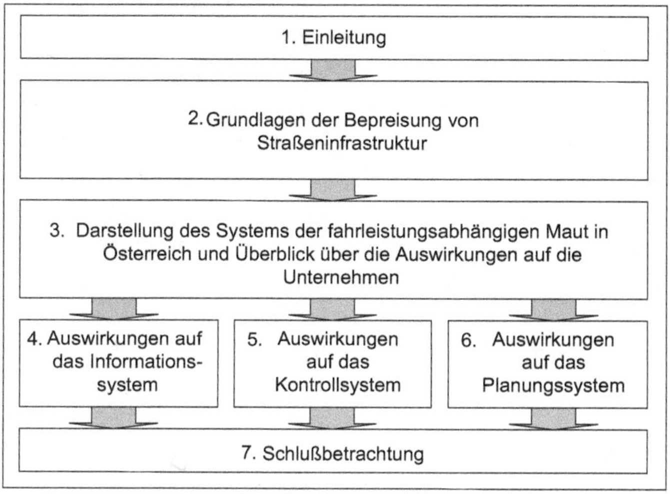

Abbildung 1: Aufbau der Arbeit

Nach den theoretischen Grundlagen wird im 3. Kapitel das System der fahrleistungsabhängigen Maut in Österreich beschrieben. Die Deskription erfolgt mittels eines Drei-Ebenen-Modells, welches zwischen einer politischen Ebene, einer Ebene des Infrastrukturmanagements und einer Ebene des Betreibers differenziert. Ein weiterer wichtiger Bestandteil des Kapitels ist die Systematisierung der Arten der Auswirkungen der fahrleistungsabhängigen Maut auf Unternehmen. Dabei wird auf die Theorie der Unternehmensführung zurückgegriffen, die das Führungssystem in fünf Führungsteilsysteme einteilt. Die fahrleistungsabhängige Maut führt zu Auswirkungen unterschiedlichen Ausmaßes bei den Führungsteilsystemen. Umfangreiche Auswirkungen treten insbesondere im Informations-, im Kontroll- sowie im Planungssystem auf. Daher erfolgt in dieser Arbeit eine Beschränkung der Darstellung der Konsequenzen auf diese drei Führungsteilsysteme.

Das vierte Kapitel beschäftigt sich mit den Konsequenzen der fahrleistungsabhängigen Maut auf das Informationssystem. Ein Änderungsbedarf ergibt sich insbesondere in der Kostenrechnung. In der Kostenartenrechnung entstehen neue Kostenarten, die direkten und indirekten Mautkosten. Beide Kostenarten werden einer ausführlichen Betrachtung unterzogen. Ein weiterer wichtiger Bestandteil des Kapitels ist die Darstellung der Veränderungen in der Kostenverteilung. Es werden mehrere Methoden vorgestellt, mit denen eine Verrechnung von Mautkosten auf Kostenträger pauschal bzw. verursachungsgerecht erfolgen kann. Darüber hinaus werden mögliche Veränderungen bei Kennzahlen sowie bei ABC-Analysen vorgestellt.

Das nächste Kapitel 5 behandelt die Auswirkungen der fahrleistungsabhängigen Maut auf das Kontrollsystem von Unternehmen. Von besonderer Relevanz ist dabei die Kontrolle der von Europpass zur Verfügung gestellten Einzelleistungsinformationen, die manuell oder mit Hilfe von Mautkontrollsoftware erfolgen kann.

Im folgenden Kapitel 6 werden die Auswirkungen auf das Planungssystem von Unternehmen diskutiert. Das Kapitel beschränkt sich auf die Darstellung der strategischen Analyse sowie der Beschreibung und Evaluierung von Strategien, die in Zusammenhang mit der Einführung der fahrleistungsabhängigen Maut von Bedeutung sind. Auf eine Beschreibung operativer Planungsinstrumente wird verzichtet.

Im abschließenden Kapitel 7 werden eine Zusammenfassung sowie ein Ausblick über den weiteren Forschungsbedarf gegeben.

Im Rahmen der Arbeit wurde auch eine empirische Umfrage zu den Auswirkungen auf Unternehmen durchgeführt. Die Ergebnisse dieser Umfrage werden jedoch nicht in einem gesonderten Kapitel dargestellt, sondern sie sind in den einzelnen Kapiteln 4 - 6 integriert. Diese Arbeit zeichnet sich durch eine Kombination von Deduktion und Induktion aus. Der empirische Befund wird hier im Sinne eines Begründungszusammenhanges als Basis für die Überprüfung von Wissen angesehen. Mittels der Empirie erfolgt eine Prüfung der Plausibilität der der getätigten Aussagen.

2 Grundlagen der Bepreisung der Straßeninfrastruktur

Die Zahlung einer Abgabe für die Benutzung einer Straße ist kein neues Phänomen, sondern bereits seit dem Altertum bekannt. Es gibt verschiedene Ansätze, eine Straßeninfrastruktur zu bepreisen. Ziel dieser Ansätze ist es vordergründig, eine Deckung der Wegekosten zu erreichen. Neben dem Road Pricing können auch externe Kosten und Wegekosten in Wegeentgelte integriert werden.

Dieses Kapitel setzt sich mit den Grundlagen der Bepreisung von Straßeninfrastrukturen auseinander. Zunächst wird auf die Definition der Straßeninfrastruktur eingegangen und deren Funktionen für die Volkswirtschaft dargestellt. Danach erfolgen Begriffsbestimmungen wichtiger Begriffe, die in Zusammenhang mit der Bepreisung von Straßeninfrastruktur von Relevanz sind. Das nächste Unterkapitel beschreibt und evaluiert das Konzept des Road Pricing. Dieses in der Theorie wichtige Konzept wird in den Grundzügen vorgestellt und im Hinblick auf Praxistauglichkeit bewertet. Im Anschluss daran werden verschiedene Ansätze zur Bepreisung im Überblick diskutiert. Das Kapitel endet mit einer kurzen Darstellung verschiedener technischer Erhebungsformen.

2.1 Definition und Funktionen der Straßeninfrastruktur

2.1.1 Straßeninfrastruktur als Subsystem der Verkehrsinfrastruktur

Die Straßeninfrastruktur ist ein Subsystem der Verkehrsinfrastruktur. Zur Verkehrsinfrastruktur zählen sämtliche Einrichtungen und Anlagen der Verkehrsträger Straßen-, Schienen-, Luft-, Schiffsverkehr sowie Rohrleitungsverkehr. Die Verkehrsinfrastruktur beinhaltet demnach „...Gleisanlagen der Eisenbahn, Unter- und Signalanlagen, Kraftverkehrsstraßen, See- und Binnenhäfen, Wasserstraßen, Flughäfen usw.“[16] Die Verkehrsinfrastruktur setzt sich aus den Verkehrswegen und den Stationen zusammen, welche zusammen die ortsfesten Anlagen bilden.[17] Die Verkehrswege weisen im transportwirtschaftlichen Leistungserstellungsprozess eine variable Komplementarität zu den jeweils eingesetzten Verkehrsmitteln auf. Verkehrsleistungen lassen sich nur dann erstellen, wenn Verkehrswege und Transportmittel in den Leistungserstellungsprozess gemeinsam eingehen.[18]

---

16 Wissenschaftlicher Beirat beim Bundesministerium für Verkehr (1966), S.31

17 Vgl. Georgi (1970), S. 42; Demand / Faller / Gürtlich / Lamprecht / Riebesmeier (1991), S.114; Aberle (2003), S.26; Die Verkehrsmittel sind nach dieser Definition jedoch nicht Bestandteil der Verkehrsinfrastruktur. Andere Autoren wie Illetschko subsumieren zusätzlich die Verkehrsmittel unter die Verkehrsinfrastruktur. Vgl. Illetschko (1966), S.119

18 Vgl. Demand / Faller / Gürtlich / Lamprecht / Riebesmeier (1991), S.215; Knieps (1992), S.317 ff; Franke (1997), S.9; Aberle (2003), S.26 f

Straßen sind planmäßig angelegte und befestigte Verkehrswege.[19] Sie dienen der Benutzung durch Straßenverkehrsfahrzeuge aller Art sowie durch Fußgänger. Die Straßeninfrastruktur setzt sich aus einem System von Straßen verschiedener Güte und Leistungsfähigkeit zusammen, die durch Verkehrsknoten miteinander verbunden werden.[20] Straßen werden i.d.R. für universelle Verwendungen errichtet und sie dienen dem Personenverkehr genauso wie dem Güterverkehr. Daher kommt es auf dem Straßennetz zu einer konkurrierenden Nutzung in Bezug auf das Verkehrsmittel (Pkw, Lkw) und auch hinsichtlich der Art des Verkehrs (Binnenverkehr, grenzüberschreitender Verkehr, Transitverkehr).[21]

Straßen sind keine Erfindung der Neuzeit. Sie wurden schon vor über 4000 Jahren in China gebaut. Im Römischen Reich erstellte man bereits in einem großen Umfang Straßen.[22] Vor der Entfaltung des Kraftfahrzeugverkehrs waren Straßen öffentliche Güter zur Befriedigung des kollektiven Bedarfs. Überörtliche Straßen wurden aus staatspolitischen oder militärischen Gründen erbaut. Straßen dienten der Integration des Staatsraumes oder der Versorgung der militärischen Truppen. Der Bau von Innerortsstraßen war eine wesentliche Voraussetzung für städtische Verdichtungen. Durch die Motorisierung im 20.Jahrhundert kam in entwickelteren Volkswirtschaften der privaten Nutzung von Straßen eine enorme Bedeutung zu.[23] Der Bau der Straßeninfrastruktur erfolgte jedoch bereits zu überwiegenden Teilen vor der umfassenden Motorisierung; nur an der Qualität der Straßen wurden erst im 20. Jahrhundert wesentliche Verbesserungen vorgenommen.[24]

2.1.2 Funktionen der Straßeninfrastruktur

Die Straßeninfrastruktur erfüllt mehrere Funktionen, welche Gegenstand dieses Kapitels sind. Der Schwerpunkt liegt dabei auf der Darstellung der Funktionen von Autobahnen.

Eine bedeutende Funktion von Straßenverkehrswegen liegt in der Nutzbarmachung des Potentials für Interaktionsmöglichkeiten brachliegender oder ineffizient genutzter Ressourcen.[25] Straßenverkehrswege dienen einerseits der flächenmäßigen Erschließung einer Region durch die Schaffung intraregionaler Nahverkehrsverbindungen und andrerseits der Anbindung der Region an andere Teilräume einer Volkswirtschaft bzw. der Anbindung an das Ausland durch den Bau interregionaler Fern-

---

19 Stationen sind bei der Straßeninfrastruktur nicht existent.

20 Vgl. Stieglitz (1997a), S.1029

21 Vgl. Köberlein (1992), S.106 f

22 Vgl. Grunzel (1908), S. 30 ff; Voigt (1965b) S.361 ff; Lay (1994), S.61 ff; Merath (1997), S. 1032; Bujnoch / Huss / Sumpf (2003), S.609

23 Vgl. Willeke (1971), S.122 f

24 Vgl. Grübler (1990), S.128

25 Vgl. Hoffmann (1961), S.3; Fritsch / Prud'homme (1997), S.47; Rietveld / Bruinsma (1998), S.33 ff; Bujnoch / Huss / Sumpf (2003), S.609; Das „Potential für Interaktionsmöglichkeiten" wird auch als Erreichbarkeit bezeichnet. Vgl. Hansen (1959), S.73 f; Martellato et.al. (1999), S.71

verkehrsverbindungen.[26] Autobahnen haben den primären Zweck, Regionen im In- und Ausland miteinander zu verbinden. Aber auch bei der Erschließung in einer Region kommt Autobahnen teils eine wichtige Bedeutung zu.[27] Das Ausmaß der inter- bzw. intraregionalen Erschließungsfunktion der Autobahn ist unter anderem abhängig von der Anzahl der Zugangsstellen in einer Region und deren Erreichbarkeit. Mittels der Erschließung der Region wird eine Verringerung von Transportwiderständen angestrebt, so dass Handelshemmnisse im intra- und interregionalen sowie internationalen Handel reduziert werden.[28] Autobahnen eröffnen den Unternehmen Möglichkeiten, durch Verlagerung von Produktionsstandorten die dort vorhandenen Standortvorteile zu realisieren.[29] Auch die Entwicklung industrieller Schwerpunkte im Raum wird durch die Anbindung dieser an das Autobahnnetz wesentlich gefördert.[30] Aufgrund der hohen Netzbildungsfähigkeit und der Möglichkeit eines Haus-zu-Haus-Verkehrs ermöglichen Straßenverkehrswege Unternehmen in peripheren Regionen eine Teilnahme am arbeitsteiligen Produktionsprozess und eine Ausdehnung ihrer Beschaffungs- und Absatzmärkte.[31]

Als Voraussetzung für die Raumüberwindung und damit das Entstehen von Märkten im Raum beeinflussen Straßenverkehrswege somit die Grenzen der räumlichen Ausdehnung von Märkten und den Grad an Arbeitsteilung.[32] Insbesondere die Existenz von Autobahnen kann bei der Bestimmung der Marktgröße eine maßgebende Rolle zukommen.[33] Durch den Effekt der Distanzverringerung steigt die räumliche Reichweite von Unternehmen mit der Folge der Intensivierung von Wirtschaftsbeziehungen.[34]

Die Straßeninfrastruktur kann darüber hinaus die Güte eines Marktes beeinflussen. Die Adaptionsfähigkeit an veränderte Marktdatenkonstellationen, an den Grad der

---

26 Vgl. Knop (1977), S.12 ff; Bujnoch / Huss / Sumpf (2003), S.610

27 Vgl. Klemmer (1982), S.50; Institut für Wirtschaftsforschung (1994), S.15; In einer Studie über den Transformationsprozess des Landes Sachsen-Anhalt zwischen 1990 und 1993 wurde herausgefunden, dass sich entlang der Autobahnen A2 und A9 sowie der damals projektierten A 14 räumliche Entwicklungsachsen herausbildeten. Vgl. Institut für Wirtschaftsforschung (1994), S.15; Dabei spielt die Zeiteinsparung durch den Bau von Autobahnen eine große Rolle. Vgl. Mohring (1961), S.244

28 Vgl. Faller (1973), S.33 ff; Streit (1980), S.2; Lakshmanan / Nijkamp / Tietveld / Verhoef (2001), S.144; Munnell untersuchte den Einfluss der Infrastruktur auf die wirtschaftliche Aktivität in den nordamerikanischen Bundesstaaten. Sie kam zu dem Ergebnis, dass Autobahnen nebst Wasser- und Abwassersystemen einen sehr wichtigen Einfluss auf den Umfang der Produktion und des Handels haben. Vgl. Munnell (1993), S.34

29 Vgl. Trusiewytsch (1999), S. 15

30 Vgl. Deutsches Institut für Wirtschaftsforschung (1994), S.182

31 Vgl. Heinsch (1986), S.31; Puga (2002), S.396

32 Vgl. Helfrich (1963), S.14; Lakshaman /Nijkamp / Rietveld / Verhoef (2001), S.144; Eisenkopf (2002), S.214 f; Dies kann letztendlich zum Ausnutzen von Economies of large Scale in der Produktion führen. Vgl. McKinnon (1996), S.21

33 Das gilt nicht nur für Gütermärkte, sondern ebenso für Arbeitsmärkte. Vgl. Klemmer (1982), S.50 ff; Boos (1983), S.31

34 Vgl. Schmidt (1966), S. 100; Tomas (1997), S.14; Ebenso steigt die räumliche Reichweite privater Haushalte.

Markttransparenz sowie an die Dynamik der Disposition können als eine Folge der Leistungsfähigkeit von Straßenverkehrswegen gesehen werden.[35] Eine hohe Berechenbarkeit und Regelmäßigkeit von Transporten, die eine größere und flexiblere Dispositionsfähigkeit zur Folge haben, welche wiederum zu einer Erhöhung der Wettbewerbsintensität auf den jeweiligen Märkten führt, sind nur mit einem leistungsfähigen Straßennetz erreichbar.[36]
Darüber hinaus kann auch die Bildung eines einheitlichen Staatsgefüges, dessen Ziel die Entwicklung annähernd gleicher Verhältnisse und Lebensbedingungen in den Regionen ist, durch den Bau von Autobahnen unterstützt werden.[37]
Zusammenfassend konstatiert, führt die Straßeninfrastruktur zur Verminderung der Friktionswirkungen eines Raumes. Straßenverkehrswege erfüllen demzufolge die Funktion der räumlichen Integration.[38]

2.2 Definitionen grundlegender Begriffe bezüglich der Bepreisung von Straßeninfrastruktur

2.2.1 Überblick

Die Bepreisung der Nutzung von Verkehrsinfrastruktur im Allgemeinen und von Straßen im Besonderen ist keine Idee des 20. Jahrhunderts.[39] Bereits im Altertum waren für die Benützung bestimmter Straßen Gebühren zu entrichten.[40] Ein Beispiel dafür ist die Bepreisung der Verbindungsstraße zwischen Syrien und Babylon. Im 12. Jahrhundert führte England Mautabgaben ein.[41] Im Jahr 1770 wurden etwa Neun Zehntel aller englischen Straßen mittels Straßenbenutzungsabgaben finanziert.[42] Zumeist ging es bei der Bepreisung im Mittelalter jedoch weniger um die Finanzierung der Verkehrsinfrastruktur, vielmehr war die Erzielung von Staatseinnahmen das primäre Ziel.[43] Erst mit dem ausgehenden 17.Jahrhundert erkannten die Staaten die Bedeutung des Ausbaus der Verkehrsinfrastruktur für das Wachstum ihrer Volkswirt-

---

35 Vgl. Fitter u.a. (1975), S.4
36 Vgl. Heinsch (1986), S.27
37 Vgl. Häusler u.a. (1983), S. 26; Aberle / Engel (1992), S.64; Ritschl weist den Straßen durch die Integration von Räumen sogar eine grundlegende Bedeutung für das Entstehen von Staat, Wirtschaft und Kultur zu. Vgl. Ritschl (1956), S.1
38 In Mitteleuropa kann davon ausgegangen werden, dass eine Nichterreichung von Räumen praktisch nicht mehr existent ist. Vgl. Scheele (1993), S.82.
39 Vgl. Baum (1972), S.72; Nielsen (2000), S.22; Kossak (2004), S.246
40 Vgl. Casson (1974), S.15; Viton (1995), S.261; Izquierdo / Vassallo (2002), S.37; Levinson (2002), S.15 f
41 Vgl. Wuestefeld (1984), S.5; Lay (1994), S.124 ff
42 Vgl. Scheele (1993), S.21
43 Vgl. Just (1992), S.64; Izquierdo / Vassallo (2002), S.37; Bujnoch / Huss / Sumpf (2003), S.609; Kossak (2004), S.246; Die Benutzungsentgelte im Mittelalter sind eher als eine Art Umsatzsteuer bzw. Verbrauchssteuer anzusehen. Vgl. Mc Kay (1989), S.33

schaft und begannen, die Nutzung von Straßen mit einer Abgabe zu belegen, um die Quantität der Verkehrsinfrastruktur zu verbessern.[44]

Bei genauer Betrachtung der deutschsprachigen Literatur zur Bepreisung von Straßen ist festzustellen, dass eine enorme Begriffsvielfalt vorherrschend ist. Gleiche Sachverhalte werden mit unterschiedlichen Begriffen beschrieben und unterschiedliche Sachverhalte mit dem gleichen Wort belegt. So werden Begriffe wie Straßenbenutzungsgebühren, -beiträge, -abgaben, -preise, Mauten, City-Mauten, Staugebühren, Ballungsabgaben, Vignetten oder Road Pricing in Zusammenhang mit der Bepreisung von Straßeninfrastruktur verwendet. Diese Vielfalt an Begriffen ist teilweise mit den unterschiedlichen, der Bepreisung zugedachten Aufgaben erklärbar.[45]

Die wichtigsten dieser Begriffe werden im Folgenden definiert und charakterisiert.

2.2.2 Definition des Begriffs „Maut"

Eine „Maut" bezeichnet im Allgemeinen ein Entgelt für die Nutzung von Straßen.[46] Die Bezugsgrundlage für die Erhebung der Maut kann entweder ein bestimmter Zeitraum (Vignette) oder die gefahrenen Kilometer (Péage) sein. Es wird somit zwischen einer zeitabhängigen und einer fahrleistungsabhängigen Maut unterschieden.[47] Als Zahlungsempfänger bei der Bemautung fungieren sowohl staatliche Stellen oder auch private Unternehmen. Von der Maut ist grundsätzlich jeder Verkehrsteilnehmer betroffen; dabei ist es irrelevant, ob inländische oder ausländische Verkehrsteilnehmer die Straße nutzen.

Eine zeitabhängige Bemautung in Form von Vignetten wird in erster Linie unter Finanzierungsgesichtspunkten diskutiert. Für eine Lenkungsfunktion von Verkehrsströmen ist eine zeitabhängige Bemautung denkbar ungeeignet, da keine Differenzierung im Hinblick auf Häufigkeit sowie der zeitlichen und örtlichen Inanspruchnahme der Straßeninfrastruktur erfolgt.[48] Charakteristisch für eine zeitabhängige Bemautung ist ihr Fixkostencharakter. Einerseits wird dadurch tendenziell der Anreiz verstärkt, das bemautete Netz zur besseren Verteilung der Fixkosten stärker zu nutzen und andererseits spielt eine zeitabhängige Abgabe bei der Entscheidung des Verkehrs-

---

44 Vgl. Scheele (1993), S.21

45 Vgl. Teubel (2001), S.35; Ähnlich verwirrend werden in der englischsprachigen Literatur Begriffe wie congestion pricing, road pricing, congestion tolls, taxes, charges, road charges, road fees usw. verwendet.

46 Das Wort „Maut" hat seinen Ursprung im Althochdeutschen und hieß damals „Muta". Das unterstreicht den Fakt, dass bereits im Mittelalter Straßenbenutzungsabgaben erhoben wurden. Vgl. o.V. (2003a), S.12

47 Vgl. Grandjot (2003), S.21

48 Vgl. Just (1992), S.67; Frank / Münch (1993), S.374; Scheele (1993), S.159; Hohlweg (1997), S.82; Wissenschaftlicher Beirat beim Bundesminister für Verkehr (1997), S.79 f; Thaller (2000), S.3

teilnehmers über eine weitere Fahrt grundsätzlich keine Rolle, da die Grenzkosten der zeitabhängigen Abgabe bei einer weiteren Fahrt den Wert Null annehmen.[49]
Zeitabhängige Bemautungssysteme auf Autobahnen lassen sich beispielsweise in der der Slowakei, in Tschechien, in der Schweiz (nur Pkw) oder in Österreich (nur Pkw) finden. Auch die 1993 durch die EU-Verkehrsminister beschlossene und ab 1995 eingeführte Eurovignette für den schweren Nutzfahrzeugverkehr (Lkw ab 12 Tonnen zulässiges Gesamtgewicht) auf dem hochwertigen Straßennetz in Deutschland, Benelux, Dänemark, Schweden und Österreich stellt eine Form der zeitabhängigen Bemautung dar.[50] Die Höhe der Eurovignette ist nach der Achszahl und nach Emissionsklassen gestaffelt.[51] Sie dient vor allem als Kompensationsinstrument für die fehlende EU-Steuerharmonisierung, weniger der Lenkung von Verkehrsströmen.[52]
Fahrleistungsabhängige Mautsysteme für den Güterverkehr und / oder Personenverkehr lassen sich ebenfalls in einer Vielzahl anderer europäischer Länder finden. Beispielsweise haben Frankreich, Italien oder Slowenien entfernungsabhängige Gebührensysteme für die Benutzung von Autobahnen aufgebaut.[53] In der Schweiz wird auf dem gesamten Straßennetz seit Januar 2001 eine fahrleistungsabhängige Schwerverkehrsabgabe (LSVA) für Lkw mit einem zulässigen Gesamtgewicht über 3,5 Tonnen erhoben. Die Höhe des Mautsatzes in der Schweiz richtet sich nach den Wegekosten und den externen Kosten des Schwerverkehrs. Mit der LSVA wird das Ziel verfolgt, den auf der Erhöhung des zulässigen Gesamtgewichts auf 40 Tonnen in Schritten bis 2005 basierten Produktivitätssprung zugunsten des Straßengüterverkehrs zu kompensieren und den Verkehrsmarktanteil der Eisenbahn zu stabilisieren.[54] Österreich folgte zum Januar 2004 mit seiner fahrleistungsabhängigen Maut für den Güterverkehr.
Nicht nur in Europa, sondern auch in anderen Teilen der Welt wird eine zeit- bzw. fahrleistungsabhängige Bemautung von Autobahnen und anderen Straßen praktiziert. Beispielsweise nimmt die Anzahl bepreister Autobahnen in China in den letz-

49 Es sei denn, es ist die erste Fahrt in einer betrachteten Periode. Vgl. Franke (1997), S.187; Hohlweg (1997), S. 82; Klinski (2001), S.49
50 Vgl. Eickhof / Franke (1994), S.244; Kommission Verkehrsinfrastrukturfinanzierung (2000), S.27; Per 31.12.2003 ist Österreich aus dem Eurovignettenverbund ausgestiegen. Deutschland beendete die Erhebung der Eurovignette bereits am 31.8.2003. Vgl. Hector (2003), S.6
51 Vgl. Schneglberger / Kain (2003), S.51
52 Vgl. Eickhof / Franke (1994), S. 246; Franke (1997), S.191 f; Eickhof / Franke verweisen darauf, dass die politisch erwünschte gerechtere Beteiligung ausländischer schwerer Nutzfahrzeuge an den inländischen Wegekosten zweckmäßiger über eine Harmonisierung und Erhöhung der Mineralölsteuer zu ereichen wäre. Vgl. Eickhof / Franke (1994), S.245; Problematisch ist dabei jedoch, dass ausländische Lkw aufgrund der Größe der Tanks in vielen Fällen keine Notwendigkeit zum Tanken in Ländern mit hoher Mineralölsteuer haben.
53 Vgl. Herry / Judmayr (2000), S.36 ff; Schneglberger / Kain (2003), S. 52 ff
54 Vgl. Rothengatter / Doll (2001), S.5

ten Jahren stark zu. Die daraus generierten Einnahmen dienen der Finanzierung des Ausbaus der Verkehrsinfrastruktur.[55]

2.2.3 Definition des Begriffs „Straßenbenutzungsgebühr"

Unter dem ebenfalls oft verwendeten Begriff der „Straßenbenutzungsgebühr" werden direkte Entgelte für die Nutzung von Straßen verstanden, für welche die Verkehrsteilnehmer zahlen und deren Aufkommen dem Staat als Träger der Infrastrukturlast zugute kommt.[56] Da Gebühren als ein Entgelt definiert werden, welches für eine spezielle Gegenleistung einer Behörde bzw. einer öffentlichen Anstalt gezahlt wird,[57] kann daher im strengen finanzwissenschaftlichen Sinne bei einer Vielzahl von Bepreisungssystemen nicht von einer Gebühr gesprochen werden. Bei diesen Systemen fließen die Einnahmen nicht direkt dem Staat zu bzw. es erfolgt keine spezielle Gegenleistung des Staates. Die Mitte der neunziger Jahre eingeführte Eurovignette in den Verbundstaaten ist daher nicht als eine Gebühr anzusehen, sondern als ein Beitrag. Ebenfalls keine Straßenbenutzungsgebühren im strengen finanzwissenschaftlichen Sinne sind die in Frankreich oder Italien erhobenen direkten Straßenbenutzungsentgelte, die nicht dem Staat zugute kommen, sondern bei welchen private Betreiber Empfänger der Zahlungen sind.[58]

2.2.4 Definition des Begriffs „Straßenbenutzungsabgabe"

Unter einer „Straßenbenutzungsabgabe" wird in dieser Arbeit jegliche Form der Bepreisung von Straßeninfrastruktur (Straßen, Tunnel, Brücken) verstanden, die Kraftfahrzeuge für die tatsächliche Nutzung der Straßeninfrastruktur zahlen müssen. Dabei spielt der konkrete Erhebungszweck keine Rolle.[59]

Obwohl im allgemeinen Sprachgebrauch zumeist der Begriff „Gebühr" verwendet wird, wird in dieser Arbeit der Begriff der „Straßenbenutzungsabgabe" bevorzugt. Es erfolgt dabei eine Orientierung an die Begriffswelt der Finanzwissenschaft, wo eine Abgabe als Oberbegriff für alle von privaten Haushalten und Unternehmen erhobenen Geldleistungen, deren Erhebung auf der Finanzhoheit der Gebietskörperschaften beruht, fungiert. Zu den Abgabearten gehören die Steuern, Gebühren, Beiträge sowie die Sonderabgaben.[60]

Folglich kann die fahrleistungsabhängige Maut unter der Bedingung der staatlichen Trägerschaft der Infrastruktur auch als Straßenbenutzungsabgabe bezeichnet werden.

---

55 Vgl. Yang / Tang / Cheung / Meng (2002), S.538
56 Vgl. Ewers / Rodi (1997), S.1020
57 Vgl. Ewers / Rodi (1997), S.1020; Klinski (2001), S.20; Izquierdo / Vassallo (2002), S.55
58 Vgl. Ewers / Rodi (1997), S.1020
59 Vgl. Teubel (2001), S.36
60 Vgl. Woll (2000), S.1

2.2.5 Definition des Begriffs „Road Pricing"

Unter „Road Pricing" wird eine stauabhängige sowie räumlich und zeitlich differenzierte Preissetzung für Straßennutzungen verstanden.[61] Bei Road Pricing erfolgt eine Erhebung von Preisen für die Straßenbenutzung, die nach einzelnen Straßenabschnitten sowie nach unterschiedlichen Zeitpunkten sowie ggf. nach unterschiedlichen Fahrzeugarten differenziert sind. Neben den Kriterien der Region sowie des Straßentyps spielen demnach bei Road Pricing auch Auslastungsgrade der Straßenverkehrsinfrastruktur eine Rolle.[62] Daher wird auch oft von Congestion Pricing gesprochen. Road Pricing geht folglich über pauschale Nutzungsentgelte (Vignetten, Kfz-Steuer) weit hinaus.[63]

Im verkehrspolitischen Raum wird der Begriff des Road Pricing sehr weit ausgelegt. Das erstaunt insofern wenig, da Straßenverkehr einen Verkehrsweg voraussetzt und so jedwede Belastung des Verkehrs als eine des Weges interpretiert werden kann.[64] Vielfach wird „Road Pricing" als ein Synonym des Begriffes „Straßenbenutzungsabgabe" angesehen.[65] Dem wird hier jedoch nicht gefolgt, da Road Pricing als eine Untergruppe der Straßenbenutzungsabgaben fungiert, welche sich durch die Berücksichtigung von Verkehrsstauerscheinungen in der Bepreisung auszeichnet.

Mittels Road Pricing werden grundsätzlich zwei Ziele verfolgt. Einerseits dient dieses Konzept der marktwirtschaftlichen Steuerung von Verkehrsströmen im Sinne einer effizienten Ressourcenallokation. Andererseits ist Road Pricing geeignet, den Eigentümern der Verkehrsinfrastruktur Einnahmen zu verschaffen.[66]

Mittels der marktwirtschaftlichen Steuerung soll eine pretiale Beeinflussung[67] der Nachfrage auf dem Straßennetz vorgenommen werden und zwar derart, dass eine möglichst gleichmäßige Auslastung der Infrastrukturkapazität erfolgt. Insbesondere sollen Überlastungen der Infrastruktur durch eine engpassorientierte Preisfindung, die zu intertemporalen sowie strecken- und verkehrsmittelspezifischen Verlagerungen führen soll, abgebaut werden.[68]

---

61 Vgl. Eisenkopf (1992), S.317; Berger (2000), S.70
62 Vgl. Aberle (2003), S.183
63 Vgl. Topp (1993), S.102; Kruse (1996), S.194
64 Vgl. Hauser (1992), S. 65
65 Vgl. Nielsson (2000), S. 9; Thaller (2000), S.3; Teubel (2001), S.36; Horsman (2003), S.138
66 Vgl. McKay (1989), S.33; Ewers (1991b), S.74; Eisenkopf (1992), S.324; Frank / Münch (1993), S.370; Frey / Langloh (1993), S.30 f; Scheele (1993), S.159; Topp (1993), S.102; Arnold (1994), S.224; Frank (1995), S.135; Stickler (1994), S.13; Hohlweg (1997), S. 59 f; Wissenschaftlicher Beirat beim Bundesminister für Verkehr (1997), S. 76 ff; Maibach / Schreyer / Banfi / Iten / de Haan (1999), S.41; Trusiewytsch (1999), S.108
67 Der Begriff der pretialen Lenkung geht auf Schmalenbach zurück und zählt zu den traditionellen Instrumenten der Koordination in Betrieben. Die pretiale Lenkung mit Verrechnungspreisen veranlasst die im Eigeninteresse handelnden Funktionsbereichsmanager ihre Entscheidungen derart zu koordinieren, dass sie für das Gesamtunternehmen optimal ist. Vgl. Schmalenbach (1948), S.8 ff
68 Vgl. Ewers (1991a), S.56 f; Aberle (2003), S.342; Döring (2003), S.139

Die aus dem Road Pricing zu erzielenden Erlöse sollten nicht in den allgemeinen öffentlichen Haushalt eingehen, sondern zur Finanzierung der Investition zur Beseitigung dieser Engpässe beitragen.[69] Tatsächlich jedoch werden diese Einnahmen in einer Vielzahl von Ländern zur allgemeinen Verkehrsinfrastrukturfinanzierung bzw. zur Finanzierung verkehrlicher Großprojekte verwendet.[70]

2.2.6 Begriffsklärungen weiterer Begriffe

In diesem Kapitel werden weitere Abgaben des Straßenverkehrs kurz erläutert. Dazu gehören die Mineralölsteuern auf Kraftstoffe, die Kraftfahrzeugsteuern sowie die Parkgebühren.[71]

Die Mineralölsteuer, die seit 1931 in Österreich erhoben wird und zunächst zweckgebunden für den Straßenbau gewidmet war[72], ist grundsätzlich eine Territorialsteuer[73], die allerdings durch Betankung in anderen Ländern umgangen werden kann. Sie ist zwar auch fahrleistungsabhängig[74], aber sie kann nicht zeitlich und räumlich differenzieren.[75]

Die Kfz-Steuer - in Österreich ebenfalls 1931 eingeführt[76] - ist ein Beispiel für eine Steuer nach dem Nationalitätsprinzip und wird für alle im Inland zugelassenen Kraftfahrzeuge erhoben.[77] Sie kann interpretiert werden als ein Entgelt für die Möglichkeit, das Straßennetz nutzen zu dürfen.[78] In Österreich wird die Kfz-Steuer für Kraftfahrzeuge unter 3,5 Tonnen zulässiges Gesamtgewicht als motorbezogene Versicherungssteuer bezeichnet. Die Höhe des Steuersatzes wird durch die Motorleistung bestimmt. Kraftfahrzeuge ab 3,5 Tonnen zahlen dagegen eine gewichtsabhängige Kfz-Steuer, deren Höhe sich nach dem zulässigen Gesamtgewicht richtet.[79]

---

69 Vgl. Scheele (1993), S.154; Aberle (2003), S.342

70 Vgl. Gramlich (1994), S.1193; Knieps (1995), S.163; Rothengatter (1995), S.63; Small / Gomez-Ibanez (1997), S.375; Rothengatter / Doll (2001), S.5; Teubel (2001), S.47; Aberle (2003), S.342; Quinet / Vickermann (2004), S.220

71 Vgl. Borger / Peirson / Vickerman (2001), S.38 ff; Wissenschaftlicher Beirat beim Bundesminister für Verkehr, Bau- und Wohnungswesen (2003), S.603; Quinet / Vickerman (2004), S.220

72 Vgl. Demand / Faller / Gürtlich / Lamprecht / Riebesmeier (1991), S.110; Just (1992), S.64

73 Das Territorialprinzip besagt, dass die Zahlung einer Abgabe dort erfolgt, wo die Infrastruktur auch tatsächlich in Anspruch genommen wird. Vgl. Bundesministerium für wirtschaftliche Angelegenheiten (1989), S.3

74 Die Mineralölsteuer belastet offensichtlich den einzelnen Transportvorgang bzw. das Antriebsmittel des Straßenfahrzeuges und nicht das Straßenfahrzeug selbst, so dass von einer Fahrleistungsabhängigkeit dieser Steuer ausgegangen werden kann. Vgl. Funck (1988), S.468

75 Vgl. Holocher (1988), S.122; Frank / Münch (1993), S.374; Topp (1993), S.102 f; Berger / Kruse (1994), S.216; Hohlweg (1997), S.65 f; Borger / Peirson / Vickerman (2001), S.40; Clement (2002), S.72

76 Vgl. Demand / Faller / Gürtlich / Lamprecht / Riebesmeier (1991), S.110

77 Vgl. Hohlweg (1997), S.63; Clement (2002), S. 72

78 Vgl. Busch (1993), S.356; Hohlweg (1997), S.63; Wissenschaftlicher Beirat beim Bundesminister für Verkehr (1997), S.79; Damit wird ein Teil des Auslastungsrisikos des Straßennetzes - welches aufgrund der hohen Vorhaltekosten der Straßeninfrastruktur nicht vernachlässigt werden darf - vom Staat auf die Kraftfahrzeughalter übertragen. Vgl. Busch (1993), S.356

79 Vgl. Herry / Judmayr (2000), S.24

Nachteilig bei beiden Steuern ist die fehlende Berücksichtigung unterschiedlicher Knappheitsverhältnisse im Straßenverkehrsraum.[80] Zudem ist die Anwendung des Non-Affektationsprinzip problematisch, d.h. es liegt keine Zweckbindung des Steueraufkommens vor.[81]

Da aus ökonomischer Sicht das Road Pricing die effizienteste Form der Bepreisung von Straßeninfrastruktur ist, wird im Folgenden dieses Konzept ausführlich erläutert. Zwar lässt sich das derzeitige System der fahrleistungsabhängigen Maut in Österreich nicht unter Road Pricing subsumieren, jedoch erscheint eine Darstellung dieses Konzeptes als sinnvoll, da vermutlich mittelfristig verstärkt eine Bepreisung nach räumlichen, zeitlichen und stauabhängigen Kriterien in Österreich erfolgen wird.

2.3 Beschreibung und Bewertung des Road-Pricing-Konzeptes

2.3.1 Praxisrelevanz des Road Pricing

Road Pricing ist ein in Wissenschaft und Praxis kontrovers diskutiertes Thema. In der wissenschaftlichen Literatur bezieht sich der Begriff des Road Pricing üblicherweise auf das reine Congestion Pricing. Eine Integration von Abgaben zur Abdeckung externer Schadstoff- und Lärmkosten spielt dagegen nur eine untergeordnete Rolle.[82] Ökonomen empfehlen seit geraumer Zeit die Einführung von Stauabgaben zur Regulierung des (städtischen) Straßenverkehrs,[83] jedoch ist kaum eine Akzeptanz von politischer wie gesellschaftlicher Seite für Road Pricing gegeben.[84]
Die erste Praxisanwendung des Road-Pricing-Konzeptes erfolgte in Singapore als Cordon Pricing[85] in den 70er Jahren.[86] In Abhängigkeit der Tageszeit werden unterschiedliche Abgabehöhen für eine Fahrt in die Innenstadt verlangt.[87] Studien zeigen

---

80 Vgl. Aberle (1969), S.306; Isenmann (1994), S.7; Gillen (1997), S.206 f; Borger / Peirson / Vickerman (2001), S.38 ff

81 Vgl. Suntum, van (1989), S.559; Sammer (1993), S.634; Kommission Verkehrsinfrastrukturfinanzierung (2000), S.18 f; Klinski (2001), S.14; Teubel (2001), S.48; In Österreich ist die Zweckbindung der Mineralölsteuer 1987 gefallen. Vgl. Schneglberger / Kain (2003), S.1

82 Vgl. Verhoef (1996), S.185; Mirchandani / Head / Boyce (2000), S.526; Rietveld (2002), S.110

83 Vgl. Vickrey (1969), S.251 ff; UK Ministry of Transport (1964); Aberle (1969), S.305 ff; Knieps (1992), S.320 ff; Poole (1992), S.383; Gillen (1997), S.193; Small / Gomez-Ibanez (1997), S.374; Neuenschwander / Suter / Walter (1998), S.165; Harrington / Krupnick / Alberini (2001), S.88; Levinson (2002), S.35; Parry (2002), S.334; Jones (2003), S.29; Schade (2003), S.109

84 Vgl. Jones (1991b), S.194; Winston (1991), S.120 f; Aberle / Engel (1992), S.162 f; Arnott / Palma / Lindsey (1994), S.139; Berger / Kruse (1994), S. 230 f; Lehmann (1996), S.8; Emmerink (1998), S.42; Marcucci (1998), S.4; Herry (2002), S.13

85 Im Gegensatz zu Streckentarifierungen handelt es sich bei Cordon Pricing um ein Mautringsystem, bei welcher die Einfahrt in die Innenstadt mit einer Abgabe belegt wird, die an einem Ring von Mautstellen um die Innenstadt eingehoben wird. Vgl. May (1992), S.318; Shaw (1993), S.248; Rothengatter (1995), S.64; Nielsen (2000), S.28; Borger / Peirson / Vickerman (2001), S.40; Teubel (2001), S.127; Levinson (2002), S.49

86 Vgl. Hau (1990), S.203; Small / Gomez-Ibanez (1997), S.377

87 Vgl. Small / Gomez-Ibanez (1997), S.377

deutlich, dass sich das Nutzerverhalten der Fahrer stark verändert hat. Der städtische Nahverkehr gewann deutliche Zuwächse, die Auslastung der Pkw stieg an und die Anzahl der Fahrzeuge in der bepreisten Innenstadtzone nahm erheblich ab. Die Durchschnittsgeschwindigkeit der Fahrzeuge in der Innenstadt legte deutlich zu. Verkehre wurden in Zeiten mit einer geringeren Abgabenhöhe verlagert. Allerdings ist auch eine deutliche Zunahme der Verkehrsstauerscheinungen im nicht bepreisten Teil der Stadt zu erkennen gewesen.[88]

Hohe Kosten für die Einhebung der Stauabgaben sowie Wartezeiten an den Stationen waren bis zur Durchführung des weltweit ersten elektronischen Road-Pricing-Experimentes in Hongkong (Juli 1983 - März 1985) gewichtige Argumente, die gegen eine Einführung des Road Pricing sprachen.[89] In Hongkong konnte die Funktionsfähigkeit eines elektronischen Road Pricings[90] demonstriert werden, allerdings gab es erhebliche Bedenken aufgrund des Missbrauchs aufgezeichneter Daten von Fahrern.[91] Das Experiment in Hongkong wurde nach umfangreichen technischen und ökonomischen Studien jedoch nicht fortgeführt.[92] Die Beendigung ist auch auf mangelnde Akzeptanz aufgrund vermuteter höherer Zusatzbelastungen privater Haushalte und Unternehmen, jedoch nicht aufgrund technischer Schwierigkeiten zurückzuführen gewesen.[93] Die Erwartungen im Hinblick auf Performance und Zuverlässigkeit des elektronischen Road-Pricing-Systems wurden sogar weit übertroffen.[94]

Seit diesem Experiment verlagerte sich der Schwerpunkt der Diskussion von technologischen Aspekten hin zu Fragen der politischen Akzeptanz und Durchsetzbarkeit sowie den Verteilungswirkungen des Road Pricings.[95]

In Europa haben mehrere Städte - beispielsweise Bergen (1986), Oslo (1990), Trondheim (1991), Stavanger (2001) in Norwegen[96], kürzlich London[97] - Road Pricing in

---

88 Vgl. Watson / Holland (1978), S.48 ff; Button (1993), S.157; McCarthy / Tay (1993), S.96 ff; Menon / Lam (1993), S.5 ff; Mohring (1999), S.194

89 Vgl. Arnott / Palma / Lindsey (1994), S.139

90 Die Technologie basierte auf der elektronischen Kommunikation zwischen einem stationären Mautsender und einer Art On-Board-Unit im Fahrzeug. Bei der Vorbeifahrt an einem Mautsender erfolgte eine automatische Registrierung. Die Registrierungsdaten wurden an eine Zentrale weitergeleitet, die einmal im Monat die Rechnung an den Fahrzeughalter verschickte. Eine Kontrolle erfolgte mittels Videokameras. Vgl. Dawson / Catling (1983), S.372 ff; Hau (1990), S.205

91 Vgl. Borins (1986), S.1367 ff; Dawson / Catling (1986), S.129 ff; Borins (1988), S.43; Keuchel (1992), S.377 f; Frank (1995), S.146

92 Vgl. Hau (1990), S.205; Evans (1992), S.213

93 Vgl. Levinson (2002), S.35

94 Vgl. Catling / Harbord (1985), S.610 ff; Dawson (1986), S.79 ff; Hau (1990), S.205

95 Vgl. Evans (1992), S.213; Arnott / Palma / Lindsey (1994), S.139; Schlag / Teubel (1997), S.134 ff; Thorpe / Hills / Jaensirisak (2000), S.245; Harrington / Krupnick / Alberini (2001), S.88; Jones (2003), S.28; Raux / Souche (2003), S.153

96 Norwegen hat bereits eine lange Tradition, Brücken oder Tunnel durch Mautabgaben zu finanzieren. Vgl. Frank (1995), S.145; Horsman (2003), S.145; Tretvik (2003), S.77

97 In London wurde Road Pricing im Februar 2003 eingeführt. London ist damit die erste britische Stadt, die ein Cordon Pricing implementierte. Vgl. Allsop (2003), S.198 ff; Kossak (2004), S.248; Santos / Rojey (2004), S.22

Form von Cordon Pricing in der Innenstadt eingeführt.[98] Das primäre Ziel dieser Systeme liegt allerdings nicht in der Verflüssigung des Verkehrs und verminderter Staubildung, sondern in der Generierung von Finanzmitteln für den Unterhalt und den Aus- und Neubau städtischer Verkehrsinfrastruktur wie für ein umfassendes ÖPNV-Angebot. Die Benutzungsgebühren variieren nur in geringem Maße - wenn überhaupt - im Tagesablauf.[99]

Neben dem Einsatz von Road Pricing in Ballungsräumen findet das Konzept auch im Verkehr auf Fernstraßen Anwendung. Beispiele für Congestion Pricing auf Autobahnen lassen sich unter anderem in Frankreich und in den USA finden. In Frankreich wird ein Teil der Autobahn A1 Paris - Lille mit entfernungsabhängigen Staugebühren in variabler Höhe bemautet. Dieser Autobahnabschnitt zeichnet sich durch regelmäßige Verkehrsstauerscheinungen zu bestimmten Tages- und Wochenzeiten aus, so dass durch die Stauabgabe eine Entzerrung der Verkehrsströme erfolgen kann.[100] Untersuchungen bestätigen tatsächlich ein verändertes Fahrverhalten der Verkehrsteilnehmer.[101]

Bei den mit Stauabgaben bepreisten Autobahnen im amerikanischen Bundesstaat Kalifornien handelt es sich um stauanfällige Abschnitte in Agglomerationsräumen, die insbesondere durch Pendler in starkem Maße benutzt werden. Parallel zu den bepreisten Strecken können die Verkehrsteilnehmer alternativ nicht bemautete Strecken befahren, für welche allerdings ein höherer Zeitaufwand erforderlich ist.[102]

Aus den genannten Beispielen für die Umsetzung des Road Pricings kann jedoch nicht geschlossen werden, dass Road Pricing in der Praxis weit verbreitet ist. Weltweit betrachtet, hat das Road Pricing - abgesehen von diesen Beispielen - das Stadium von Machbarkeitsstudien und Feldversuchen noch nicht überwunden. Die realisierten Congestion-Pricing-Projekte haben vordringlich zum Ziel, den Verkehrsablauf in Großstädten zu verbessern. Congestion Pricing auf Autobahnen stellt daher eher die Ausnahme dar. Ein maßgeblicher Grund für die bisher mangelnde Verbrei-

---

98 Vgl. Arnott / Palma / Lindsey (1994), S.139; Horsman (2003), S.137

99 Vgl. Nickel (1991), S.17 f; May (1992), S.319; Button (1993), S.158; Haug (1994), S.25 ff; Keuchel / Rodi (1994), S.203 ff; Odeck / Brathen (1997), S.74; Small / Gomez-Ibanez (1997), S.383; Wissenschaftlicher Beirat beim Bundesminister für Verkehr (1997), S.77; Thaller (2000), S.5; Jones (2003), S.34; Tretvik (2003), S.77 ff

100 Vgl. Costa-Elias (1994), S.28 ff; Small / Gomez-Ibanez (1997), S.389; Stough / Button / Clarke / Pommerening / Jefferson / Thibault (2004), S.9

101 Vgl. Centre d'Etudes Techniques de l'Equipement Nord Picardie (1993); Costa-Elias (1994), S.30

102 Vgl. Small / Gomez-Ibanez (1997), S.391 f; Solche sogenannten HOT (high occupancy tax lanes) - die in der wissenschaftlichen Literatur auch als Second-best-Pricing bezeichnet werden - haben inzwischen auch in anderen amerikanischen Bundesstaaten (z.B. im Großraum Houston oder Texas) oder auch in Kanada (Autobahn bei Toronto) Verbreitung gefunden. Weiterhin gibt es sogenannte HOV-lanes (high occupancy vehicle lanes), die nur Busse oder andere Pkw mit einem hohen Besetzungsgrad befahren dürfen. Vgl. Braid (1996), S.179; Verhoef / Nijkamp / Rietveld (1996), S.280 ff; Liu / McDonald (1998), S.354 f; Mohring (1999), S.187; Yang / Huang (1999), S.140; Golob (2001), S. 496; Harrington / Krupnick / Alberini (2001), S.90; Small / Yan (2001), S.311 ff; Parry (2002), S.334; Verhoef / Small (2004), S.128

tung scheint in der geringen gesellschaftlichen und politischen Akzeptanz für alle auf dem Preismechanismus basierende Lösungsmöglichkeiten für Stauprobleme zu liegen.[103] Darüber hinaus lassen sich institutionelle Barrieren (z.B. in der Gesetzgebung) finden, welche die Implementierung erschweren.[104]

2.3.2 Bedeutungszuwachs des Road Pricing

Durch die zunehmende Diskrepanz zwischen dem verfügbaren Infrastrukturangebot und der Nachfrage nach Infrastrukturleistungen sowie durch die Existenz externer Kosten des Straßenverkehrs wird nunmehr auch im politischen Raum im verstärktem Maße über ein Preissystem zur Lenkung der Nachfrage nachgedacht.

Das Infrastrukturangebot kann durch die Infrastrukturkapazität quantifiziert werden, wobei zwischen einer statischen und einer dynamischen Kapazität eines Straßenabschnittes unterschieden wird. Bei der statische Kapazität wird die Durchlassfähigkeit[105] an einem Punkt (Querschnitt) gemessen. Die Durchlassfähigkeit ist u.a. von der Anzahl und der Breite der Fahrbahnen, des Kurvenreichtums oder der Steigungen abhängig. Bei der Bestimmung der dynamischen Kapazität spielen weitere Größen wie die mittlere Geschwindigkeit, der Homogenitätsgrad der Fahrzeuge oder auch die Witterungsbedingungen eine Rolle.[106]

Bei einem gegebenen Bestand an Straßeninfrastrukturkapazität führt eine zunehmende Nachfrage nach Infrastrukturleistungen offensichtlich zu einer zunehmenden Verknappung der Straßen mit der Folge einer höheren Rivalität der Verkehrsteilnehmer bei der Nutzung des knappen Gutes Infrastruktur. Es kommt in Folge zu Verkehrsstauerscheinungen.

Verkehrsstauungserscheinungen haben demzufolge ihre Ursache in der Überlast der Verkehrsinfrastruktur. Unter Überlast wird eine Nachfragemenge verstanden, welche die vorhandene Kapazität übersteigt und daher gar nicht oder in geminderter Qualität

---

[103] Darauf verwies bereits Baum (1972), S.349; Vgl. Jones (1991a), S.245 ff; Eisenkopf (1992), S.323; Kruse (1996), S.196; Lehmann (1996), S.8 ff; Verhoef (1996), S.186; Odeck / Brathen (1997), S.76 ff; Emmerink (1998), S.49; Nielsen (2000), S.17 f; Borger / Peirson / Vickerman (2001), S.41 f; Harrington / Krupnick / Alberini (2001), S.96; Teubel (2001), S.31; Frey (2003), S.65; Horsman (2003), S.142; Krause (2003), S.33 f; Link (2003), S.301 f; Schlag (2003), S.110 f; Eine empirische Studie zu den nach Meinung der Befragten effektivsten Möglichkeiten zur Reduzierung von Verkehrsstauerscheinungen in London im Jahr 2001 ergab, dass gerade mal 5 % eine Staugebühr für sinnvoll halten. Weit höhere Werte erreichten Maßnahmen wie höhere Qualität des ÖPNV (33 %) oder günstigere Nahverkehrstickets (18 %). Vgl. HMSO (2000), S.53; Eine andere britische Befragung von Politikern und Wissenschaftlichern über die Möglichkeiten der Verminderung von Staus im Jahr 1999 ergab jedoch, dass knapp 82 % der Befragten Congestion Pricing für effektiv oder sehr effektiv halten, um innerstädtische Verkehrsprobleme zu lösen. Vgl. Ison (2000), S.272

[104] Vgl. Neuenschwander / Suter / Walter (1998), S.166; Hansjürgens (2001), S.180 ff; Milne / Niskanen / Verhoef (2001), S. 4 ff

[105] Die Durchlassfähigkeit wird durch die höchstmögliche Anzahl der Fahrzeuge bestimmt, die in einer Zeiteinheit (z.B. eine Stunde oder ein Tag) die Straße in einer Richtung befahren können. Vgl. Kaniowski (1958), S.46

[106] Vgl. Meyer (1999), S.65

wie eine der Kapazität entsprechende Nachfrage bedient werden kann.[107] Diese Infrastrukturabschnitte können auch als Engpässe bezeichnet werden.[108] Bei Verkehrsinfrastrukturen handelt es sich jedoch nur in Ausnahmefällen um permanente Überlasten des gesamten Systems. Lediglich zu bestimmten Zeiten und auf bestimmten Streckenabschnitten übersteigt die Nachfrage die gegebene Kapazität. Die gesamte Infrastruktur ist jedoch zumeist für eine gleich hohe, aber zeitlich sowie räumlich entzerrte Nachfrage in ausreichendem Maße dimensioniert.[109] Kritische Nutzungszeiten stellen vor allem die Rush Hours wochentags in der Früh und am Nachmittag dar. Überlasten treten im Wesentlichen bei hochrangigen Verbindungen zwischen Ballungsräumen sowie auf innerstädtischen Hauptstraßen in Agglomerationsräumen auf.[110]

Die Ursachen für die zunehmende Überlast von Verkehrsinfrastrukturen lassen sich auf drei wichtige Gründe zurückführen.[111]

Eine erste Ursache liegt in der mangelnden Anpassung der Infrastrukturkapazität an veränderte Nachfragemengen begründet. Die Nachfrage nach Fahrleistungen im Straßenverkehr ist im Zeitablauf stark gestiegen. Im Personenverkehr ist dies vor allem auf veränderte Mobilitätspräferenzen und gestiegene Einkommen zurückzuführen. Im Güterverkehr ist aufgrund der weltwirtschaftlichen Integration, der vermehrten Arbeitsteilung oder der Verwendung von Just-in-time-Konzepten die Fahrleistung deutlich gewachsen. Zugleich stößt der Ausbau von Verkehrsinfrastruktur auf Widerstände in der Gesellschaft, so dass das Infrastrukturangebot nur teils den veränderten Nachfragemengen angepasst werden kann.[112] Ein zweiter Grund liegt in der mangelnden Effizienz der Infrastrukturnutzung.[113] Die Lenkungswirkung durch Preise wird bisher kaum angewandt, so dass ordnungspolitische Mängel mit zu den Überlastungsproblemen beitragen. Ein dritter Grund liegt in der Deregulierung des Ver-

---

107 Vgl. Shaw (1993), S.242; Franke (1997), S.38; Berger (2000), S.24 ff; Bei vollständigem Stillstand wird die Nachfrage gar nicht bedient; bei Fahrt mit geminderter Geschwindigkeit wird die Nachfrage in geminderter Qualität befriedigt. Es kann bei verringerter Geschwindigkeit auch von partieller Rivalität gesprochen werden. Vgl. Berger (2000), S.28

108 Vgl. Berger (2000), S.24 ff

109 Vgl. Leutzbach (1991), S.36 f; Berger (2000), S.24 f

110 Vgl. Ewers (1991a), S.15; Eisenkopf (1992), S.317; Gramlich (1994), S.1182; Tomas (1997), S.47 f; Bovy / Van Wee (2002), S.123; Stough / Button / Clarke / Pommerening / Jefferson / Thibault (2004), S.6

111 Vgl. Kruse (1996), S.183 f; Bovy / Salomon (2002), S.146 ff

112 Vgl. Holocher (1988), S.117; Leutzbach (1991), S.35; Teufel (1993), S.48 ff; Gramlich (1994), S.1181 f; Schierhackl / Glaser (1995), S.1; Kruse (1996), S.183 f; Hohlweg (1997), S.18 ff; Seidenfus (1997), S.127 ff; Tomas (1997), S.47 f; EU-Kommission (2001), S.14; Umweltbundesamt (2001), S.437 ff; Conrad / Heng (2002), S.108; Eisenkopf (2002), S.124; Bujnoch / Huss / Sumpf (2003), S.608; Baum / Fransoo / Göpfert (2004), S.54 ff; Haase (2004), S.157; Es werden hier Fahrleistungen und nicht Verkehrsleistungen verwendet, da Fahrleistungen für die Belastung der Verkehrsinfrastruktur ein höherer Informationswert als der Größe Verkehrsleistung zukommt. Vgl. Merath (1995), S.280 f; Franke (1997), S.29 f; Aberle (2003), S.27; Bujnoch / Huss / Sumpf (2003), S.610

113 Vgl. Aberle / Engel (1992), S.162 f; Hug / Mock-Hecker / Radermacher (1995), S.113; Kruse (1996), S.183 f; Emmerink (1998), S.11; EU-Kommission (2001), S. 13

kehrssektors, durch welche Infrastrukturprobleme offenbar werden, die zuvor als weniger wichtig oder als betriebsinterne Probleme behandelt wurden.[114]
Neben der Notwendigkeit einer besseren Nutzung gegebener Infrastrukturkapazität tritt immer deutlich hervor, dass Neubau und Unterhalt von Straßen aus dem allgemeinen Budget eines Staates nur noch eingeschränkt finanziert werden kann. Road Pricing bedeutet auch eine verstärkte Hinwendung zur Nutzerfinanzierung von Verkehrsinfrastruktur.
Der Übergang von der klassischen Haushaltsfinanzierung hin zu Nutzerfinanzierung ist dabei mit folgenden Vorteilen verbunden:[115]

- Entgelte sind sichere Finanzierungsquellen. Die Finanzierung ist unabhängig von unsteter öffentlicher Haushaltslage und sie richtet sich nach der Zahlungsbereitschaft der Nutzer.
- Es erfolgt eine Effizienzerhöhung auf Nutzerseite, da durch die Entgelterhebung Anreize zur ökonomischen Nutzung der Verkehrswege bestehen.
- Bei Planung, Bau und Betrieb sowie Finanzierung können private Investoren involviert werden, die zusätzliche Finanzmittel einbringen. Infrastrukturmanagement durch private Investoren kann zu erheblichen Effizienzgewinnen führen.
- Es kann eine Angleichung der Nutzungsbedingungen der Straßenverkehrswege in der Europäischen Union erfolgen.

Eine stärkere Nutzerfinanzierung ist jedoch nicht gleichbedeutend mit dem Rückzug des Staates aus der Verantwortung für die Verkehrsinfrastruktur.

2.3.3 Literaturüberblick

Die umfangreiche Literatur zum Road Pricing lässt sich generell in drei Kategorien unterteilen. Die Kategorien können wie folgt differenziert werden:

- Beschreibung und Bewertung unterschiedlicher Ansätze zur Bepreisung der Straßenverkehrsinfrastruktur
- Akzeptanz von Straßenbenutzungsabgaben
- Verteilungswirkungen von Straßenbenutzungsabgaben

Tabelle 1 zeigt einen Überblick über wichtige Publikationen in den drei Kategorien.

---

[114] Vgl. Aberle / Brenner (1994), S. 704 ff; Kruse (1996), S.183 f
[115] Vgl. Kommission Verkehrsinfrastrukturfinanzierung (2000), S.30

Beschreibung und Bewertung unterschiedlicher Ansätze zur Bepreisung der Straßenverkehrsinfrastruktur		Akzeptanz von Straßenbenutzungsabgaben	Verteilungswirkungen von Straßenbenutzungsabgaben
Pigou (1920) Knight (1924) Walters (1961) HMSO (1964) Johnson (1964) Walters (1968) Aberle (1969) Baum (1972) Keeler/Small (1977) Else (1981) Ewers (1991a) Decorla-Souza / Kane (1992) Evans (1992) Hau (1992) Hills(1993) Emmerink / Nijkamp / Rietveld (1995) Braid (1996)	Verhoef / Nijkamp / Rietveld (1996) Verhoef (1997) Liu / McDonald (1998) Liu / McDonald (1999) Meyer (1999) Verhoef (2000) Small / Yan (2001) Verhoef / Small (2004) Yang / Zhang / Meng (2004)	Borins (1986) Jones (1991a) Jones (1991b) Giuliano (1992) Lehmann (1996) Odeck / Brathen (1997) Schlag / Teubel (1997) Harrington / Krupnick / Alberin (2001) Frey (2003) Horsman (2003) Jones (2003) Link (2003) Raux / Souche (2003) Schade (2003)	Arnott / Palma / Lindsey (1994) Verhoef (1996) Borger / Swysen (1997) Thaller (2000) Teubel (2001) Santos / Rojey (2004)

Tabelle 1: Literaturüberblick zu Road Pricing

2.3.4 Standardmodell des Road Pricing

2.3.4.1 Beschreibung und Bewertung des Standardmodells

Obwohl Verkehrsstauerscheinungen erst in den letzten Jahrzehnten zu einem nennenswerten Problem geworden sind, beschäftigten sich bereits die Ökonomen Pigou und Knight Anfang der 20er Jahre des 20.Jahrhunderts mit der Idee, Staukosten mittels Abgaben zu internalisieren.[116] Erst Ende der 50er und Anfang der 60er Jahre wurden diese Ideen wieder aufgegriffen und fortentwickelt. Grundlegende Arbeiten hierzu stammen u.a. von Walters[117] oder Johnson[118]. Im Auftrag des britischen Verkehrsministeriums untersuchte 1964 eine Gruppe von Ökonomen eine vielbeachtete Studie zur Einführung von Road-Pricing-Systemen in Städten.[119]

Die entwickelten Staumodelle bestimmen die effiziente Nutzungsmenge sowie den dazugehörigen Optimalpreis. Der Optimalpreis ist der sog. Road Price, der für die Benützung einer Straße erhoben wird. Wie noch zu zeigen sein wird, dienen zwar die grundlegenden Staumodelle der Veranschaulichung der Problematik, jedoch können aber aufgrund der restriktiven Prämissen die Modelle nur eingeschränkt in die Praxis

116 Vgl. Pigou (1920), S.194; Knight (1924), S.584 ff

117 Vgl. Walters (1961)

118 Vgl. Johnson (1964)

119 Vgl. UK Ministry of Transport (1964); Diese Kommission wird auch häufig nach dem Vorsitzenden Smeed benannt. Die Kommission sprach sich für die Implementierung von Road Pricing in Städten aus. Die stieß jedoch in der Politik auf wenig positive Resonanz.

übertragen werden.[120] Die entwickelten Staumodelle basieren alle auf dem statischen Standardmodell, welches im Folgenden beschrieben wird.
Im statischen Standardmodell[121] des Road Pricing wird eine einzelne Straße bzw. ein Streckenabschnitt mit einer gegebenen fixen Kapazität und einer Zu- und Abfahrt während eines vorgegebenen Zeitraums betrachtet (siehe Abbildung 2).[122] Der Verkehr fließt völlig ungestört und wird nicht durch Hindernisse bzw. Engpässe wie beispielsweise Lichtsignalanlagen, Unfälle, Fahrbahnverengungen oder Kreuzungen behindert.[123] Die in Abbildung 2 dargestellte Nachfragekurve N stellt die aggregrierten marginalen Zahlungsbereitschaften der Verkehrsteilnehmer zur Durchführung einer Fahrt auf dieser Straße dar. Sie repräsentiert den Nutzen, welchen die Verkehrsteilnehmer aus einer Fahrt generieren. Die Verkehrsteilnehmer unterscheiden sich nur hinsichtlich der Wertschätzung für diese Fahrt;[124] sie weisen ansonsten identische private Fahrtkosten (Treibstoffkosten, Verschleiß des Fahrzeuges, eigener Zeitaufwand für die Fahrt u.a.) auf.[125] Der Betrag der durchschnittlichen Fahrtkosten hängt von der Anzahl der Fahrzeuge, dem Verkehrsfluss[126], auf dieser Straße ab.[127] Ab dem Punkt F^{Stau} erhöht ein zusätzlicher Verkehrsteilnehmer auf dieser Straße die

---

120 Vgl. Emmerink / Nijkamp / Rietveld (1995), S.582 ff; Teubel (2001), S.90 ff

121 Die statischen Modelle waren die ersten Modelle, die zur Ermittlung optimaler Straßenbenutzungsabgaben herangezogen wurden und sie werden auch heute noch zur verständlichen Darstellung der Grundlagen des Road Pricing verwendet. Vgl. Teubel (2001), S.75; Eisenkopf (2002), S. 182

122 Im Standardmodell wird also von Alternativrouten bzw. von Straßennetzwerken abgesehen. Vgl. zu diesen erweiterten Modellen z.B. Liu / McDonald (1999), S.159 ff; Dial (2000), S.653 ff; Palma / Lindsey (2000), S.16 ff; Yang / Meng (2000), S.210 ff; Brotcorne / Labbe / Marcotte / Savard (2001), S.346 ff; Meng / Yang / Bell (2001), S.87 ff; Yang / Zhang / Meng (2004), S.193 ff

123 Vgl. Teubel (2001), S.75

124 Es wird hier unterstellt, dass die individuellen Nachfragefunktionen unabhängig von der Kapazität sowie von der Anzahl der Fahrzeuge auf der Straße sind. Dies ist offensichtlich eine Vereinfachung. Die im Standardmodell verwendeten Nachfragefunktionen implizieren die Verwendung sehr spezieller individueller Nutzenfunktionen. Die Ermittlung optimaler Abgabenhöhen bei Berücksichtigung des Verkehrsflusses und der Kapazität in den individuellen Nachfragefunktionen würde um ein Vielfaches komplexer sein. Vgl. Arnold (1994), S.231 ff

125 In diesem Zusammenhang wird auch von der Homogenitätsannahme gesprochen. Vgl. Kruse (1996), S.190; Verhoef (1996), S.186

126 Zumeist wird in der Literatur der Verkehrsfluss als Outputgröße verwendet. Einige Autoren bevorzugen jedoch die Verkehrsdichte (Anzahl Fahrzeuge pro Entfernungseinheit) als Outputgröße, da die potentiellen Nutzer die Entscheidung zur Nutzung der Straße in Abhängigkeit der Verkehrsdichte treffen. Vgl. Else (1981), S.220 f; Evans (1992), S.216 ff; Alternativ wird als Outputgröße die Anzahl der vollendeten Fahrten vorgeschlagen. Vgl. Hills (1993), S.96 ff

127 Teils wird in der Literatur unterstellt, dass die Betriebskosten (Treibstoffverbrauch, Verschleiß etc.) konstant pro Distanzeinheit und unabhängig vom Verkehrsfluss sind, so dass in die privaten Grenzkosten ausschließlich die eigenen Zeitkosten eingehen. Vgl. Hau (1992), S.9; Hauser / Hidber (1992), S.113; Teubel (2001), S.79; Realistisch ist allerdings die Annahme, dass die Betriebskosten von der Geschwindigkeit und damit vom Verkehrsfluss abhängig sind. Beispielhaft sei hier die Höhe des Treibstoffverbrauchs in Abhängigkeit der Streuung der Fahrgeschwindigkeit erwähnt. Vgl. z.B. Schierhackl / Glaser (1995), S.10 ff; Greenwood / Bennett (1996), S.18 ff; Borger / Proost (2001), S.11 ff

durchschnittlichen Fahrkosten eines jeden Nutzers der Straße, vor allem induziert durch eine Verlängerung der Fahrtzeit auf dieser Straße.[128]

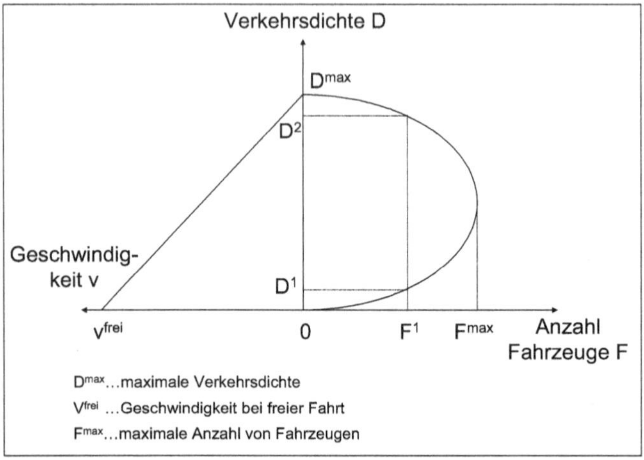

Abbildung 2: Standardmodell des Road Pricing, Quelle: in Anlehnung an HMSO (1964), S.46; Walters (1968), S.24; Baum (1972), S.97; Button (1993), S.154; Verhoef (1996), S.187; Yang / Huang (1998), S.46; Teubel (2001), S.38; Izquierdo / Vassallo (2002), S.43; Levinson (2002), S.162; Krause (2003), S.51[129]

Die durchschnittlichen Fahrtkosten sind mit den privaten Grenzkosten (PGK)[130] dieser Fahrt identisch, da im Modell ausschließlich eine einzelne Fahrt betrachtet wird. Die privaten Grenzkosten sind folglich eine Funktion der Anzahl der Fahrzeuge auf der Straße. Es wird ein Verkehrsfluss F^{max} realisiert, welcher durch den Schnittpunkt B der Nachfragefunktion mit den privaten Grenzkosten charakterisiert ist. Da ab der Verkehrsmenge F^{Stau} Zeitverluste mit jedem zusätzlichen Fahrzeug für das Fahrzeugkollektiv entstehen[131], werden diese in Form von marginalen Staukosten[132] per Addition zu den marginalen privaten Kosten berücksichtigt, so dass daraus die Funktion

[128] Vgl. Walters (1961), S.676 f; Bereits Baum betonte, dass die Erhöhung des Zeitbedarfs als die bedeutendste Kostenkomponente gelten muss. Vgl. Baum (1972), S.222

[129] Aus Vereinfachungsgründen sind die Funktionen hier linear dargestellt.

[130] Die Grenzkosten sind hier jene (individuellen bzw. sozialen) Kosten, die vermieden worden wären, wenn der Verkehrsfluss um ein Fahrzeug pro Zeiteinheit verringert worden wäre. Vgl. Else (1986), S.99

[131] Es wird in diesem Zusammenhang auch von partieller Rivalität gesprochen, da der Konsum der Verkehrsinfrastruktur durch einen Nutzer den der anderen zwar beeinträchtigt, aber nicht - wie bei der direkten Rivalität - ausschließt. Vgl. Kruse (1996), S.188

[132] Die Höhe der marginalen Staukosten kann je nach Level of Service sehr unterschiedlich ausfallen. Der höchste Level of Service A steht für einen freien Verkehrsfluss, eine geringe Verkehrsdichte und das Fehlen jeglicher Behinderungen. Der niedrigste Level of Service F ist durch einen sehr instabilen Verkehrsfluss und Stop-and-Go-Verkehr gekennzeichnet. Vgl. Schnabel / Lohse (1997), S.93 ff; Die Werte der marginalen Staukosten auf österreichischen Autobahnen für einen Lkw variieren je nach Level of Service zwischen 0,016 EUR / Fahrzeugkilometer und 5,08 EUR / Fahrzeugkilometer. Vgl. Kummer / Riebesmeier/ Einbock / Gierke (2002), S.55

der Sozialen Grenzkosten (SGK) resultiert.[133] Diese Zeitverluste spiegeln sich in den Stauungskosten (congestion costs) wider.[134] Die Zeit als solches besitzt zwar keinen Wert an sich, jedoch wird diese aus der dabei ausgeübten Tätigkeit abgeleitet.[135] Im Personenverkehr wird in mehrere Zeitarten, die unterschiedliche Kostensätze aufweisen, differenziert:[136]

- die Erwerbszeit, in welcher der Beruf ausgeführt und Einkommen erzielt wird,
- die Pendelzeit für Fahrten zwischen Wohnort und Arbeitsort sowie
- die Freizeit, in der Tätigkeiten ausgeübt werden, die regelmäßig nicht der Einkommenserzielung, sondern der Befriedigung anderer Bedürfnis dienen.

In der amerikanischen Literatur lässt sich eine bis auf Vickrey zurückzuführende Unterscheidung zwischen Travel time costs und Schedule related costs / Schedule delay costs ausfindig machen. Travel time costs sind jene (Zeit)Kosten, die aufgrund einer Verkehrsstauerscheinung durch die Fahrzeiten entstehen. Schedule-related costs / Schedule delay costs sind Kosten, welche die ökonomischen Folgen aus der Differenz zwischen tatsächlicher Ankommenszeit am Zielort und der gewünschten Ankommenszeit abbilden.[137]

Im Güterverkehr werden insbesondere die Kosten des Fahrpersonals (Lohn- und Lohnnebenkosten, Spesen)[138], die Vorhaltekosten der Fahrzeuge sowie die Verspätungskosten bei der Bestimmung der Zeitkosten berücksichtigt. Die Personalkosten fließen aus dem Grund ein, weil diese offensichtlich auch während eines Staus anfallen. Die Vorhaltekosten tragen dem Umstand Rechnung, dass aufgrund von Verkehrsstauerscheinungen mehr Fahrzeuge benötigt werden könnten als ohne die Existenz von Staus.[139] Verspätungskosten können beispielsweise Kosten der Produktionsausfälle darstellen, die in einer Verkehrsstauerscheinung ihre Ursache ha-

---

133 Vgl. Walters (1968), S.23 f; Büttler (1983), S.51; Verhoef (1996), S.186; Yang / Huang (1998), S.45; Alternativ können Verkehrsstauerscheinungen über die Nachfrageseite und nicht über die Kostenfunktion in das Modell integriert werden. Nutzeneinbußen durch staubedingte Zeitverluste werden dann als verminderte Qualität der Straßennutzung angesehen, mit der Folge der Reduktion der Zahlungsbereitschaft. Je schlechter die Qualität, desto mehr verschiebt sich die Nachfragefunktion nach unten. Vgl. Freeman / Havemann (1977), S.226 ff; Berger / Kruse (1994), S.223; Verhoef unterscheidet weiterhin zwischen Peak Congestion Models und Continuous Congestion Models. Bei den Peak Congestion Models wird die Nachfrage und die Überfüllung in einer Spitzenlastperiode (Peak-Periode) modelliert. Die Continuous Congestion Models zeichnen sich durch die Prämisse einer kontinuierlichen Überfüllungserscheinung aus. Vgl. Verhoef (1997), S.3 ff

134 Vgl. Lehmacher (1975), S.117; Meyer (1999), S.140 f; Berger (2000), S.70 ff; Bovy / Van Wee (2002), S.125; Krause (2003), S.103; Auf die Betrachtung negativer Auswirkungen von Verkehrsstauerscheinungen auf den Treibstoffverbrauch und die natürliche Umwelt wird hier verzichtet.

135 Vgl. Peschel (1963), S.11 ff; Binder (1973), S.2; Schierhackl / Glaser (1995), S.8; Eckey / Stock (2000), S.102; Bei der Ermittlung der Zeitkosten treten eine Vielzahl methodischer und praktischer Probleme auf. Vgl. Aberle (1969), S.304; Willeke (1972), S.69; Tichy (1992), S.45 ff

136 Vgl. Kentner (1970), S.99 ff; Baum (1972), S.223

137 Vgl. Vickrey (1969), S.256 ff; Liu / McDonald (1999), S.160; Levinson (2002), S.54

138 Vgl. Mayeres / Dender (2001), S.139

139 Vgl. Meyer (1999), S.74; Eckey / Stock (2000), S.104

ben. Auch die Kosten der Erhöhung des Sicherheitsbestandes aufgrund unsicherer Ankunftszeiten beim Empfänger können unter die Verspätungskosten subsumiert werden.[140]

Staukosten sind folglich Resultat einer unregulierten Nutzung knapper, überlasteter Infrastrukturkapazitäten und sie treten in zeitlich und örtlich differenzierter Form auf.[141] Staukosten stellen Einbußen bei der Nutzungsqualität für alle Straßennutzer dar. Folglich sind sie Opportunitätskosten, da sie Nutzeneinbußen durch die zusätzliche Inanspruchnahme darstellen.[142]

Bei einem Verkehrsfluss F^{max} ergeben sich Stauungskosten für jeden Verkehrsteilnehmer in Abbildung 2 in Höhe von AB. Der Wohlfahrtsverlust über alle Verkehrsteilnehmer entspricht dem schraffierten Dreieck ABD.[143]

Werden nun die Verkehrsteilnehmer mit einer Straßenbenutzungsabgabe in Höhe CD = p^{RP} belastet - dies entspricht genau der Höhe der sozialen Grenzkosten abzüglich der privaten Grenzkosten[144] -, so erfolgt eine Reduktion der Anzahl der Fahrzeuge auf den volkswirtschaftlich optimalen Verkehrsfluss F^{O}.[145] Dies entspricht dem Schnittpunkt D der Nachfragekurve und der sozialen Grenzkosten. Verkehrsteilnehmer, deren Preisbereitschaft geringer als die der sozialen Grenzkosten ist, werden folglich auf diese Fahrt verzichten.[146] Analog mikroökonomischer Marginalbetrachtungen ist damit der Optimalpunkt der Nutzung der Straße dann erreicht, wenn die Kosten einer zusätzlichen Fahrt der marginalen Zahlungsbereitschaft - dem Grenznutzen - entsprechen.[147] Der effiziente Preis im Modell entspricht demnach den Grenzkosten.[148] Es entsteht ein Wohlfahrtsgewinn in Höhe des schraffierten Dreiecks ABD.[149]

Die Erhebung einer Straßenbenutzungsabgabe in genau dieser Höhe garantiert jedoch nicht Staufreiheit auf dem betrachteten Streckenabschnitt. Im Standardmodell geht es um eine „Stauoptimierung“, nicht um eine Stauvermeidung.[150]

---

140 Vgl. Meyer (1999), S. 74

141 Vgl. Scheele (1993), S.148

142 Vgl. Oakland (1972), S.339; Berger (2000), S.26 f

143 Vgl. Levinson (2002) S.162

144 Vgl. Baum (1972), S.72; McKay (1989), S.33 f; May (1992), S.314 f; Arnold (1994), S.227; Wissenschaftlicher Beirat beim Bundesminister für Verkehr (1997), S.76; Emmerink (1998), S.37; Brotcorne / Labbe / Marcotte / Savard (2001), S.345

145 Vgl. Hauser / Hidber (1992), S.114; Lehmann (1996), S.13; Krause (2003), S.53; Yang / Zhang / Meng (2004), S.192; Es erfolgt demnach eine Rationierung des knappen Gutes Straße über den Preis.

146 Vgl. Eisenkopf (1992), S.322; Meyer (1999), S.139 ff

147 Vgl. Yang / Huang (1998), S.46; Berger (2000), S.75

148 Vgl. Gillen (1997), S.109; Yang / Huang (1999), S.148 ff; Frey (2003), S.64 f

149 Transaktionskosten zur Realisierung des Preismechanismus werden aus Vereinfachungsgründen im Standardmodell nicht berücksichtigt. Darunter fallen insbesondere die Ausschlusskosten der Straßennutzung. Die Kosten des Erhebungssystems und ggf. die Kosten des Zeitverlustes für die Verkehrsteilnehmer durch die Bezahlung der Straßenbenutzungsabgabe machen einen wesentlichen Bestandteil der Ausschlusskosten aus. Vgl. Kruse (1996), S.195

150 Vgl. Hauser (1992), S.69; Keuchel (1992), S.377; Kruse (1996), S.196

Die Erhebung einer Straßenbenutzungsabgabe entspricht der grundlegenden Idee des marktwirtschaftlichen Wirtschaftssystems, die Koordination einzelwirtschaftlicher Aktivitäten grundsätzlich über das Preissystem erfolgen zu lassen. Das Preissystem hat die Aufgabe, Akteure in der Ökonomie über Knappheiten von Gütern zu informieren und eine optimale Verwendung von Ressourcen sicherzustellen. Daher erscheint es auch grundsätzlich als sinnvoll, Preise als Steuerungsmechanismus für ökonomische Entscheidungen bei der Benutzung von Verkehrsinfrastruktur zu berücksichtigen.[151]

Das Modell stellt eine Anwendung der Internalisierung negativer externer Effekte über die Pigou-Steuer dar.[152] Pigou schlug eine Besteuerung der diese externe Effekte hervorrufenden wirtschaftlichen Aktivitäten vor, dessen Höhe sich nach dem Ausmaß des monetär bewerteten externen Effektes im Optimalniveau dieser Aktivität bemisst.

Mittels der Pigou-Steuer wird der Verursacher mit den „wahren" Kosten seiner Aktivität konfrontiert mit der Folge, dass der externe Effekt im individuellen Entscheidungskalkül des Verursachers Berücksichtigung findet.[153] Diese auch als first-best-solution bezeichnete Variante der Regulierung über den Preis hat im Vergleich zu reinen Mengenbeschränkungen den Vorteil, dass nur diejenigen Nachfrager die Infrastruktur benutzen, denen die Fahrt den höchsten Nutzen spendet, d.h. deren Zahlungsbereitschaft größer ist bzw. identisch mit dem Road Price ist.[154] Bei einer Mengensteuerung können jedoch auch Fahrer die Infrastruktur benützen, die eine geringe Zahlungsbereitschaft aufweisen und dafür andere Nutzer mit einer höheren Preisbereitschaft nicht zum Zuge kommen.[155]

Diese Abgabe hat somit das Ziel, die beste Ausnutzung der Straßeninfrastruktur vorzunehmen.[156] Die Abgabe soll nicht dazu dienen, das Finanzierungsproblem der

---

[151] Vgl. Wissenschaftlicher Beirat beim Bundesminister für Verkehr (1997), S. 80; Eisenkopf (2002), S.124

[152] Vgl. Frey / Langloh (1993), S.27; Verhoef (1996), S.186; Eisenkopf (2002), S.180 f

[153] Vgl. Pigou (1920), S.192 f

[154] Vgl. Baum (1972), S.74; Berger (2000), S.76 f

[155] Vgl. Berger (2000), S.76 f; Eine Mengenrationierung kann unter anderem durch entsprechende Zufahrtsregulierungen (z.B. Lichtsignalanlagen an Autobahnauffahrten) realisiert werden. Bei solch einer First-come-first-serve-Regel entstehen Rationierungskosten in Form von Wartezeiten vor der Zufahrtssperre. Der ersparte Stau *auf* dem betrachteten Streckenabschnitt wird substituiert durch einen Stau *vor* der Zufahrt. Der Preis wird bei einer Mengensteuerung nun nicht mehr in Form von Geld, sondern in Form von Zeit entrichtet. Dieser gezahlte „Preis" jedoch fällt nicht an anderer Stelle an, sondern wirkt als reiner Ressourcenverlust. In der Quintessenz führt die Mengenrationierung im Unterschied zur Rationierung nach der Zahlungsbereitschaft nicht zu einem effizienten Ergebnis; es entsteht ein Wohlfahrtsverlust. Vgl. Kruse (1996), S.197; Krause (2003), S.69 f; Auch andere dirigistische Instrumente wie Verkehrsverbote oder Zwangsverlagerungen auf andere Verkehrsmittel gehören zu den Beispielen für Mengenrationierungen von Straßenverkehrswegen. Vgl. Eisenkopf (2002), S.124

[156] Vgl. Hauser (1992), S.66 f; Tichy (1992), S.53; Ilgmann (1993), S.245; Knieps (1995), S.156

Straßeninfrastruktur zu lösen; bei dieser Gebühr geht es ausschließlich um die Lenkung der Verkehrsströme.[157]

Die gegebene Kapazität der betrachteten Verkehrsinfrastruktur hat einen entscheidenden Einfluss auf die Höhe des Road Prices. Die Kapazität wirkt offensichtlich auf die Höhe der marginalen Staukosten und damit auf die Stauabgabe.[158] Wird mittels Road Pricing eine Maximierung der Stauabgabeneinnahmen angestrebt, so hat der Infrastrukturbetreiber - der Staat oder ein privatwirtschaftliches Unternehmen - vermehrt Anreize, die Engpässe nicht zu beseitigen, sondern tendenziell sogar noch zu verstärken, was nicht im Sinne der Effizienz sein kann.

2.3.4.2 Diskussion der Prämissen des Standardmodells

Die dem Modell zugrundegelegten Annahmen werden im Folgenden einer kritischen Überprüfung unterzogen.[159]

2.3.4.2.1 Kurzfristige Betrachtung mit konstanten Größen

Der kurze Zeithorizont des Standardmodells bewirkt eine Konstanz der Rahmenbedingungen. Das Modell basiert auf einer gegebenen, nicht veränderlichen Kapazität sowie auf konstanten Nachfrage- und Kostenfunktionen. Diese Prämissen stellen eine starke Vereinfachung der Praxis dar.

Die Nachfragefunktion ist in der Realität keineswegs konstant[160], sondern abhängig von der Tageszeit, vom Wochentag sowie von der Jahreszeit. Die Nachfrage nach der Fahrleistung stellt keine originäre, sondern - zumindest im Güterverkehr - eine abgeleitete Nachfrage[161] dar. Neben diesen Einflussfaktoren existieren eine Vielzahl weiterer Faktoren, welche die Höhe der Nachfrage beeinflussen. Hierzu gehören nicht nur ökonomische, sondern auch raumstrukturelle und - im Personenverkehr - soziodemographische Faktoren.[162] Diese Vielzahl von Determinanten erschweren die Ermittlung der Verkehrsnachfrage und damit die Abschätzung der Anzahl der Fahrzeuge erheblich.[163] Die Nachfragefunktion muss eine Preiselastizität über Null aufweisen, da andernfalls die Lenkungswirkung der Straßenbenutzungsabgabe beein-

---

157 Vgl. Knieps (1995), S.156

158 Vgl. Knieps (1992), S.321; Kruse (1996), S.191 ff; Auf die Darstellung von Modellen zur Ermittlung der optimalen Infrastrukturkapazität wird hier verzichtet. Vgl. dahingehend z.B. Beckmann (1956), S.107 f; Arnold (1994), S.228; Kruse (1996), S.191 ff; Borger / Proost (2001), S.28 ff; Teubel (2001), S.86 ff

159 Vgl. zur Systematik der Prämissendiskussion auch Meyer (1999), S.141 ff

160 Vgl. Button (1993), S.156; Köberlein (1997), S.51 f

161 Vgl. Baum (1972), S.21 ff; Demand / Faller / Gürtlich / Lamprecht / Riebesmeier (1991), S.15; Willeke (1996), S.29; Borger / Swysen (1997), S.20; Köberlein (1997), S.49 ff; Knapp (1998), S.27; Schleusener (2001), S.19 ff

162 Vgl. Lehmacher (1975), S.85 ff; Köberlein (1997), S.49 ff; Emmerink (1998), S.47

163 Die Bestimmung des Reaktionsverhaltens der Nachfrager nach Einführung des Road Pricing ist nur schwer abschätzbar. Preis- und Mengenvariablen des Elastizitätskoeffizienten sowie die Funktion der Nachfrage sind daher kaum ermittelbar. Vgl. Baum (1972), S.200

trächtigt wird bzw. gar nicht gegeben ist.[164] Dies bedeutet, dass bei Einführung des Road Pricing tatsächlich eine Nachfragereduktion erfolgen muss. Ob ein Road Price in der Realität jedoch wirklich zu Verhaltensänderungen führt, muss zumindest angezweifelt werden.[165] Die Preiselastizität der Nachfrage ist auch von den Reaktionsmöglichkeiten der Nachfrager abhängig. Neben der Unterlassung von Fahrten können Verkehrsteilnehmer Ausweichrouten[166], andere Verkehrsmittel[167] oder andere Fahrzeitpunkte wählen sowie - im Personenverkehr - Fahrgemeinschaften bilden.[168] Die Beschränkung auf eine Straße bzw. Streckenabschnittes dient zwar der Verdeutlichung des Modellansatzes, jedoch muss bei realistischerer Betrachtungsweise eine Berücksichtigung alternativer Strecken oder sogar des gesamten Straßennetzes erfolgen.

Die Funktion der sozialen Grenzkosten ist ebenfalls in der Realität nicht konstant[169], da Zeitkosten vom Verkehrsobjekt (Güterverkehr oder Personenverkehr) und vom Fahrtzweck (Berufsverkehr, Freizeitverkehre etc.) abhängig sind. Private Grenzkosten können, wie bereits dargestellt, ebenso variieren.

Im Modell wird von einer Stetigkeit des Verkehrsflusses ausgegangen, was für die Realität nur eingeschränkt zutrifft. Unstetigkeiten entstehen beispielsweise durch Baustellen, Unfälle, heterogene Fahrgeschwindigkeiten der Verkehrsteilnehmer oder Kreuzungen mit anderen Straßen.[170] Die Straßenkapazität kann aber nicht nur kurzfristig verändert werden, sondern auch langfristig durch Kapazitätserweiterungen. Von einer Stetigkeit des Verkehrsflusses kann daher - wenn auch eingeschränkt - nur auf kurzen Autobahnabschnitten ausgegangen werden, nicht jedoch auf städtischen Straßen.[171] Diese Unstetigkeit beeinflusst die Höhe der privaten wie sozialen Marginalkosten.

Hindernisse für die Anwendung des Modells in der Praxis ergeben sich auch aufgrund der Betrachtung eines Gleichgewichtes. Eine optimale Straßenbenutzungsgebühr in Höhe CD = p^{RP} müsste aufgrund sich häufig verändernder Kosten- und Nachfrageverläufe einer ständigen Anpassung unterzogen werden.[172] Das heißt, dass die Verläufe der Nachfrage- und Kostenfunktionen in Abhängigkeit der Anzahl

---

164 Vgl. Baum (1972), S.360 f

165 Vgl. Busch (1993), S.362 f; Köberlein (1997), S.46; Steg (2003), S.191

166 In der politischen Diskussion spielt der Punkt der unerwünschten Verkehrslenkung eine große Rolle. Die Befürchtung bezieht sich auf mögliche Ausweichreaktionen auf andere Straßen, d.h. dem untergeordneten Straßennetz, mit möglicherweise stark negativen Folgen. Vgl. Giuliano (1992), S.353; Berger / Kruse (1994), S.231; Rothengatter (1995), S.64; Kruse (1996), S.196; Mazzoleni (2001), S.48 f; Krause (2003), S.56 ff

167 Vgl. Meyer (1999), S.145 ff; Wissenschaftlicher Beirat beim Bundesminister für Verkehr, Bau- und Wohnungswesen (1999), S.440 f

168 Vgl. Baum (1972), S.74; Meyer (1999), S.149 ff

169 Vgl. McKay (1989), S.29; Hauser (1992), S.74 f; Anderson / Mohring (1997), S.318 ff; Mohring (1999), S.213 f; Verhoef / Small (2004), S.129

170 Vgl. Meyer (1999), S.70; Teubel (2001), S.91

171 Vgl. Morrison (1986), S.87; Newsberry (1990), S. 28 f

172 Vgl. Hauser / Hidber (1992), S.118; May (1992), S.318; Eisenkopf (2002), S.184

der Fahrzeuge für die Bestimmung der Höhe der Straßenbenützungsabgabe bekannt sein müssen. Diese Informationen müssen den Verkehrsteilnehmern vor Fahrtantritt vorliegen, damit diese die Höhe der sozialen Grenzkosten in ihrer Entscheidungsfindung berücksichtigen können. Es werden damit sehr hohe Anforderungen an den Informationsstand gestellt.[173] Im Falle kurzfristiger Änderungen (z.B. Kapazitätsreduktion durch Unfälle) steigen die marginalen Stauungskosten stark an und die Verkehrsteilnehmer erleben diese als Überraschung. Einige Ausweichreaktionen sind dann nicht mehr verfügbar.[174] Ob die dem Road Pricing angedachte Lenkungswirkung dann noch erfüllt werden kann, erscheint als fraglich.[175]
Verkehrsstauerscheinungen stellen damit sehr dynamische Phänomene dar, welche im vorliegenden statischen Modell kaum realitätsnah abgebildet werden können.[176]

2.3.4.2.2 Anzahl Fahrzeuge als Mengengröße

Die auch als Verkehrsfluss bezeichnete Abszisse in der graphischen Darstellung des Standardmodells gibt die Anzahl von Fahrzeugen pro Zeitintervall, die einen Streckenabschnitt befahren, wieder.[177] Diese verkehrstechnische Größe setzt sich mathematisch in Form der Multiplikation der Verkehrsdichte (Fahrzeuge pro Entfernungseinheit)[178] und der mittleren Geschwindigkeit der Fahrzeuge (Kilometer pro Stunde) zusammen. Als problematisch bei der Benutzung der Größe in diesem Modell erweist sich die Nichteindeutigkeit der Zuordnung von Mengeneinheiten zur Nachfrage- und Kostenfunktion.[179]
Im linken Teil der Abbildung 3 ist die lineare Geschwindigkeitsfunktion in Abhängigkeit der Verkehrsdichte dargestellt.

---

173 Vgl. Baum (1972), S.260; Scheele (1993), S.152; Kruse (1996), S.190 ff; Marcucci (1998), S.14; Meyer (1999), S.151; Krause (2003), S.138 f; Das Modell der sozialen Grenzkosten ist ein zentralistisches Konzept des Wohlfahrtstaates, das zur Erreichung eines sektoralen Optimums in einer ansonsten optimal strukturierten Wirtschaft dient. Es führt daher - wie im Übrigen bei jedem Konzept zentraler Verrechnungspreise - zu einem sehr hohen Informationsbedarf. Vgl. Wissenschaftlicher Beirat beim Bundesminister für Verkehr, Bau- und Wohnungswesen (1999), S.440 f

174 Aufgrund der spezifischen Eigenschaften der Straßeninfrastruktur gibt es bei kurzfristiger Überlast weniger Ausweichmöglichkeiten als bei anderen Infrastrukturnetzen. So können in Telekommunikationsnetzen bei Überlast problemlos Daten über andere Routen zum Empfänger geleitet werden, ohne dass Nutzeneinbußen oder zusätzliche Kosten entstehen. In der Elektrizitätswirtschaft können kurzfristige Engpässe durch Nutzung benachbarter Stromnetze (Verbundnetze) überwunden werden. Vgl. Kruse (1996), S.201

175 Vgl. Kruse (1996), S.199; Eisenkopf (2002), S.184 f

176 Vgl. Emmerink (1998), S.38; Yang / Huang (1998), S.49

177 Vgl. Walters (1961), S.679; Lehmacher (1975), S.68; Eisenkopf (1992), S.318; Knieps (1992), S.320; O'Mahony / Kirwan (2001), S.192

178 In den Modellen wird von einer identischen Verkehrsdichte im betrachteten Streckenabschnitt ausgegangen. Vgl. Walters (1961), S. 679; Johnson (1964), S.138; Ein anderer verwendeter Begriff für Verkehrsdichte ist die Verkehrsstärke. Vgl. Leutzbach (1991), S.37 f; Franke (1997), S.40

179 Vgl. Walters (1968), S.25; Else (1981), S.227 f; Nash (1982), S.295 ff; Guria (1986), S.333 f; Marcucci (1998), S.8; Wissenschaftlicher Beirat beim Bundesminister für Verkehr, Bau und Wohnungswesen (1999), S.441; O'Mahony / Kirwan (2001), S.192

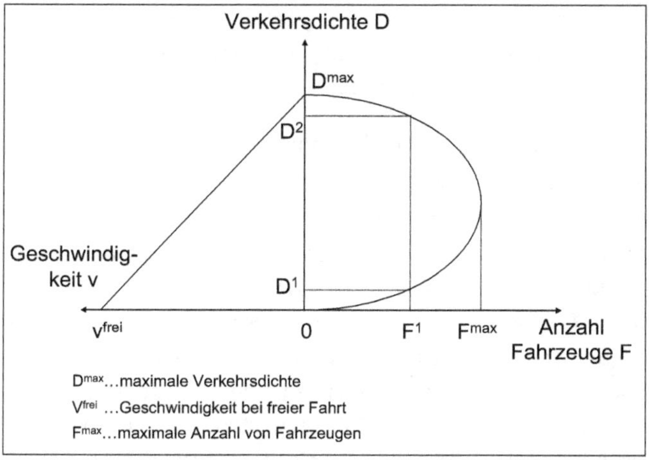

Abbildung 3: Verkehrsflussdiagramm, Quelle: in Anlehnung an Morrison (1986), S.88; Knauth / Lux (1989), S.584; Isenmann (1994), S.58; Yang / Huang (1998), S.51

Diese lineare Beziehung[180] unterstellt, dass der erste Nutzer seine Wunschgeschwindigkeit v^{frei} realisieren kann. Mit jedem zusätzlichen Nutzer sinkt die Geschwindigkeit linear, bis sie bei der maximalen Verkehrsdichte D^{max} den Wert Null annimmt.[181] Mittels der Geschwindigkeitsfunktion kann die Fluss-Dichte-Beziehung im rechten Teil der Abbildung ermittelt werden. Eine Steigerung der Verkehrsdichte bedingt trotz geringer werdender Geschwindigkeit zunächst einen höheren Verkehrsfluss. Der maximale Verkehrsfluss F^{max} ergibt sich exakt bei der Hälfte der maximalen Verkehrsdichte D^{max}. Bei weiterer Erhöhung der Verkehrsdichte[182] nimmt der Verkehrsfluss wieder ab, da die Steigerung der Anzahl der Fahrzeuge von der Geschwindigkeitsreduktion überkompensiert wird.[183] Folglich ist die Fluss-Dichte-Beziehung nicht eindeutig. Bei einem gegebenem Verkehrsfluss F^1 kann die Verkehrsdichte D^1 (mit niedrigen Staukosten) oder alternativ D^2 (mit hohen Staukosten) betragen. Zu jedem Wert F mit Ausnahme des F^{max} kann ein hoher und zugleich ein niedriger Wert für die privaten Grenzkosten auftreten. Weiterhin sind die sozialen Grenzkosten nur bis zu einem Verkehrsfluss von F^{max} definiert, da darüber hinaus offensichtlich keine Zunahme des Verkehrsflusses mehr möglich ist. Es kann dann eine der Ordinate parallel verlaufende soziale Grenzkostenfunktion[184] gebildet wer-

---

180 In der Realität ist dieser Zusammenhang wohl eher nicht linear. Vgl. Teubel (2001), S.80

181 Dies ist offenbar sehr vereinfacht, da die Geschwindigkeit u.a. abhängig ist von der zulässigen Höchstgeschwindigkeit, den Wetterverhältnissen, der Zusammensetzung des Fahrzeugkollektivs, den Fahrgewohnheiten oder der Anzahl von Kreuzungen auf dem betrachteten Streckenabschnitt. Vgl. Keeler / Small (1977), S.12

182 Die graphische Darstellung wird auch als „Fundamentaldiagramm des Straßenverkehrs" bezeichnet. Vgl. Haight (1963), S.72; Cremer (1979), S.6; Leutzbach (1991), S.38; Krause (2003), S.73 ff

183 Vgl. Hauser (1992),S.66; Berger (2000), S.80 f; Eisenkopf (2002), S.177

184 Vgl. Walters (1961), S.680

den, wobei es als fraglich erscheint, ob diese die tatsächliche Kostensteigerung durch ein weiteres Fahrzeug abbildet, da die Nutzung der Straße zwar höhere Zeitkosten verursacht, aber nicht gänzlich unmöglich ist.[185]

2.3.4.2.3 Identische Fahrzeuge und identisches Verkehrsverhalten

Das Standardmodell geht von technisch einheitlichen Fahrzeugen aus, so dass der Road Price für alle Fahrzeuge den gleichen Betrag aufweist. Jedoch können Fahrzeuge unterschiedlich stark zur Staukosten beitragen. Ein langsamfahrender Lkw kann in einem stärkeren Maße zur Staubildung beitragen als ein schnellfahrender Pkw.[186] Verursacher überdurchschnittlich hoher marginaler Staukosten werden damit durch die pauschale Abgabe zu gering belastet und andere mit einem unterdurchschnittlichen Anteil an marginalem Staukosten entrichten eine zu hohe Abgabe. Daher ist es sinnvoll, zusätzlich unterschiedliche Fahrzeugkategorien zu modellieren und die unterschiedliche Länge der Fahrzeuge, die einen Einfluss auf die Staubildung aufweisen, zu berücksichtigen.[187]

Auch führt das angenommene identische Verkehrsverhalten der Verkehrsteilnehmer zu allokativen Verzerrungen.[188] Kostenbewusstes Handeln wird ebenso mit der gleichen Abgabenhöhe belegt wie Fahrweisen, die zu hohen sozialen Grenzkosten führen. Beim motorisierten Individualverkehr spielt zusätzlich der Besetzungsgrad des Pkw eine wichtige Rolle. Im Standardmodell beträgt dieser gleich Eins.[189] Bei einem höheren Besetzungsgrad müssten folglich auch die Zeitverluste der Mitfahrer Berücksichtigung finden.

Da somit die Nutzer in verschiedenem Ausmaß Stauungskosten verursachen, ist folglich auch ein Einheitspreis nicht verursachungsgerecht.[190]

2.3.4.3 Berücksichtigung externer Effekte im Standardmodell

Externe Effekte des Baus und des Betriebs der Straßeninfrastruktur können grundsätzlich in das Standardmodell integriert werden. Zunächst erfolgt eine allgemeine Betrachtung der externen Effekte im Verkehrsbereich, bevor auf die Berücksichtigung von externen Kosten im optimalen Road Price eingegangen wird.

---

185 Vgl. Nash (1982), S.296 f; Berger (2000), S.80 f

186 Vgl. Viton (1995), S.265 ff; Meyer (1999), S.68; Mayeres / Dender (2001), S.138; In der Öffentlichkeit wird vereinfachend angenommen, dass die Ursache von Verkehrsstauerscheinungen vor allem im Straßengüterverkehr liegt, was offensichtlich nicht der Fall ist. Vgl. Lamprecht (1997), S.175

187 Vgl. Huber (1982), S.61 ff; Dies vernachlässigt jedoch andere Faktoren wie beispielsweise die Straßengestaltung, Fahrgewohnheiten oder die Geschwindigkeiten der Fahrzeuge. Vgl. Viton (1995), S.268

188 Vgl. Emmerink (1998), S.40; Small / Yan (2001), S.311 f

189 Vgl. Meyer (1999), S.148 f

190 Vgl. Small (1992), S.362; Berger (2000), S.123

2.3.4.3.1 Grundlagen zu Externalitäten der Infrastruktur

2.3.4.3.1.1 Arten von Externalitäten

Im Allgemeinen wird unter einer Externalität eine Konsequenz individueller Handlungen verstanden, die sich auf das individuelle Kosten-Nutzen-Kalkül mindestens eines anderen Individuums auswirkt, ohne jedoch ihren Niederschlag im Preismechanismus zu finden.[191] In der Ökonomie handelt es sich dabei um Einflüsse, die durch Aktivitäten einer Wirtschaftseinheit - Konsument oder Produzent - auf andere Wirtschaftseinheiten entstehen, ohne jedoch über einen Preismechanismus gesteuert zu werden.[192] Folglich entsteht eine Differenz zwischen dem individuellen und dem gesamtgesellschaftlichen Nutzenkalkül. Diese Wirkungen können positiver wie negativer Natur sein. Entsprechend wird in negative und positive externe Effekte unterschieden. Eine andere Art der Unterscheidung differenziert zwischen pekuniären und technologischen externen Effekten.[193] Pekuniäre externe Effekte[194] stellen Veränderungen der relativen Preisbeziehungen dar und damit der individuellen monetären Einkommen, die durch Komplementaritäts- oder Substitutionsbeziehungen zwischen einzelnen ökonomischen Bereichen generiert werden. Bei technologischen Externalitäten dagegen fließen die Wirkungen auf die tatsächlichen gesamten Kosten und Nutzen nicht vollständig in die Preise ein. Daher werden letztere als allokativ verzerrend angesehen.[195] Technologisch externe Effekte führen daher zu einer Diskrepanz zwischen privaten und sozialen Kosten bzw. Nutzen.[196]

Im Allgemeinen gilt der Verkehrsbereich als ein Sektor, in welchem private wie soziale Kosten-Nutzen-Kalküle stark auseinanderfallen.[197] Die Belastung der Umwelt sowie negative Auswirkungen auf den Menschen sind Effekte des Verkehrssystems, die weitgehend nicht über Marktmechanismen reguliert werden.[198]

Da externe Effekte bei der Bepreisung von Straßeninfrastruktur eine Rolle spielen können, werden im Folgenden die externen Effekte im Verkehrsbereich näher beleuchtet.

---

191 Vgl. Buchanan / Stubblebine (1962), S.371 ff; Mankiw (2001), S.221

192 Vgl. Mishan (1971), S.3

193 Vgl. Baumol / Oates (1988), S. 29 ff; Luckenbach (2000), S.147; Fritsch / Wein / Ewers (2003), S.91 ff; Die Unterscheidung in pekuniäre und technologische Effekte findet keine einhellige Zustimmung in der Literatur. So lehnt beispielsweise Mishan diese Einteilung ab. Stattdessen spricht er von direkten und indirekten externen Effekten. Die indirekten externen Effekte als „pekuniäre" zu bezeichnen sei missverständlich und z.T. irreführend, da sie ausschließlich auf der Veränderung relativer Preise beruhen. Vgl. Mishan (1971), S.6

194 Der Begriff geht auf Viner zurück. Vgl. Viner (1932)

195 Vgl. Scitovsky (1954); Suntum, van (1986), S.48 ff; Wink (1995), S.101

196 Vgl. Pigou (1920), S.131 ff; Coase (1960)

197 Vgl. Aberle / Engel (1992), S.49; Busch (1993), S.351; Rothengatter (1993), S.81; Topp (1994), S.491 f; Wink (1995), S.105; Emmerink (1998), S.36; Verhoef (2000), S.309; Borger / Proost (2001), S.9; Nash / Sansom / Still (2001), S.413; Umweltbundesamt (2001), S.437; Eisenkopf (2002), S.142

198 Vgl. Kunert (1997), S.112

2.3.4.3.1.2 Negative Externe Effekte

Im Hinblick auf die negativen externen Wirkungen von Straßeninfrastruktur ist es sinnvoll, die Effekte in zwei Kategorien zu unterteilen:[199]

- negative externe Effekte, die durch das Straßenbauwerk an sich auftreten und
- negative externe Effekte, die bei der Benutzung der Straße durch Kraftfahrzeuge auftreten.

Zu den negativen externen Wirkungen, die durch das Straßenbauwerk als solches auftreten, gehören die Flächenversiegelungs- und Flächenzersiedlungseffekte sowie die Trennwirkungen. Der Bau von Straßen führt zur Versiegelung von Flächen mit der Folge, dass diese Flächen ihre Funktionen als Wasserfilter und -speicher, als Lebensgrundlage für Pflanzen wie Lebewesen oder als lokaler Klimaregulator nur noch eingeschränkt erfüllen können. Weiterhin können die Verschmutzung des Wassers durch den Einsatz von Tausalzen, den Abrieb von Reifen und Bremsen und die unsachgemäße Entsorgung von Altölen angeführt werden. Die chemischen Stoffe gelangen mittels Regen- oder Schmelzwasser in das Grundwasser, welches dadurch verschmutzt wird. Aufgrund der Zersiedelungseffekte entstehen Trennungen von funktional zusammenhängenden bzw. sich gegenseitig ergänzenden bebauten oder unbebauten Räumen, die negative Konsequenzen auf den sozialen bzw. ökonomischen Lebensbereich des Menschen sowie auf den Lebensraum der Tier- und Pflanzenwelt haben können.[200] Die allgemeine Beanspruchung von Flächen durch den Neubau von Straßenwegen kann jedoch nicht zu den externen Effekten gezählt werden, da eine Konkurrenz mit alternativen Verwendungsmöglichkeiten des knappen Faktors Boden besteht.[201]

Zu den negativen externen Wirkungen, die durch die Benutzung einer Straße entstehen, gehören die Luftschadstoff- sowie Lärmemissionen und die externen Unfallfolgewirkungen des Straßenverkehrs.

Luftschadstoffemissionen[202] wirken sich negativ auf den Menschen, auf die natürliche Umwelt sowie auf Gebäude und Materialien aus. Der menschliche Organismus wird durch emissionsbedingte Atemwegserkrankungen, Reizungen der Augen, Herz-Kreislauf-Erkrankungen oder auch Allergien in Form von höheren Morbiditäts- und Mortalitätsraten beeinträchtigt. Die daraus entstehenden externen Kosten spiegeln

---

199 Vgl. Banister / Button (1993); Der Rat von Sachverständigen für Umweltfragen (1994), S.244 ff; Cole (1998), S.301

200 Vgl. Voigt (1993), S.309; Franke (1997), S.46 f; Hohlweg (1997), S.36; Tomas (1997), S.52 f; Holzhey (1999), S.38 ff; Friedrich / Bickel (2001), S. 76 ff

201 Vgl. Ewers / Rodi (1995), S.27; Tomas (1997), S.52 f; Andere Autoren zählen den Verbrauch an Land jedoch mit dazu. Vgl. Eckey / Stock (2000), S.239

202 Zu nennen sind hier insbesondere Stickoxide, Schwefeldioxid, Ozon, Kohlenwasserstoffe, Kohlenmonoxid, Partikel, Ruß sowie weitere organische Verbindungen als regional wirkende Luftschadstoffe, aber auch das Kohlendioxid und Methan als global wirkende chemische Elemente.

sich in Behandlungskosten sowie in Ressourcenausfallkosten wieder.[203] Auf die natürliche Umwelt wirken sich Luftschadstoffe vor allem negativ auf das Pflanzenwachstum auf. Die daraus resultierenden Einnahmeausfälle der Land- und Forstwirtschaft sowie die Kosten für die Beeinträchtigung der Erholungs- und Regenerationsfunktion von Wiesen und Wäldern machen einen Großteil der externen Kosten in diesem Bereich aus.[204] Hinzu kommen die externen Kosten der Kohlendioxidemissionen, welche vermutlich durch den Treibhauseffekt global auf das Klima wirken.[205] Die Bestimmung der daraus resultierenden externen Kosten ist allerdings mit großen Unsicherheiten behaftet.[206] Gebäude und Materialien werden durch Luftschadstoffe in ihrer Substanz durch Metallkorrosionsschäden, Verwitterungsschäden, Schmutzablagerungen etc. beschädigt. Externe Kosten treten in Form von Erhaltungs- und Erneuerungsaufwand auf.[207]
Der Lärm führt zu Beeinträchtigungen des körperlichen Wohlbefindens des Menschen. Lärm kann zu Stressreaktionen, zu Schlaf- und Konzentrationsstörungen sowie teilweise zu verminderter Hörfähigkeit führen.[208] Auch der durch Verkehrslärm verursachte Wertverlust von Immobilien zählt zu den externen Kosten des Verkehrslärms.[209] Die durch den Verkehrslärm hervorgerufenen Kosten wachsen deutlich unterproportional mit der Verkehrsstärke, welches seine Ursache in den physikalischen Besonderheiten des Schalls hat.[210] Die Höhe der externen Lärmkosten ist u.a. abhängig vom Grad der Urbanisierung und der geografischen Struktur eines Landes.[211]
Wirkungen von Straßenverkehrsunfällen sind nicht generell als extern einzustufen. Zu den Kostenwirkungen von Straßenverkehrsunfällen zählen die Ressourcenausfallkosten, die Reproduktionskosten, die Unfallvermeidungskosten sowie die humanitären Kosten.[212] Externe Wirkungen sind jene Wirkungen, die nicht durch Versicherungsleistungen abgedeckt werden. Da die Folgekosten aus Sachschäden durch Kfz-Haftpflichtversicherungen weitgehend internalisiert sind, resultieren externe Unfallkosten somit in erster Linie aus Personenschäden, wobei die Reproduktionskosten von Personenschäden (Kosten der Rehabilitation, Anwalts- und Gerichtskosten etc.) ebenfalls überwiegend internalisiert sind. Neben diesen materiellen Schadenswirkungen sind auch immaterielle Folgeschäden, z.B. Leid und Schmerz von Ange-

---

203 Vgl. Baum / Esser / Höhnscheid (1998), S.76
204 Vgl. Frey / Isenmann (1993), S.237 ff
205 Vgl. Cline (1991), S.910; Small / Kazimi (1995), S.8; Franke (1997), S.48 ff; Quinet (1997), S.92; Forkenbrock (1999), S.516; Umweltbundesamt (2001), S.467
206 Vgl. Krupnick / Rowe / Lang (1997), S.363; Quinet (1997), S.92; Nash / Sansom / Still (2001), S.421; Quinet / Vickerman (2004), S.140 f
207 Vgl. Baum / Esser / Höhnscheid (1998), S.67 ff
208 Vgl. Button (1993), S.101; Voigt (1993), S.308; Franke (1997), S.64; Hohlweg (1997), S.35 f; Schäfer (2000), S.32; Umweltbundesamt (2001), S.457; Clement (2002), S. 72
209 Vgl. Reinhold (1997), S.162 f; Baum / Esser / Höhnscheid (1998), S.67
210 Vgl. Reinhold (1998), S.253
211 Vgl. Quinet (1997), S.80
212 Vgl. Baum / Esser / Höhnscheid (1998), S.60

hörigen, grundsätzlich zu berücksichtigen.[213] Die externen Unfallkosten stellen in vielen Studien die bedeutendste externe Kostenart dar.[214] Deren Höhe ist u.a. abhängig von der Art der Straßen, der Verkehrsstärke sowie der geographischen Region.[215]
Die Existenz externer Staukosten wird in der Literatur kontrovers diskutiert. Die herrschende Auffassung verneint das Vorhandensein externer Staukosten.[216] Staukosten fallen nur verkehrssystemintern an, d.h. sie wirken zwar auf andere Verkehrsteilnehmer, nicht aber auf Dritte.
Externe Kosten werden häufig als Begründung herangezogen, eine Vermeidung, Verlagerung oder zumindest eine starke Verteuerung des Straßengüterverkehrs zu fordern.[217] Ebenso soll aufgrund der Existenz externer Kosten der motorisierte Individualverkehr eingedämmt bzw. zumindest auf den öffentlichen Verkehr verlagert werden.[218]
Diesen negativen Wirkungen werden die positiven externen Effekte gegenübergestellt, um daraufhin den Internalisierungsbedarf abzuschätzen.

2.3.4.3.1.3 Positive Externe Effekte

Die Diskussion über mögliche positive externe Effekte der Straßeninfrastruktur wird weit kontroverser in der Literatur geführt als diejenige über negative Externalitäten.[219]
Es wird behauptet, dass eine Straßeninfrastruktur die folgenden positiven externen Effekte aufweist:[220]

- Zeitgewinne durch das Straßennetz,
- Produktivitätssteigerungen der Wirtschaft,
- Steigende Erreichbarkeit peripherer Regionen und
- die Existenz eines Optionswerts der Straßen.

Fraglich ist, ob diese Wirkungen tatsächlich unter die positiven externen Effekte subsumiert werden können. Zeitgewinne sowie Produktivitätssteigerungen sind bei ge-

---

213 Vgl. Tomas (1997), S.56; Quinet / Vickerman (2004) S.145
214 Vgl. Newberry (1990), S.24; Jansson (1993), S.192 f; Lindberg (2001), S.400 ff; Kummer / Riebesmeier / Einbock / Gierke (2002), S.40
215 Vgl. Dickerson / Peirson / Vickermann (2001), S.179
216 Vgl. Eckey / Stock (2000), S.248; Quinet (2003), S.155; Es ist eine Frage der Definition, inwieweit Stauungskosten als extern oder intern eingestuft werden. Es kommt - wie generell bei Definitionen - auf den Problembezug an. Staukosten sind im Sinne intern, wie sie keinen Bedarf nach Internalisierung signalisieren. Vgl. Laaser (1991), S.98
217 Vgl. Diekmann (1995), S.57; Aberle (1997), S.73; Eisenkopf (2002), S.142; Aberle weist darauf hin, dass die Betonung auf den Straßengüterverkehr nicht zufällig sei. Obwohl die Schätzungen der externen Kosten für den Straßengüterverkehr stark divergieren, ist die politische Motivation dominierend geprägt durch - trotz Bahnreformen - einen ständig sinkenden Marktanteil der Eisenbahn. Vgl. Aberle (1997), S. 74
218 Vgl. Eisenkopf (2002), S.142
219 Vgl. Busch (1993), S.352; Rothengatter (1993), S.119 ff; Ewers / Rodi (1995), S.29; Maibach / Iten (1997), S.82
220 Vgl. Aberle / Engel (1992), S. 74 ff

nauerer Betrachtung interne Wirkungen der Straßeninfrastruktur.[221] Die verbesserte Erreichbarkeit ist ein pekuniärer Effekt, da dies eine Veränderung der Relativpreise zur Folge hat und eine Verbesserung der Erreichbarkeit gesamtwirtschaftlich erwünscht ist. Straßen helfen, die Standortqualität peripherer Regionen zu verbessern. Der Optionswert einer Straße stellt den Nutzen dar, der allein aufgrund der Tatsache beruht, diese Straße benutzen zu können.[222] Als Beispiel kann die Verteidigung eines Landes in einem Krisenfall angeführt werden, die naturgemäß einfacher zu realisieren ist, wenn eine Straßeninfrastruktur besteht.[223] Folglich ist der Optionsnutzen in der Tat ein positiver externer Effekt der Straßeninfrastruktur, deren exakte Höhe allerdings sehr schwer abzuschätzen ist und vermutet werden kann, dass deren Bedeutung von marginaler Natur ist.[224]

2.3.4.3.2 Integration externer Kosten in das Standardmodell

Das Standardmodell des Road Pricing kann um die externen Kosten bei Bau und Betrieb der Straßeninfrastruktur erweitert werden. Diese Adaption des Modells ist nicht zuletzt darauf zurückzuführen, dass Straßenbenutzungsabgaben als ein umweltpolitisches Instrument entdeckt wurden, um negative externe Effekte zu internalisieren.[225] Es handelt sich dabei insbesondere um die externen Kosten der Luftschadstoffe, des Verkehrslärms und der externen Unfallkosten.

Die graphische Visualisierung der Internalisierung dieser negativen externen Effekte ist in Abbildung 4 ersichtlich. Im Unterschied zum Standardmodell des Road Pricing ist nun die Funktion der gesamten sozialen Grenzkosten um die externen Kosten ergänzt. Diese Funktion SGK^{ges} stellt die Summe der privaten Grenzkosten PGK, der sozialen Grenzkosten des Staus SGK^{St} sowie der marginalen externen Kosten dar.

---

221 Vgl. Jeanrenaud (1990), S.57ff; Rothengatter weist darauf hin, dass eine Vielzahl angeblich positiv externer Effekte bei exakter Betrachtung interne Nutzen darstellen. Vgl. Rothengatter (1994), S.325 ff

222 Damit ist der Optionswert einer Straße einzig und allein auf die Existenz der Infrastruktur zurückzuführen, ohne dass eine Nutzung dieser erfolgt. Vgl. Lakshmanan / Nijkamp / Rietveld / Verhoef (2001), S. 141

223 Weitere Beispiele sind Rettungsdienste wie Feuerwehr, Krankenwagen, Polizei usw., die zum Schutz von Menschen oder Eigentum auf eine gut ausgebaute Straßenverkehrsinfrastruktur angewiesen sind. Vgl. Rothengatter (1994), S. 326; Lakshmanan / Nijkamp / Rietveld / Verhoef (2001), S.151

224 Vgl. Ewers / Rodi (1995), S.30; Lakshmanan / Nijkamp / Rietveld / Verhoef (2001), S.152; Willeke verweist bei der Diskussion um die positiven externen Effekte darauf, dass teilweise die Existenz positiver externer Effekte der Straßenwege entweder vollkommen bestritten oder nur zögernd zugegeben, dann aber als marginal angesehen werden. Vgl. Willeke (1993), S.222

225 Vgl. Ewers (1991a), S.59 f; Abay / Zehnder (1992), S.495 ff; Eisenkopf (1992), S.317; Hauser / Hidber (1992), S.115; Monsees (1995), S.8; Verhoef (1996), S.35 ff; Röck (1997), S.5 ff; Meyer (1999), S.8

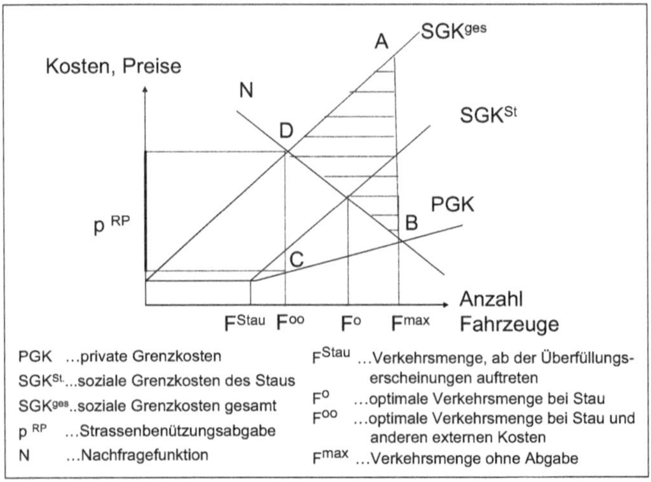

Abbildung 4: Standardmodell des Road Pricing unter Berücksichtigung externer Kosten, Quelle: in Anlehnung an Verhoef (1996), S. 165; Borger / Proost (2001), S.15

Da die marginalen externen Kosten bereits ab dem ersten Fahrzeug in dem betrachteten Streckenabschnitt einen Wert von über Null aufweisen und mit jedem weiterem Fahrzeug ansteigen, beginnt die positive Steigung der Funktion bereits im Schnittpunkt mit der Ordinatenachse.

Wenn im Entscheidungskalkül der Verkehrsteilnehmer ausschließlich die privaten Grenzkosten betrachtet werden, so ergibt sich ein Wohlfahrtsverlust für die Gesellschaft in Höhe des Dreiecks ABD. Bei Einführung einer Straßenbenutzungsabgabe in Höhe p^{RP} = CD wird eine Verkehrsmenge von F^{oo} realisiert (Schnittpunkt der Nachfragefunktion und der SGK^{ges}). Dies entspricht der volkswirtschaftlich optimalen Anzahl von Fahrten auf dem betrachteten Streckenabschnitt.

Problematisch bei diesem vereinfachten Modell ist die Tatsache, dass einige Bestandteile der sozialen Grenzkosten nicht steigend in der Verkehrsmenge verlaufen. Dies gilt beispielsweise für die externen Grenzkosten der Unfälle oder des Verkehrslärms. So führt beispielsweise die zusätzliche Beanspruch der Straße durch ein weiteres Fahrzeug bei einer hohen Kapazitätsauslastung der Straße nicht zu einer wahrnehmbaren Verstärkung des Lärmpegels.[226] Auch ist die exakte Bestimmung der externen Kosten mit großen Schwierigkeiten verbunden.

Generell ist die Mischung der Grenzkosten der Staus und der externen Kosten in einem sektoralen Preissystem problematisch, da diese Kosten verschiedene Ursachen aufweisen und folglich mit unterschiedlichen Instrumenten behandelt werden sollten. Umweltqualität und Unfallvermeidung sind reine öffentliche Güter. Emittenten und

226 Vgl. Staehlin-Witt (1992), S.138; Wissenschaftlicher Beirat beim Bundesminister für Verkehr, Bau- und Wohnungswesen (1999), S.441; Proost / Van Dender (2001), S.394

Unfallverursacher sollten nach dem Prinzip der Gleichmäßigkeit belastet werden. Emissionsabhängige Abgaben oder Zertifikatslösungen sind dafür besser geeignet. Staukosten dagegen lassen sich am besten durch Straßenbenutzungsabgaben internalisieren, deren Einnahmen zweckgebunden sein sollten.[227]

2.4 Ansätze zur Bepreisung von Straßeninfrastruktur

Das Standardmodell des Road Pricing fokussiert auf eine optimale Allokation der Straßeninfrastruktur. Jedoch sind die Prämissen des Modells derart restriktiv, dass eine praktische Umsetzung des Modells sich als illusionär erweist.
Eine Bepreisung von Straßeninfrastruktur sollte grundsätzlich die Wegekosten decken. Um eine Kostendeckung zu erreichen, können neben Wegeentgelten auch Stauabgaben und externe Kosten hinzugezogen werden. Dieses Kapitel beschäftigt sich mit den verschiedenen Ansätzen der Bepreisung von Straßeninfrastruktur.

2.4.1 Wegekosten als Komponente der Bepreisung der Straßeninfrastruktur

2.4.1.1 Grundlagen der Wegerechnungen

Im engen Zusammenhang mit der Einführung von Straßenbenutzungsabgaben wird die Ermittlung und Anlastung von Wegekosten diskutiert. Dabei geht es um die Frage, inwieweit und in welcher Höhe Wegekosten als Bestandteil von Straßenbenutzungsabgaben eingehen können.
Der Fokus der bis in die 30er Jahre des 20.Jahrhunderts zurückreichenden Beschäftigung mit der Wegerechnung[228] liegt weniger in der Ermittlung von Preisen für eine ökonomisch optimale Infrastrukturnutzung, sondern in der Bestimmung sowie Verrechnung der von der Verkehrsinfrastruktur in Anspruch genommenen Ressourcen.[229] Wegekostenrechnungen dienen einer systematischen Erfassung von Wegeeinnahmen einerseits und Wegekosten bzw. -ausgaben andrerseits, um Deckungsgrade, die auf Infrastrukturkosten bzw. -ausgaben bezogen sind, zu ermitteln.[230] Sie

---

227 Vgl. Hauser (1992), S.69 f; Wissenschaftlicher Beirat beim Bundesminister für Verkehr (1997), S.81; Meyer (1999), S.165 ff; Borger / Peirson / Vickerman (2001), S.43 ff; Eisenkopf (2002), S.264 ff

228 Das Problem der Wegekosten taucht jedoch schon am Ende des 19.Jahrhunderts auf, als es um Fragen der Begünstigung der Binnenschiffahrt und dem Ausbau von Kanälen ging. Vgl. Kühne (1960), S.853 ff; Dorfwirth / Faller / Herry / Metelka (1982), S.11

229 Es sind folglich zuvorderst finanzwissenschaftliche Überlegungen. Vgl. Dorfwirth / Faller / Herry / Metelka (1982), S.11; Meyer (1999), S.49; Herry / Sedlacek / Link (2000), S.2; Eisenkopf (2002), S.46

230 Vgl. Eickhof / Franke (1994), S.245; Eisenkopf (2002), S.46; Es kann zwischen einer betriebswirtschaftlichen Wegekostenrechnung, einer volkswirtschaftlichen Wegerechnung und einer finanzwissenschaftlichen Wegerechnung unterschieden werden, deren Distinktionsmerkmale hier nicht angeführt werden. Siehe ausführlich Dorfwirth / Faller / Herry / Metelka (1982), S.101 f; Holocher (1988), S.43 ff; Köberlein (1997), S.176 ff

liefern damit die Grundlage zur Evaluierung verkehrspolitischer Maßnahmen zum Abbau von Wettbewerbsverzerrungen im Verkehrsmarkt.[231]

In der Methodendiskussion über Wegerechnungen wird insbesondere über die Vorteilhaftigkeit der beiden Verfahren Wege*kosten*rechnung und Wege*ausgaben*rechnung gestritten.

Die Wege*kosten*rechnung basiert auf dem betriebswirtschaftlichen Kostenbegriff und unterstellt fiktiv eine Unternehmereigenschaft des Staates. Neben den Betriebs- und Unterhaltskosten finden in der Berechnung auch die Kosten für kalkulatorische Abschreibung und kalkulatorische Zinsen Berücksichtigung.[232]

Die Wege*ausgaben*rechnung zeichnet sich durch eine Orientierung an pagatorischen Größen aus und sie stellt die mit der Verkehrsinfrastruktur verbundenen Einnahmen und Ausgaben des Staates pro Jahr gegenüber.[233]

Die offiziellen Wegerechnungen in der Bundesrepublik Deutschland wie auch in Österreich basieren auf Wege*kosten*rechnungen. Daran wird teils erhebliche Kritik geübt, da strittig ist, ob kalkulatorische Zinsen berücksichtigt werden können.[234]

Ein weiterer Streitpunkt bei Wegerechnungen ist die Frage, welche Wegeentgelte im Straßenverkehr in die Berechnung der Wegeeinnahmen einfließen dürfen. Hierbei spielt insbesondere die Hinzurechnung der Mineralölsteuer und der Kfz-Steuer eine wesentliche Rolle.[235] In der langjährigen Praxis der Wegerechnungen werden diese Entgelte zumeist voll berücksichtigt.

Während bei staatlich bereitgestellter Verkehrsinfrastruktur jedoch überwiegend Konsens über die Kostenelemente von Wegekosten herrscht, so kann dies im Falle privat vorfinanzierter Verkehrswege, bei Änderung der Organisationsform oder bei teilstaatlichen bzw. vollständig privaten Betreibern nicht behauptet werden. Unterschiede bestehen insbesondere im Hinblick auf die Abschreibungsproblematik, verschieden angesetzte Nutzungsdauern von Verkehrswegen, dem Vorhandensein von Fi-

---

231 Vgl. Dorfwirth / Faller / Herry / Metelka (1982), S.15; Suntum, van (1986), S.118; Köberlein (1997), S.171; Wissenschaftlicher Beirat beim Bundesminister für Verkehr (1997), S. 76; Eisenkopf (2002), S.46

232 Vgl. Aberle / Engel (1992), S.3; Rothengatter / Seiler / Eberhard (2000), S.4; Eisenkopf (2002), S.46; Weitere Kostenartenkategorien sind die Erneuerungskosten, die Kosten von Verbesserungsmaßnahmen sowie die Kosten von Straßenneubauten. Vgl. Roth (1996), S.65

233 Vgl. Herry / Faller / Metelka / Snizek / Van der Bellen (1993), S.4 ff; Meyer (1999), S.50; Eisenkopf (2002), S.46 f; Beim Wegeausgabenansatz werden somit die Schwierigkeiten bei der Bewertung des Gesamtkapitals umgangen. Investitionsausgaben werden nicht abgeschrieben, sondern dem jeweiligen Jahr voll angelastet. Vgl. Franke (1997), S.80

234 Es wird argumentiert, dass der Staat Verkehrsinfrastrukturpolitik als Daseinsvorsorge ansieht und mit diesem Prinzip die Erwirtschaftung einer Rendite nicht vereinbar ist. Zudem sind Verkehrsinfrastrukturen zum überwiegenden Teil sunk costs, für die nach dem volkswirtschaftlichen Opportunitätsbegriff keine Abschreibungen / Zinsen zu verrechnen seien. Vgl. Aberle / Weber (1987), S.84 f; Holocher (1988), S.91 ff; Aberle / Engel (1992), S.15 f; Ostrowski (1993), S.55; Eisenkopf (2002), S.47

235 Vgl. Aberle / Engel (1992), S.19; Rothengatter / Seiler / Eberhard (2000), S.11 ff; Eisenkopf (2002), S.50 f

nanzierungskosten, die über den Opportunitätskostenansatz hinausgehen und ggf. der Übernahme von Altschulden.[236]

Wegerechnungen lassen sich in Globalrechnungen und kategoriale Rechnungen unterteilen. Im Gegensatz zur Globalrechnung erfolgt bei der kategorialen Rechnung eine Differenzierung nach verschiedenen Nutzerkollektiven.[237] Eine Marginalisierung und eine Zurechnung von Wegekosten / -ausgaben zu Nutzerkollektiven gestalten sich jedoch für Straßenwege schwierig:[238]

- Grenzkosten / -ausgaben der Straßenunterhaltung (Fahrbahnbefestigung) und der Verkehrspolizei werden entsprechend des Kriteriums der Fahrleistungen für einzelne Fahrzeugkategorien umgelegt und geschätzt. Diese Schätzung ist mit Unsicherheiten behaftet.
- Die Grenzkosten der Erneuerung der Fahrbahndecken werden entsprechend der achslastabhängigen Verschleißwirkungen den Verursachern zugeordnet. Bei den Rechnungen wird auf die Resultate des umstrittenen AASHO-Tests[239] Bezug genommen. Dieser unterstellt eine Straßenschädigung gemäß der vierten Potenz der tatsächlichen Achslast des Fahrzeuges.[240] Damit wird den schweren Nutzfahrzeugen allein die Grenzkosten der Unterhaltung und Erneuerung angelastet.[241]
- Die Kapazitätskosten / -ausgaben - hierzu gehören insb. die kalkulatorischen Abschreibungen sowie die kalkulatorischen Zinsen[242] - werden mittels Äquivalenzziffern auf verschiedene Nutzerkollektive aufgeteilt.[243] Daraus resultieren erhebliche

236 Vgl. Herry / Sedlacek / Link (2000), S.2

237 Vgl. Holocher (1988), S.37; Eisenkopf (2002), S.50 f; Mögliche Kriterien für die Abgrenzung von Nutzerkollektiven können beispielsweise in der unterschiedlichen Gestaltung der Wegeentgelte, der Möglichkeit der Zurechnung von direkten Kosten oder der Verfügbarkeit relevanter Daten liegen. Vgl. Holocher (1988), S.54

238 Vgl. Dorfwirth / Faller / Herry / Metelka (1982), S.68 ff; Eisenkopf (2002), S.50 f; Diese Systematik der Kosten / Ausgaben ist auf den „Bericht über die Kosten der Wege des Eisenbahn-, Straßen- und Binnenschiffsverkehrs in der Bundesrepublik Deutschland" zurückzuführen. Vgl. Bundesministerium für Verkehr, Arbeitsgruppe Wegekosten (1969); Zur Kritik vgl. auch Holocher (1988), S.58 ff

239 Dieser wurde 1958-1960 in den USA durchgeführt. Es wurden die Auswirkungen unterschiedlicher Achslasten bzw. -kombinationen auf unterschiedlichen Straßendecken und Tragschichten untersucht. In Folge wurden quantitative Zusammenhänge zwischen der tatsächlichen Achslast und den Grenzkosten der Unterhaltung und Erneuerung abgeleitet. Vgl. Highway Research Board (1962); Forschungsgemeinschaft für das Straßenwesen e.V. (1968); Small / Winston (1988), S.562; Link / Rieke / Schmied (2000), S.27; Als Kritik an der Verwendung der Formel wird die Gestaltung der Teststrecke und die Frage der Übertragbarkeit auf europäische Straßen genannt. Zudem sind mittlerweile verstärkt straßenschonende Fahrzeuge im Einsatz. Vgl. Aberle / Engel (1992), S.21 f; Wirth (2002), S.413 ff

240 Es ist also nicht das Gesamtgewicht der Fahrzeuge bei der Straßenschädigung von Relevanz, sondern die Höhe der Achslasten. Vgl. Eisenkopf (2002), S.50

241 Vgl. Gramlich (1994), S.1192 f; Teubel (2001), S.50; Eisenkopf (2002), S.50

242 Vgl. Eckey / Stock (2000), S.109

243 Die Kapazitätskosten sind benutzungsunabhängige Kosten und sie werden meistens als echte Gemeinkosten betrachtet. Die Aufteilung auf Fahrzeugkategorien ist daher mehr oder weniger eine Ermessensfrage. Vgl. Dorfwirth / Faller / Herry / Metelka (1982), S.107; Holocher (1988), S.57

Schlüsselungsprobleme[244], zumal der Großteil der Wegekosten / -ausgaben auf diese Kostenart fällt.[245]

Diese Zurechnungsprobleme führen daher zu stark divergierenden Ergebnissen bei Wegerechnungen.[246] Das macht auch eine verursachungsgerechte Integration der Wegekosten in die Bepreisung von Straßeninfrastruktur schwierig.

2.4.1.2 Berücksichtigung von Wegekosten bei der Infrastrukturbepreisung

Wegekosten können als Bestandteil des Preises zur Nutzung von Infrastruktur eingehen.

In der Praxis bilden die Wegekostenrechnungen von Autobahnen häufig die Berechnungsgrundlage für die Bestimmung der Höhe der Autobahnbenutzungsabgabe. Mittels Wegekostenrechnungen lassen sich Informationen über die dem Infrastrukturbetreiber tatsächlich entstehenden Bereitstellungskosten der Infrastruktureinrichtung eruieren, um somit Benutzungsgebühren nach dem Prinzip „pay-as-you-use" zu ermitteln.[247] Bei diesem anbieterorientierten Ansatz wird der Staat in seinem Merkmal als Produzent von Kollektivgütern einem privatwirtschaftlichen Unternehmen gleichgestellt.[248]

Bei Verfolgung des Prinzips „pay-as-you-use" können zwar Grenzkosten der Wege relativ unproblematisch weiterverrechnet werden, jedoch trifft dies auf Fixkosten nicht zu. Die Grenzkosten der Nutzung der Wegeinfrastruktur bei Nichtexistenz von Engpässen sind diejenigen Kosten, die durch ein weiteres Fahrzeug erwachsen. Darunter fallen, wie bereits dargestellt, die Grenzkosten der Straßenunterhaltung und der Erneuerung der Fahrbahndecken (Verschleißkosten).

Die fixen Kapazitätskosten des Weges spielen bei der Grenzkostenbetrachtung keine Rolle, da die Straßeninfrastruktur bereits geschaffen wurde. Im Falle einer gewünschten zusätzlichen Anlastung der Kapazitätskosten könnten diese Fixkosten streckenbezogen - beispielsweise in Form eines durchschnittlichen kilometrischen Tarifs

---

244 Eine Schlüsselung von Gemeinkosten erfordert plausible und sinnvoll erscheinende Regeln. Vgl. Aberle / Engel (1992), S.20; Beispielsweise würden fahrleistungsabhängige Äquivalenzziffern den Pkw und gewichtsabhängige Äquivalenzziffern den Lkw stärker belasten. Vgl. Eckey / Stock (2000), S.109

245 Die Kapazitätskosten / -ausgaben haben keinen Zusammenhang mit dem Verkehrsaufkommen, so dass das Verursachungsprinzip für die Zuteilung der Kosten ausscheidet. Vgl. Holocher (1988), S.178; Aberle / Engel gehen davon aus, dass die Kapazitätskosten 70 - 90 % der gesamten Wegekosten ausmachen. Vgl. Aberle / Engel (1992), S.20

246 Vgl. Riebesmeier (1992), S.61

247 Vgl. Seitz (1993), S.190 f

248 Alternativ kann die Bestimmung der Höhe der Benutzungsentgelte auch nachfragerorientiert erfolgen, wobei die Wegekosten und andere Kostenarten keine Rolle spielen. Die direkten bzw. indirekten Kostenvorteile, die ein Unternehmen oder auch ein privater Haushalt aus der Nutzung des Gutes Autobahn zieht, gehen dann in die Ermittlung des Nutzungspreises, dem das Prinzip des „pay-as-you-benefit" zugrunde liegt, ein. Diese Art der Ermittlung des Nutzerpreises berücksichtigt allerdings keine Rivalität zwischen Nutzern. Anreize zum sparsamen Umgang mit dem Gut Autobahn werden somit nicht geschaffen. Die Anwendung des „pay-as-you-benefit" - Prinzips wäre primär von der Erzielung von Einnahmen bestimmt. Vgl. Seitz (1993), S.191 ff

- auf die Nutzer verteilt werden. Dies jedoch hätte für die potentiellen Nutzer bezüglich der Entscheidung über eine konkrete Nutzung dieser Verkehrsinfrastruktur ein falsches Preissignal zur Folge. Es werden nämlich nicht die niedrigeren Grenzkosten des zusätzlichen Nutzers, sondern die höheren Durchschnittskosten berechnet. Es entfallen dann diejenigen Fahrten, deren individueller Nutzen niedriger als die Durchschnittskosten, jedoch höher als die Grenzkosten sind. Volkswirtschaftlich effizienter ist es, die Fixkosten in einer Art anzulasten, welche die individuelle Entscheidung über eine Nutzung nicht tangiert. Dies kann beispielsweise über eine fixe periodische Gebühr geschehen, die unabhängig von der konkreten Fahrleistung erhoben wird (z.B. Vignette).[249]

2.4.2 Stauabgaben als Komponente der Bepreisung von Straßeninfrastruktur

Die Bepreisung eines Verkehrsweges dient grundsätzlich dem Ziel, die Wegekosten zu decken. Dies kann auch grundsätzlich mittels Stauabgaben erfolgen. Eine alleinige Erhebung von Stauabgaben dürfte aufgrund der spezifischen Eigenschaften der Straßenwege[250] jedoch zu einer Kostenunterdeckung der Verkehrswege führen, da regelmäßig die Durchschnittskosten über den Grenzkosten liegen.[251] Die sinkenden Durchschnittskosten haben demnach zur Folge, dass bei wohlfahrtsoptimierten Grenzkostenpreisen ein Defizit in Höhe der nicht gedeckten totalen Kosten entsteht (Defizitproblem). Überlässt man den Markt einem privaten Unternehmen, so werden dann die Preise höher sein als die Grenzkosten. Die Ausbringungsmenge wird niedriger sein als im Wohlfahrtsoptimum; es entsteht ein Wohlfahrtsverlust.[252] Ein privater Betreiber eines Verkehrsweges wird zudem nicht zwangsläufig an einem optimalen Verkehrsfluss interessiert sein, sondern vielmehr an einem profitablen Betrieb der Infrastruktureinrichtung.[253] Die Existenz eines Defizits ist auch einer der Gründe, warum Straßen in der Vergangenheit sehr oft in staatlicher Regie betrieben wurden.

Möglicherweise führen jedoch Stauabgaben bei Betrachtung des gesamten Verkehrssystems zu einer Kostendeckung der Verkehrsinfrastruktur. Dies muss jedoch

---

249 Vgl. Ewers (1991a), S.58 f; Meyer (1999), S.53 f

250 Aufgrund der Unteilbarkeit einer Straße kann ein einziges Unternehmen eine gegebene Ausbringungsmenge (hier: Anzahl Fahrzeuge) günstiger herstellen als mehrere Unternehmen. Das hat eine Subadditivität der Kostenfunktion zur Folge. Vgl. zum Konzept der Subadditivität ausführlich Baumol (1977), S.809 ff; Fritsch / Wein / Ewers (2003), S.180 ff; Ein Unterfall der Subadditivität, die sinkenden Durchschnittskosten, sind typisch für Straßeninfrastrukturen. Dieser Unterfall tritt bei praktischen Problemstellungen am häufigsten auf. Vgl. Fritsch / Wein / Ewers (2003), S.181

251 Vgl. Walters (1968), S.51 ff; Baum (1972), S.83; Lehmacher (1975), S.215; Holocher (1988), S.74 ff; Ewers (1991a), S.58; Knieps (1992), S.324; Scheele (1993), S.160; Arnold (1994), S.231; Knieps (1998), S.466; Rothengatter / Seiler / Eberhard (2000), S.6; Levinson (2002), S.41; Döring (2003), S.141; Quinet (2003), S.158; Dies ist dann der Fall, wenn die Nachfragefunktion die (langfristige) Durchschnittskostenkurve im Bereich steigender Skalenerträge schneidet, d.h. wenn die Durchschnittskosten im relevanten Outputbereich sinken. Vgl. Eisenkopf (2002), S.84 und S.128

252 Vgl. Ewers / Rodi (1995), S.34

253 Vgl. Scheele (1993), S.160; Emmerink (1998), S.45

nicht für eine bestimmte Teilstrecke gelten.[254] So dürfte die Anwendung der Prinzipien der Stauabgaben auf Autobahnen eher zu einer Unterdeckung der Wegekosten führen als bei innerstädtischen Hauptstraßen, da die marginalen Staukosten auf Autobahnen im Vergleich zu innerstädtischen Straßen meist viel geringe Werte annehmen.[255]

Die reine Grenzkostenbepreisung mittels Stauabgaben führt daher zu folgenden Problemen:[256]

- Bei nicht fest vorgegebenen Verkehrsinfrastrukturen weisen die Grenzkosten in Abhängigkeit der Investitionstätigkeit heftige Sprünge auf. Das führt dazu, dass Nutzer in schlecht ausgestatteten Regionen vor dem Ausbau hohe Preise und nach dem Ausbau niedrige Preise zahlen müssen. Sie leisten somit kaum einen Finanzierungsbeitrag zum Ausbau.[257]
- Außerhalb von Verdichtungsräumen werden die Einnahmen zu gering sein, um die Infrastrukturkosten zu decken.[258] Es sind keine Anreize zu einem effizienten Infrastrukturmanagement vorhanden, da mit einem abgebauten Engpass eine Finanzierungsquelle wegfällt.[259]
- Verkehrspreise beeinflussen - abgesehen von anderen Wirkungen - die Flächennutzung, d.h. die Wahl von Produktions-, Handels- und Wohnstandorten.[260] Werden in verdichteten Räumen hohe Straßenbenutzungsabgaben verlangt, so kann dies zu Standortverlagerungen in Gebiete mit günstigeren Verkehrskosten führen. Bezogen auf Raumordnung und Umweltschutz sind dies unerwünschte Ergebnisse.

Zusammenfassend konstatiert, ist bei einer reinen Bepreisung einer Straßeninfrastruktur mittels Stauabgaben kaum eine vollständige Deckung von Wegekosten zu erzielen. Sie bietet sich demnach nicht als alleiniger Bestandteil eines Straßeninfrastrukturabgabensystems an.

2.4.3 Externe Kosten als Komponente der Bepreisung von Straßeninfrastruktur

Externe Kosten können ebenso als Bestandteil der Bepreisung von Infrastruktur fungieren.

---

254 Vgl. Newberry (1990), S.30

255 Vgl. Walters (1968), S.85; Jansson (1980), S.337

256 Vgl. Wissenschaftlicher Beirat beim Bundesminister für Verkehr, Bau- und Wohnungswesen (1999), S.440

257 Vgl. Eisenkopf (2002), S.183

258 Offensichtlich wird aufgrund der Stauanfälligkeit in Agglomerationsräumen die Abgabe höher sein als auf Straßen in ländlichen Gebieten. Vgl. Walters (1968), S.83; Emmerink (1998), S.45; Bei Berücksichtigung der unterschiedlichen Verkehrsmengen ist festzustellen, dass ein großer Teil der Einnahmen auf staugefährdeten Straßen in Verdichtungsräumen generiert wird.

259 Vgl. Decorla-Souza / Kane (1992), S.301

260 Vgl. Small (1992), S.361; Wissenschaftlicher Beirat beim Bundesminister für Verkehr (1997), S.77; Emmerink (1998), S.45

Grundsätzlich wird die Existenz externer Effekte im Verkehr in der Literatur als gegeben angesehen. Das Ausmaß der Wirkungen sowie deren Quantifizierung dagegen sind sehr stark umstritten.[261] Die Gründe dafür liegen in den folgenden Problembereichen, die sich zwar auf die externen Kosten beziehen, aber sich ebenso auf externe Nutzen übertragen lassen:[262]

- Identifizierungsproblem
  Die Auslöser externer Kosten fallen in physikalischen Einheiten an. Mit dem derzeitigen naturwissenschaftlichen Erkenntnisstand kann kaum eine zweifelsfreie Ermittlung von Schäden im Sinne eines Ursache-Wirkungs-Mechanismus erfolgen.[263]
- Separierungsproblem
  Die meisten Schäden haben eine Vielzahl von Ursachen.[264] Beispielsweise ist es bis heute nicht möglich, aus Luftschadstoffen resultierende Folgeschäden den einzelnen Verursachungsbereichen - Haushalte, Verkehr, Energie, Industrie - anteilsmäßig zuzuordnen.
- Monetarisierungsproblem
  Die Transformation der Schäden in Geld- / Kostengrößen ist mit erheblichen methodischen Schwierigkeiten verbunden.[265] Bisher existieren beispielsweise noch keine anerkannten Verfahren zur Berechnung der Klimaschäden, da die Kosten aufgrund der vermuteten Existenzgefährdung von Mensch und Tier einen unendlich hohen Betrag aufweisen müssten.
- Zeitliches, räumliches und individuelles Zurechnungsproblem
  Eine Vielzahl von Schäden entsteht nicht am Verursachungsort und nicht zum Verursachungszeitpunkt, was eine verursachergerechte Anlastung erheblich erschwert.[266]
- Akzeptanzproblem
  Viele Arten von Schäden, wie z.B. Gesundheitsschäden oder menschliches Leid, sind irreparabel. Eine Internalisierungslogik suggeriert jedoch Kompensationsmöglichkeiten. Vielmehr soll eine Internalisierung aber Anreize setzen, negative externe Effekte erst gar nicht anfallen zu lassen.[267]

---

261 Vgl. Aberle / Engel (1992), S.55 ff; Willeke (1993), S.220; Faller (1999), S.457; Eisenkopf (2000), S. 142; Die Höhe der externen Kosten wird nicht zuletzt durch die Wahl des Verfahrens zur Ermittlung dieser Kosten beeinflusst. Generell wird zwischen vier Verfahren unterschieden, dem Schadenskostenansatz, dem Vermeidungskostenansatz, dem Zahlungsbereitschaftsansatz sowie dem Ansatz der Marktdatendivergenz. Vgl. Bickel / Friedrich (1995), S. 10 ff; Glaser (1995), S.52 ff; Baum / Esser / Höhnscheid (1998), S. 22 ff

262 Vgl. Hopf et. al. (1994); Kunert (1997), S.113 f; Friedrich / Bickel (2001), S.8 ff

263 Vgl. Hauser / Hidber (1992), S.115

264 Vgl. Franke (1997), S.87 ff; Emmerink (1998), S.39

265 Vgl. Franke (1997), S.86 ff; Hohlweg (1997), S.42; Emmerink (1998), S.39

266 Vgl. Franke (1997), S.89; Holocher (1988), S.118 f

267 Vgl. Ewers (1991b), S.78

- Elastizitäts- / Steuerbarkeitsproblem
  Preis- / Nachfrage-Elastizitäten im Verkehrsbereich - und nicht nur hier - sind im Zeitablauf nicht konstant.

Alle diese Problembereiche machen eine Quantifizierung der externen Kosten und der externen Nutzen fast unmöglich. Eine verursachungsgerechte Integration in ein Bepreisungssystem ist daher nicht machbar. Trotzdem finden in der Praxis externe Kosten als Bestandteil eines Infrastrukturpreissystems Berücksichtigung. Die Bestimmung der Höhe der externen Kosten basiert dabei zumeist auf groben Schätzungen, wobei der externe Nutzen in der Regel vernachlässigt wird.

2.4.4 Beschränkungen eines optimalen Bepreisungssystems

Ein optimales Preissystem für Straßeninfrastruktur sollte neben den Wegekosten auch die Stauabgaben sowie die externen Kosten umfassen. „Eine konsequente Ausrichtung hin zu einem Belastungssystem auch für Fernstraßen, das Engpässe der Infrastruktur widerspiegelt, externe Effekte internalisiert und die bei Nutzfahrzeugen besonders bedeutsame Frage der Wegeentgelte integriert, ist notwendig und wünschenswert."[268]

Ein optimales Preissystem für die Straßenbenützung ist, wie bereits in den vorangegangenen Kapiteln geschildert, offensichtlich kein einfaches System, da die einzelnen Kostenarten von unterschiedlichen Faktoren beeinflusst werden, die eine Bepreisung erschweren.:[269]

- Die Stauabgabe hängt von der jeweiligen Auslastung der Infrastruktur ab.
- Die Grenzkosten der externen Effekte hängen u.a. vom Fahrzeug (Schallpegel, Schadstoffemissionen etc.) ab.
- Die Kapazitätskosten des Weges sind Fixkosten, die umgelegt werden müssen.
- Die Grenzkosten der Straßenunterhaltung und der Erneuerung der Fahrbahndecken ist u.a. abhängig von der Fahrleistung der Fahrzeuge.

Aufgrund der Komplexität des optimalen Systems lassen sich in der Praxis nur einfache Lösungen realisieren, die nur Anleihen am skizzierten optimalen System nehmen. So besteht beispielsweise eine Möglichkeit der Integration aller Kostenarten in ein Bepreisungssystem darin, mittels eines Basiskilometerpreises die Wegekosten sowie die externen Kosten abzudecken und die Staukosten durch einen Zusatzkilometerpreises zu berücksichtigen.[270]

Die Freiheitsgrade der Ausgestaltung eines Infrastrukturabgabensystems werden auch durch rechtliche Rahmenbedingungen begrenzt. So werden für die Mitgliedsstaaten der Europäischen Union der Bepreisung von Straßeninfrastruktur durch die

---

268 Eisenkopf (1992), S.324
269 Vgl. Ewers (1991a), S. 61
270 Vgl. Stickler (1994), S.14

EU-Kommission enge Grenzen gesetzt. Mit dem EU-Weißbuch „Faire Preise für die Infrastrukturbenutzung" strebt die Europäische Union eine Harmonisierung der Anlastung von Verkehrswegekosten in den Mitgliedsstaaten an. Ziele sind neben einer Verbesserung der Effizienz und der Fairness ein höherer Wegekostendeckungsgrad und die Stärkung der privaten Finanzierung von Infrastrukturvorhaben, die durch die Berücksichtigung externer Effekte und Stauungskosten in die Preisbildung erreicht werden sollen. Als Basis der Preisbildung dient das Konzept der kurzfristigen sozialen Grenzkosten. In die sozialen Marginalkosten sollen die direkten Grenzkosten der Infrastrukturnutzung (Betriebskosten, Kosten des Verschleißes der Infrastruktur), die Stauungskosten, die externen Kosten der Luftverschmutzung und des Lärms sowie die externen Unfallkosten einfließen.[271] Generell wird eine stärkere Orientierung an der Nutzerfinanzierung von Verkehrsinfrastrukturen angestrebt.[272]

2.4.5 Möglichkeiten der Preisdifferenzierung bei der Bepreisung von Straßeninfrastruktur

In der Praxis können eine Vielzahl unterschiedlicher Preisdifferenzierungskonzepte der Straßennutzung angewandt werden, die jedoch nicht immer eine volkswirtschaftlich optimale Allokation von Ressourcen zum Ziel haben. Eine der Vorzüge von differenzierbaren Straßenbenutzungsabgaben liegt darin, individuelle Gegebenheiten der Verkehrsteilnehmer und auch des Straßenweges zu berücksichtigen.
Grundsätzlich kann mit einer Preisdifferenzierung eine bessere Abschöpfung der Konsumentenrente erzielt werden[273], so dass sich die Erlössituation des Unternehmens verbessert. Eine einheitliche Definition des Begriffes Preisdifferenzierung ist in der Fachliteratur nicht auszumachen.[274] Eine engere Definitionen lässt sich beispielsweise bei Ott finden: „Preisdifferenzierung setzt demnach ... die gleiche Ware, den gleichen Zeitpunkt, den gleichen Ort und verschiedene Preise voraus."[275] Andere Autoren sprechen lediglich von „ähnlichen Produkten".[276] Zudem verweisen einige Autoren darauf, dass die Ursachen für eine Preisdifferenzierung nicht in Kostenunterschieden liegen dürfen.[277]

---

271 Vgl. Europäische Kommission (1998), S.12 ff; Rothengatter / Doll (2001), S.4; Quinet (2003), S.155 f; Zur Kritik am Weißbuch siehe Wissenschaftlicher Beirat beim Bundesminister für Verkehr, Bau- und Wohnungswesen (1999), S.438 ff; Knieps (2000), S.78; Eisenkopf (2002), S.230 ff; Auch das Weißbuch „Die europäische Verkehrspolitik bis 2010: Weichenstellungen für die Zukunft" fordert die Anlastung dieser Kosten. Vgl. EU-Kommission (2001), S. 82 ff

272 Vgl. Rothengatter / Doll (2001), S.4

273 Vgl. Cassady (1946), S.13; Fantapie Altobelli (1992), S.2; Faßnacht (1996), S.30 ff; Pechtl (2003), S. 81

274 Vgl. Fassnacht (1996), S.13 ff; Fassnacht / Homburg (1998), S.868 f; Hunkel (2001), S.5

275 Ott (1979), S.50; Ähnlich bei Ellinghaus (1964), S.7 f, wobei Ellinghaus nicht den gleichen Zeitpunkt voraussetzt.

276 Vgl. Dirlewanger (1969), S.23; Diller (2000), S.286; Fassnacht (2003), S.485

277 Vgl. Michalski (1931), S.8; Phlips (1983), S.6; Groß (2001), S.30; Priemer (2003), S.509

Eine gebräuchliche Typologisierung von Preisdifferenzierungsansätzen ist auf Pigou zurückzuführen. Pigou unterscheidet drei Grade der Preisdifferenzierung.[278]

Die Preisdifferenzierung ersten Grades unterstellt eine vollkommene Individualisierung des Preissystems. Jeder Nachfrager erwirbt das Produkt zu seiner maximalen Zahlungsbereitschaft. Der Anbieter realisiert einen maximal möglichen Absatz und einen maximal möglichen Gewinn.

Bei der Preisdifferenzierung zweiten Grades werden die Preise allen Nachfragern angeboten und diese können selbst entscheiden, welchem Segment sie angehören.[279] Innerhalb eines Segmentes ist der Preis identisch.[280]

Die Preisdifferenzierung des dritten Grades zeichnet sich dadurch aus, dass eine Segmentierung der Nachfrager anhand beobachtbarer Kriterien vorgenommen wird und ein Wechsel zwischen Segmenten nicht oder nur mit Kosten möglich ist.[281]

Für eine Preisdifferenzierung bei Straßenbenutzungsabgaben kommt der erste Grad nicht in Frage, da eine vollkommene Preisdifferenzierung nur mittels Auktionen oder Verhandlungen möglich ist. Dies wäre bei der Infrastrukturbepreisung nur mit prohibitiv hohen Transaktionskosten möglich.

Zur Preisdifferenzierung zweiten Grades gehört die mengenbezogene Preisdifferenzierung. Bei einer mengenbezogenen Preisdifferenzierung variiert der vom Nachfrager zu entrichtende Preis je Mengeneinheit mit der abgesetzten Menge.[282] Zu dieser Gruppe zählen die Rabatte, Boni oder der zweiteilige Tarif.[283] Ein Beispiel für einen Mengenrabatt ist die Bepreisung einer Straße, bei welcher die Höhe der Abgabe von der Häufigkeit der Nutzung eines Streckenabschnittes abhängig ist. Durch vergünstigte Preise für Vielfahrer sind diese gegenüber den Wenignutzern im Vorteil. Ein zweiteiliger Tarif[284] inkludiert einerseits einen Grundpreis, der unabhängig von der Stärke der Nutzung der Straßen anfällt sowie andrerseits einen nutzungsabhängigen - dann vergünstigten - Preis für die Inanspruchnahme einer Leistungseinheit, d.h. einer Fahrt auf einem Streckenabschnitt. Betreffend einer fahrleistungsabhängigen Maut im Straßengüterverkehr auf dem gesamten hochwertigen Straßennetz ist jedoch kein überzeugender Grund existent, mehrstufige Tarife zu offerieren, da verstärkt Anreize entstehen würden, die Infrastruktur noch intensiver als

---

278 Vgl. Pigou (1920), S.248; siehe auch Varian (2004), S.449 ff

279 Vgl. Pepels (1998), S.92

280 Vgl. Fassnacht (2003), S.492

281 Vgl. Groß (2001), S.31; Hunkel (2001), S.7 f; Fassnacht (2003), S.492; Pechtl (2003), S.81; Wübker / Schmidt-Gallas (2003), S.749

282 Vgl. Fassnacht (1996), S.71; Hunkel (2001), S.9

283 Vgl. Fassnacht (1996), S.77 ff; Schulze (1998), S.69 ff; Pechtl (2003), S.82

284 Vgl. zu zweiteiligen Tarifen Aberle (1998), S.473 f; Knieps (1998), S.466 ff; Knieps (2002), S.18 ff; Büschken (2003), S.529; Pechtl (2003), S.83 ff

bei anderen Tariffierungsmöglichkeiten zu nutzen.[285] Auch die Bepreisung nach den aktuellen Fahrzeugmengen auf einer Straße (siehe Standardmodell des Road Pricing) gehört zu den mengenbezogenen Preisdifferenzierungen.

Preisdifferenzierungen dritten Grades lassen sich bei Straßenbenutzungsabgaben mit folgenden Möglichkeiten realisieren:

- Personenbezogene Preisdifferenzierung

  Hier stehen persönliche Merkmale im Vordergrund (z.B. Einkommenshöhe, Alter etc.).[286] Im Personenverkehr kann eine Differenzierung bei der Benutzung aus sozialpolitischen Gründen für einkommensschwache Gruppen erfolgen, die dann eine geringere Abgabe für die Benutzung der Straße zahlen.[287]
- Räumliche Preisdifferenzierung

  Bei einer räumlichen Preisdifferenzierung stellen Räume Anhaltspunkte für unterschiedliche Maximalpreise dar.[288] So könnte beispielsweise aus wirtschaftspolitischen Gründen die Straßenbenutzungsabgabe in wirtschaftlich unterdurchschnittlich entwickelten Gebieten einen geringeren Betrag annehmen als in anderen Regionen eines Staates. Eine weitere Unterscheidungsmöglichkeit bietet die Höhe der Wegekosten. Eine Autobahn im Gebirge weist wesentlich höhere Investitionskosten als eine Autobahn in der Ebene auf. Auch die Höhe der externen Kosten kann stark differieren. So kann beispielsweise eine Autobahn in unmittelbarer Nähe einer Siedlung zu höheren externen Kosten führen als eine Autobahn im unbesiedelten Gebiet.
- Zeitliche Preisdifferenzierung

  Eine zeitliche Preisdifferenzierung kann in Abhängigkeit der Tageszeit, des Wochentages oder der Jahreszeit erfolgen. Diese Variante kann bei Straßenbenutzungsabgaben relativ unproblematisch angewandt werden. In Abhängigkeit der zu erwartenden Verkehrsmenge auf einem Streckenabschnitt wird bei vermutet hohen Verkehrsaufkommen ein höherer Preis verlangt als in nachfrageschwachen Zeiten, so dass eine Glättung der Nachfrage auftritt.[289]

---

285 Vgl. Rothengatter / Doll (2001), S.12 f; Sinnvoll dagegen erscheint der zweiteilige Tarif bei Großprojekten (Brücken oder Tunnel), die in privat-öffentlicher Partnerschaft realisiert werden. Vgl. Rothengatter / Doll (2001), S.12

286 Vgl. Hunkel (2001), S.11; Fassnacht (2003), S.494; Reinecke / Hahn (2003), S.345; Wübker / Schmidt-Gallas (2003), S.750

287 Es wird darauf verwiesen, dass eine angebliche Benachteiligung sozial schwacher Bevölkerungsschichten ein starkes Gegenargument bei der Einführung von Road Pricing darstellt. Vgl. Else (1984), S.296; Hauser / Hidber (1992), S.118; Rothengatter (1995), S.66 f; Lehmann (1996), S.22 f; Gillen (1997), S.194; Nielsen (2000), S. 22; Kossak (2004), S.248

288 Vgl. Fassnacht (2003), S.495; Müller-Hagedorn / Schuckel (2003), S.261

289 Dies wird auch als Peak-Load-Pricing bezeichnet. Das Konzept ist insbesondere bei nichtlagerfähigen Gütern, d.h. Dienstleistungen, anwendbar, die Kapazitätsrestriktionen unterliegen und im Falle variabler Nachfrage zu einer Überschussnachfrage führen kann. Vgl. Aberle / Eisenkopf (2000), S.238 ff; Priemer (2003), S.513 f; In anderen Wirtschaftsbereichen wie z.B. der Elektrizitätswirtschaft oder der Telekommunikation (insb. in der Sprachtelefonie) wird das Peak-Load-

- Auslastungsorientierte Preisdifferenzierung
  Bei dieser Art der Preisdifferenzierung ist es das Ziel, Verkehrsmittel mit möglichst hoher Auslastung zu fördern. Im Personenverkehr könnte eine Differenzierung im Hinblick auf den Besetzungsgrad eines Pkw erfolgen. Je höher der Besetzungsgrad, desto geringer ist die zu zahlende Abgabe des Pkw. Im Straßengüterverkehr kann mit höherem Auslastungsgrad[290] die Abgabe des Lkw sinken. Das hätte dann den Effekt, dass Leerfahrten vergleichsweise hoch bepreist werden. Alternativ ist im Güterverkehr eine Erhöhung der Abgabe mit zunehmender Auslastung vorstellbar. Dies dient dazu, die Kosten für die Abgabe pro Gewichtseinheit konstant zu belassen.[291]
- Fahrzeugbezogene Preisdifferenzierung
  Die Höhe der Straßenbenutzungsabgabe kann auch nach der Fahrzeugkategorie differenziert werden. Als Kriterien können beispielsweise die Fahrzeuglänge, das zulässige Gesamtgewicht, die Anzahl der Achsen oder der Schadstoffausstoß zugrunde gelegt werden.

Es bestehen demnach eine Vielzahl von Möglichkeiten, eine Preisdifferenzierung bei der Infrastrukturnutzung vorzunehmen. Diese haben jedoch nur selten eine volkswirtschaftlich optimale Allokation von Ressourcen zum Ziel. Vielmehr handelt es sich dabei um Ansätze, um Erlöse zu maximieren bzw. eine politisch erwünschte Vergünstigung für bestimmte Gruppen vorzunehmen.

2.5 Erhebungsverfahren bei Straßenbenutzungsabgaben

Das folgende Kapitel widmet sich den möglichen Verfahren der Einhebung von Straßenbenutzungsabgaben von den Verkehrsteilnehmern.

Erhebungsverfahren lassen sich grundsätzlich in nutzungsorientierte und nicht nutzungsorientierte Verfahren differenzieren, wie auch Abbildung 5 zeigt. Nutzungsorientierte Verfahren zeichnen sich durch die Verpflichtung zur Zahlung erst bei einer konkreten Nutzung der bepreisten Straße aus.

Die Erhebung kann außerhalb oder innerhalb des mautpflichtigen Fahrzeuges erfolgen. Bei Verfahren zur Erhebung außerhalb des Fahrzeuges kann weiterhin zwischen manuellen und elektronischen Verfahren unterschieden werden. Bei manuellen Verfahren erfolgt eine Bezahlung der Abgabe in bar bzw. per Tank- / Kredit- / Bankomatkarte an einer Mautstation oder an einem Automaten, bevor die bepreiste Straße befahren werden kann.

Pricing bereits seit langer Zeit angewandt. Vgl. Humer (1989), S.30 ff; Tichy (1992), S.53; Groß (2001), S.145 ff; Rothengatter / Doll (2001), S.12

290 Hier ist die gewichtsmäßige Auslastung gemeint. Vgl. zu verschiedenen Auslastungsarten Aberle (2003), S. 235 ff

291 Dies würde implizieren, dass Leerfahrten nicht mit der Straßenbenutzungsabgabe belegt werden.

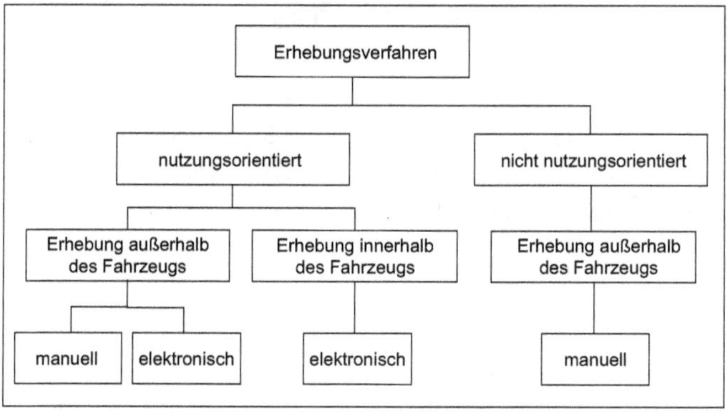

Abbildung 5: Erhebungsverfahren für Straßenbenutzungsabgaben, Quelle: in Anlehnung an Teubel (2001), S.114

Elektronische Verfahren zur Erhebung von Straßenbenutzungsabgaben werden zukünftig eine wesentlich stärkere Rolle bei der Bepreisung von Straßen spielen, da sie eine Erfassung von Verkehrsvorgängen differenziert nach Ort, Zeit und gegebenenfalls Belastung des Verkehrssystems ohne Unterbrechung des Verkehrsflusses ermöglichen können.[292] In der Literatur werden dieses Systeme unter den Stichworten ERP (Electronic Road Pricing) oder AGE (Automatische Gebührenerhebungs-Systeme) diskutiert.[293] Ein ERP-System besteht aus mehreren Komponenten, welche in Abbildung 6 ersichtlich sind. Die beiden Hauptkomponenten umfassen die Ausrüstung des Kraftfahrzeugs sowie die Infrastruktur. Das Systemmanagement inkludiert jene Komponenten, die den beiden Hauptbestandteilen nicht zugeordnet werden können. Die einzelnen Komponenten bzw. deren technische Ausgestaltungsmöglichkeiten lassen eine Vielzahl unterschiedlicher Systeme zu, wobei nicht alle möglichen Varianten sinnvoll und technisch machbar sind. Eine Möglichkeit der Identifikation eines mautpflichtigen Fahrzeuges stellen elektronische Plaketten[294] dar, die beispielsweise an der Windschutzscheibe des Kraftfahrzeuges angebracht werden können. Sie enthalten eine Fahrzeugidentifikationsnummer und ggf. weitere Informationen über das Fahrzeug (Fahrzeugtyp etc.).[295] Durch passive, mikrowellen- oder

[292] Vgl. Ewers (1991a), S.57; Shaw (1993), S.248; Hauser (1994), S.72; Hohlweg (1997), S. 87; Neuenschwander / Suter / Walter (1998), S.168 f; Meyer (1999), S.12; Trusiewytsch (1999), S.115; Stough / Maggio / Jin (2001), S.27; Wieden (2001), S.145; Bovy / Salomon (2002), S.173; Eisenkopf (2002), S.287; Krause (2003), S.14; Stough / Button / Clarke / Pommerening / Jefferson / Thibault (2004), S.7

[293] Vgl. Nielsen (2000), S. 22; Teubel (2001), S.115; Die Abkürzung AGE wird insbesondere im deutschsprachigen Raum verwendet.

[294] Diese Tags sind eine Art elektronisches Nummernschild des zu identifizierenden Fahrzeuges. Vgl. Nielsen (2000), S.31

[295] Vgl. Hohlweg (1997), S.136

infrarotbasierte Kommunikation mit der straßenseitigen Infrastruktur (den Baken[296]) erfolgt eine Registrierung des Fahrzeuges und die Abgabenermittlung wird ausgelöst. Im Rahmen des Clearing erfolgt die sich daran anschließende Zahlungsabwicklung.[297] Eine weitere Möglichkeit der elektronischen Gebühreneinhebung besteht in der Nutzung intelligenter On Board Units, welche durch GPS- oder GSM-Technologie mit Satelliten kommunizieren und dadurch eine Registrierung stattfindet.[298]

Abbildung 6: Komponenten eines elektronischen Road-Pricing-Systems, Quelle: in Anlehnung an Teubel (2001), S. 116

Die manuellen nutzungsorientierten Zahlungsverfahren bedürfen Mautstellen, deren Nachteil für den Nutzer in der Unterbrechung des Verkehrsflusses und ggf. der Staubildung besteht.[299] Für den Betreiber kann die personalintensive Erhebung[300] der Abgabe problematisch sein, da - insbesondere bei hohen Verkehrsmengen - elektronische Verfahren kostengünstiger zu sein scheinen.[301] Weiterhin beanspruchen die Abgabestellen Platzbedarf, der insbesondere im dichtbesiedelten Gebiet stark mit anderen Nutzungswirkungen des Bodens konkurriert.

Bei den nicht nutzungsorientierten Verfahren der Erhebung erfolgt die Zahlung der Abgabe unabhängig von der Intensität der Straßennutzung.[302] Ein typisches Beispiel sind Vignetten, deren vorheriger Kauf notwendig ist, um das Recht zu erwerben, zu

[296] Baken sind straßenseitige Transceiver (aktive Sender und Empfänger) für die Nahbereichskommunikation. Vgl. Hohlweg (1997), S. 140

[297] Vgl. May (1992), S.321 ff; Frank / Münch (1993), S.373; Franke (1997), S.201; Teubel (2001), S.115 ff

[298] Vgl. Teubel (2001), S.113; Eisenkopf (2002), S.288

[299] Vgl. Frank / Münch (1993), S. 374; Franke (1997), S.196; O'Mahony / Kirwan (2001), S.202; Wieden (2001), S.145

[300] Vgl. Nielsen (2000), S.29

[301] Vgl. Hohlweg (1997), S.87; Wieden (2001), S.145

[302] Vgl. Nielsen (2000), S. 27; Teubel (2001), S.113

bestimmten Zeiten in bestimmten Gebieten bzw. auf bestimmten Strecken fahren zu dürfen.[303]

Eine andere Differenzierungsmöglichkeit von Erhebungsverfahren unterscheidet zwischen offenen, geschlossenen sowie autonomen Systemen. Bei offenen Systemen wird auf jedem Abschnitt einer bemauteten Straße, d.h. zwischen zwei Autobahnausfahrten, eine Mautestelle errichtet und dort der jeweilige Mautbetrag gefordert. Geschlossene Systeme dagegen zeichnen sich dadurch aus, dass alle Zu- und Abfahrten mit Mautstellen versehen werden, um dort eine Registrierung der Ein- und Ausfahrt eines Fahrzeuges als Grundlage für die Berechnung des Mautbetrages vorzunehmen.[304] Die Besonderheit autonomer Systeme liegt in der Nutzung satellitengestützter Lokalisierungsverfahren (z.B. über GPS). Mautstellen sind bei den autonomen Systemen nur virtuell existent.[305]

---

[303] Vgl. Teubel (2001), S.113

[304] Vgl. Hohlweg (1997), S.106 f; Wieden (2001), S.147 f

[305] Vgl. Wieden (2001), S.148

3 Darstellung des Systems der fahrleistungsabhängigen Maut in Österreich und Überblick über die Auswirkungen auf Unternehmen

Die Einführung der fahrleistungsabhängigen Maut zum 1.Januar 2004 betrifft alle Kraftfahrzeuge mit einem zulässigen Gesamtgewicht von mehr als 3,5 Tonnen, die das hochwertige Straßennetz in Österreich befahren. Ziel dieses Kapitels ist es, das System der fahrleistungsabhängigen Maut darzustellen. Die Beschreibung des Mautsystems erfolgt mittels eines Drei-Ebenen-Modells. Im Anschluss daran wird eine Systematisierung der Auswirkungen der fahrleistungsabhängigen Maut auf Unternehmen vorgenommen. Dabei wird auch auf die empirische Umfrage über die Auswirkungen der fahrleistungsabhängigen Maut auf Unternehmen eingegangen.
Bevor jedoch die Deskription des Mautsystems erfolgt, wird zunächst das bemautete Straßennetz in Österreich charakterisiert.

3.1 Grundlegende Aspekte zu Autobahnen und Schnellstraßen in Österreich

In diesem Kapitel werden die bemauteten Straßen in die Systematik der Straßenkategorien eingeordnet, deren Eigenschaften beschrieben sowie die Entwicklung des Autobahn- und Schnellstraßennetzes in Österreich skizziert, bevor im nächsten Kapitel das System der fahrleistungsabhängigen Maut dargestellt wird.

3.1.1 Straßenkategorien in Österreich

In Österreich werden Straßen in drei Kategorien unterteilt. Die Kompetenzverteilung für Straßen ist zwischen Bund, Ländern und Gemeinden aufgeteilt. Grundsätzlich kann konstatiert werden, dass mit Zunahme der Bedeutung einer Straße die Zuständigkeit auf eine höherrangige Gebietskörperschaft übergeht. Entsprechend dieser Kompetenzverteilung wird zwischen Bundesstraßen, Landesstraßen und Gemeindestraßen unterschieden:

- Bundesstraßen

  Der Bund ist für jene Straßen zuständig, die für den überregionalen Durchzugsverkehr von Bedeutung sind. Diese Bestimmung hat Verfassungsrang und ist im Bundesverfassungsgesetz festgeschrieben.[306] Eine Aufzählung dieser Bundesstraßen erfolgt im Bundesstraßengesetz.[307] Der Bund bestimmt mittels Verordnung selbst, für welche Straßen er sich zuständig zeichnet.

  Die Bundesstraßen werden in drei Unterkategorien Bundesstraßen A, S und B unterteilt, die gemeinsam das hochrangige Straßennetz Österreichs bilden.

---

306 Vgl. Bundesverfassungsgesetz (BVG), Art. 10, Abs. 1, Z. 9
307 Vgl. Bundesstraßengesetz (BStG), Verzeichnis 1

- Bundesstraßen A

  Zur Unterkategorie der Bundesstraßen A gehören alle Bundesautobahnen. Laut Bundesstraßengesetz (BStG) sind Bundesautobahnen als Bundesstraßen ohne höhengleiche Überschneidungen mit anderen Verkehrswegen, die sich für den Schnellverkehr eignen und bei welchen besondere Anschlussstellen für die Zu- und Abfahrt vorhanden sind, definiert.[308] Alle Bundesstraßen A unterliegen der Mautpflicht für Kfz ab 3,5 Tonnen zulässigem Gesamtgewicht.

- Bundesstraßen S

  In diese Unterkategorie fallen die Bundesschnellstraßen. Bundesschnellstraßen unterscheiden sich von den Bundesautobahnen durch das Nichtvorhandensein besonderer Anschlussstellen für die Auf- und Abfahrt.[309] Auch die Bundesschnellstraßen unterliegen der Mautpflicht für alle Fahrzeuge ab 3,5 Tonnen.

- Bundesstraßen B

  Unter die Bundesstraßen B werden alle übrigen Bundesstraßen subsumiert.[310]

- Landesstraßen

  Die Länder sind für jene Straßen zuständig, die für die Verbindung von Ortschaften von Bedeutung sind. Die Länder bestimmen per Verordnung, welche Straßen als Landesstraßen eingestuft werden.[311]

- Gemeindestraßen

  Gemeindestraßen sind alle sonstigen öffentlichen Straßen. Die Gemeinde beschließt per Verordnung über Gemeindestraßen.[312]

Die Bundesautobahnen sowie die Bundesschnellstraßen bilden ein zusammenhängendes, dem schnellen Fernverkehr dienendes Netz.

Aus verkehrstechnischer Sicht werden an eine Autobahn bestimmte Mindestanforderungen gestellt. Die Fahrbahnoberfläche wie auch die Trassierung der Autobahn ist für höhere Geschwindigkeiten bei einem relativ niedrigen Unfallrisiko ausgelegt. Je Fahrtrichtung weisen Autobahnen mindestens zwei Fahrstreifen auf, um Überholvorgänge langsamerer Kraftfahrzeuge zu vereinfachen.[313] Nutzungsberechtigt ist ausschließlich der motorisierte Verkehr. Die Fahrbahnen werden durch Mittelstreifen - beispielsweise in Form von Leitplanken - getrennt, um dadurch eine Reduzierung der Gefährdung des Gegenverkehrs zu erreichen. Der Zugang bzw. Abgang einer Autobahn erfolgt ausschließlich über besondere Zu- und Ausfahrten. Plangleiche

308 Vgl. BStG, § 2
309 Vgl. BStG, § 2
310 Vgl. BStG, § 2
311 Vgl. z.B. NÖ Straßengesetz (NÖStG), § 1; Vorarlberg Straßengesetz, § 5
312 Vgl. z.B. Vorarlberg Straßengesetz, § 9; Tiroler Straßengesetz, § 13
313 Vgl. Linden (1966), S.132

Kreuzungen mit anderen Straßen bzw. anderen Verkehrswegen sind ausgeschlossen.[314] In einer Vielzahl von Ländern existieren Vorschriften über Mindest- und Höchstgeschwindigkeiten auf Autobahnen.[315] So dürfen in Österreich nur jene Kraftfahrzeuge die Autobahn benützen, die eine Höchstgeschwindigkeit von mindestens 80 km/h aufweisen. Die zulässige Höchstgeschwindigkeit beträgt 130 km/h.[316]

3.1.2 Entwicklung und Status quo der Autobahnen und Schnellstraßen in Österreich

Der Begriff "Autobahn" wurde erstmals von Otzen, dem damaligem Vorsitzenden der HaFraBa (Autobahnprojekt Hansestädte - Frankfurt - Basel) verwendet. Otzen schlug 1929 vor, statt des bis dahin gebräuchlichen Begriffs "Nur-Autostraße" in Analogie zur Eisenbahn zukünftig den Begriff "Autobahn" zu verwenden.[317] Der Bau von Autobahnen in Europa begann 1913 in Berlin mit dem Start der Bauarbeiten für die knapp 10 km lange AVUS (Automobil-Verkehrs- und Übungsstraße), die 1921 eröffnet wurde.[318] Die Erfahrungen nach Inbetriebnahme der AVUS führten zur Gründung einer Studiengesellschaft für Autostraßen (SUFA), die 1929 Pläne für ein Autobahnnetz mit einer Gesamtlänge von über 22.500 km vorlegte.[319] Im Jahr 1933 wurde das Unternehmen „Reichsautobahnen" gegründet, welches den Bau von Reichsautobahnen forcieren sollte.[320]

In Österreich begann unmittelbar nach dem Anschluss an Deutschland im April 1938 der Bau einer Autobahn von der Grenze Walserberg / Salzburg ausgehend in Richtung Osten (Westautobahn). 1941 wurden einige Streckenabschnitte für den Verkehr freigegeben. Die Bauarbeiten ruhten jedoch aus kriegspolitischen Gründen ab 1942. Erst 1954 wurde der Autobahnbau in Österreich wieder aufgenommen.[321] Der Autobahnbau wurde unter Berücksichtigung der Überlastung und der unzulänglichen Anlage der herkömmlichen Straßen auf der Hauptverkehrsroute in Ost - West - Richtung zwischen Wien und Salzburg begonnen und sodann auf der Route Wien - Graz - Klagenfurt - Villach fortgesetzt. Weitere Netzergänzungen im Laufe der Zeit betrafen u.a. die Abschnitte Innsbruck - Brenner, Kufstein - Innsbruck, Bregenz - Feldkirch oder Wien - Flughafen Schwechat.[322]

Autobahnen wurden zunächst gebaut, um die einzelnen Regionen eines Staates zu verbinden. Der Bau und Ausbau der Autobahnen orientierte sich weniger an überna-

---

[314] Vgl. EU 1999 / 62 / EG, Art. 2, Abs. a
[315] Vgl. United Nations Organizations (1971)
[316] Vgl. Straßenverkehrsordnung (StVO), § 20
[317] Vgl. Kornrumpf (1990), S.11
[318] Vgl. Voigt (1965b), S.458
[319] Vgl. Lay (1994), S.256
[320] Vgl. Voigt (1965b), S.458
[321] Vgl. Edinger (2003), S.8
[322] Vgl. ausführlich zu Verkehrsfreigaben Bundesministerium für Verkehr, Innovation und Technologie (2004), S.12 ff

tionalen Interessen.[323] Im Zuge der EU-Integration und der Globalisierung setzt man jedoch in den letzten Jahren verstärkt auf den Bau und Ausbau internationaler Transitachsen. Aus diesem Grunde wurden u.a. in den letzten Jahren die Autobahn Wien - ungarische Grenze oder die Autobahn Graz - slowenische Grenze fertiggestellt.[324] Einen Überblick über die derzeitige Streckenlänge des österreichischen Autobahnnetzes und über zukünftige Erweiterungen gibt Tabelle 2. Das derzeitige Autobahnnetz umfasst rund 1.670 km. In den nächsten Jahren wird das Autobahnnetz durch Neubau auf rund 1.775 km Netzlänge erweitert werden.

	Länge in km			
Bundesland	in Betrieb	in Bau	Geplant	insgesamt
Wien	44,557		10,500	55,057
Niederösterreich	328,504		47,000	375,504
Burgenland	57,979		28,068	86,047
Oberösterreich	289,261	9,785	4,800	303,846
Salzburg	143,626			143,626
Steiermark	308,652			308,652
Kärnten	245,150			245,150
Tirol	189,326		5,000	194,326
Vorarlberg	63,373			63,373
Österreich	1.670,428	9,785	95,368	1.775,581

Tabelle 2: Streckenlänge der Autobahnen in Österreich, nach Bundesländern geordnet, Quelle: Bundesministerium für Verkehr, Innovation und Technologie (2004), S.6

Die Tabelle 3 zeigt die auf Bundesländer bezogene Netzlänge des österreichischen Schnellstraßennetzes. Der Umfang des Schnellstraßennetzes beträgt knapp 360 km. Durch Neubaumaßnahmen wird sich die Streckenlänge auf 558 km erhöhen.

Der Bau und Ausbau der Autobahnen und Schnellstraßen in Österreich wurde durch die Einnahmen aus der Mineralölsteuer und später auch der Mauten unterstützt.[325] Zur Fertigstellung der mit hohen Investitionskosten verbundenen Alpenübergänge[326] wurden diese überwiegend auf dem Kreditwege vorfinanziert, deren Kreditrückzahlung dann durch Mauteinnahmen erfolgte.[327] Es erfolgte zur vereinfachten

323 Vgl. Bargehr (1990), S.74; Die Economic Commission for Europe (ECE) erkannte den Bedarf an internationalen Transitachsen und bezweckte mit Hilfe der Definition sog. E-Straßen den Bau neuer, internationaler Straßenverbindungen in Europa nach dem 2. Weltkrieg. Vgl. Haaskamp / Vreden (1976), S.419

324 Vgl. Bundesministerium für Verkehr, Innovation und Technologie (2004), S.13 ff

325 Vgl. Edinger (2003), S.8 f

326 Vgl. Deutsche Bank Research (1994), S.29

327 Vgl. Bellen (1985), S.459; Demand / Faller / Gürtlich / Lamprecht / Riebesmeier (1991), S.115; Just (1992), S.64; Schmidt (1994b), S.294; Puwein (1999), S.578 ff; Edinger (2003), S.9; Die erste Mautstrecke wurde 1968 am Brenner eröffnet. Vgl. o.V. (2003d), S.7a

Abwicklung die Gründung von privatwirtschaftlichen Sondergesellschaften[328], welche für den Bau, Betrieb und Finanzierung dieser komplexen Vorhaben verantwortlich waren. Dafür erhielten sie das Recht, dass sie die Finanzierung des Fremdkapitals über Benützergebühren refinanzieren können.[329] Hierzu gehören beispielsweise die Brennerautobahn, die Pyrhnautobahn oder die Tauernautobahn.[330] Die Finanzierung der Infrastruktur erfolgte bis 1982 durch diese Sondergesellschaften. Durch die 1982 gegründete Autobahnen- und Schnellstraßenfinanzierungsgesellschaft (ASFINAG), deren Kapitalanteile zu 100 % im Eigentum der Bundesrepublik Österreich stehen, wurden die Finanzierungsaufgaben zentralisiert. Die bisherigen Sondergesellschaften nehmen seitdem nur die Bau- und Betreiberaufgaben wahr.[331]

	Länge in km			
Bundesland	in Betrieb	in Bau	Geplant	Insgesamt
Wien	4,170	4,830	8,926	17,926
Niederösterreich	109,505	11,607	33,376	154,488
Burgenland	55,101	3,397	35,400	93,898
Oberösterreich			37,100	37,100
Salzburg				
Steiermark	135,075	9,757	41,572	186,404
Kärnten				
Tirol	27,610	6,493		34,103
Vorarlberg	28,102		6,242	34,344
Österreich	359,563	36,084	162,616	558,263

Tabelle 3: Streckenlänge der Schnellstraßen in Österreich, nach Bundesländern geordnet, Quelle: Bundesministerium für Verkehr, Innovation und Technologie (2004), S.6

Im Jahr 1997 wurde für Kraftfahrzeuge unter 12 Tonnen zulässiges Gesamtgewicht die Vignette für die Benützung aller Autobahnen und Schnellstraßen sowie einiger Bundesstraßenabschnitte eingeführt.[332] Für Lkw ab 12 Tonnen wurde dagegen ab

---

328 Diese Sondergesellschaften befinden sich mehrheitlich im Eigentum der Bundesrepublik Österreich. Die Bundesländer verfügen über Minderheitsbeteiligungen. Daher sind die Rechte und Pflichten nicht in sog. Konzessionsverträgen geregelt, sondern in Bundesgesetzen. Vgl. Bellen (1985), S.459; Schmidt (1994b), S.295

329 Vgl. Schmidt (1994a), S.113

330 Vgl. Demand / Faller / Gürtlich / Lamprecht / Riebesmeier (1991), S.115

331 Vgl. Schedl (1983), S.8; Bellen (1985), S.459; Schmidt (1994b), S.295; Trusiewytsch (1999), S.72; Im Jahr 1993 erfolgte eine Verschmelzung von Sondergesellschaften zur ÖSAG (Österreichische Autobahnen und Schnellstraßen AG) bzw. zur ASG (Alpenstraßen AG). Vgl. Puwein (1999), S.578; Sieber (2003), S.116; Österreich unterscheidet sich damit von anderen europäischen Ländern wie Italien, Frankreich oder Spanien, die teilweise Konzessionen an privatwirtschaftliche Unternehmen vergeben. Vgl. Just (1992), S.65; Kommission Verkehrsinfrastrukturfinanzierung (2000), S.28

332 Vgl. Herry / Judmayr (2000), S.26

diesem Zeitpunkt die Eurovignette eingehoben, die zum Start der fahrleistungsabhängigen Maut in Österreich wieder abgeschafft wurde.[333] Beide Einnahmequellen dienten der ASFINAG neben dem Schuldenabbau zur Finanzierung des Unterhalts und der Sanierung des hochwertigen Straßennetzes.

3.2 Beschreibung des fahrleistungsabhängigen Mautsystems in Österreich

Gegenstand dieses Kapitels ist die Darstellung des fahrleistungsabhängigen Mautsystems für Lkw und Busse in Österreich, welches zum 01.Januar 2004 eingeführt wurde. Zunächst wird ein Drei-Ebenen-Modell, welches sich zur Beschreibung von Mautsystemen eignet, vorgestellt. Im Anschluss daran wird das fahrleistungsabhängige Mautsystem in Österreich erläutert.

3.2.1 Drei-Ebenen-Modell zur Beschreibung von Mautsystemen

Für die Beschreibung von Mautsystemen bietet sich ein Drei-Ebenen-Modell an, welches in Abbildung 7 dargestellt ist. Jede der drei Ebenen steht für eine Institution, die auf die Ausgestaltung von Mautsystemen einen Einfluss ausübt.

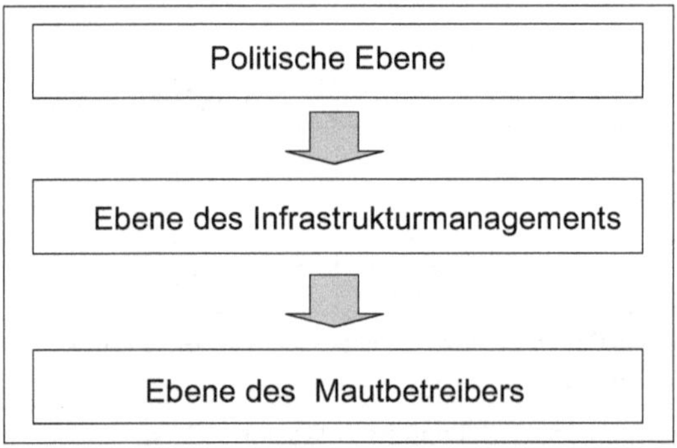

Abbildung 7: Institutionelle Ebenen eines Mautsystems

Mit Hilfe dieses Modells können die Aufgaben unterschiedlicher beteiligter Institutionen beschrieben und Vergleiche zwischen Mautsystemen verschiedener Länder gezogen werden. Es wird zwischen den folgenden Ebenen unterschieden:

- Politische Ebene,
- Ebene des Infrastrukturmanagements sowie
- Ebene des Mautbetreibers.

Die politische Ebene gibt den rechtlichen Rahmen für das Mautsystem vor. Sie legt die grundlegenden Gestaltungsaspekte der Bepreisung fest. Der Beschluss zur Ent-

[333] Vgl. Herrry / Judmayr (2000), S.27 f

richtung von Systemen zur Bepreisung von Straßeninfrastruktur erfolgt üblicherweise durch die Regierung eines Staates.
Die Ebene des Infrastrukturmanagements fungiert als Mittler zwischen dem politischen Willen der Regierung bzw. ihr nachgeordneter Behörden und derjenigen Institution, welche das Mautsystem betreibt. Deren Aufgabenbereich umfasst u.a. die Auswahl eines zweckmäßigen Erhebungssystems oder auch der Verwaltung bzw. Wieterleitung der Mauteinnahmen an den Staatshaushalt.
Auf der Ebene der Mautbetreiber als der dritten institutionellen Ebene ist der Bau und Betrieb des Mautsystems angesiedelt. Zumeist ist diese Ebene institutionell getrennt von der Ebene des Infrastrukturmanagements.
Die Pfeile in Abbildung 7 verdeutlichen die unmittelbare Wirkungsrichtung von Entscheidungen, die auf den beiden hierarchisch höher angesiedelten institutionellen Ebenen gefällt werden.

3.2.2 Politische Ebene

Vor dem Hintergrund der EU-Osterweiterung wird dem Ausbau und der Sanierung des österreichischen Autobahn- und Schnellstraßennetzes grundsätzlich eine hohe Bedeutung zugemessen. Für die österreichische Bundesregierung stellt deren Finanzierung angesichts knapper Budgets für zukünftige Ausbau- und Sanierungsprogramme jedoch ein bedeutendes Problem dar. Eine Möglichkeit zur Aufbringung der dafür notwendigen Finanzmittel ist die Einhebung einer fahrleistungsabhängigen Straßenbenutzungsabgabe. Aus diesem Grund gab es in Österreich im Jahr 2002 nach einer jahrelangen Diskussion einen politischen Beschluss zum Aufbau eines fahrleistungsabhängigen Mautsystems für Lkw und Busse auf Autobahnen und Schnellstraßen. Im Zusammenhang mit der Entscheidung für die Errichtung eines fahrleistungsabhängigen Mautsystems sind eine Reihe von europäischen sowie nationalen Regelungen von Relevanz:

- Wegekostenrichtlinie der EU (1999/62/EG)

Die derzeit gültige Wegekostenrichtlinie der EU stellt die rechtliche Grundlage für die Bemautung von Lkw und Bussen ab 12 Tonnen zulässigem Gesamtgewicht[334] auf dem hochwertigen Straßennetz dar. Die Richtlinie gibt den Autobahnbetreibern das Recht, Infrastrukturentgelte für deren Benutzung einzuheben. Allerdings müssen sich die gewogenen durchschnittlichen Mauttarife an den Kosten für den Bau, Betrieb und Ausbau der betreffenden Verkehrsinfrastruktur orientieren. Eine Spezifizierung dieser Kosten erfolgt in dieser Richtlinie nicht.[335] Variationen der Abgaben im Hinblick auf

[334] Unter einem zulässigen Gesamtgewicht wird das Nettogewicht zuzüglich des maximal zulässigen Ladungsgewichts eines Fahrzeuges verstanden. Bei Sattel- und Lastzügen werden das Zugfahrzeug sowie Anhänger berücksichtigt. Vgl. Rothengatter / Doll (2001), S.19
[335] Vgl. Klinski (2001), S.54

Umweltstandards von Nutzfahrzeugen sowie nach Maßgabe der Verkehrsbelastung sind möglich, die Gesamteinnahmen aus den Abgaben sollte jedoch die Höhe der gesamten Infrastrukturkosten nicht überschreiten. Zudem erfolgt eine Eingrenzung bezüglich der Differenzierung der durchschnittlichen Mautabgaben nach der Emissionsklasse und Tageszeit. Bei der Differenzierung nach der Emissionsklasse ist zu beachten, dass kein Mautsatz mehr als 50 % über demjenigen Satz liegen darf, zu welchem die Fahrzeuge mit der strengsten Emissionsklasse gehören. Bei einer Bepreisung in Abhängigkeit der Tageszeit muss beachtet werden, dass der höchste Mauttarif nicht mehr als 100 % über dem günstigsten Mauttarif eines Tages liegen darf. Differenzierungen aufgrund der Existenz von Engpässen im Verkehrsnetz (Staukosten) können nicht vorgenommen werden. Nicht zuletzt wegen diesen Einschränkungen in den Freiheitsgraden der Bepreisung wird derzeit auf europäischer Ebene über eine Neufassung der Wegekostenrichtlinie diskutiert. Fraglich ist dann, ob die derzeitige Ausgestaltung des österreichischen Mautsystems mit der neuen Wegekostenrichtlinie vereinbar ist.

- Bundestraßen-Mautgesetz 2002 (BStMG) vom 16. Juli 2002 (BGBl I 109 / 2002)

Dieses grundlegende Gesetz zur fahrleistungsabhängigen Lkw- und Busmaut regelt die Rechte und Pflichten der Straßeninfrastrukturgesellschaft ASFINAG auf der einen Seite und der mautpflichtigen Straßenbenutzer auf der anderen Seite. Wichtige Aspekte des Mautsystems - wie die Definition des zu bemautenden Netzes, der Mautschuldner und -gläubiger, die Bestimmung der Staffelung der Mauttarife oder die Festlegung der Aufgaben der Mautaufsichtsorgane - sind Bestandteil des Bundesstraßen-Mautgesetzes. Im Einzelnen sind u.a. folgende Details festgeschrieben:

- Für die Bundesstraßen ist für Lkw und Busse ab 3,5 t zulässigem Gesamtgewicht eine fahrleistungsabhängige Maut zu entrichten. Die Abbildung 8 zeigt das im Gesetz definierte mautpflichtige Straßennetz Österreichs.
- Mautschuldner ist der Kraftfahrzeuglenker bzw. der Zulassungsbesitzer (Solidarhaftung[336]).
- Mautgläubiger ist der Bund Österreich bzw. die ASFINAG.
- Die Mautentrichtung erfolgt elektronisch. Auf eine genaue Vorgabe über die zu verwendende Technologie wurde im Gesetz verzichtet.
- Die Höhe der Mauttarife ist abhängig von der Anzahl der Achsen des Fahrzeuges.[337] Das Verhältnis beträgt wie folgt:

2-Achser:	100 %
3-Achser:	140 %

[336] Vgl. Schneglberger / Kain (2003), S.7

[337] Die Achszahl korreliert mit dem höchstzulässigen Gesamtgewicht eines Kraftfahrzeuges, so dass sie grundsätzlich als Maßgröße für die Verteilung der gewichtsabhängigen Wegekosten herangezogen werden kann.

4- und Mehrachser: 210 %

- Es werden Mautaufsichtsorgane bestellt, welche die Entrichtung durch die Mautschuldner kontrollieren.

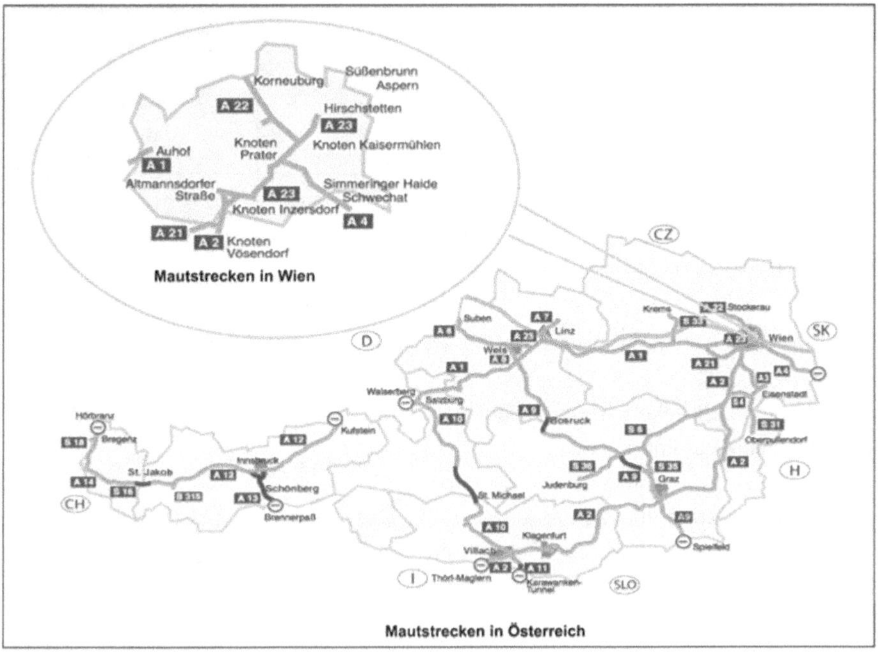

Abbildung 8: mautpflichtiges Straßennetz in Österreich, Quelle: ASFINAG

- Mauttarifverordnung vom 5. November 2002 (BGBl II 406 / 2002)

In der Mauttarifverordnung ist die exakte Höhe der Mauttarife für Lkw und Busse ab 3,5 t festgeschrieben (siehe hierzu Tabelle 4).[338] Die österreichischen Mautsätze weisen weit höhere Werte als in anderen Mitgliedsstaaten der Europäischen Union auf. So ist beispielsweise für ein vier- und mehrachsiges Fahrzeug der österreichische Tarif um das 2,23-fache höher als in Deutschland. Der Durchschnittsmautsatz beträgt 22 Cent / km (ohne USt). Zuzüglich fallen auf Scheitelstrecken (Brenner, Arlberg, Pyrhn, Tauern, Karawanken) Sondermauten an.[339] Eine Differenzierung nach verschiedenen Schadstoffklassen erfolgt in Österreich nicht. Allerdings gibt es zahlreiche Bestrebungen, nach Schadstoffklassen zu unterscheiden, um damit auch ex-

[338] Bei der Bestimmung der Höhe der Mauttarife wurden auf die Ergebnisse der Studie zur ASFINAG-Wegekostenrechnung Bezug genommen. Vgl. Herry / Sedlacek / Link (2000), S. 14 ff

[339] Sondermauten sind Mautabgaben, die zusätzlich zur fahrleistungsabhängigen Maut für die Benützung von bestimmten Pässen und Tunneln zu entrichten sind, die überdurchschnittliche Bau- und Erhaltungskosten aufweisen. Das heißt, die mautpflichtigen Fahrzeuge müssen an diesen Stellen einen erhöhten Tarif für die Straßenbenützung bezahlen. Vgl. Europpass (2003), S.4

terne Effekte (insb. Luftschadstoffe) in der fahrleistungsabhängigen Maut in Anlehnung an das Verursacherprinzip abzubilden.[340] Eine Berücksichtigung von Schadstoffklassen kann Anreize zum Kauf neuerer, umweltverträglicherer Lkw schaffen.[341]

	2-Achser	3-Achser	4- und Mehrachser
Kategorie	2	3	4
Österreich	13 Cent / km	18,2 Cent / km	27,3 Cent / km

Tabelle 4: Mauttarife in Österreich (exkl. 20 % Ust)

- Mautstreckenausnahme-Verordnung vom 20. Dezember 2002 (BGBl. II 329 / 2004)

Einige wenige Strecken werden nicht bemautet, da diese nicht mit der EU-Wegekostenrichtlinie vereinbar sind.

- Maut-Inbetriebnahme-Verordnung vom 23. Dezember 2003 (BGBl. II 568 / 2003)

Ende November 2003 wurde nach einem mehrwöchigen, weitgehend reibungslos verlaufenden Probebetrieb diese Verordnung beschlossen, die den definitiven Mautstart zum 1.Januar 2004 festlegt.

Das für das Gesetz und die dazugehörigen Verordnungen zuständige österreichische Bundesministerium für Verkehr, Infrastruktur und Technologie verfolgt mit der Implementierung des Systems der fahrleistungsabhängigen Straßenbenützungsabgabe vor allem Finanzierungsziele.[342] Die Mauteinnahmen sollen dazu beitragen, den Bau und Betrieb sowie die Sanierung des österreichischen hochwertigen Straßennetzes zu unterstützen.

3.2.3 Ebene des Infrastrukturmanagements

Die Planung, Finanzierung, Errichtung und Erhaltung des mehr als 2000 km umfassenden hochwertigen Straßennetzes in Österreich ist die wichtigste Aufgabe der 1982 gegründeten Autobahn- und Schnellstraßen-Finanzierungs-Aktiengesellschaft (ASFINAG). Die ASFINAG ist als Sonderfinanzierungsgesellschaft eingerichtet, be-

---

340 Vgl. Schneglberger / Kain (2003), S.8

341 Vgl. Klinski (2001), S.49; Rothengatter / Doll (2001), S.14

342 Auch im Mautbericht des Bundesministeriums für wirtschaftliche Angelegenheiten aus dem Jahr 1989 ist die Finanzierungsfunktion deutlich betont worden. Vgl. Bundesministerium für wirtschaftliche Angelegenheiten (1989), S. 1 ff

findet sich zu 100% im Eigentum der Republik Österreich und fungiert als eine verkehrsträgerspezifische Infrastrukturgesellschaft.[343]

Mit der Ausgliederung des staatlichen Autobahn- und Schnellstraßennetzes und dessen Schulden sowie der damit einhergehenden Übertragung der Planung, des Baus und der Unterhaltung des Netzes an die ASFINAG im Jahr 1997 wurde der Staatshaushalt erheblich entlastet, was vor allem im Hinblick auf die jedem EU-Mitgliedsstaat auferlegten Maastrichtkriterien[344] damals von nicht zu unterschätzender Bedeutung war.[345] Die ASFINAG übernahm dabei Kreditverbindlichkeiten in Höhe von 5,7 Mrd. EUR vom österreichischen Staat. Um dem Schuldenübernehmer ein wirtschaftliches Überleben zu sichern, wurde der ASFINAG zugebilligt, unter Berücksichtigung der geltenden europäischen Rechtsgrundlagen permanente Einnahmen aus der Straßenbenützung zu garantieren.[346] Die ASFINAG erhielt das Recht der „Fruchtnießung"; sie kann damit Maut im eigenen Namen einheben.[347]

Die Einnahmen der fahrleistungsabhängigen Maut gehen an die ASFINAG und sind zweckgebunden. Diese Einnahmen sollen vordergründig für

- die Schuldentilgung,
- den Betrieb des Autobahnnetzes,
- die Sanierung des Autobahnnetzes sowie
- den Ausbau des Autobahnnetzes (z.B. Lückenschluss und Tunnelbauten)

herangezogen werden. Eine Quersubventionierung anderer Verkehrsträger bzw. verkehrsfremder Budgetpositionen ist somit nicht vorgesehen.[348] Damit geht eine Garantie einher, dass die Mitteleinnahmen innerhalb des Verkehrsträgers verbleiben. Eine Zweckentfremdung der Einnahmen wird damit vorgebeugt.

Die ASFINAG erwartet sich durch die Lkw- und Busmaut jährliche Einnahmen in der Höhe von etwa 600 Mio. Euro.[349]

3.2.4 Ebene des Mautbetreibers

3.2.4.1 Technische Erhebung

Die dritte institutionelle Ebene ist die des Mautbetreibers, welcher für Planung, Finanzierung, Bau und Betrieb der technischen Anlagen sowie der Zahlungsabwick-

---

343 Vgl. ASFINAG (1998), S.6; Sieber (2003), S.115

344 Vgl. Österreichische Nationalbank (2001), S. 79 f

345 Die Ausgliederung und Übertragung wurde im Infrastrukturfinanzierungsgesetz 1997, BGBl. Nr. 113 / 1997 festgeschrieben.

346 Vgl. Edinger (2003), S.14; o.V. (2003d), S.7a; Schneglberger / Kain (2003), S.1

347 Vgl. Sieber (2003), S.116; Ausführlich zum Fruchtgenussrecht siehe §§509 ff ABGB; Das hochwertige Straßennetz wurde an die ASFINAG verpachtet, der Eigentümer der Verkehrsinfrastruktur ist nach wie vor die Bundesrepublik Österreich. Die ASFINAG ist im Rahmen des Pachtvertrages jedoch nicht zur Zahlung eines Entgelts verpflichtet, da sie die Altschulden sowie Äquivalente für die Baukosten neuer Strecken übernimmt. Vgl. Herry / Sedlacek / Link (2000), S.4

348 Vgl. zu den Vorteilen einer Finanzierungsgesellschaft für Fernstraßen Eisenkopf (2002), S.283 f

349 Vgl. o.V. (2003), S. 6; Sieber (2003), S.123; Wirlinger (2003), S.4a

lung verantwortlich ist.[350] In Österreich verzichtete die ASFINAG ganz bewusst auf die Aufgaben eines Mautbetreibers. Es wurde daher im Jahr 2002 eine internationale, mehrstufige Ausschreibung vorgenommen, um einen Mautbetreiber zu finden. Die Technologie der Erhebung wurde im Rahmen der Ausschreibung offengelassen.[351] Es sollte ein System mit einem Minimum an Aufwand für den Benutzer gefunden werden, welches diskriminierungsfrei und ohne Beeinträchtigung des fließenden Verkehrs die Mautentrichtung durchführt. Eine Mindestoperabilität mit anderen europäischen Systemen sollte gewährleistet sein. Gesucht war ein Mautbetreiber, der für die ASFINAG für mindestens 10 Jahre die Maut eintreibt und dabei jährliche Abschlagszahlungen erhält.[352]

Die italienische Autostrade S.p.A., die zu 84 % im Besitz der Benetton S.p.A. steht[353], hat diese Ausschreibung für sich entschieden. Autostrade ist bereits seit 1950 als Mautstreckenbetreibergesellschaft tätig und betreut 56 % (ca. 3.100 km) des abgabepflichtigen italienischen Fernstraßennetzes.[354] Autostrade gründete für die Mauteinhebung in Österreich das Unternehmen Europpass mit Firmensitz in Wien, welches den Auftrag erhalten hat, das Mautsystem für vorerst zehn Jahre (mit Verlängerungsoption auf weitere fünf Jahre) in Österreich zu planen, zu finanzieren, zu errichten und zu betreiben.[355] Die Europpass ist im Rahmen eines Vertragsverhältnisses ausschließlich der ASFINAG gegenüber verantwortlich.[356]

Die in Österreich zur Erfassung der mautpflichtigen Fahrzeuge zum Einsatz kommende Technologie basiert auf der Mikrowellentechnologie und gehört zu den nutzungsorientierten Erhebungsverfahren (siehe auch Kapitel 2.5). Ähnliche Systeme sind seit geraumer Zeit in anderen Ländern wie etwa in Italien in Betrieb.[357] Diese Technologie, auch als multilane-freeflow-Technologie bezeichnet, ermöglicht die simultane Erfassung von mehreren Fahrzeugen, wobei der Verkehrsfluss bei der Registrierung in keiner Weise beeinträchtigt wird.[358] Die wesentlichen Mautsystemkomponenten umfassen die Überkopfbrücken (Mautportale)[359] mit Mikrowellenantennen zur Fahrzeugerfassung, welche zwischen zwei Auffahrten einer mautpflichtigen Strecke installiert sind, sowie die Go-Box in den Fahrzeugen.[360] Die für jedes mautpflich-

---

350 Vgl. Sieber (2003), S.125
351 Vgl. ASFINAG (2003b), S.14; Sieber (2003), S.125
352 Vgl. Edinger (2003), S.15; o.V. (2003d), S.10a; Sieber (2003), S.125
353 Vgl. o.V. (2003f), S.8
354 Vgl. Schneglberger / Kain (2003), S.2
355 Vgl. Schneglberger / Kain (2003), S.12; Sieber (2003), S.125
356 Vgl. Schneglberger / Kain (2003), S.2
357 Weltweit waren im Jahr 2003 über 28 solcher Mikrowellensysteme im Einsatz. Vgl. Edinger (2003), S.26; o.V. (2003g), S.3
358 Vgl. Europpass (2003), S.3
359 Bei den auch als Baken bezeichneten Mautportalen handelt es sich um ca. 400 Einfachbaken und etwa 100 Doppelbaken. Letztere beinhalten eine zusätzliche Kontrollfunktion. Vgl. Sieber (2003), S.131
360 Vgl. Europpass (2003), S.3

tige Fahrzeug obligatorische Go-Box ist eine On Board Unit (OBU), bei welcher nur die Achszahl des Fahrzeuges vom Fahrer einzugeben ist.[361] Die OBU wird vom Fahrer an der Windschutzscheibe befestigt und ist dann betriebsbereit.[362] Die Mautportale sind mittels eines Datenübertragungsnetzes mit einem zentralen Datenverarbeitungssystem verbunden. Bei dem zugrundeliegenden technischen Konzept der Kommunikation zwischen Überkopfbrücke und Fahrzeug handelt es sich um DSRC (Dedicated Short Range Communication).[363] Das Kommunikationssystem ist mit den europäischen DSRC-Standards nach CEN TC278 konform.[364]
Die Antenne liest die Nummer der Go-Box des eine Bake durchquerenden mautpflichtigen Fahrzeuges und überträgt diese Daten an die Mautzentrale.[365] Damit erfolgt eine Registrierung des Fahrzeuges auf dem mautpflichtigen Streckenabschnitt. Bei der Durchfahrt durch ein Portal eines Mautabschnittes wird das entsprechende Benutzungsentgelt in Abhängigkeit von der Achsanzahl des Fahrzeuges bzw. der Fahrzeugkombination (Zugfahrzeug + Anhänger) entweder vom vorhandenen Guthaben in der Go-Box abgebucht (Prepaid - Verfahren) oder im Nachhinein, mittels vorher definierter Zahlungsart (Postpaid - Verfahren) entrichtet.[366]
Eine Kompabilität mit anderen technischen Erhebungssystemen in Europa ist nur eingeschränkt gegeben.[367] Die italienische Muttergesellschaft intendiert jedoch den Aufbau von fahrleistungsabhängigen Mautsystemen in anderen Ländern Mittel- und Osteuropas entsprechend des österreichischen Vorbildes, die dann untereinander kompatibel wären.[368] Bisher ist die Interoperabilität mit der Schweiz erreicht worden.[369] Im Jahr 2004 soll die Interoperabilität mit Italien und Slowenien hergestellt werden, demnächst auch mit Spanien und Portugal.[370]
Die jährlichen Systemkosten des Mautbetreibers betragen nach Schätzungen etwa 75 Mio. Euro pro Jahr. Dazu gehören die Betriebskosten sowie die Abschreibungskosten der vorgenommenen Investition. Um die Bedeutung der Betreiberkosten beurteilen zu können, ist es sinnvoll, diese in Relation zu den jährlichen Mauteinnahmen zu setzen. Tabelle 5 gibt dazu Auskunft. Weitere Systemkosten, die auf der politischen Ebene sowie auf der Ebene des Infrastrukturmanagements und auch auf Sei-

---

361 Vgl. Schneglberger / Kain (2003), S.3; Sieber (2003), S.128; Lieferschwierigkeiten beim Bezug der Go-Box wurden nicht bekannt. Vgl. Bottler (2003), S. 3
362 Vgl. Europpass (2003), S.5
363 Vgl. zu DSRC Miller / Shaw (2001), S.311
364 Vgl. Wieden (2001), S.146; ASFINAG (2003b), S.15; Edinger (2003), S.26; CEN steht für Europäisches Komitee für Normung.
365 Vgl. ASFINAG (2003b), S.15
366 Vgl. Schneglberger / Kain (2003), S.3
367 Vgl. Hector (2003), S.6; Auf EU-Ebene wird derzeit eine Richtlinie für ein einheitliches elektronisches Mautsystem diskutiert. Dieses soll die Interoperabilität der Systeme gewährleisten und europaweit gleiche Strategien für die Erhebung von Benutzungsabgaben fördern. Vgl. o.V. (2003b), S.6; Schneglberger / Kain (2003), S.4
368 Vgl. o.V. (2003c), S.7
369 Vgl. o.V. (2003e), S.15; Schlobach / Ort (2003), S.31
370 Vgl. Bottler (2003), S.3

ten der Transportdienstleister bzw. werkverkehrsbetreibender Unternehmen anfallen, werden allerdings in dieser vereinfachten Rechnung nicht berücksichtigt. Daher haben Informationen über den Systemkostenanteil, der sich nur auf die Kosten der Betreibergesellschaft bezieht, nur eingeschränkte Aussagekraft.

Mauteinnahmen pro Jahr	600 Mio. EUR
Kosten des Mautbetreibers pro Jahr (geschätzt)	75 Mio. EUR
Systemkosten als Anteil an den Mauteinnahmen	12,5 %

Tabelle 5: Systemkosten der Betreiber des Mautsystems in Österreich

Da das Mautsystem in erster Linie der Generierung von Mauteinnahmen dient, ist es ökonomisch sinnvoll, die Höhe der Systemkosten zu minimieren. Sofern mit einem Bepreisungssystem auch Ziele wie Verkehrslenkung verfolgt werden, sind höhere Systemkosten akzeptabel, da durch eine Nachfragesteuerung Staukosten gesenkt werden können. Höhere Systemkosten sind dann ökonomisch vorteilhaft, wenn die Senkung der Staukosten stärker ausfällt als die Zunahme der Systemkosten.

3.2.4.2 Management der Zahlungsabwicklung

Die Aktivierung der Go-Box ist eine notwendige Voraussetzung für die Mautentrichtung eines infrastrukturbenützenden mautpflichtigen Fahrzeuges. Es können zwei unterschiedliche Arten der Zahlungsentrichtung angewendet werden, das Prepay - Verfahren und das Postpay - Verfahren.

Die Zielgruppe des Prepay - Verfahrens stellen die gelegentlichen Nutzer des mautpflichtigen Streckennetzes dar. Dieses Verfahren ist dem System einer Telefonwertkarte ähnlich.[371] Der Nutzer zahlt vor der Benutzung der Straßen ein Guthaben auf die Go-Box und kann damit solange das mautpflichtige Straßennetz befahren, bis dieses aufgebraucht ist. Die Aufladung kann mittels Barzahlung, Bankomat-, Tank- oder Kreditkarten bei den ca. 200 Vertriebsstellen erfolgen, wobei der Betrag zwischen einem Minimalbetrag von 50 Euro und einem Maximalbetrag von 500 Euro liegt.[372] Der Zahlungspflichtige erhält dafür eine Rechnung bzw. im Falle der Nutzung einer Tankkarte einen Lieferschein.[373] Diese Zahlungsvariante ist bei gelegentlicher Nutzung vorteilhaft, da Transaktionskosten der Postpay - Variante bei diesem Verfahren nicht entstehen. Allerdings muss der Zeitaufwand für das Aufladen der Go-Box berücksichtigt werden und das Diebstahlsrisiko der Go-Box ist höher als bei der Postpay - Variante. Als besonders kritisch ist der längere Vorfinanzierungszeitraum anzusehen. Insbesondere dann, wenn die Zeitspanne zwischen Aufladung und

371 Vgl. ASFINAG (2003a), S. 2; Sieber (2003), S.130
372 Vgl. Edinger (2003), S.40; Europpass (2003), S.5
373 Vgl. Edinger (2003), S.40; Schneglberger / Kain (2003), S.5

Durchführung der Fahrten hoch ist, können dafür nicht zu vernachlässigende Vorfinanzierungskosten anfallen.
Häufigen Nutzern des Mautsystems dagegen empfiehlt sich das Postpay - Verfahren. Der Fahrzeughalter des mautpflichtigen Fahrzeuges bekommt dabei nach Durchführung eines Anmeldeverfahrens die Möglichkeit, das mautpflichtige Straßennetz zu benutzen. Die erfolgten Transaktionen werden im Nachhinein über die jeweilige Karte abgerechnet.[374] Die Abrechnung erfolgt ausschließlich über jene Bankomat-, Tank- oder Kreditkarten, bei denen das Kartenunternehmen Zahlungsgarantien gegenüber der Europass gegeben hat.[375] Bei Nutzung von Bankomatkarten erfolgt die Abbuchung der entstandenen Mautgebühren laufend. Bei Kreditkarten dagegen findet die Abbuchung nur einmal monatlich statt und bei Tankkarten ist eine Abbuchung 14-tägig oder monatlich vorgesehen. Die Teilnahme am Postpay - Verfahren erfordert die Beibringung von Sicherheiten, wie z.B. eine Bankgarantie, und setzt auch die Überprüfung der Bonität des Unternehmens voraus.[376] Tages- und fahrzeugspezifische Informationen zur Ermöglichung der Kontrolle der Rechnung erhält man durch den Ausweis auf der Faktura. Zusätzlich sind Einzelleistungsinformationen übers Internet abrufbar und auch eine elektronische Weitergabe der Daten ist möglich. Die Vorteile des Postpay - Verfahrens für den Nutzer liegen in einem kürzeren Vorfinanzierungszeitraum sowie der Möglichkeit der Erstellung einer Sammelrechnung über die Mautkosten der Fahrzeuge. Nachteilig wirken sich die hohen Anforderungen bezüglich Bonitätssicherung aus.

3.2.4.3 Kontrolle / Enforcement der Mautentrichtung

Dem Enforcement[377], d.h. der Überprüfung der ordnungsgemäßen Entrichtung der Maut und der Ahndung von Übertretungen, kommt in jedem Bepreisungssystem eine hohe Bedeutung zu, um die missbräuchliche Nutzung der bemauteten Infrastruktur zu vermeiden.[378] Inwieweit Umgehungsversuche der Mautentrichtung aus Sicht des Nutzers wirtschaftlich vorteilhaft sind, hängt vom Erwartungswert der Strafe ab, die sich aus der Multiplikation der Wahrscheinlichkeit der Entdeckung mit der Höhe der Strafzahlung ergibt.[379] Aus Sicht des Mautbetreibers muss der Erwartungswert höher als die Summe der möglichen hinterziehbaren Mautbeträge sein. Durch ein Enforcement wird die Entdeckungswahrscheinlichkeit bei unberechtigter Nutzung des hochwertigen Straßennetzes erhöht, so dass auch der Erwartungswert der Strafe zunimmt.

---

374 Vgl. ASFINAG (2003c), S.2; Edinger (2003), S.41
375 Vgl. Europpass (2003), S.4
376 Vgl. Edinger (2003), S.41
377 Enforcement kann mit „Durchsetzung" oder „Geltendmachung" übersetzt werden.
378 Vgl. Hohlweg (1997), S. 152; ASFINAG (2003b), S.16; ASFINAG (2003c), S.2
379 Dabei wird Rationalität unterstellt. Psychologische Faktoren spielen dabei keine Rolle.

Das Enforcement umfasst die Prozesse der[380]

- Feststellung der Regelverletzung,
- die Identifikation des betreffenden Fahrzeuges sowie
- die Identifikation und Kontaktaufnahme mit dem Mautschuldner.

In Österreich sieht das Enforcement eine Kombination von automatischen und manuellen Kontrollen vor, an der die Europpass und die ASFINAG gemeinsam beteiligt sind.

Zur Durchführung automatischer Kontrollen wurden insgesamt über 100 Abschnitte des hochwertigen Straßennetzes mit Kontrolleinrichtungen ausgerüstet, die ohne Beeinflussung des Verkehrs die korrekte Mautentrichtung überprüfen. Die Fahrzeuge werden an den dafür ausgerüsteten Mautportalen fotografiert, um dann automatisch alle passierenden Fahrzeuge zu kategorisieren, d.h. eine Feststellung der Achsanzahl zur Überprüfung der korrekten Mautentrichtung vorzunehmen. Ergeben sich dabei Unstimmigkeiten, wird das Bild vom betreffenden Fahrzeug zur visuellen Nachbearbeitung in die Kontrollzentrale gesandt. Abhängig vom Prüfergebnis erfolgt im Anschluss entweder die Löschung des Bildes, das schriftliche Angebot zur Zahlung einer Ersatzmaut und / oder eine Weiterleitung der entsprechenden Information an Mautaufsichtsorgane und Bezirksverwaltungsbehörden.[381]

Parallel dazu erfolgt eine manuelle Kontrolle. Diese als Stichprobenkontrollen organisierten Überprüfungen werden von rund 100 Mitarbeitern der ASFINAG (den Mautaufsichtsorganen) durchgeführt. Die Kontrollorgane werden im gesamten mautpflichtigen Straßennetz sowohl im fließenden Verkehr als auch stationär an Verkehrskontrollplätzen, an Grenzstationen und Hauptmautstellen eingesetzt.[382]

Wird eine Hinterziehung der Maut festgestellt, so erfolgt eine Aufforderung zur Zahlung einer Ersatzmaut in Höhe von 110 EUR (falsch eingestellte Go-Box) bzw. 220 EUR (keine Go-Box).[383] Gegebenenfalls werden mobile Überwachungsorgane eingeschaltet.

3.3 Darstellung der Systematik der Auswirkungen der fahrleistungsabhängigen Maut auf Unternehmen

Die fahrleistungsabhängige Maut in Österreich hat vielfältige Auswirkungen auf die Unternehmen. Alle Unternehmen, die mit eigenen mautpflichtigen Fahrzeugen auf dem hochrangigen Straßennetz verkehren, sind unmittelbar von der fahrleistungsabhängigen Maut betroffen. Das betrifft neben werkverkehrsbetreibenden Unternehmen aus Industrie, Gewerbe und Handel auch die Transportdienstleister. Mittelbar werden

---

380 Vgl. Heidstra / Goldenbeld / Mäkinen / Sagberg (2000), S.9
381 Vgl. ASFINAG (2003b), S.17; ASFINAG (2003c), S.2
382 Vgl. ASFINAG (2003b), S.16; ASFINAG (2003c), S.2
383 Vgl. ASFINAG (2003c), S.1

Unternehmen mit mautinduzierten Beschaffungskostenerhöhungen ihrer Lieferanten konfrontiert.

Die Systematisierung der Auswirkungen basiert auf der Theorie der Unternehmensführung. Diese wird zunächst in den Grundzügen dargestellt, bevor eine Systematik der Auswirkungen der fahrleistungsabhängigen Maut vorgestellt wird.

3.3.1 Theorie der Unternehmensführung als Basis für die Systematisierung der Auswirkungen

Wichtige Beiträge zur Entwicklung der Theorie der Unternehmensführung gehen auf Schmidt[384], Küpper[385] sowie Weber[386] zurück. Schmidt unterscheidet zwischen einem Führungssystem und einem Ausführungssystem.[387] Das Führungssystem teilt Schmidt in fünf Subsysteme ein: Dabei handelt es sich um das Informations-, Ziel-, Planungs-, Kontroll- und Organisationssystem.[388] Küpper generiert eine ähnliche Systematik.[389] Weber setzt sich intensiv mit den Führungsteilsystemen eines Unternehmens auseinander, die im Folgenden vorgestellt werden.[390]

Das Führungssystem koordiniert das Ausführungssystem.[391] Aufgrund der Komplexität und Heterogenität von Aufgaben ist eine Subsystembildung des Führungssystems vorteilhaft.[392] Daraus resultiert ein Koordinationsbedarf des Führungssystems, den das Metaführungssystem abdeckt.[393]

Eine mögliche Differenzierung der Führungsteilsysteme geht auf Weber zurück, die im Überblick dargestellt werden soll:

- Wertesystem

  Das Wertesystem als Subsystem der Führung bildet die Grundlage für sämtliche Führungshandlungen eines Unternehmens. Es wirkt sinnstiftend und orientierungsgebend für alle Unternehmensteilbereiche. Das Wertesystem lässt sich als die „geistige Basis der Geschäftspolitik“[394] verstehen.[395]

---

384 Vgl. Schmidt (1986), S.56 f

385 Vgl. Küpper (1987), S.82 ff

386 Vgl. Weber (1988), S.10 ff und ausführlich in folgenden Auflagen.

387 Eine Unterscheidung zwischen einem Führungssystem und einem Ausführungssystem ist jedoch schon lange Usus in der Betriebswirtschaftlehre. Bereits Gutenberg differenziert in seiner Produktionsfaktorsystematik zwischen einem dispositiven Faktor (Führungssystem) und Elementarfaktoren, die auf das Ausführungssystem einwirken. Vgl. Gutenberg (1951), S.2

388 Vgl. Schmidt (1986), S.56 f; Ältere Differenzierungen lassen sich auf Fayol (1916) oder Gulick / Urwick (1937) zurückführen. Vgl. auch Weber (2002), S.30 f

389 Vgl. Küpper (1987), S.82 ff

390 Vgl. Weber (1995), S.59 ff; Dies erfolgte in Zusammenhang mit der Entwicklung der Controllingtheorie. Auch Horvath unterscheidet in verschiedene Führungsteilsysteme, wobei Horvath nur zwischen drei Führungsteilsystemen Planungssystem, Kontrollsystem und Informationssystem differenziert. Vgl. Horvath (2003b), S.114 ff

391 Vgl. Bleicher / Meyer (1976), S.48 ff

392 Vgl. Weber (1995), S.33; Horvath (2003b), S.114; Brühl (2004), S.15 f

393 Vgl. Weber / Kummer (1998), S.23

394 Gabele (1981), S.246

395 Vgl. Weber (1995), S.63

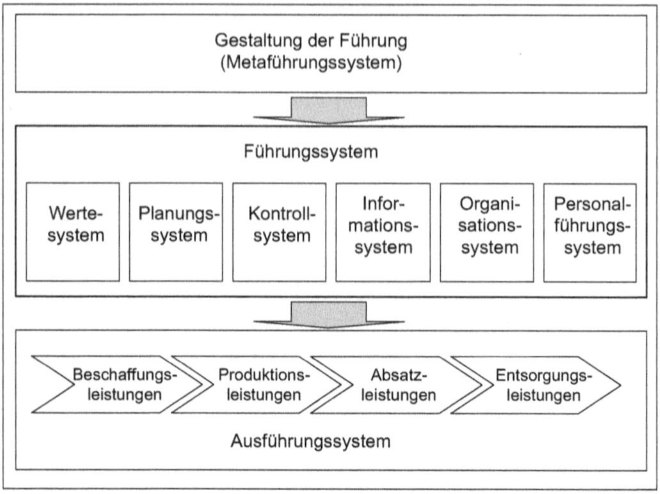

Abbildung 9: Systemorientierte Differenzierung von Unternehmen, Quelle: Weber / Kummer (1998), S.23

- Planungssystem

  Planung als die gedankliche Vorwegnahme von Zukunft stellt eine wichtige Führungshandlung dar und ist ein rationaler, an Zielen orientierter Prozess. Das Planungssystem umfasst alle Teilplanungen, Planungsträger und Planungsprozesse, die sich auf Ausführungshandlungen beziehen und zu Plänen führen. Führungsteilsystembezogene Planungen werden nicht unter das Planungssystem subsumiert. Bei den Instrumenten kann zwischen den strategischen und operativen Planungsinstrumenten unterschieden werden. Zu den strategischen Planungsinstrumenten gehören u.a. das Erfahrungskurvenkonzept, das Produktlebenszykluskonzept, die strategische Bilanzen oder die Portfolioanalysen. Kostenvergleichsrechnungen, Deckungsbeitragsrechnungen oder die Scoring-Modelle werden zu den operativen Planungsinstrumenten gezählt.[396]

- Kontrollsystem

  Im Kontrollsystem des Unternehmens erfolgt ein Vergleich des eingetretenen Ist von Ausführungshandlungen mit dem vorgegebenen Soll des Führungssystems. Dabei kann zwischen Verfahrenskontrollen einerseits und Ergebniskontrollen andrerseits unterschieden werden. Zu den wichtigen Instrumenten gehören die Abweichungsanalysen und die Stichprobenanalysen.[397]

---

396 Vgl. Weber (1995), S.69 ff

397 Vgl. Weber (1995), S.150 ff

- Informationssystem
  „Das Informationssystem betont und berücksichtigt die besondere Bedeutung von führungsrelevanten Informationen für die Gestaltung der Führungshandlungen."[398] Informationen nehmen im Unterschied zu den anderen Führungssubsystemen keinen direkten Einfluss auf das Ausführungssystem, sondern es beliefert die anderen Führungsteilsysteme mit Informationen. Zu den Instrumenten des Informationssystems gehören einerseits die Instrumente des Betrieblichen Rechnungswesens (z.B. Finanzrechnungen, Kosten- und Erlösrechnungen, Leistungsrechnungen) und andrerseits die Instrumente zur laufenden Überwachung der Unternehmensinnenwelt bzw. -umwelt (z.B. Frühwarnsysteme, ABC-Analysen, Kennzahlen).[399]
- Organisationssystem
  Das Organisationssystem setzt sich mit der Bildung von Aufgaben und deren Allokation zu Aufgabenträgern auseinander. Aufgaben sind abgrenzbare Komplexe von Ausführungshandlungen. Das Resultat von Handlungen im Organisationssystem sind (hierarchische) Beziehungsstrukturen, die eine Abstimmung der arbeitsteilig spezialisierten Aufgabenbereiche sicherstellen.[400]
- Personalführungssystem
  Im Personalführungssystem erfolgt eine Beschäftigung mit allen relevanten Aspekten der Einwirkung des Führungssystems auf den geführten Menschen.[401] Es handelt sich also um eine beabsichtigte Beeinflussung des Verhaltens Untergebener durch Vorgesetzte, wobei letztere durch ihre Position im Unternehmen dafür legitimiert sind.[402]

Zur Erzeugung von Sachgütern und / oder Dienstleistungen werden Realgüterprozesse zur Beschaffung, Herstellung, Lagerung, Absatz und Entsorgung durchgeführt. Damit gehen Nominalgüterprozesse einher, mit denen die Aufnahme, Bindung und Anlage finanzieller Mittel verbunden sind.[403] Vereinfacht können diese Ausführungshandlungen entsprechend des Material- / Warenflusses in Beschaffungs-, Produktions-, Absatz- und Entsorgungsleistungen differenziert werden.
Jedoch stößt diese Strukturierung des Aufbaus von Unternehmen auch auf Kritik, da diese systembezogene Sichtweise eher deskriptiven als erklärenden Charakter aufweist.[404] Eine exakte Abgrenzung zwischen den Führungsteilsystemen ist kaum möglich, da die Grenzen zwischen den Führungsteilsystemen fließend sind.[405] Auch

---

398 Weber (1995), S.34
399 Vgl. Weber (1995), S.34 und S.170 ff
400 Vgl. Weber (1995), S.229
401 Vgl. Weber (1995), S.249
402 Vgl. Weber (1995), S.252
403 Vgl. Küpper (2001), S.13
404 Vgl. Weber (2002), S.27
405 Vgl. Weber / Schäfer (2001), S.13 f

ergeben sich Abgrenzungsschwierigkeiten zwischen dem Führungs- und Ausführungssystem.[406]

3.3.2 Überblicksmäßige Darstellung der Konsequenzen der fahrleistungsabhängigen Maut auf die Führungsteilsysteme von Unternehmen

Die fahrleistungsabhängige Maut wirkt in vielfältiger Art und Weise auf Unternehmen. Sie hat zunächst einen unmittelbaren Einfluss auf das Ausführungssystem der Unternehmen, sofern mautpflichtige Fahrzeuge des Unternehmens das hochwertige Straßennetz benutzen. Transportleistungen als Bestandteil von Beschaffungs-, Absatz- oder Entsorgungsleistungen im Ausführungssystem erfahren Veränderungen durch die Notwendigkeit der Zahlung einer fahrleistungsabhängigen Maut auf den Autobahnen und Schnellstraßen. Die Zahlung der Maut hat Veränderungen in allen fünf Führungsteilsystemen zur Folge. Das Ausmaß der Auswirkungen auf die fünf Führungsteilsysteme ist jedoch sehr unterschiedlich. Veränderungen ergeben sich insbesondere im Informationssystem, im Kontrollsystem sowie im Planungssystem. Dagegen halten sich die Auswirkungen auf das Organisations- sowie das Personalführungssystem in vielen Unternehmen in Grenzen.

Im Informationssystem sind in erster Linie die Finanzbuchhaltung sowie die Kostenrechnung mit der fahrleistungsabhängigen Maut konfrontiert. In der Finanzbuchhaltung wird ein eigenes Konto für Mautzahlungen eingerichtet und die Mautzahlungen dokumentiert. Die Veränderungen in der Kostenrechnung sind im Vergleich zur Finanzbuchhaltung weit gravierender. Die Maut führt zur Entstehung einer neuen Kostenart, den Mautkosten. Diese können in direkte und indirekte Mautkosten unterteilt werden. Die Mautkosten erhöhen unmittelbar die Transportkosten eines Unternehmens. Mittelbar können durch die fahrleistungsabhängige Maut auch die Beschaffungskosten eine Steigerung erfahren. Im Rahmen der Kostenverteilung müssen Methoden entwickelt werden, die Verrechnung der Mautkosten auf Kostenträger verursachungsgerecht vorzunehmen. Neben den Auswirkungen auf die Finanzbuchhaltung sowie die Kostenrechnung kann die fahrleistungsabhängige Maut auch auf andere Instrumente des Informationssystems, so zum Beispiel auf Kennzahlen oder auf ABC-Analysen wirken.

Im Kontrollsystem ergibt sich in erster Linie ein Änderungsbedarf durch die Überprüfung der Einzelleistungsinformationen. Es kann angenommen werden, dass gerade im Enführungszeitraum der fahrleistungsabhängigen Maut eine Vielzahl von Buchungsfehler auftreten, die durch eine Kontrolle der Einzelleistungsinformationen aufgedeckt werden können. Die Kontrolle kann entweder manuell oder automatisiert erfolgen.

[406] Vgl. Weber (2001), S.27

Umfangreiche Auswirkungen der Maut ergeben sich auch im Planungssystem eines Unternehmens. Die fahrleistungsabhängige Maut kann die Wettbewerbssituation für Unternehmen verändern. Die Wettbewerbsposition kann sich gegenüber inländischen / ausländischen Mitbewerbern in Österreich wie in anderen Absatzmärkten verbessern oder verschlechtern. Für die Unternehmen ist es in der strategischen Planung das Ziel, die sich durch die Maut verändernden Gesamtkosten des logistischen Systems unter einem gegebenen Service Level zu minimieren. Dafür bieten sich eine Vielzahl von Strategien an.

Im Organisationssystem kann es zu Änderungen kommen, wenn neue Aufgaben, die in Zusammenhang mit der fahrleistungsabhängigen Maut entstehen, Aufgabenträger zugeordnet werden müssen. Die fahrleistungsabhängige Maut kann im Einzelfall auch als Anlass für grundlegende Organisationsänderungen gelten, so zum Beispiel dann, wenn der Planung und Durchführung von Transporten komplett an Dritte vergeben wird.

Im Personalführungssystem spielt insbesondere die Weiterbildung der Mitarbeiter über mautrelevante Aspekte eine große Rolle. Eine Schulung des Fahrpersonals ist ebenso von Bedeutung wie eine Schulung der Mitarbeiter der Buchhaltung, der Kostenrechnung oder der Disposition.

Diese überblicksmäßige Enumeration von Auswirkungen erhebt keineswegs den Anspruch auf Vollständigkeit. Diese Arbeit beschränkt sich auf die Darstellung der Auswirkungen auf das Informationssystem, das Kontrollsystem sowie auf das Planungssystem, die in den Kapiteln 4 - 6 ausführlich diskutiert werden.

Neben Transportdienstleistern sind auch Industrie-, Gewerbe und Handelsunternehmen durch die Zahlung der fahrleistungsabhängigen Maut direkt bzw. durch Beschaffungskostensteigerungen indirekt von der Maut betroffen.

Unter dem Begriff „Transportdienstleister" werden in dieser Arbeit Spediteure / Logistikdienstleister und Frächter (Frachtführer) zusammengefasst. Spediteure organisieren gewerbsmäßig den Güterversand für Rechnung des Versenders im eigenen Namen und sie haben somit eine Vermittlungsfunktion inne (§ 407 HGB). Darüber hinaus bieten sie i.d.R. eine Vielzahl weiterer logistischer Dienstleistungen an.[407] Logistikdienstleister sind Spediteure, die logistische Komplettpakete anbieten können.[408] Frächter dagegen sind für die reine Durchführung des Transportes verantwortlich (§ 425 HGB).[409] Eine Vermischung von Spedition und Frächterunternehmen erfolgt durch den sogenannten Selbsteintritt der Spediteure. Diese führen die Güter-

---

407 Vgl. Gottschalk (1973), S.38; Seidenfus (1973), S.9; Steffen (1996), S.77; Zänker (1997), S.970; Vahrenkamp (2000), S.59; Pfohl (2003), S.299; Stabenau (2003), S.390 f; Vgl. zu den möglichen Systematisierungen logistischer Dienstleistungen Rendez (1992), S.14 ff; Steffen (1996), S.82 ff; Weber / Kummer (1998), S. 29 ff; Baumgarten / Kasiske / Zadek (2002), S.29 ff; Corsten / Lenz / Klose (2002), S.46 f; Pfohl (2003), S.280 ff; Zentes / Morschett (2003), S.421 ff

408 Vgl. Steffen (1996), S.112 f,

409 Vgl. Schmidt (1997), S.308 f; Aberle (2003), S.24

beförderung selbst durch. Sie werden daher auch als Kraftwagenspediteure bezeichnet.[410] In dieser Arbeit sind Transportdienstleister alle Verkehrsunternehmen, die in ihrer Funktion als Anbieter von Beförderungsleistungen angesprochen werden.[411] Industrie- und Gewerbeunternehmen sowie Händler sind dann unmittelbar von der fahrleistungsabhängigen Maut betroffen, wenn sie über einen eigenen Werkverkehrsfuhrpark mit mautpflichtigen Fahrzeugen verfügen, welche das hochrangige Straßennetz benutzen. Das Ausmaß der Auswirkungen ist jedoch stark branchenabhängig. In Branchen, in denen der Transportkostenanteil am Umsatz hoch ist, wird die mautbedingte Transportkostensteigerung offensichtlich stärkere (Kosten-)Auswirkungen haben als in Branchen mit geringen Transportkostenanteilen am Umsatz. Mittelbar wirkt die fahrleistungsabhängige Maut unter der Voraussetzung einer zumindest teilweisen Weitergabe der Mautkosten an die Kunden über eine Zunahme der Beschaffungskosten auf die Unternehmen.

3.4 Überblick über die empirische Umfrage zu den Auswirkungen der fahrleistungsabhängigen Maut auf die Unternehmen

Die Ergebnisse einer Umfrage zu den Auswirkungen der fahrleistungsabhängigen Maut werden in dieser Arbeit nicht gesondert in einem Kapitel dargestellt, sondern in die einzelnen Kapitel 4 - 6 zu den Auswirkungen auf die drei relevanten Führungsteilsysteme integriert. Daher erfolgt an dieser Stelle ein Überblick über die Ziele der Umfrage, die Durchführung der empirischen Studie sowie über die Charakteristika der an der Umfrage teilgenommenen Unternehmen.

3.4.1.1 Ziel und Durchführung der Umfrage

Zur Abschätzung der Auswirkungen der fahrleistungsabhängigen Maut auf Unternehmen wurde im September 2003 - 4 Monate vor Einführung der fahrleistungsabhängigen Maut - eine schriftliche Umfrage durchgeführt. Adressaten des Fragebogens waren Unternehmen aus den verschiedensten Branchen und Regionen Österreichs. Die Unternehmen wurden über ihre Erwartungen in Bezug auf die Auswirkungen der fahrleistungsabhängigen Maut auf ihr Unternehmen befragt.
Die Fragebögen wurden im Rahmen einer Teilerhebung[412] Anfang September 2003 von der Wirtschaftskammer Österreich (WKÖ) an die Unternehmen versendet. Es wurden über 1000 Mitgliedsunternehmen der WKÖ entweder per E-Mail (Fragebogen war als Attachement inkludiert) oder per Post ausgewählt und angeschrieben.

410 Vgl. Gottschalk (1973), S.38; Wolters (1973), S.28 f; Schmidt (1997), S.309; Zänker (1997), S.970
411 Vgl. Steffen (1996), S.77
412 Bei einer Teilerhebung werden im Gegensatz zu einer Vollerhebung nicht alle Elemente der Grundgesamtheit ausgewählt. Vgl. Schumann (2000), S.82 ff; Diekmann (2003), S.327; Pepels (2004), S.193

Selektiert wurde dabei ein strukturiertes Sample von Unternehmen in Branchen, die für die vorliegende Untersuchung von Bedeutung waren. In diese Stichprobe fielen Industrie- und Gewerbeunternehmen, Händler sowie Transportdienstleister. Alle diese Branchen werden direkt oder indirekt durch die fahrleistungsabhängige Maut beeinflusst. Die Auswahl der Unternehmen erfolgte durch die jeweilige Fachorganisation in der WKÖ, wobei die Verhältnisse der Grundgesamtheit möglichst exakt abgebildet werden sollten, um Repräsentativität sicherzustellen.[413]

Die Datenerfassung mit Hilfe eines Fragebogens gehört zu den Verfahren der Primärforschung und weist verschiedene Vorteile auf. Sie gewährleistet die Möglichkeit einer Anonymisierung der erfassten Daten und es kann ein relativ großer Kreis an Unternehmen ohne größeren Aufwand befragt werden. Weiterhin gewähren standardisierte Fragen eine gewisse Gleichheit der Messsituation. Die Erreichbarkeit der Zielpersonen ist bei einer schriftlichen Umfrage im Regelfall gegeben und führt daher kaum zu Problemen. Ein Interviewereinfluss mit entsprechend negativen Folgen für wahrheitsgemäße Angaben kann bei einer schriftlichen Befragung so gut wie ausgeschlossen werden.[414]

Demgegenüber hat die schriftliche Befragung aber auch einige Nachteile. So kommt meist nur ein Teil der ausgesendeten Fragebögen beantwortet bzw. vollständig beantwortet zurück. Die Rücklaufquote ist im Vergleich zu anderen Befragungsarten geringer. Gegenüber der mündlichen Befragung können etwaige Missverständnisse nicht unmittelbar geklärt werden. Die Befragungssituation ist nicht kontrollierbar. Die oftmals unvollständigen Antworten erfordern eine logische Prüfung der Daten.[415]

Auch die gegenständliche Erhebung enthielt vereinzelt Antworten, die einer logischen Prüfung nicht standhielten. Bei offensichtlich missverständlichen und unvollständig ausgefüllten Antworten - insbesondere bei den Transportkostendaten und bei den Wirkungen von Entlastungsmaßnahmen - wurden daher einige der angegebenen Daten nicht berücksichtigt.

Die Abbildung 10 gibt einen Überblick über die Gliederungspunkte des Fragebogens.

---

[413] Vgl. zur Repräsentativität ausführlich Mayring (1999), S.23; Atteslander (2003), S.74; Diekmann (2003), S.368 f; Mayer (2004), S.40; Pepels (2004), S.193 ff

[414] Vgl. Scholl (2003), S.47 f; Parasuraman / Grewal / Krishnan (2004), S.167 ff; Pepels (2004), 246 f

[415] Vgl. Scholl (2003), S.48 ff; Pepels (2004), S.246 f

- Allgemeine statistische Fragen zur Charakterisierung der Unternehmen
- Erwartungen über die Veränderung der Transportkosten durch die fahrleistungsabhängige Maut
- Erwartungen über Veränderung der Kosten im Beschaffungs- und Distributionsbereich
- Erwartete Auswirkungen auf die Produktpreise
- Erwartete Auswirkungen auf die Größe des Beschaffungs- und Absatzmarktes
- Auswirkungen auf die Absatzmarktstrategien der Unternehmen
- Fragen zu den Konsequenzen in der Standortpolitik der Unternehmen
- Erwartete Konsequenzen auf die Wettbewerbsfähigkeit des eigenen Unternehmens
- Fragen zur Ausgestaltung der Maut und zur gewünschten Planungssicherheit
- Mögliche Anpassungsstrategien der Unternehmen.

Abbildung 10: Inhalte des Fragebogens

3.4.1.2 Charakteristik der an der Umfrage teilgenommenen Unternehmen

Insgesamt haben über 155 Unternehmen an der Befragung teilgenommen. Von diesen waren jedoch 11 ungültig bzw. nicht plausibel, so dass nur 144 Fragebögen in die Auswertung einbezogen wurden. Die als Grundlage für die Auswertung zurückgesendeten 144 Fragebögen stammen vor allem von Unternehmen aus den Bereichen Industrie und Gewerbe sowie von den Transportdienstleistern.

Der überwiegende Teil - exakt 100 Fragebögen - sind von Industrie- und Gewerbeunternehmen retourniert worden. Wie die Abbildung 11 zeigt, haben eine Vielzahl von Unternehmen aus den unterschiedlichsten Branchen mitgewirkt. Deutlich wird auch, dass insbesondere Unternehmen der Nahrungs- und Genussmittelbranche mit insgesamt 35 Fragebögen sowie Unternehmen aus der Branche Papier und Druck mit 14 Fragebögen sich an der Studie beteiligt haben. Unternehmen aus Branchen wie der Eisen- und Nichteisenindustrie oder des Stahl- und Leichtmetallbaus haben dagegen kaum Fragebögen zurückgesandt. Branchenbezogene Aussagen können daher nur eingeschränkt gegeben werden, weil das Sample zu gering ist, um repräsentative Aussagen ermöglichen zu können.

Bei Industrie und Gewerbe haben überwiegend mittlere und große Unternehmen geantwortet. 50 % der zurückgesendeten und verwerteten Fragebögen stammen von großen Unternehmen, 39 % von mittleren Unternehmen und nur 11 % von kleinen Unternehmen.

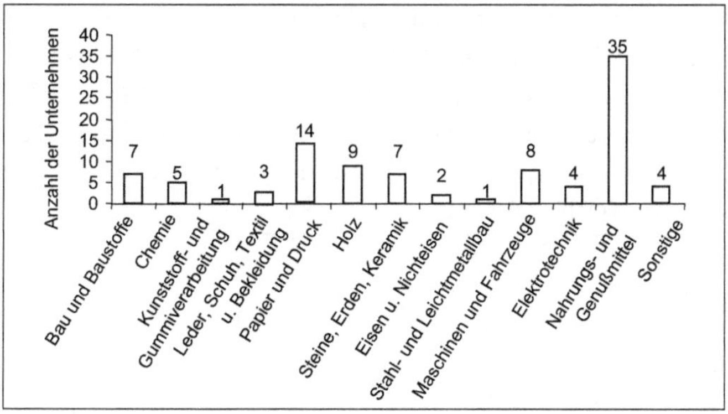

Abbildung 11: Anzahl der antwortenden Industrie- und Gewerbeunternehmen, nach Branchen differenziert

Neben Unternehmen aus Industrie und Gewerbe haben auch 10 Handelsunternehmen aus mehreren Branchen an der Befragung teilgenommen, wie Abbildung 12 verdeutlicht.

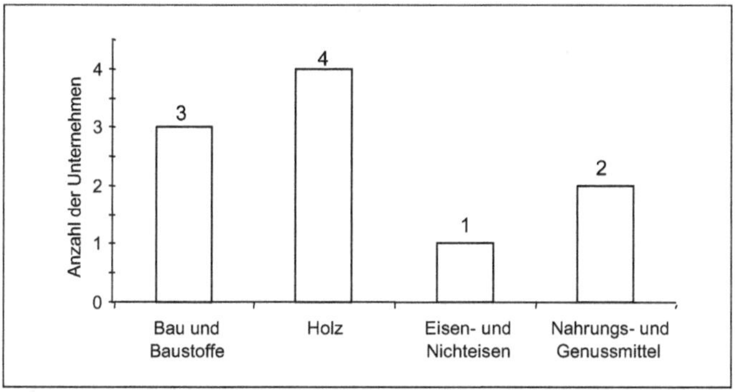

Abbildung 12: Anzahl der antwortenden Handelsunternehmen, nach Branchen differenziert

Aufgrund der sehr geringen Zahl an Rückmeldungen und der Tatsache, dass die Händler aus unterschiedlichen Branchen kommen, werden in dieser Arbeit empirische Aussagen zu den Auswirkungen auf den Handel nur vereinzelt getroffen. Branchenspezifische Aussagen bei den Händlern können erst recht nicht seriös getätigt werden, so dass diese generell nicht vorgenommen werden. Bezüglich der Unternehmensgröße der Händler gehören 50 % der antwortenden Handelsunternehmen zu den kleinen Unternehmen, 40 % zu den mittleren und nur 10 % zu den großen Unternehmen. Die großen Nahrungs- und Genussmittelhändler haben sich an dieser Studie nicht beteiligt.

Weiterhin wurden im Rahmen dieser Studie von 34 Transportdienstleistern der ausgefüllte Fragebogen verwertet (siehe Abbildung 13). Auch bei den Transportdienstleistern haben sich wie bei den Handelsunternehmen in erster Linie kleinere und mittlere Unternehmen an der Umfrage beteiligt. 45 % der antwortenden Unternehmen gehören zu den kleinen Unternehmen, 33 % zu den mittleren und nur 22 % zu den großen Unternehmen. Eine Erklärungsursache für diese Verteilung liegt in der Zersplitterung des Transportmarktes begründet. Der Grad der Konzentration bei den Transportdienstleistern ist vergleichsweise gering. (siehe Kapitel 6.3.4.4.5.4).

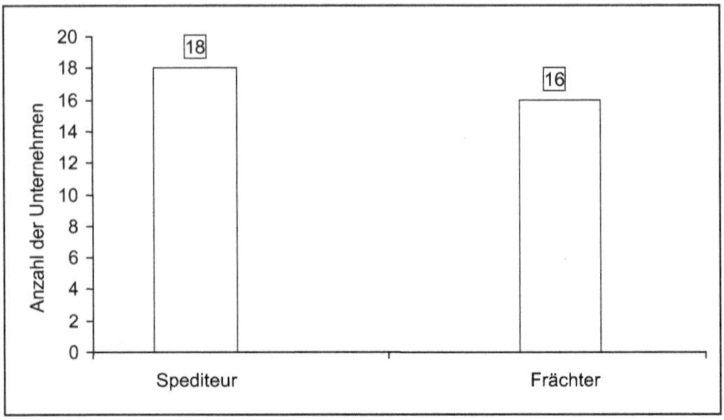

Abbildung 13: Anzahl der antwortenden Transportdienstleister

4 Auswirkungen auf das Informationssystem

Die fahrleistungsabhängige Maut führt zu Veränderungen im Informationssystem der Unternehmensführung, deren Beschreibung Gegenstand dieses Kapitels sind. Die Kostenrechnung ist mit einer neuen Kostenart, den Mautkosten, konfrontiert. In der Kostenartenrechnung können Mautkosten in direkte und indirekte Mautkosten unterteilt werden. Im Rahmen der Kostenverteilung muss sich mit der Frage auseinandergesetzt werden, wie anfallende Mautkosten an Kostenträger weiterverrechnet werden können. Die Weitergabe von mautinduzierten Zusatzkosten in der Wertschöpfungskette führt zu Preiserhöhungen bei Gütern. Neben den Veränderungen in der Kostenrechnung kann sich auch ein Änderungsbedarf bei Kennzahlen sowie bei ABC-Analysen ergeben. Alle diese Aspekte werden in diesem Teil der Arbeit diskutiert, wobei der Fokus auf der Darstellung der Veränderung in der Kostenrechnung liegt.

4.1 Auswirkungen auf die Kostenrechnung

Die Einführung der fahrleistungsabhängigen Maut in Österreich führt zu Veränderungen im Kostenrechnungssystem der Unternehmen. Die fahrleistungsabhängige Maut führt zunächst zu steigenden Transportkosten bei Unternehmen, die mit mautpflichtigen Fahrzeugen das hochrangige Straßennetz in Österreich benutzen. Für diese Unternehmen ist es sinnvoll, im Rahmen der Kostenartenrechnung eine zusätzliche Untergruppe „Mautkosten" in der Kategorie „Transportkosten" zu definieren. Daraufhin ergibt sich auch ein Anpassungsbedarf in der Kostenverteilungsrechnung. In der Verteilungsrechnung geht es um die Frage, welche Möglichkeiten es gibt, Kosten auf Kostenträger zu verteilen. Das ist insbesondere für die Weiterverrechnung von Mautkosten von hoher Relevanz. Neben der Transportkostenänderung können auch die Beschaffungskosten durch die fahrleistungsabhängige Maut beeinflusst werden. Alle diese Auswirkungen werden im Folgenden analysiert.

4.1.1 Veränderungen in der Kostenartenrechnung

4.1.1.1 Entstehung einer neuer Kostenart: Mautkosten

4.1.1.1.1 Mautkosten in der Kostenartenrechnung

Gegenstand der Kostenartenrechnung ist die systematische Erfassung und der Ausweis aller Istkosten, die in einer betrachteten Periode für die Erstellung bzw. Verwertung betrieblicher Leistungen anfallen. Die Erfassung erfolgt nach einzelnen Kosten-

arten.[416] Eine Kostenart i.w.S. ist „...eine Kategorie von Kosten, die hinsichtlich des zugrunde gelegten Kriteriums die gleiche Merkmalsausprägung besitzt."[417]
Die Kostenartenrechnung dient als Voraussetzung für weiterführende Rechnungen wie die Kostenstellen- und Kostenträgerrechnung.[418]
Aufgrund der fahrleistungsabhängigen Maut ist es bei Unternehmen, die mautpflichtige Transporte auf dem hochrangigen Straßennetz durchführen, sinnvoll, eine neue Untergruppe in der Kostenartenrechnung anzulegen, in welcher die Mautkosten separat erfasst werden. Diese Untergruppe „Mautkosten" gehört dann zur Kostenkategorie „Transportkosten".[419] Diese Veränderung in der Kostenartenrechnung betrifft folglich in erster Linie Transportdienstleister sowie werkverkehrsbetreibende Unternehmen.
Mautkosten erhöhen die Transportkosten eines Unternehmens und sie können in direkte und indirekte Mautkosten unterschieden werden. Diese beiden Kostenarten werden im Folgenden ausführlicher beschrieben.

4.1.1.1.2 Direkte Mautkosten

Unter direkten Mautkosten werden diejenigen Kosten verstanden, die den Zahlungen an den Betreiber des Mautsystems für die Benutzung des hochrangigen Straßennetzes entsprechen. Sie sind grundsätzlich fahrzeugbezogen. Die direkten Mautkosten für ein mautpflichtiges Fahrzeug setzen sich aus dem Mautsatz in Abhängigkeit der Achszahl sowie der zurückgelegten Fahrleistung auf dem mautpflichtigen Straßennetz in einer Periode zusammen:

Formel 1:

$$K_{Mden} = m_e(A) \cdot d_{en}$$

wobei

K_{Mden} ... direkte Mautkosten des mautpflichtigen Fahrzeuges e in Periode n

$m_e(A)$ ... Mautsatz pro km in Abhängigkeit der Achskategorie des mautpflichtigen Fahrzeuges e

d_{en} ... zurückgelegte Entfernung des mautpflichtigen Fahrzeuges e auf dem mautpflichtigen Straßennetz in km in Periode n

---

[416] Vgl. Hummel / Männel (1986), S.128; Schweitzer / Küpper (2003), S.76 f; Fandel / Fey / Heuft / Pitz (2004), S.83; Götze (2004), S.27

[417] Coenenberg (2003), S.31

[418] Vgl. Hummel / Männel (1986), S.129; Coenenberg (2003), S.30 f; Schweitzer / Küpper (2003), S.27; Fandel / Fey / Heuft / Pitz (2004), S.2 f; Götze (2004), S.27; Wilkens (2004), S.41

[419] Diese Untergruppe kann ggf. weiter in direkte und indirekte Mautkosten differenziert werden. Das würde dem Grundsatz der Reinheit in der Kostenartenrechnung in noch stärkerem Maße genügen. Jedoch muss bei zunehmender Differenzierung der Kostenarten darauf geachtet werden, dass die Wirtschaftlichkeit der Kostenartenrechnung nicht in Frage gestellt wird. Vgl. zu den Grundsätzen und Gliederungskriterien in der Kostenartenrechnung auch Fandel / Fey / Heuft / Pitz (2004), S.84 ff.

Üblicherweise wird ein mautpflichtiges Fahrzeug in der betrachteten Periode nicht ausschließlich auf den mautpflichtigen Straßen verkehren, sondern - gerade im Nahverkehr - auch andere Straßen benützen. Da dann die zurückgelegten Entfernungskilometer auf dem mautpflichtigen Straßennetz nur mit hohem Aufwand ermittelbar sind, bietet sich die Bestimmung der direkten Mautkosten des Fahrzeuges wie folgt an:

Formel 2:

$$K_{Mden} = m_e(A) \cdot F_{en} \cdot \alpha_F$$

wobei

F_{en} ... Fahrleistung des mautpflichtigen Fahrzeuges e in der Periode n

α_F ... durchschnittlicher Anteil der mautpflichtigen Entfernung an der Periodenfahrleistung

Der Anteil der mautpflichtigen Entfernung an der Periodenfahrleistung kann aus Vergangenheitsdaten eruiert werden. Er ergibt sich aus der Division der durchschnittlichen mautpflichtigen Distanz und den durchschnittlichen gesamten Fahrleistungen in den betrachteten Perioden, wie Formel 3 zeigt:

Formel 3:

$$\alpha_F = \frac{\frac{\sum_e \sum_n d_{en}}{N}}{\frac{\sum_e \sum_n F_{en}}{N}}$$

wobei

N ... Anzahl der betrachteten Perioden

Die direkten Mautkosten eines Unternehmens ergeben sich durch die Summation der fahrzeugbezogenen Mautkosten über alle mautpflichtigen Fahrzeuge im Unternehmen.

Formel 4:

$$K_{Mdgesn} = \sum_e K_{Mden}$$

wobei:

K_{Mdgesn} ... direkte Mautkosten des Unternehmens in der Periode n

Die Höhe der direkten Mautkosten eines Unternehmens ist daher von folgenden Größen abhängig:

- Anzahl der mautpflichtigen Fahrzeuge in den einzelnen Achskategorien,
- Höhe des Mautsatzes in den einzelnen Achskategorien sowie
- Zurückgelegte Entfernung auf dem mautpflichtigen Straßennetz in den einzelnen Achskategorien.

Insbesondere die Fahrleistung auf dem mautpflichtigen Straßennetz beeinflusst in starkem Maße die Höhe der direkten Mautkosten.

Direkte Mautkosten können sowohl Einzelkosten als auch Gemeinkosten sein. Der Unterscheidung in Einzel- und Gemeinkosten liegt die unterschiedliche Zurechenbarkeit von Kosten zu Kostenträgern zugrunde. Einzelkosten lassen sich direkt, d.h. ohne Schlüsselung, einem Kostenträger zurechnen. Einzelkosten gehen damit direkt in die Kostenträgerrechnung ein. Gemeinkosten können nur indirekt, d.h. über Schlüsselgrößen, auf Kostenträger verteilt werden.[420] Direkte Mautkosten im Komplettladungsverkehr beispielsweise sind direkt einem Auftrag zurechenbar und gelten daher als Einzelkosten. Anders ist die Situation im Teilladungs- oder Stückgutverkehr. In diesen Segmenten fungieren die direkten Mautkosten als Gemeinkosten, die mittels geeigneter Methoden auf Kostenträger umgelegt werden müssen. Diese direkten Mautkosten können dann sogenannte unechte Gemeinkosten darstellen. Diese zeichnen sich dadurch aus, dass sie den einzelnen betrieblichen Leistungen eigentlich direkt zurechenbar wären, jedoch aus Wirtschaftlichkeitsüberlegungen heraus eine Verrechnung als Gemeinkosten vorgenommen wird.[421]

Direkte Mautkosten können auch aus verfahrenstechnischen Gründen zu den Sonderkosten gezählt werden. Sonderkosten sind jene Kosten, die unmittelbar einzelnen Aufträgen zugeordnet werden können.[422] Je nach Zurechenbarkeit wird dann von Sondereinzelkosten oder Sondergemeinkosten der Fertigung bzw. des Vertriebes gesprochen. Zu den Sonderkosten des Vertriebes zählen typischerweise auch auftragsbezogene Frachten und Transportversicherungen.[423] Im Falle der direkten Auftragsbezogenheit von Mautkosten können sie daher auch als Sonderkosten des Vertriebes angesehen werden.[424]

4.1.1.1.3 Indirekte Mautkosten

4.1.1.1.3.1 Definition der indirekten Mautkosten

Schwerpunkt der Mautdiskussionen sind die direkten Mautkosten. Diese weisen in der Tat auch den größten Anteil an den gesamten Mautkosten auf. Allerdings entste-

---

420 Vgl. Hummel / Männel (1986), S.97; Schweitzer / Küpper (2003), S.27 f; Fandel / Fey / Heuft / Pitz (2004), S.27 f; Wilkens (2004), S.18

421 Vgl. Coenenberg (2003), S.33

422 Sie lassen sich jedoch grundsätzlich nicht direkt einer einzelnen Einheit (z.B. Sendung) zuordnen. Vgl. Hummel / Männel (1986), S.97; Götze (2004), S.113

423 Vgl. Hummel / Männel (1986), S.97; Coenenberg (2003), S.33; Schweitzer / Küpper (2003), S.79; Fandel / Fey / Heuft / Pitz (2004), S.27; Götze (2004), S.113

424 Das gilt ebenso für die im folgenden Kapitel dargestellten indirekten Mautkosten.

hen durch die fahrleistungsabhängige Maut in den Unternehmen auch indirekte Mautkosten, die nicht vernachlässigbar sind.[425]

Indirekte Mautkosten sind jene Kosten, die beim Transportdienstleister oder werkverkehrsbetreibenden Unternehmen anfallen, in einem unmittelbaren Zusammenhang mit der fahrleistungsabhängigen Maut stehen sowie nicht zu den direkten Mautkosten gehören.[426] Die indirekten Mautkosten gehören zu den Gemeinkosten und können in drei Kategorien unterteilt werden:[427]

- Vorfinanzierungskosten,
- Kosten für das Delkredere-Risiko und
- Kosten des Mautcontrollings.

Die indirekten Mautkosten fallen entweder permanent an oder sie sind einmaliger Natur. Die Vorfinanzierungskosten sowie die Kosten des Delkredere-Risikos gehören zu denjenigen indirekten Kosten, die permanent anfallen. Auch im Mautcontrolling - insbesondere bei der Mautkontrolle - fallen Kosten permanent an. Jedoch treten bestimmte Kosten des Mautcontrollings nur einmalig auf, weil durch die Einführung der fahrleistungsabhängigen Maut einmalige Änderungen von Strukturen und Prozessen in den Führungsteilsystemen und deren Koordination erforderlich sind.

Diese drei Kostenarten werden im Folgenden näher erläutert.

4.1.1.1.3.2 Vorfinanzierungskosten

4.1.1.1.3.2.1 Definition und Ermittlung der Vorfinanzierungskosten

Eine Vorfinanzierung erhöht den Liquiditätsbedarf und ist bei einem Auftrag dann erforderlich, wenn die Einzahlungen des Auftraggebers zu einem späteren Zeitpunkt erfolgen als die für die Leistungserstellung notwendigen Auszahlungen.[428] Sie stellt folglich eine Art der Überbrückungsfinanzierung dar, die aus dem betrieblichen Leistungsprozess resultiert. Die dabei entstehenden Kosten werden als Vorfinanzie-

---

425 Vgl. Kummer / Einbock (2003b), S.16; In anderen Veröffentlichungen wird von „Maut-Zusatzkosten" gesprochen. Vgl. Kerler (2003), S.35 ff; Schneglberger / Kain (2003), S.60 ff Jedoch erscheint dieser Begriff unglücklich gewählt, da damit suggeriert wird, dass nur die indirekten Mautkosten Zusatzkosten darstellen, aber nicht die direkten Mautkosten selbst.

426 Kummer definiert die indirekten Kosten wie folgt: „...Kosten, die durch Abrechnung, Bezahlung und Kontrolle der Maut entstehen.". Kummer (2003), S.6; Dieser engen Definition soll hier nicht gefolgt werden, da auch weitere Kosten neben den genannten in Unternehmen entstehen und unmittelbar mit der fahrleistungsabhängigen Maut zusammenhängen.

427 Kummer zählt zusätzlich noch die administrativen Kosten und die Transaktionskosten auf. Vgl. Kummer (2003), S.9 f; Beide Kostenarten werden hier jedoch aus systematischen Gründen unter die Kosten des Mautcontrollings subsumiert.

428 Diese Zeitspanne wird in der Literatur auch als Cash-to-cash-cycle, als Cash-Flow-Cycle, als cash-to-cash-cycle time oder als normale Geschäftsumschlagsperiode bezeichnet, sofern auch die Vorräte berücksichtigt werden. Vgl. Hohenstein (1996), S.122; Pfohl / Elbert / Hofmann (2003), S.38; Bereits Gutenberg macht auf die Problematik der unterschiedlichen Zeitpunkte von (früherer) Auszahlung und (späterer) Einzahlung aufmerksam. Siehe hierzu ausführlich Gutenberg (1973), S.5 ff

rungskosten bezeichnet und deren Höhe entspricht üblicherweise den Kosten eines Kontokorrentkredits.[429]

Der Kontokorrentkredit ist eine Form der kurzfristigen Kreditfinanzierung.[430] Bei einem Kontokorrentkredit „...räumt ein Kreditinstitut einem Kreditnehmer einen Kredit in einer bestimmten Höhe ein, auch Kreditlinie genannt, der vom Kreditnehmer entsprechend seinem Bedarf bis zum vereinbarten Höchstbetrag in Anspruch genommen werden kann."[431] Der Kontokorrentkredit dient der Sicherung der Zahlungsfähigkeit bei erhöhtem Kapitalbedarf im Unternehmen. Er ist eine Möglichkeit, kurzfristige Schwankungen des Finanzmittelbedarfs abzudecken.[432] Die Inanspruchnahme eines Kontokorrentkredites ist mit hohen Kapitalkosten verbunden, da deren Sätze etwa 5 % über den Geldmarktzinssätzen liegen.[433] Die Kosten eines Kontokorrentkredites setzen sich aus dem Kreditzins, der Kreditprovision, der Umsatzprovision und im Falle von Überziehungen der Kreditlinie aus Überziehungsprovision und -zins zusammen.[434]

Wie bereits im Kapitel 3.2.4.2 dargestellt, können Mautschuldner zwischen dem Prepay - und dem Postpay - Verfahren wählen. Der für die Bestimmung der Vorfinanzierungskosten relevante tatsächliche Zeitpunkt der Abbuchung der Maut hängt von der Art der Zahlungsentrichtung ab.

Beim Prepay - Verfahren erfolgt die Abbuchung im Fall der Barzahlung immer vor der Durchführung einer Fahrt auf dem mautpflichtigen Straßennetz. Bei der Verwendung von Tankkarten oder Kreditkarten kann die Abbuchung des Betrages vom Girokonto je nach Konditionen vor, während oder nach der Durchführung einer Fahrt erfolgen.

Das Postpay - Verfahren zeichnet sich dadurch aus, dass die Abbuchung der Fahrt zeitlich nachgelagert ist. Die Fakturierung erfolgt grundsätzlich in zweiwöchigem Abstand. Bei Nutzung von Bankomatkarten erfolgt eine Abbuchung vom Girokonto laufend. Bei Tank- oder Kreditkarten können im Hinblick auf die Abbuchung vom Girokonto keine allgemeingültigen Aussagen getroffen werden, da die Kartenherausgeber unterschiedliche Bedingungen aufweisen.

In den meisten Fällen ist der Vorfinanzierungszeitraum VFZ beim Prepay - Verfahren größer als bei der Postpay - Variante.

---

429 Vgl. Kummer (2003), S.9

430 Vgl. Hölscher (2001), S.1372; Perridon / Steiner (2002), S. 431, Busse (2003), S.411; Gerke / Bank (2003), S.426; Olfert / Reichel (2003), S.292

431 Schneck (2004), S.106

432 Vgl. Jahrmann (2003), S.77; Olfert / Reichel (2003), S.293; Schneck (2004), S.106 f

433 Vgl. Schneck (2004), S.107; Olfert / Reichel ermittelten Zinssätze, die etwa 4 - 8 % über den Geldmarktzinssätzen liegen. Deren Höhe ist u.a. abhängig von der Bonität und der Nachfragemacht des Kreditnehmers. Vgl. Olfert / Reichel (2003), S.293

434 Vgl. Gerke / Bank (2003), S.427; ähnlich Busse (2003), S.412

Die Länge des Vorfinanzierungszeitraumes VFZ wird bei der Berechnung der Höhe der Vorfinanzierungskosten berücksichtigt.[435] Der Zahlungseingang für eine erbrachte Transportdienstleistung seitens des Spediteurs, des Verladers bzw. des Kunden des Verladers variiert stark in Abhängigkeit des Vertrages.[436] Im österreichischen Speditionsgewerbe sind Zahlungsziele zwischen 30 und 60 Tagen nach der Leistungserstellung üblich.[437] Es kann daher für die Länge des Vorfinanzierungszeitraums folgendes angenommen werden:

Zahlungseingang vom Auftraggeber:	45 Tage nach Leistungserstellung
Abbuchungszeitpunkt beim Prepay - Verfahren:	1 Tag vor Leistungserstellung
Abbuchungszeitpunkt beim Postpay - Verfahren:	14 Tage nach Leistungserstellung

Der Vorfinanzierungszeitraum VFZ stellt die Differenz zwischen dem Zahlungseingang des Auftraggebers und dem Abbuchungszeitpunkt im jeweils gewählten Verfahren dar, wie Tabelle 6 zeigt.

	Prepay - Verfahren	Postpay - Verfahren
Zahlungseingang vom Auftraggeber	45 Tage nach Leistungserstellung	45 Tage nach Leistungserstellung
Abbuchungszeitpunkt	1 Tag vor Leistungserstellung	14 Tage nach Leistungserstellung
Vorfinanzierungszeitraum VFZ	46 Tage	31 Tage

Tabelle 6: Bestimmung des Vorfinanzierungszeitraumes VFZ beim Prepay - und Postpay - Verfahren

Es ergibt sich in diesem Beispiel ein um 15 Tage verringerter Vorfinanzierungszeitraum bei der Postpay - Variante. Die graphische Visualisierung ist in Abbildung 14 ersichtlich.

435 Es ist evident, dass die Umschlagsgeschwindigkeit der Forderungen wie die der Produktion und der Bestände einen maßgeblichen Einfluss auf die Höhe des Kapitalbedarfes haben. Vgl. Graumann (2003), S.457

436 Offensichtlich sind Zahlungsziele branchen- und länderspezifisch. Vgl. Wöhe / Bilstein (2002), S.387

437 Kummer geht von einer Bezahlung nach durchschnittlich 60 Tagen nach der Leistungserstellung aus. Vgl. Kummer (2003), S.9; Einen Einfluss auf den Einzahlungszeitpunkt haben neben dem Intervall der Fakturierung vor allem das Zahlungsverhalten der Kunden.

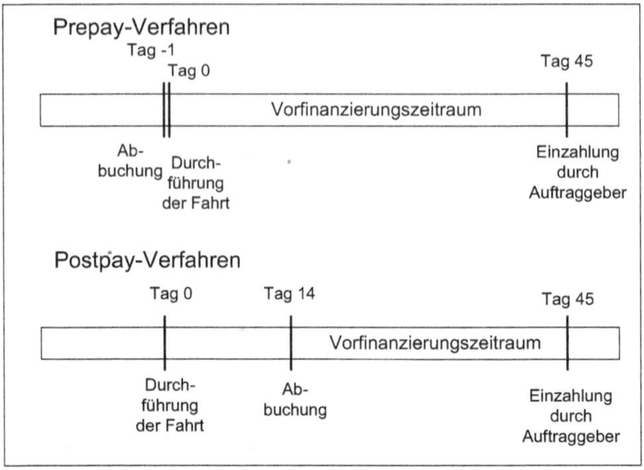

Abbildung 14: Unterschiedliche Vorfinanzierungszeiträume beim Prepay - und Postpay - Verfahren

Die Höhe der Vorfinanzierungskosten kann mit Hilfe der Formel 5 berechnet werden, wobei aus Vereinfachungsgründen von Überziehungsprovisionen und -zinsen sowie Skonto abgesehen wird.:

Formel 5:

$$K_{MindV} = K_{Zb} + K_{Kp} + K_{Up}$$

wobei:

K_{MindV} … Vorfinanzierungskosten der Maut p.a.

K_{Zb} … Zinsbetrag der Kreditzinsen des Kontokorrentkredites für die Vorfinanzierung der Maut p.a.

K_{Kp} … Kreditprovision

K_{Up} … Umsatzprovision

Der Zinsbetrag des Kontokorrentkredites für die Vorfinanzierung der Maut K_{Zb} ergibt sich wie folgt:

Formel 6:

$$K_{Zb} = \frac{VFZ \cdot i_K \cdot K_{Mdges}}{360}$$

wobei:

VFZ … Vorfinanzierungszeitraum in Tagen

i_K … Kontokorrentkreditzinssatz p.a.

Die Kreditprovision geht als Zuschlag zum Kontokorrentkreditsatz in die Berechnung der Vorfinanzierungskosten ein. In der Kreditprovision kann auch eine von der Eu-

roppass geforderte Bankgarantie enthalten sein, welchen den Betrag der Kreditprovision zusätzlich erhöht. Die Höhe der Kreditprovision beträgt üblicherweise etwa 1,5 % p.a. zuzüglich des Basiszinssatzes (z.B. des Geldmarktzinssatzes). Die Umsatzprovision als Entgelt für die Kontoführung wird zumeist mit 1 % p.a. des in Anspruch genommen Kreditbetrages angesetzt.[438]
Zur Reduzierung der Vorfinanzierungskosten sind für Unternehmen insbesondere Ansätze relevant, die den Vorfinanzierungszeitraum verkürzen. Hebel zur Verringerung des Vorfinanzierungszeitraumes und damit zur Verminderung des Kapitalbedarfs bestehen einerseits beim Management von Verbindlichkeiten (Kreditorenmanagement) und andererseits beim Forderungsmanagement (Debitorenmanagement). Im Kreditorenmanagement sollte diejenige Abbuchungsvariante gewählt werden, bei welcher der Abbuchungszeitpunkt möglichst spät erfolgt. Im Debitorenmanagement gehören neben dem Sicherstellen einer zeitnahen Rechnungslegung die Bestimmung unternehmensweiter Finanz- und Kreditrichtlinien, die Reduzierung von Zahlungszielen sowie ggf. die Vereinfachung von Preis- und Tarifstrukturen bei der Fakturierung zu den möglichen Maßnahmen.[439] Die Durchsetzung dieser Maßnahmen hängt jedoch u.a. von der Machtverteilung und der Wettbewerbssituation zwischen den beteiligten Parteien ab.[440] Alternativ bietet sich der Verkauf von Forderungen an.[441]

4.1.1.1.3.2.2 Beispielrechnung für die Bestimmung der Höhe der Vorfinanzierungskosten

Im Folgenden wird anhand eines Referenzbeispiels die Höhe der Vorfinanzierungskosten K_{MindV} als Bestandteil der indirekten Mautkosten für einen Transportdienstleister ermittelt. Es wird dabei von Annahmen ausgegangen, die für einen typischen mittelständischen österreichischen Transportdienstleister als realistisch gelten können.
In der Beispielrechung werden die Vorfinanzierungskosten für eine unterschiedliche Anzahl von mautpflichtigen Fahrzeugen berechnet. Der Transportdienstleister verfügt über 50, 75 oder 100 eigene mautpflichtige vier- und mehrachsige Fahrzeuge, die vor allem im Straßengüterfernverkehr eingesetzt werden. Die durchschnittliche Fahrleistung pro mautpflichtigen Fahrzeug beträgt 125.000 km / Jahr. 90 % der jährlichen Fahrleistung wird auf dem mautpflichtigen österreichischen Straßennetz absolviert. Der Kontokorrentkreditzinssatz beträgt 8 % p.a. und der Geldmarktzins 3 %. Die Kreditprovision weist aufgrund der gegenüber der Europpass abgegebenen Bankga-

---

[438] Vgl. Olfert / Reichel (2003), S. 293 f
[439] Vgl. Pfohl / Ebert / Hofmann (2003), S.39 f
[440] Vgl. Eisenhart-Rothe / Jütte (2003), S.161
[441] Vgl. ausführlich Eisenhart-Rothe / Jütte (2003), S.162 f

rantie einen erhöhten Betrag von 2 % auf. Die Umsatzprovision beträgt 1 % des in Anspruch genommenen Kreditbetrages.

Bei der Ermittlung der Höhe der Vorfinanzierungskosten K_{MindV} bietet sich eine Umlegung der Kosten auf den mautpflichtigen Kilometer an, um das Verhältnis der Vorfinanzierungskosten zu den direkten Mautkosten pro Kilometer ersichtlich werden zu lassen, wie Tabelle 7 zeigt. Die Umlegung ist gerechtfertigt, da die zurückgelegte Entfernung auf dem mautpflichtigen Netz ein wesentlicher Kostentreiber der Vorfinanzierungskosten darstellt.

Wie in Tabelle 7 dargestellt, betragen die mautkilometerbezogenen Vorfinanzierungskosten K_{MindV} im Beispiel in der Prepay - Variante 0,00726 EUR / mautpflichtiger Kilometer und in der für die Unternehmen günstigeren Postpay - Variante 0,00579 EUR / mautpflichtiger Kilometer. Wie Tabelle 7 weiter verdeutlicht, ist die Höhe der Vorfinanzierungskosten unabhängig von der Anzahl der Fahrzeuge.

Das Verhältnis der mautkilometerbezogenen Vorfinanzierungskosten zu den kilometerbezogenen direkten Mautkosten zeigt die Bedeutung der Vorfinanzierungskosten auf. In der Prepay - Variante beträgt der Anteil an den direkten Kosten 2,66 %, in der Postpay - Variante sind es nur 2,12 %.[442] Die Vorfinanzierungskosten machen folglich nur einen geringen Bruchteil der direkten Mautkosten aus. Daraus kann jedoch nicht geschlussfolgert werden, dass sie vernachlässigbar sind.

---

[442] Kummer verwendet in seinen Berechnungen einen Wert von 1 %, der nach seiner Auffassung eher an der Untergrenze der Vorfinanzierungskosten angesiedelt sein dürfte. Vgl. Kummer (2003), S.9 Dieser Aussage kann hier gefolgt werden.

Größe	50 Fahrzeuge	75 Fahrzeuge	100 Fahrzeuge
Durchschnittliche Fahrleistung pro mautpflichtigem Fahrzeug F	125.000 km / Jahr	125.000 km / Jahr	125.000 km / Jahr
Summierte Fahrleistung der mautpflichtigen Fahrzeuge	6.250.000 km / Jahr	9.375.000 km / Jahr	12.500.000 km / Jahr
Anteil der Fahrleistung auf dem mautpflichtigen Straßennetz α_F	90 %	90 %	90 %
Summierte Fahrleistung der mautpflichtigen Fahrzeuge auf dem mautpflichtigen Straßennetz	5.625.000 km / Jahr	8.437.500 km / Jahr	11.250.000 km / Jahr
Direkte Mautkosten des Unternehmen p.a. K_{Mdges}	1.535.625,00 EUR	2.303.437,50 EUR	3.071.250,00 EUR
Vorfinanzierungszeitraum VFZ Prepay - Variante	46 Tage	46 Tage	46 Tage
Vorfinanzierungszeitraum VFZ Postpay - Variante	31 Tage	31 Tage	31 Tage
Kontokorrentkreditzinssatz i_K	8 % p.a.	8 % p.a.	8 % p.a.
Zinsbetrag des Kontokorrentkredites K_{Zb} beim Prepay - Verfahren p.a.	15.697,50 EUR	23.546,25 EUR	31.395,00 EUR
Zinsbetrag des Kontokorrentkredites K_{Zb} beim Postpay - Verfahren p.a.	10.578,75 EUR	15.868,12 EUR	21.157,50 EUR
Geldmarktzinssatz	3 % p.a.	3 % p.a.	3 % p.a.

Kreditprovisionszinssatz	2 % p.a.	2 % p.a.	2 % p.a.
Kreditprovision K_{Kp} beim Prepay - Verfahren	9.810,94 EUR	14.716,41 EUR	19.621,87 EUR
Kreditprovision K_{Kp} beim Postpay - Verfahren	6.611,72 EUR	9.917,58 EUR	13.223,44 EUR
Umsatzprovisionszinssatz	1 % p.a.	1 % p.a.	1 % p.a.
Umsatzprovision K_{Up}	15.356,25 EUR	23.034,38 EUR	30.712,50 EUR
Vorfinanzierungskosten der Maut K_{MindV} bei Prepay - Variante	40.864,69 EUR	61.297,04 EUR	81.729,37 EUR
Vorfinanzierungskosten der Maut K_{MindV} bei Postpay - Variante	32.546,72 EUR	48.820,08 EUR	65.093,44 EUR
Mautkilometerbezogene Vorfinanzierungskosten K_{MindV} bei Prepay - Variante	0,00726 EUR / km	0,00726 EUR / km	0,00726 EUR / km
Mautkilometerbezogene Vorfinanzierungskosten K_{MindV} bei Postpay - Variante	0,00579 EUR / km	0,00579 EUR / km	0,00579 EUR / km
Mautkilometerbezogene Vorfinanzierungskosten K_{MindV} als Anteil der direkten Mautkosten bei Prepay - Variante	2,66 %	2,66 %	2,66 %
Mautkilometerbezogene Vorfinanzierungskosten K_{MindV} als Anteil der direkten Mautkosten bei Postpay - Variante	2,12 %	2,12 %	2,12 %

Tabelle 7: Ermittlung der Vorfinanzierungskosten K_{MindV} für die Prepay - Variante und Postpay - Variante

4.1.1.1.3.3 Kosten des Delkredere-Risikos

4.1.1.1.3.3.1 Definition und Ermittlung der Kosten des Delkredere-Risikos

Das Delkredererisiko spielt beim Management von Forderungen aus Lieferungen und Leistungen eine wichtige Rolle. Forderungen aus Lieferungen und Leistungen entstehen durch unbare Transaktionen, die aus gegenseitigen Ansprüchen von Vertragsparteien entstehen, wobei nur der Lieferant der Leistung seine Pflichten erfüllt hat.[443] Diese Forderungen können in Hinblick auf das Kriterium der Einbringlichkeit (Bonität) in drei Gruppen unterschieden werden:[444]

- Vollwertige Forderungen
  Bei vollwertigen Forderungen bestehen keine Zweifel und keine Einschränkungen bezüglich der Einbringlichkeit.
- Zweifelhafte Forderungen
  Bei zweifelhaften Forderungen bestehen Indizien für eine lediglich teilweise Realisierung der Forderung. Der Zahlungseingang ist gefährdet. Es erfolgt eine Abschreibung des uneinbringlichen Teils der Forderung. Hinweise auf die Zweifelhaftigkeit ergeben sich beispielsweise bei fruchtlos erfolgten Mahnungen, bei negativen Auskünften über die Finanz- und Liquiditätsverhältnisse des Kunden, bei Zweifeln an dessen Kreditwürdigkeit oder bei Konkursanmeldung des Kunden.
- Uneinbringliche Forderungen
  Bei dieser Art von Forderungen ist ein Zahlungseingang ausgeschlossen und die Forderung wird vollständig abgeschrieben. Eine Forderung kann sich dann als uneinbringlich herausstellen, wenn Illiquidität des Schuldners eingetreten ist oder auf das Einbringen der Forderung verzichtet wird.

Das Delkredere stellt die Wertberichtigung im Umfang der erwarteten Einbußen bei zweifelhaften und bei uneinbringlichen Forderungen dar.[445] Da aus Gründen mangelnder Praktikabilität bei der Erstellung von Bilanzen eine individuelle Korrektur von Forderungen nur selten durchgeführt wird, wird zumeist eine pauschale Wertberichtigung vorgenommen. Diese pauschale Wertberichtigung stützt sich auf Erfahrungswerte aus der Vergangenheit, die ggf. durch konjunkturelle Einflüsse (z.B. steigende Insolvenzzahlen) adjustiert werden können.[446] Diese Pauschalen werden üblicherweise in Prozent des Jahresumsatzes oder als Anteil am Gesamtbetrag der Forderungen angegeben.[447]

---

443 Vgl. Eisele (2002), S. 352; Meyer (2002), S.85; Weber / Rogler (2004), S.82
444 Vgl. Eisele (2002), S.352 f; Schöttler / Spulak (2003), S. 190 f; Schultz (2003), S. 60; Zimmermann / Fries / Hoch (2003), S.80 f
445 Vgl. Meyer (2002), S.26 In der Literatur wird teilweise auch von Inkassorisiken gesprochen. Vgl. Kerler (2003), S.39
446 Vgl. Meyer (2002), S.85; Schöttler / Spulak (2003), S.190; Schultz (2003), S.61
447 Vgl. Meyer (2002), S.85; Zimmermann / Fries / Hoch (2003), S.81

Kosten für das Delkredere-Risiko K_{MindD} fallen insbesondere bei Frächtern bzw. Speditionen an. Wenn beispielsweise ein Spediteur einen Frächter mit einer Transportdurchführung beauftragt und der Frächter benutzt für die Auftragserfüllung das mautpflichtige Straßennetz, so wird der Frächter Mautschuldner gegenüber der ASFINAG. Gerät der Spediteur nach der Durchführung des Transportes in Konkurs und mangelt es an Konkursmasse, so muss der Transporteur - vollständige Weiterverrechnung der Mautkosten unterstellt - seine Forderung an den Spediteur vollständig abschreiben (vgl. Abbildung 15 linke Seite). Ebenso gilt dies im Fall, wenn ein Verlader als Auftraggeber und ein Spediteur als Auftragnehmer fungiert und letzterer die Transportleistung selbst erstellt bzw. durch Frachtunternehmen erstellen lässt (siehe auch Abbildung 15 rechte Seite).
Auch bei werkverkehrsbetreibenden Unternehmen können Kosten für das Delkredere-Risiko anfallen. Darüber hinaus unterliegt auch die ASFINAG einem Delkredere-Risiko gegenüber den Kfz-Haltern, die auf dem hochrangigen Straßennetz verkehren. Von einer Betrachtung dieses Delkredere-Risikos wird hier allerdings abgesehen.

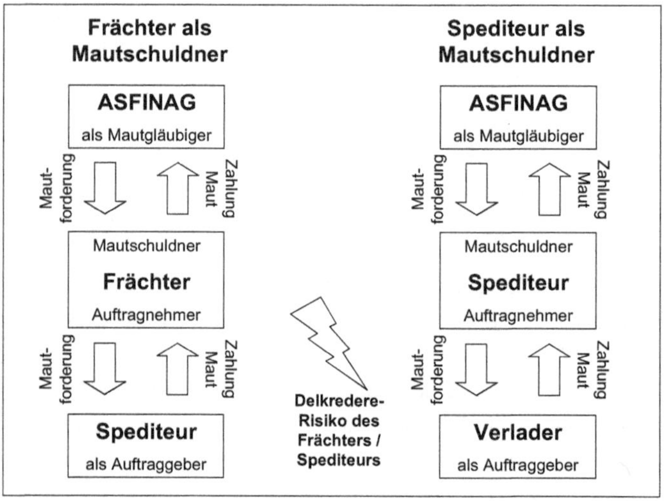

Abbildung 15: Das Delkredere-Risiko des Frächters / Spediteurs bei unterstellter vollständiger Weiterverrechnung

Zu den Kosten des Delkredere-Risikos K_{MindD} bei Transportdienstleistern bzw. werkverkehrsbetreibenden Unternehmen gehören die Kosten für die (teilweise) Abschreibung der Forderungen bezüglich der fahrleistungsabhängigen Maut sowie die Kosten für die Administration dieser Forderungsausfälle. Im Falle des Abschlusses einer Forderungsausfallversicherung entstehen Versicherungskosten.[448] Wenn eine Abtre-

[448] Vgl. Kummer (2003), S.9

tung einer Forderung an ein Factoring-Unternehmen erfolgt, so entstehen dem Unternehmen auch dafür Kosten.[449] Die Versicherungskosten und die Kosten für die Abtretung der Forderungen werden ebenso unter die Kosten für das Delkredere-Risiko subsumiert.[450]

Die Formel zur Ermittlung der Kosten des Delkredere-Risikos lautet wie folgt:

Formel 7:

$$K_{MindD} = K_F + K_{Fa}$$

wobei...

K_{MindD}	...	Kosten des Delkredere-Risikos des Unternehmens in Bezug auf Mautkosten p.a.
K_F	...	mautbezogene abgeschriebene Forderungen p.a.
K_{Fa}	...	Kosten der Forderungsadministration p.a.

Diese Formel 7 wird entsprechend ergänzt, wenn Versicherungskosten oder Kosten des Factorings zusätzlich betrachtet werden.

Die Summe der jährlichen mautbezogenen abgeschriebenen Forderungen kann pauschal wie folgt ermittelt werden:

Formel 8:

$$K_F = r \cdot K_{Mdges}$$

wobei...

r	...	Forderungsausfallrisiko, auf Forderungswert bezogen

Durch die Einführung der fahrleistungsabhängigen Maut haben vor allem Frächter und Spediteure, aber auch werkverkehrsbetreibende Unternehmen vermehrt Anreize, Informationen über die Bonität ihrer Kunden verstärkt bei der Entscheidung über die Annahme eines Auftrages einfließen zu lassen. Gerade vor Vertragsabschlüssen mit Neukunden erscheint eine Analyse der potentiellen Auftraggeber im Hinblick auf Einbringlichkeit zukünftiger Forderungen grundsätzlich als angebracht.

4.1.1.1.3.3.2 Beispielrechnung für die Bestimmung der Höhe der Kosten des Delkredere-Risikos

Die Quantifizierung der Kosten des Delkredere-Risikos K_{MindD} bezieht sich auf das Referenzbeispiel im Kapitel 4.1.1.1.3.2.2. Zusätzlich zu den bekannten Prämissen wird davon ausgegangen, dass 0,25 % des Wertes aller Forderungen abgeschrieben

---

449 Vgl. zu Factoring ausführlich Betsch (2001), S.681 ff; Perridon / Steiner (2002), S.445 f; Gerke / Bank (2003), S.456 f; Jahrmann (2003), S.195 ff; Schneck (2004), S.116 ff

450 Die Kosten für die Kommunikation mit der Versicherung bzw. der Factoring-Gesellschaft können zu den Administrationskosten subsumiert werden, sofern diese bei den Versicherungskosten bzw. den Kosten für die Abtretung der Forderung nicht enthalten sind.

werden.[451] Die damit verbundenen administrativen Kosten betragen 20 % der abgeschriebenen Forderungen. Die Ermittlung der Kosten für das Delkredere-Risiko K_{MindD} ist in Tabelle 8 dargestellt.

Größe	50 Fahrzeuge	75 Fahrzeuge	100 Fahrzeuge
Summierte Fahrleistung der mautpflichtigen Fahrzeuge auf dem mautpflichtigen Straßennetz	5.625.000 km / Jahr	8.437.500 km / Jahr	11.250.000 km / Jahr
Direkte Mautkosten des Unternehmen p.a. K_{Mdges}	1.535.625,00 EUR	2.303.437,50 EUR	3.071.250,00 EUR
Forderungsausfallrisiko r	0,25 %	0,25 %	0,25 %
Mautbezogene abgeschriebene Forderungen p.a. K_F	3.839,06 EUR / Jahr	5.758,59 EUR / Jahr	7.678,13 EUR / Jahr
Kosten der Forderungsadministration p.a. K_{Fa}	767,81 EUR / Jahr	1.151,72 EUR / Jahr	1.535,63 EUR / Jahr
Kosten des Delkredere-Risikos p.a. K_{MindD}	4.606,87 EUR / Jahr	6.910,31 EUR / Jahr	9.213,76 EUR / Jahr
Mautkilometerbezogene Kosten des Delkredere-Risikos K_{MindD}	0,00082 EUR / km	0,00082 EUR / km	0,00082 EUR / km
Mautkilometerbezogene Kosten K_{MindD} als Anteil der direkten Mautkosten	0,003 %	0,003 %	0,003 %

Tabelle 8: Ermittlung der Kosten des Delkrede-Risikos K_{MindD}

Wie Tabelle 8 zeigt, betragen die mautkilometerbezogenen Kosten des Delkredere-Risikos K_{MindD} unabhängig von der Anzahl der Fahrzeuge nur 0,000822 EUR / Mautkilometer. Entsprechend gering ist der Anteil, wenn die Kosten des Delkredere-Risikos mit den direkten Mautkosten in Relation gesetzt werden; er beträgt gerade

451 Das Forderungsausfallrisiko liegt bei Speditionen in Österreich im Durchschnitt unter 0,3 %. Vgl. Kummer (2003), S.9

einmal 0,003 % der direkten Mautkosten. Die Kosten des Delkredere-Risikos liegen damit deutlich unter den Vorfinanzierungskosten.

4.1.1.1.3.4 Kosten des Mautcontrollings

4.1.1.1.3.4.1 Grundlagen des Mautcontrollings

Zu den indirekten Mautkosten gehören auch die Kosten des Mautcontrollings. Das Mautcontrolling beschäftigt sich mit jenen Prozessen der Zielsetzung, Planung, Steuerung und Kontrolle in Unternehmen, die aus der Einführung der fahrleistungsabhängigen Maut resultieren.[452] Das Ziel des Mautcontrollings besteht in der Sicherung und Erhaltung der Koordinations-, Reaktions- und Adaptionsfähigkeit der Unternehmensführung aufgrund der mautinduzierten Veränderung der Umweltbedingungen der Unternehmen.[453]

Die Einführung eines Mautcontrollings ist insbesondere für Transportdienstleister, aber auch für werkverkehrsbetreibende Unternehmen, die mit hohen direkten Mautkosten konfrontiert sind, sinnvoll. Da die Ertragslage der Frächter und Spediteure in Österreich für die Unternehmen unbefriedigend ist,[454] kann die mautinduzierte Kostenerhöhung ohne den Aufbau eines Mautcontrollings schnell zu negativen Unternehmensergebnissen führen.

Für den Aufbau, die Gestaltung und Pflege eines Mautcontrollingsystems entstehen Kosten in den fünf Führungsteilsystemen, die im Folgenden diskutiert werden.

4.1.1.1.3.4.2 Planungssystem

Die Einführung der fahrleistungsabhängigen Maut kann einen beträchtlichen Einfluss auf die Planungsaktivitäten eines Unternehmens ausüben. In der strategischen Planung verursachen strategische Analysen, die aufgrund der fahrleitungsabhängigen Maut notwendig werden, Kosten. Auch können Kosten bei der Planung mautbasierter Veränderungen in logistischen Netzwerken entstehen. Weiterhin verursachen die Entwicklung und die Umsetzung von Strategien zur Senkung von Mautbelastung Kosten. Darüber hinaus ist die Anpassung von Instrumenten der operativen Planung erforderlich. Adaptionen müssen in der Deckungsbeitragsrechnung, der kurzfristigen

---

452 Die Prozesse der Zielsetzung, Planung, Steuerung und Kontrolle werden auch als Führungsprozesse bezeichnet. Vgl. Wild (1974), S.158; Staehle (1999), S.81 ff und S.538 ff; Horvath (2003b), S.112 f; Brühl (2004), S.14

453 Die Ziele des Mautcontrollings werden in Anlehnung an die Ziele des Controlling nach Horvath definiert: „Die Controllingziele bestehen in der Sicherung und Erhaltung der Koordinations-, Reaktions- und Adaptionsfähigkeit der Führung, damit diese die Ergebnis- und Sachziele der Unternehmung realisieren kann.“ Horvath (2003b), S.149; Weiters führt Horvath aus, dass das Controlling die Funktion der ergebniszielorientierten Koordination von Planung und Kontrolle sowie der Informationsversorgung übernimmt. Es geht folglich um eine Abstimmung der Führungsteilsysteme. Vgl. Horvath (2003b), S.148 f; ähnlich Graumann (2003), S.24 f; Brühl (2004), S.34 ff

454 Die Umsatzrentabilität beträgt im Durchschnitt 0,24 %. Vgl. Voithofer / Schubert (2004), S.1

Finanzplanung, bei Investitionsrechnungen und auch bei der Budgetierung vorgenommen werden.
Diese Anpassungskosten in der strategischen und operativen Planung haben überwiegend einmaligen Charakter. Sie sind zudem schwer zu quantifizieren. Daher wird von einer Ermittlung dieser im Planungssystem anfallenden Kosten abgesehen.

4.1.1.1.3.4.3 Kontrollsystem

Bei elektronischen Mauterhebungssystemen können Doppelbuchungen, fehlerhafte bzw. fehlende Buchungen auftreten, deren Ursachen vielfältig sind. In Abhängigkeit der erwarteten Häufigkeit solcher Fehler kann eine Kontrolle der Abrechnungen der Maut als sinnvoll erachtet werden. Eine manuelle Prüfung der Abrechnung ist aufgrund der hohen Anzahl an Buchungen jedoch kaum durchführbar.[455] Eine softwareunterstützte Kontrolle der Abbuchung erscheint daher grundsätzlich als sinnvoll. Diese Mautkontrollsoftware soll Unternehmen in die Lage versetzen, effizient Auffälligkeiten bei der Kontrolle der Mautabrechnungen erkennen zu können. (vgl. ausführlich Kapitel 5.2.3)
Bei der Abschätzung der Höhe der Kontrollkosten bezüglich der Korrektheit der Abbuchungen spielen die Kosten für den Aufbau und Betrieb einer Mautkontrollsoftware sowie der dazugehörige Mitarbeiteraufwand eine wesentliche Rolle. Die Höhe der Kosten des Kontrollsystems wird wie folgt bestimmt:

Formel 9:

$$K_{MindK} = K_{KS} + K_{KM}$$

wobei...

K_{MindK} ... Kosten der Mautkontrolle im Unternehmen p.a.
K_{KS} ... Kosten der Mautsoftware p.a.
K_{KM} ... Kosten der Mitarbeiter für Mautkontrolle p.a.

In der folgenden Rechnung zur Bestimmung der Kosten der Mautkontrolle K_{MindK} wird auf die Beispielrechung in Kapitel 4.1.1.1.3.2.2 Bezug genommen. Zunächst erfolgt die Berechnung der Kosten der Mautsoftware K_{KS}, bevor die Kosten der Mitarbeiter für die Mautkontrolle K_{KM} bestimmt werden.
Die Software, welche die Mautabrechnungen kontrolliert bzw. deren Kontrolle unterstützt, soll einen angenommenen Kaufpreis von 100.000 EUR inkl. Implementierung haben und über 5 Jahre abgeschrieben werden.[456] Die Wartung der Software wird mit 10.000 EUR / Jahr angesetzt. Die Berechnung der Softwarekosten K_{KS} ist in Tabelle 9 ersichtlich.

---

[455] Für jeden Mautabschnitt, den ein mautpflichtiges Fahrzeug durchfährt, erfolgt eine Buchung.
[456] Es wird davon ausgegangen, dass die Investitionskosten für die Mautkontrollsoftware unabhängig von der Größe des mautpflichtigen Fuhrparks sind.

Größe	50 Fahrzeuge	75 Fahrzeuge	100 Fahrzeuge
Summierte Fahrleistung der mautpflichtigen Fahrzeuge auf dem mautpflichtigen Straßennetz	5.625.000 km / Jahr	8.437.500 km / Jahr	11.250.000 km / Jahr
Investitionskosten der Mautkontrollsoftware	100.000 EUR	100.000 EUR	100.000 EUR
Abschreibungen	20.000 EUR / Jahr	20.000 EUR / Jahr	20.000 EUR / Jahr
Wartung	10.000 EUR / Jahr	10.000 EUR / Jahr	10.000 EUR / Jahr
Gesamtkosten für Software pro Jahr K_{KS}	30.000 EUR / Jahr	30.000 EUR / Jahr	30.000 EUR / Jahr
Gesamtkosten für Software K_{KS} pro Kilometer auf dem mautpflichtigen Straßennetz	0,00533 EUR / km	0,00355 EUR / km	0,00266 EUR / km

Tabelle 9: Abschätzung der Kosten der Software zur Mautkontrolle K_{KS}

Wie in Tabelle 9 dargestellt, betragen die Gesamtkosten für die Software 30.000 EUR pro Jahr.[457] Pro mautpflichtigen Kilometer ergibt dies einen Betrag je nach Größe des Fuhrparks zwischen 0,00266 EUR / km und 0,00533 EUR / km. Dadurch wird deutlich, dass die Größe des Fuhrparks die mautkilometerbezogenen Gesamtkosten für Software K_{KS} stark beeinflussen kann. Auch die Höhe der Investitionskosten für die Mautkontrollsoftware wirkt stark auf die Höhe der Softwarekosten je mautpflichtigen Kilometer.

Zusätzlich zur Mautkontrollsoftware wird manueller Aufwand bei der Recherche der Auffälligkeiten sowie Managementaufwand bei der Ergreifung von Maßnahmen zur Verminderung der Fehlerquote erforderlich sein, was sich in den Kosten für Mitarbeiter in der Mautkontrolle K_{KM} widerspiegelt. In der Abschätzung der Personalkosten wurde angenommen, dass der dafür erforderliche Mitarbeiteraufwand 60 Stunden pro Lkw p.a. beträgt. Die Kontrolltätigkeit kann von einem Sachbearbeiter erfüllt wer-

[457] Finanzierungskosten sind aus Vereinfachungsgründen in dieser Abschätzung nicht berücksichtigt. Es kann aber auch von einem Full-Service-Leasing in Höhe von 30.000 EUR p.a ausgegangen werden, in welchem die Finanzierungskosten inkludiert sind.

den.[458] Für diesen wird ein Stundensatz von 25 EUR angenommen. Die Berechnung der Kosten für die Mitarbeiter der Mautkontrolle K_{KM} zeigt Tabelle 10.

Größe	50 Fahrzeuge	75 Fahrzeuge	100 Fahrzeuge
Summierte Fahrleistung der mautpflichtigen Fahrzeuge auf dem mautpflichtigen Straßennetz	5.625.000 km / Jahr	8.437.500 km / Jahr	11.250.000 km / Jahr
Mitarbeiterstunden pro Lkw p.a.	60 h	60 h	60 h
Gesamtzahl Mitarbeiterstunden p.a.	3.000 h	4.500 h	6.000 h
Stundensatz	25 EUR / h	25 EUR / h	25 EUR / h
Gesamtkosten für Mitarbeiter K_{KM} pro Jahr	75.000 EUR / Jahr	112.500 EUR / Jahr	150.000 EUR / Jahr
Gesamtkosten für Mitarbeiter K_{KM} pro Kilometer auf dem mautpflichtigen Straßennetz	0,01333 EUR / km	0,01333 EUR / km	0,01333 EUR / km

Tabelle 10: Abschätzung der Kosten für den Personalaufwand bei der Mautkontrolle K_{KM}

Die Gesamtkosten für die Mitarbeiter der Mautkontrolle variieren entsprechend Tabelle 10 in Abhängigkeit der Fuhrparkgröße zwischen 75.000 EUR und 150.000 EUR. Umgelegt auf die mautpflichtigen Kilometer ergibt sich ein von der Fahrzeuganzahl unabhängiger Betrag von 0,01333 EUR / mautpflichtigen Kilometer. Die mautkilometerbezogenen Personalkosten der Mautkontrolle sind in diesem Beispiel demnach deutlich höher als die Kosten der Mautkontrollsoftware. Die Höhe der Kosten für die Mitarbeiter in der Mautkontrolle hängen vom Mitarbeiteraufwand je Fahrzeug sowie vom Stundensatz ab. Die mautkilometerbezogenen Gesamtkosten der Mautkontrolle K_{MindK} lassen sich entsprechend Formel 9 durch die Addition der Kosten für

[458] Personalaufwand für Mautkontrolle in höheren Instanzen findet in dieser Rechnung keine Berücksichtigung.

Software K_{KS} und Mitarbeiter K_{KM} ermitteln. Die Ergebnisse sind in Tabelle 11 dargestellt.

Größe	50 Fahrzeuge	75 Fahrzeuge	100 Fahrzeuge
Gesamtkosten für Software K_{KS} pro mautpflichtigen Kilometer	0,00533 EUR / km	0,00355 EUR / km	0,00266 EUR / km
Gesamtkosten für Mitarbeiter K_{KM} pro mautpflichtigen Kilometer	0,01333 EUR / km	0,01333 EUR / km	0,01333 EUR / km
Gesamtkosten der Mautkontrolle K_{MindK} pro mautpflichtiger Kilometer	0,01866 EUR / km	0,01688 EUR / km	0,01599 EUR / km
Mautkilometerbezogene Gesamtkosten der Mautkontrolle K_{MindK} als Anteil der direkten Mautkosten	6,84 %	6,18 %	5,86 %

Tabelle 11: Gesamtkosten der Mautkontrolle K_{MindK}

Die Kosten der Mautkontrolle variieren in Abhängigkeit der Größe des Fuhrparkes zwischen 0,01599 EUR / Mautkilometer und 0,01866 EUR / Mautkilometer.[459] Die Kosten der Mautkontrolle sind somit im Vergleich zu den direkten Mautkosten nicht ganz unerheblich, sie betragen in diesem Referenzbeispiel 5,86 - 6,84 % der direkten Mautkosten. Im Vergleich zu den Vorfinanzierungskosten sowie den Kosten des Delkredere-Risikos nehmen die Kosten der Mautkontrolle im Beispiel deutlich höhere Werte an.

4.1.1.1.3.4.4 Informationssystem

Auch im Informationssystem eines Unternehmens kommt es durch die Einführung der fahrleistungsabhängigen Maut zu kostenwirksamen Änderungen, von denen einige im Folgenden aufgezählt werden. Anpassungen ergeben sich im betrieblichen Rechnungswesen durch die Einrichtung und Pflege eines zusätzlichen Mautkontos in der Buchhaltung sowie bei der Verwaltung der Mautbelege. In der Kosten- und Erlösrechnung entsteht eine zusätzliche Kostenart „Mautkosten", die in weiterer Folge

[459] Kummer hat etwas niedrigere Kosten der Mautkontrolle in Höhe von 0,0140 EUR / km ermittelt. Vgl. Kummer (2003), S.10; Allerdings bezieht sich dieser Wert auf die gesamte Fahrleistung eines mautpflichtigen Fahrzeuges, nicht nur auf den Anteil der Kilometer auf den mautpflichtigen Straßen.

auch in der Kostenstellen- und Kostenträgerrechnung zu Adaptionen führt. Im Falle der Weiterverrechnung der Kosten der fahrleistungsabhängigen Maut fallen eineseits Kosten der Erstellung einer Methodik zur Weiterberechnung der Kosten an und andrerseits für die Fakturierung, die „...dadurch entstehen, dass der Mautbetrag separat auf der Rechnung ... ausgewiesen wird."[460] Kosten für die Beschaffung, den Einbau sowie für Reparaturen bzw. Ersatzbeschaffungen der Go-Box sind ebenfalls Kosten, die in der Kosten- und Erlösrechnung Berücksichtigung finden.[461] Auch kann es zu Änderungen im Hinblick auf die Bewertung des Fahrzeugbestandes kommen. Wertverluste bzw. Wertsteigerungen auf dem Neufahrzeug- und Gebrauchtfahrzeugmarkt können aufgrund der per Gesetz definierten Untergrenze der Einbeziehung von Fahrzeugen in die Mautpflicht oder durch die zu erwartende Ökologisierung der Mautsätze entstehen. Weitere Kosten im Informationssystem entstehen durch die Generierung und Pflege von mautspezifischen Kennzahlen. Für die Integration der Mautdaten in den betrieblichen Datenfluss fallen ebenso Kosten an.

Eine Abschätzung der mautinduzierten Kosten des Informationssystems ist jedoch kaum möglich. Daher wird hier von einer Quantifizierung abgesehen, zumal ein Großteil dieser erwähnten Kosten nicht permanent anfällt und darüber hinaus die Höhe der Beträge vergleichsweise niedrig ist.

4.1.1.1.3.4.5 Organisationssystem

Die Einführung der fahrleistungsabhängigen Maut kann in Unternehmen zu organisationalen Veränderungen führen. Aufgrund neuer Aufgaben, die in Zusammenhang mit der fahrleistungsabhängigen Maut in Unternehmen entstehen, kann es zu strukturellen und prozessualen Organisationsänderungen kommen. Auch kann die Maut als Anlass für grundlegende Umgestaltungen im Organisationssystem gelten, so beispielsweise dann, wenn der gesamte Fuhrpark outgesourct wird. Eine Zuordnung der Kosten der mautbasierten Veränderung des Organisationssystems zu den indirekten Mautkosten wird jedoch in dieser Arbeit nicht vorgenommen, da einerseits Teile der Kosten bei den anderen Führungsteilsystemen berücksichtigt werden und andrerseits die im Organisationssystem anfallenden Kosten nur teilweise direkt auf die fahrleistungsabhängige Maut zurückführbar sind. Zudem weisen sie einen einmaligen Charakter auf.

Durch die Einführung der Maut sind auch Informations- und Kommunikationsprozesse mit anderen Institutionen erforderlich, die sich in Transaktionskosten widerspie-

---

[460] Kummer (2003), S.10

[461] Kosten, die im Leistungssystem des Unternehmens entstehen, werden auch im Informationssystem berücksichtigt: „Das Informationssystem ... läßt sich ... als geordnete Menge von Informationselementen verstehen, die sämtliche führungsrelevante Tatbestände, Merkmale und Ereignisse des Ausführungssystems betreffen. Die Aufgabe des Informationssystems besteht in der Beschaffung, Speicherung, Verarbeitung und Übermittlung der so eingegrenzten Informationen." Weber (1995), S.170

geln.[462] Transaktionskosten sind bei einer Transaktion entstehende Kosten.[463] Unter einer Transaktion wird die Übertragung von Verfügungsrechten verstanden.[464] Die Transaktionskosten bestehen aus den Informationskosten, den Anbahnungskosten und den Abwicklungskosten.[465] Die Einführung der fahrleistungsabhängigen Maut bedingt die Einholung einer Vielzahl von Informationen über Abrechnungsalternativen, über technische Aspekte des Mautsystems oder über Möglichkeiten der Weiterverrechnung der Mautkosten, die unter die Informationskosten subsumiert werden können. Anbahnungskosten dagegen entstehen vor allem bei Verhandlungen mit Kunden. Die Kundengespräche dienen dazu, dem Kunden die mautinduzierte Veränderung der Rahmenbedingungen darzustellen und ihm zu signalisieren, dass eine Weiterverrechnung der Zusatzkosten aus Auftragnehmersicht wünschenswert sei. Auch die Erstellung und Verteilung von Kundeninformationsbroschüren über die fahrleistungsabhängige Maut zählt zu den Anbahnungskosten. Bei Verhandlungen mit Lieferanten, wie zum Beispiel Kredit-, Tankkartengesellschaften oder Softwareanbietern zur Mautkontrolle, entstehen ebenso Anbahnungskosten. Von der Betrachtung der dritten Gruppe der Transaktionskosten, den Abwicklungskosten, wird hier abgesehen, da die Kosten der Abwicklung als Kosten des Informationssystems (z.B. Ermittlung der Höhe der weiterzuverrechnenden Maut, Fakturierung) bzw. als Vorfinanzierungskosten (z.B. Gebühren, Kreditprovisionen) interpretiert werden können. Ein Großteil dieser Transaktionskosten fällt einmalig - vor, während oder nach dem Zeitpunkt der Einführung der fahrleistungsabhängigen Maut - an. Eine Schätzung der Höhe der Transaktionskosten ist kaum machbar und eine direkte Weiterverrechnung an die Kunden ist unüblich.[466] Aus diesen Gründen wurde auf eine Schätzung verzichtet.

---

462 Die theoretische Basis der Transaktionskosten liefert die Transaktionskostentheorie. Sie gehört zur Neuen Institutionenökonomik und sie setzt sich mit der Frage auseinander, welche ökonomische Organisationsform - Markt, Netzwerke / Kooperation oder Hierarchie - unter gegebenen Rahmenbedingungen die transaktionskostengünstigste Alternative darstellt. Vgl. Williamson (1979), S.234; Williamson / Ouchi (1981), S.388; Williamson (1997), S.7; Jost (2001), S.18; Sydow (2001), S.243 ff; Picot / Reichwald / Wigand (2003), S.49 f; Die Transaktionskostentheorie wurde vor allem von Williamson (1975), S.20 ff und Williamson (1985), S.15 ff geprägt.

463 Vgl. Männel (1996), S. 74; Jung (2001), S.28; Erlei / Jost (2001), S.36; Woratschek / Roth (2003), S.155

464 Vgl. Picot / Reichwald / Wigand (2003), S.49; Jobst definiert eine Transaktion allgemeiner als der Austausch von Gütern zwischen zwei Akteuren. Vgl. Jost (2001), S.10; Nach Sauter wird eine Transaktion noch aggregierter definiert. Bei Transaktionen handelt es sich um Vereinbarungen, Verträge und Regelungen über den Güter- und Leistungsverkehr; es geht also um mehr als einen simplen Austausch von Gütern. Vgl. Sauter (1985), S.23

465 Transaktionskosten sind folglich Kosten der Reibungsverluste. Vgl. Williamson (1996), S.12; Arrow bezeichnet die Transaktionskosten wie folgt: „...costs of running the economic system." Arrow (1969), S.48

466 Vgl. Kummer (2003), S.10 Auf Schwierigkeiten bei der Operationalisierung der Transaktionskosten verweisen auch Picot (1982), S. 271; Delfmann (1989), S.100; Hohberger (2001), S.29; Weber / Weißenberger / Löbig (2001), S. 418 ff; Swoboda (2003), S.48

4.1.1.1.3.4.6 Personalführungssystem

Im Personalführungssystem entstehen durch die fahrleistungsabhängige Maut insbesondere aufgrund von Weiterbildungsmaßnahmen Kosten. Weiterbildung „...umfasst alle Maßnahmen und Prozesse, die Sachwissen vermitteln, Fähigkeiten verstärken und verbessern sowie neue Einstellungen von Mitarbeitern schaffen."[467] Zur reibungslosen Abwicklung der Mautentrichtung ist eine Schulung des Fahrpersonals unabdingbar. Auch die Mitarbeiter in der Buchhaltung, der Kostenrechnung, des Außendienstes sowie der Disposition müssen über die aus der Einführung der fahrleistungsabhängigen Maut resultierenden Veränderungen informiert werden.[468] Die Quantifizierung dieser Kosten gestaltet sich jedoch als schwierig, so dass eine Abschätzung nicht vorgenommen wird. Zudem dürfte die Umlegung der Weiterbildungskosten auf den mautpflichtigen Kilometer - soweit überhaupt vertretbar - nur einen sehr geringen Wert annehmen. Aber auch aufgrund der einmaligen Kostenentstehung wird von einer Ermittlung der Kosten im Personalführungssystem abgesehen.

4.1.1.1.3.5 Höhe der indirekten Mautkosten

In diesem Kapitel erfolgt die Zusammenführung der quantifizierten, mautkilometerbezogenen, indirekten Mautkosten für das Referenzbeispiel. Die jährlichen indirekten Mautkosten eines Unternehmens ergeben sich aus der Summation der Vorfinanzierungskosten, der Kosten für das Delkredere-Risiko sowie für die Kosten des Mautkontrollsystems, die auf die Fahrleistungen der Flotte im hochrangigen Straßennetz bezogen werden können:

Formel 10:

$$K_{Mindges} = K_{MindV} + K_{MindD} + K_{MindK}$$

wobei...

$K_{Mindges}$ ... indirekte Mautkosten des Unternehmens p.a.

In der Formel 10 werden demnach nicht die Kosten des Mautcontrollings berücksichtigt, sondern nur die Kosten der Mautkontrolle, welche jedoch einen großen Teil der Kosten des Mautcontrollings ausmachen dürften.

Für das Referenzbeispiel ist die Berechnung der mautkilometerbezogenen indirekten Mautkosten in Tabelle 12 dargestellt.

467 Weber (1995), S.267

468 Vgl. Kerler (2003), S.38

Größe	50 Fahrzeuge	75 Fahrzeuge	100 Fahrzeuge
Mautkilometerbezogene Vorfinanzierungskosten K_{MindV} bei Prepay - Variante	0,00726 EUR / km	0,00726 EUR / km	0,00726 EUR / km
Mautkilometerbezogene Vorfinanzierungskosten K_{MindV} bei Postpay - Variante	0,00579 EUR / km	0,00579 EUR / km	0,00579 EUR / km
Mautkilometerbezogene Kosten des Delkredere-Risikos K_{MindD}	0,00082 EUR / km	0,00082 EUR / km	0,00082 EUR / km
Mautkilometerbezogene Gesamtkosten der Mautkontrolle K_{MindK}	0,01866 EUR / km	0,01688 EUR / km	0,01599 EUR / km
Summe der mautkilometerbezogenen indirekten Mautkosten $K_{Mindges}$ bei Prepay - Variante	0,02674 EUR / km	0,02496 EUR / km	0,02407 EUR / km
Summe der mautkilometerbezogenen indirekten Mautkosten $K_{Mindges}$ bei Postpay - Variante	0,02527 EUR / km	0,02349 EUR / km	0,02260 EUR / km
Mautkilometerbezogene indirekte Mautkosten $K_{Mindges}$ als Anteil der direkten Mautkosten bei Prepay - Variante	9,79 %	9,14 %	8,82 %
Mautkilometerbezogene indirekte Mautkosten $K_{Mindges}$ als Anteil der direkten Mautkosten bei Postpay - Variante	9,26 %	8,60 %	8,28 %

Tabelle 12: Mautkilometerbezogene indirekte Mautkosten $K_{Mindges}$

Wie Tabelle 12 verdeutlicht, bewegen sich die indirekten Mautkosten $K_{Mindges}$ in einem Bereich, in welchem sie nicht mehr vernachlässigbar sind. In Abhängigkeit der Fuhrparkgröße betragen die mautkilometerbezogene Kosten in der Postpay - Variante 0,00226 EUR bis 0,02527 EUR. Die betrachteten indirekten Mautkosten weisen in der Postpay - Variante einen Anteil von 8,28 % bis 9,26 % an den direkten Mautkosten auf. Die Werte der indirekten Mautkosten in diesem Beispiel sind demnach derart hoch, dass ein Erfordernis zur Berücksichtigung der indirekten Mautkosten in der Kalkulation besteht.

Diese ermittelten Werte der indirekten Mautkosten eines Transportdienstleisters sind jedoch an der Untergrenze der indirekten Mautkosten angesiedelt. Zusätzlich zu den quantifizierten indirekten Mautkosten fallen weitere Kosten im Mautcontrollingbereich an (Kosten in den Führungsteilsystemen Planungs-, Informations-, Organisations- und Personalführungssystem), die in die Berechnungen aus Gründen der Einmaligkeit der Kostenentstehung sowie aus Schwierigkeiten bei der Quantifizierung nicht eingehen.

Eine Umlegung der indirekten Mautkosten auf die mautpflichtigen Kilometer, wie es im Referenzbeispiel vorgenommen wurde, ist jedoch methodisch nicht ganz korrekt. Die Kosten der Mautkontrolle sind nicht direkt von der Fahrleistung auf dem mautpflichtigen Straßennetz abhängig und können daher im strengen Sinne nicht auf Mautkilometer bezogen werden. Die Mautkilometer als Bezugsgröße wurden aufgrund der Berechnung des Anteils der indirekten Mautkosten an den direkten Mautkosten gewählt.

Indirekte Mautkosten fallen jedoch nicht nur - wie im Referenzbeispiel gezeigt - bei Transportdienstleistern mit eigenem Fuhrpark an, sondern auch bei werkverkehrsbetreibenden Unternehmen. Die Höhe der indirekten Mautkosten liegt vermutlich unter den Kosten der Transportdienstleister, da die Kosten der Mautkontrolle bei werkverkehrsbetreibenden Unternehmen in vielen Unternehmen niedriger sein dürften. Für werkverkehrsbetreibende Unternehmen könnte im Gegensatz zu Transportdienstleistern ein geringerer Anreiz gegeben sein, Mautkontrollsoftware zu implementieren. Transportdienstleister sehen sich offensichtlich durch die Mauteinführung in wesentlich stärkerem Maße in ihrer Existenz bedroht, da der Anteil der Transportkosten an den Gesamtkosten des Unternehmens wesentlich höher ausfällt als bei Industrie- und Gewerbeunternehmen. Sie haben daher einen größeren Anreiz, sich mit dem Mautcontrolling zu beschäftigen und die Führungsteilsysteme an die neuen Rahmenbedingungen anzupassen sowie eine intensive Kontrolle der Mautabrechnungen vorzunehmen.

In der im Herbst 2003 durchgeführten Umfrage wurden die Unternehmen befragt, in welcher Höhe indirekte Mautkosten, ausgedrückt in Prozent der direkten Mautkosten, voraussichtlich anfallen werden. Die Transportdienstleister (Spediteure und Frächter) erwarten im Durchschnitt indirekte Mautkosten in Höhe von 10,4 % der direkten Mautkosten. Das entspricht in etwa den im Referenzbeispiel berechneten Werten.

Die Industrie- und Gewerbeunternehmen erwarten dagegen im Durchschnitt geringere indirekte Mautkosten, wie Abbildung 16 zeigt.

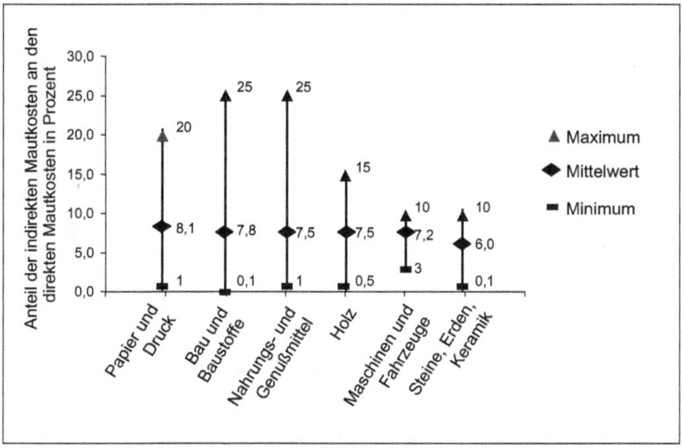

Abbildung 16: Anteil der indirekten Mautkosten als Prozentanteil der direkten Mautkosten, Industrie und Gewerbe

Der Mittelwert bei Industrie und Gewerbe über alle Branchen beträgt 8,0 %, wobei die Streuung der Mittelwerte vergleichsweise gering ist. Nur die Branche Steine, Erden, Keramik weist einen Mittelwert auf, der vergleichsweise weit vom arithmetischen Mittel über alle Branchen entfernt ist. Eine mögliche Ursache dafür ist darin begründet, dass in dieser Branche der Fernverkehr relativ unbedeutend ist.[469] Wenn ein Großteil der Transporte im Nahbereich stattfindet, dann erscheint für gelegentliche Fahrten auf dem mautpflichtigen Straßennetzes der Aufbau eines Mautcontrollingsystems nicht sinnvoll.

Zudem dürfte die Fahrzeugstruktur in dieser Branche sich von den anderen Branchen unterscheiden, da vier- und mehrachsige Fahrzeuge nur gelegentlich eingesetzt werden. Dementsprechend niedriger sind die indirekten Mautkosten der Unternehmen der Branche Steine, Erden, Keramik.

Die Prüfung eines Zusammenhangs zwischen der Zugehörigkeit zu einer der in Abbildung 16 berücksichtigten Branche und dem Anteil der indirekten Mautkosten als Prozentanteil der direkten Mautkosten kann mit Hilfe des Kruskal-Wallis-H-Test[470] erfolgen.

Nullhypothese $H_0 1$: Es gibt keinen Zusammenhang zwischen der Branchenzugehörigkeit und dem Anteil der indirekten Mautkosten an den direkten Mautkosten.

---

469 In der Branche „Steine, Erden, Keramik" findet der überwiegende Teil der Transporte im Nahbereich statt, da Güter zumeist über kurze Entfernungen transportiert werden. Vgl. Bundesamt für Güterverkehr (2004), S.8 ff

470 Der Kruskal-Wallis-H-Test wird beim Vergleich von mindestens 3 unabhängigen oder verbundenen Stichproben eingesetzt, um Unterschiede in den Stichproben simultan aufzudecken. Der Test gehört zu den nichtparametrischen Tests, wobei das Merkmal mindestens ordinal skaliert sein muss. Vgl. Bosch (1998), S.745 ff; Sachs (1999), S.393; Vgl. Rinne (2003), S.542

Asymptotische Signifikanz: 0,951

Damit kann die Nullhypothese $H_0 1$ nicht abgelehnt werden. Es gibt folglich keinen signifikanten Zusammenhang zwischen der Branchenzugehörigkeit und der Höhe des Anteils der indirekten Mautkosten an den direkten Mautkosten.

4.1.1.2 Veränderung der Transportkosten

Dieses Kapitel beleuchtet die Transportkosten, die aufgrund der Einführung einer fahrleistungsabhängigen Maut einer Veränderung unterworfen sind. Zunächst wird ein Modell beschrieben, mit welchem die Transportkostensteigerung eines Unternehmens dargestellt wird. Im Anschluss daran werden die beiden auf die Höhe der Transportkostensteigerung wirkende Einflussfaktoren Branchenzugehörigkeit sowie Unternehmensstandort unter Berücksichtigung der Ergebnisse der empirischen Befragung diskutiert. Am Schluss erfolgt eine Diskussion weitergehender Entlastungsmaßnahmen zur Transportkostensenkung, die über die bereits realisierten Entlastungen hinausgehen.

Die direkten und indirekten Mautkosten beeinflussen die Höhe der Transportkosten eines Fahrzeuges und damit eines Unternehmens. Allgemein gilt:

Formel 11:

$$K_{Mges} = K_{Mdges} + K_{Mindges}$$

wobei...

K_{Mges} ... Mautkosten des Unternehmens p.a.

Die in einem Unternehmen anfallenden Mautkosten werden zu den Transportkosten ohne Maut addiert, um die Transportkosten eines Unternehmens zu bestimmen, wie Formel 12 verdeutlicht.

Formel 12:

$$K_{Tges} = K_T + K_{Mges}$$

wobei...

K_{Tges} ... Transportkosten des Unternehmens p.a.

K_T ... Transportkosten exklusive Mautkosten p.a.

Die Transportkosten eines Unternehmens erfahren demnach dann eine Erhöhung, wenn mit mautpflichtigen Fahrzeugen das mautpflichtige Straßennetz befahren wird.

4.1.1.2.1 Modell zur Abschätzung der zusätzlichen Transportkostenbelastung

Das im Folgenden diskutierte Modell hat zum Ziel, eine Abschätzung der jährlichen mautinduzierten Zusatzkosten eines mautpflichtigen Fahrzeuges im Fernverkehr in Abhängigkeit des Unternehmensstandortes in Österreich vorzunehmen. Mittels der

Bestimmung der mautinduzierten Zusatzkosten wird die Veränderung der Transportkosten ermittelt. Darüber hinaus werden im Rahmen des Modells verschiedene Entlastungsmaßnahmen auf ihre Wirksamkeit überprüft. Zunächst werden jedoch die Prämissen des Modells erläutert.

4.1.1.2.1.1 Annahmen des Modells

Das Modell zur Abschätzung der zusätzlichen Transportkosten beruht auf mehreren Prämissen, die im Folgenden dargestellt werden:

1. Der im Modell betrachtete geographische Raum umfasst das Land Österreich, welches sich aus vier definierten Regionen zusammensetzt. Diese vier Regionen bilden zusammen einen gemeinsamen Absatzmarkt für das betrachtete Unternehmen. Die vier Regionen in Österreich setzen sich aus folgenden Bundesländern zusammen:

Region NORD:	Oberösterreich, Salzburg
Region OST:	Wien, Niederösterreich, Burgenland
Region SÜD:	Kärnten, Steiermark
Region WEST:	Tirol, Vorarlberg

2. Berechnungen zur mautbasierten Transportkostensteigerung wurden für Transporte zwischen den Agglomerationsräumen der vier Regionen vorgenommen. Abgesehen von der wirtschaftlichen Bedeutung dieser Ballungsräume für die jeweilige Region befinden sich die Ballungsräume etwa in der geographischen Mitte einer Region bzw. sind etwa gleich weit von der geographischen Mitte einer Region entfernt.
   Es wurden folgende Agglomerationsräume als Quelle bzw. als Senke für Transporte betrachtet:

Region NORD:	Linz, Salzburg
Region OST:	Wien
Region SÜD:	Villach, Graz
Region WEST:	Innsbruck, Bregenz

   Die ausschließliche Betrachtung dieser Ballungsräume ist zwar eine Vereinfachung, jedoch rechtfertigt die räumliche Konzentration wirtschaftlicher Aktivität auf diese Städte dieses Vorgehen.

3. Ein Unternehmen sitzt in einer der vier Regionen. Es beliefert mit einem Lkw seine Produkte zu seinen Abnehmern in Österreich. Transporte in die anderen Regionen finden auf dem hochwertigen Straßennetz statt, währenddessen bei Transporten in der Region, in welchem das Unternehmen seinen Sitz hat, im

Modell aus Vereinfachungsgründen davon ausgegangen wird, dass das mautpflichtige Straßennetz nicht benützt wird, d.h. keine zusätzlichen Kosten anfallen. Auch Beschaffungstransporte zum Unternehmensstandort finden keine Berücksichtigung.

4. Das Modell berechnet die Zusatzbelastungen für ein typisches Einsatzkonzept eines Lkw. Es finden 5 Umläufe die Woche statt. Das Jahr hat 50 Einsatzwochen. Die Umläufe beginnen und enden am Standort des Unternehmens. Hin- und Rückfahrtrouten sind identisch.

5. Die zusätzliche Transportkostenbelastung wird für 2-Achser, 3-Achser sowie 4- und Mehrachser untersucht. 2-Achser weisen ein zulässiges Gesamtgewicht zwischen 3,5 und 18 t auf, 3-Achser zwischen 18 und 26 t sowie 4-Achser und Mehrachser zwischen 26 und 40 t. Auf den Fernstrecken, wie sie im Modell untersucht werden, kommen überwiegend große Fahrzeuge, d.h. 4- und Mehrachser, zum Einsatz, so dass insbesondere die zusätzlichen Transportkosten für die 4- und Mehrachser von Praxisrelevanz sind. Aus Gründen der Vollständigkeit wurden jedoch im Modell für alle drei Achskategorien die Transportkostenveränderungen untersucht.

6. Die Höhe der Mautsätze in Österreich entspricht den im Kapitel 3.2.2 dargestellten Mautsätzen. Die deutschen Mautsätze betragen 0,11 EUR / km für 2-Achser und 3-Achser sowie 0,12 EUR / km für 4- und Mehrachser.[471]

7. Die Höhe der indirekten Mautkosten beträgt 9 % der direkten Mautkosten.

8. Die Nachfrage im Absatzmarkt ist nicht dispers im betrachteten Raum verteilt, sondern sie ist abhängig von der Bevölkerungszahl in den vier Regionen. Die Wahrscheinlichkeit eines Transports in eine bestimmte Region wird durch die Bevölkerungszahl in dieser Region bestimmt. Durch die Nachfrageverteilung entsprechend der Bevölkerungsverteilung Österreichs können die zusätzlichen Kosten der fahrleistungsabhängigen Maut insbesondere bei Konsumgütern (wie zum Beispiel in der Nahrungs- und Genussmittelbranche) wirklichkeitsnäher als in einem Gleichverteilungsmodell[472] abgeschätzt werden, da die Nachfrage nach Konsumgütern in einer Region vor allem von der Einwohnerzahl in ebendieser Region abhängig ist. Entsprechend der Einwohnerzahl er-

[471] Vgl. MautHV (2003), § 1

[472] Im Gleichverteilungsmodell ist die Nachfrage nach Produkten in allen Regionen gleich groß. Damit ist die Wahrscheinlichkeit für Fahrten in eine andere Region gleichverteilt. Vgl. dazu ausführlich Kummer / Einbock (2003a), S.36

gibt sich die folgende Nachfrageverteilung und damit die folgende Wahrscheinlichkeit für eine Fahrt in eine bestimmte Region:[473]

Region NORD:	24 %
Region OST:	41 %
Region SÜD:	22 %
Region WEST:	13 %
Summe:	100 %

Die getroffenen Annahmen treffen vor allem für Konsumgüterhersteller zu, die in Österreich einen Unternehmensstandort aufweisen und von diesem den gesamten österreichischen Markt beliefern.

Aufgrund der alleinigen Betrachtung des österreichischen Absatzmarktes sowie den anderen, stark einschränkenden Prämissen kann die tatsächliche mautinduzierte Transportkostenveränderung eines Unternehmens stark von den Ergebnissen des Modells abweichen. Die im Modell errechneten Transportkostensteigerungen können als eine Obergrenze der absoluten wie relativen Transportkostenerhöhung angesehen werden, da die zugrundegelegten Fahrleistungen der mautpflichtigen Fahrzeuge zumindest für einige der vier Regionen an der oberen Grenze des Möglichen liegen.

4.1.1.2.1.2 Vorgehensweise zur Bestimmung der mautinduzierten Zusatzkosten

Zunächst ist die Bestimmung der Länge der mautpflichtigen Strecken zwischen den definierten Agglomerationsräumen notwendig. Dafür wurde eine Entfernungsmatrix entwickelt, in welcher für den Straßengüterverkehr typische Routen zwischen den Regionen mit den dazugehörigen Entfernungen auf dem mautpflichtigen Straßennetz hinterlegt sind (siehe Tabelle 13). Verkehre aus den Regionen NORD, OST und SÜD in die Region WEST werden in der Regel über die Bundesrepublik Deutschland geführt, was auch in der Entfernungsmatrix berücksichtigt wird. Nach Innsbruck werden Transporte in den meisten Fällen über das sog. kleine deutsche Eck A8 / A 93 Bad Reichenhall - Dreieck Inntal - Kufstein geführt. Verkehre nach Bregenz verlaufen über die A 8 / A 96 Bad Reichenhall - München - Memmingen. Die direkte Verbindung zwischen Innsbruck und Vorarlberg - die Arlbergschnellstraße - dürfte für den Straßengüterfernverkehr nur von geringer Relevanz sein, so dass die Annahme der Nutzung deutscher Autobahnen sehr realistisch ist.

Bei innerösterreichischen Verkehren basiert die Entfernungsmatrix auf folgenden Routen:

Salzburg / Linz - Wien:	A1 Westautobahn
Salzburg / Linz - Graz / Villach:	A 1 Westautobahn / A 9 Pyrhnautobahn
Wien - Graz / Villach:	A 2 Südautobahn

[473] Vgl. Statistik Austria (2004), S.40

Da Nahverkehre innerhalb einer Region nicht betrachtet werden, fehlen in Tabelle 13 auch die Angabe der Distanzen zwischen zwei Orten innerhalb einer Region. Die obere Zahl in den einzelnen Feldern der Matrix gibt die Gesamtentfernung zwischen den relevanten Autobahnanschlüssen der betrachteten Agglomerationsräume in Kilometern an. In den Klammern steht die erste Zahl für die Distanz auf dem österreichischen mautpflichtigen Straßennetz in Kilometern, die zweite Zahl gibt die Entfernung auf dem deutschen Autobahnnetz an.

von / nach	Bregenz	Graz	Innsbruck	Linz	Salzburg	Villach	Wien
Bregenz	-	475 (200/275)	-	415 (140/275)	295 (20/275)	470 (195/275)	610 (335/275)
Graz	475 (200/275)	-	360 (265/95)	225 (225/0)	300 (300/0)	-	190 (190/0)
Innsbruck	-	360 (265/95)	-	305 (210/95)	185 (90/95)	355 (260/95)	505 (410/95)
Linz	415 (140/275)	225 (225/0)	305 (210/95)	-	-	310 (310/0)	190 (190/0)
Salzburg	295 (20/275)	300 (300/0)	185 (90/95)	-	-	180 (180/0)	300 (300/0)
Villach	470 (195/275)	-	355 (260/95)	310 (310/0)	180 (180/0)	-	350 (350/0)
Wien	610 (335/275)	190 (190/0)	505 (410/95)	190 (190/0)	300 (300/0)	350 (350/0)	-

Tabelle 13: Entfernungsmatrix zwischen den Agglomerationsräumen (Werte in Kilometern)

Nach der Bestimmung der mautpflichtigen Kilometer für eine Fahrt zwischen zwei Agglomerationsräumen werden in Anlehnung der Formel 11 die gesamten Mautkosten von einem Standort x für eine Fahrt in eine andere Region y K_{Mexy}, getrennt nach Achskategorien, ermittelt. Die indirekten Mautkosten werden dabei als Faktor auf die direkten Mautkosten aufgeschlagen, wie Formel 13 zeigt.

Formel 13:

$$K_{Mexy}(A) = m_e(A,L) \cdot d_{xy} \cdot (1 + \frac{K_{Mindges}}{K_{Mdges}})$$

wobei...

K_{Mexy} ... gesamte Mautkosten für eine Fahrt mit einem mautpflichtigen Fahrzeug e vom Standort x in Zielregion y

L ... Land (Österreich bzw. Deutschland)

d_{xy} ... Entfernung auf dem mautpflichtigen Straßennetz in km in den Ländern Österreich und Deutschland bei einer Fahrt vom Standort x in Region y

Als Beispiel sind in Tabelle 14 die Höhe der Mautkosten für eine Fahrt (ohne Rückfahrt) K_{Mexy} ausgehend von der Region OST (Wien) dargestellt.

	Autobahnlänge Österreich in km	Autobahnlänge Deutschland in km	Autobahnlänge gesamt in km	Mautkosten 2-Achser in EUR	Mautkosten 3-Achser in EUR	Mautkosten 4-Achser in EUR
Wien – Villach	350	0	350	49,60	69,43	104,15
Wien - Graz	190	0	190	26,92	37,69	56,54
Wien – Linz	190	0	190	26,92	37,69	56,54
Wien - Salzburg	300	0	300	42,51	59,51	89,27
Wien - Innsbruck	410	95	505	69,49	92,73	134,43
Wien - Bregenz	335	275	610	80,44	99,43	135,66

Tabelle 14: Entfernungen und Mautkosten (direkte und indirekte Mautkosten) für eine Fahrt K_{Mexy}, von Wien ausgehend

Um die jährlichen mautinduzierten Zusatzbelastungen für ein mautpflichtiges Fahrzeug an einem bestimmten Unternehmensstandort ermitteln zu können, werden die Kostenbelastungen für das Einsatzkonzept mit 5 Umläufen / Woche für jede der Transportrelationen zwischen den Städten berechnet. Ausgehend von der Entfernung zwischen den relevanten Autobahnanschlussstellen zwischen den Städten, die in unterschiedlichen Regionen liegen, und der Bestimmung der Anzahl der Fahrten im Jahr können für unterschiedliche Achskategorien die jährlichen Mautkosten für einen Lkw in einem Agglomerationsraum K_{Me} ermittelt werden.

Formel 14:

$$K_{Mexyb}(A) = K_{Mexy} \cdot 2 \cdot 50 \cdot 5 \cdot p_{xy}$$

wobei...

K_{Mexyb} ... gesamte Mautkosten p.a. für ein mautpflichtiges Fahrzeug e für Fahrten vom Standort x in Zielregion y

p_{xy} ... Wahrscheinlichkeit für eine Fahrt von Standort x in eine bestimmte Zielregion y

Formel 15:

$$K_{Me}(A) = \sum_b K_{Mexyb}$$

wobei...

K_{Me} ... gesamte Mautkosten p.a. für ein mautpflichtiges Fahrzeug e

Die geschätzte Wahrscheinlichkeit für eine bestimmte Fahrt in einen anderen Agglomerationsraum p_{xy} ist abhängig von der Bevölkerungszahl in der Zielregion. Sie ergibt sich wie folgt:

Formel 16:

$$p_{xy} = \frac{Z_y}{Z_{ges}}$$

wobei...

Z_y ... Einwohnerzahl in Zielregion y

Z_{ges} ... summierte Einwohnerzahl in allen Regionen

Die Ergebnisse des Modells sind im folgenden Kapitel dargestellt.

4.1.1.2.1.3 Ergebnisse - Höhe der mautinduzierten Zusatzkosten

Die folgenden Tabellen 14 - 20 zeigen die jährliche gesamte Mautkostenbelastung K_{Me} eines mautpflichtigen Fahrzeuges, gerundet auf volle Stellen, der in einer der Agglomerationsräume Salzburg, Linz, Wien, Graz, Villach, Innsbruck oder Bregenz seine Touren beginnt und die dort auch wieder enden, für verschiedene Achskategorien auf. Es sind demnach die gesamten Mautkosten für eine Fahrt in die anderen Agglomerationsräume, die außerhalb der eigenen Region liegen, dargestellt. Die Wahrscheinlichkeit der Fahrten wurde mit Hilfe der Formel 15 berechnet. Die Summe über alle Fahrten ergeben die gesamten jährlichen Mautkosten für einen Agglomerationsraum K_{Me}. So betragen beispielsweise die K_{Me} für einen vier- oder mehrachsigen Lkw aus Salzburg insgesamt 29.080 EUR / Jahr. Dieser Wert setzt sich additiv aus Fahrten zu Städten in die Regionen SÜD, OST und WEST zusammen.

	Mautkosten 2-Achser	Mautkosten 3-Achser	Mautkosten 4-Achser
Salzburg - Villach	1.383	1.937	2.905
Salzburg - Graz	2.306	3.228	4.842
Salzburg - Wien	8.927	12.497	18.746
Salzburg - Innsbruck	770	933	1.250
Salzburg - Bregenz	1.142	1.178	1.337
Summe	*14.527*	*19.773*	*29.080*

Tabelle 15: gesamte Mautkosten K_{Me} pro Jahr für einen Lkw eines Unternehmens aus REGION NORD, Beispiel Salzburg

	Mautkosten 2-Achser	Mautkosten 3-Achser	Mautkosten 4-Achser
Linz – Villach	2.383	3.336	5.003
Linz – Graz	1.729	2.421	3.631
Linz – Wien	5.654	7.915	11.872
Linz – Innsbruck	1.312	1.692	2.389
Linz – Bregenz	1.684	1.937	2.476
Summe	*12.762*	*17.300*	*25.372*

Tabelle 16: gesamte Mautkosten K_{Me} pro Jahr für einen Lkw eines Unternehmens aus REGION NORD, Beispiel Linz

	Mautkosten 2-Achser	Mautkosten 3-Achser	Mautkosten 4-Achser
Wien - Villach	2.690	3.766	5.649
Wien - Graz	1.460	2.044	3.067
Wien - Linz	1.585	2.219	3.329
Wien - Salzburg	2.503	3.504	5.256
Wien - Innsbruck	2.216	2.957	4.287
Wien - Bregenz	2.565	3.171	4.326
Summe	*13.019*	*17.661*	*25.913*

Tabelle 17: gesamte Mautkosten K_{Me} pro Jahr für einen Lkw eines Unternehmens aus REGION OST

	Mautkosten 2-Achser	Mautkosten 3-Achser	Mautkosten 4-Achser
Graz – Wien	5.654	7.915	11.872
Graz – Linz	1.877	2.628	3.942
Graz – Salzburg	2.503	3.504	5.256
Graz – Innsbruck	1.561	2.040	2.911
Graz – Bregenz	1.955	2.317	3.045
Summe	*13.549*	*18.403*	*27.026*

Tabelle 18: gesamte Mautkosten K_{Me} pro Jahr für einen Lkw eines Unternehmens aus REGION SÜD, Beispiel Graz

	Mautkosten 2-Achser	Mautkosten 3-Achser	Mautkosten 4-Achser
Villach - Wien	10.414	14.580	21.870
Villach - Linz	2.586	3.621	5.431
Villach - Salzburg	1.502	2.102	3.154
Villach - Innsbruck	1.538	2.008	2.863
Villach - Bregenz	1.933	2.285	2.997
Summe	*17.973*	*24.597*	*36.316*

Tabelle 19: gesamte Mautkosten K_{Me} pro Jahr für einen Lkw eines Unternehmens aus REGION SÜD, Beispiel Villach

	Mautkosten 2-Achser	Mautkosten 3-Achser	Mautkosten 4-Achser
Innsbruck – Villach	2.616	3.415	4.870
Innsbruck – Graz	2.655	3.469	4.951
Innsbruck – Wien	14.592	19.471	28.229
Innsbruck – Linz	2.423	3.123	4.411
Innsbruck – Salzburg	1.422	1.722	2.308
Summe	*23.706*	*31.201*	*44.769*

Tabelle 20: gesamte Mautkosten K_{Me} pro Jahr für einen Lkw eines Unternehmens aus REGION WEST, Beispiel Innsbruck

	Mautkosten 2-Achser	Mautkosten 3-Achser	Mautkosten 4-Achser
Bregenz - Villach	3.287	3.887	5.098
Bregenz - Graz	3.326	3.940	5.179
Bregenz - Wien	16.892	20.879	28.486
Bregenz - Linz	3.109	3.577	4.571
Bregenz - Salzburg	2.108	2.175	2.468
Summe	*28.722*	*34.458*	*45.802*

Tabelle 21: gesamte Mautkosten K_{Me} pro Jahr für einen Lkw eines Unternehmens aus REGION WEST, Beispiel Bregenz

Die Tabelle 15 - Tabelle 21 zeigen deutlich, dass die Belastung mit direkten und indirekten Mautkosten eines mautpflichtigen Fahrzeuges in Abhängigkeit der Region sehr unterschiedlich ist. Die höchsten Zusatzkosten weist ein Lkw aus Bregenz mit 45.802 EUR / Jahr (4- und Mehrachser) auf, ähnlich hoch sind die Zusatzkosten eines Lkw aus Innsbruck mit 44.769 EUR / Jahr. Es folgen Villach mit 36.316 EUR / Jahr, Salzburg mit 29.080 EUR / Jahr, Graz mit 27.026 EUR / Jahr sowie Wien mit 25.913 EUR / Jahr. Der günstigste Standort ist Linz mit jährlichen Mautkosten in Höhe von 25.372 EUR. Offensichtlich haben Unternehmen, deren Absatzmarkt sich über ganz Österreich erstreckt, in Orten, die in Österreich eher zentral gelegen sind, Kostenvorteile gegenüber Unternehmen, die in peripheren Orten einen Standort besitzen. Insbesondere die Unternehmen aus der Region WEST haben einen Wettbewerbsnachteil aufgrund überdurchschnittlicher Mautkosten. So entstehen bei Lieferungen in die Region OST, die durch die Bundeshauptstadt Wien mit Abstand die größte Bevölkerungszahl und damit den größten Absatzmarkt aufweist, vergleichsweise hohe Mautkosten. Andere Regionen, wie zum Beispiel NORD - hier insbesondere Linz - weisen dagegen wesentlich günstigere Mautkosten auf. Für die Regionen WEST, NORD und SÜD lässt sich feststellen, dass bei zunehmend geringerer Distanz zur Region OST die jährlichen gesamten Mautkosten K_{Me} abnehmen.

Deutlich wird die unterschiedliche Belastung mit Mautkosten auch bei einem aggregierten Vergleich aller vier Regionen, wie Tabelle 22 zeigt. Für Regionen, die durch die Existenz von zwei Ballungsräumen gekennzeichnet sind, wurde das arithmetische Mittel gebildet.

	Mautkosten 2-Achser	Mautkosten 3-Achser	Mautkosten 4-Achser
SÜD	15.761	21.500	31.671
OST	13.019	17.661	25.913
NORD	13.645	18.536	27.226
WEST	26.214	32.830	45.286
Mittelwert	*17.160*	*22.632*	*32.524*

Tabelle 22: regionaler Vergleich der gesamten Mautkosten K_{Me} pro Jahr für einen Lkw

Unternehmen aus der Region WEST sind mit Mautkosten in Höhe von 45.286 EUR / Jahr pro vier- oder mehrachsigem Lkw mit Abstand am stärksten betroffen. Die geringste Mautkostenbelastung tragen Unternehmen aus der Region OST, deren Ursache darin liegt, einen gewichtigen Teil der Absatzmengen in der eigenen Region verkaufen zu können und laut Prämissen keine Mautkosten für diese Transporte anfallen. Im Durchschnitt weist ein vier- oder mehrachsiger Lkw in Österreich Mautkosten im Jahr in Höhe von 32.524 EUR auf. Unternehmen in den Regionen SÜD, OST und NORD liegen unter dem Durchschnitt. Nur Unternehmen aus der Region WEST sind mit einem Faktor von 1,39 gegenüber dem österreichischen Mittelwert weit stärker belastet, wie Tabelle 23 hinweist.

	Mautkosten 4-Achser	Relation zum Mittelwert
SÜD	31.671	0,97
OST	25.913	0,80
NORD	27.226	0,84
WEST	45.286	1,39
Mittelwert	*32.524*	*1,00*

Tabelle 23: relativer Vergleich der gesamten Mautkosten K_{Me} pro Jahr für einen vier- oder mehrachsigen Lkw, wobei Mittelwert = 1

Zur besseren Beurteilung der Mautkostensteigerung bietet sich an, fahrzeugbezogen die Mautkosten in Relation zu den Transportkosten exklusive Mautkosten K_{Te} zu setzen.

Allgemein gilt für jede Region:

Formel 17:

$$\alpha_K = \frac{K_{Me}}{K_{Te}}$$

wobei…

α_K … Verhältnis der fahrzeugbezogenen gesamten Mautkosten p.a. für eine Region zu den Transportkosten exkl. Mautkosten

K_{Te} … Transportkosten exklusive Mautkosten für ein Fahrzeug e

Die periodenbezogenen Transportkosten exklusive Mautkosten K_{Te} unter Zugrundelegung der Kilometerkosten können durch die Multiplikation des Transportkostensatzes mit der Fahrleistung eines mautpflichtigen Fahrzeuges ermittelt werden, wie Formel 18 zeigt:

Formel 18:

$$K_{Te} = k_T \cdot F_{en}$$

wobei…

k_T … Transportkostensatz je Kilometer

Zur Bestimmung der Transportkosten ohne Mautkosten K_{Te} für jeden Agglomerationsraum werden zusätzlich folgende Annahmen getroffen:

9. Der Autobahnanteil beträgt 90 %. Das erscheint für Straßengüterfernverkehre in Österreich als realistisch.[474] Bei einer Vielzahl von Transporten ist ein Vor- und Nachlauf auf dem nicht-bemauteten Streckennetz erforderlich, da Quellen und Senken oft nicht unmittelbar an Autobahnzufahrten bzw. -abfahrten liegen.

10. Die durchschnittliche Transportweglänge bei Verkehren innerhalb einer Region beträgt 50 Kilometer. Intraregionale Transporte wurden bekanntlich bisher nicht betrachtet, da davon ausgegangen wird, dass diese nicht auf dem mautpflichtigen Straßennetz stattfinden. Jedoch ist bei der Berechnung der Veränderung der Transportkosten die Ermittlung der Jahresfahrleistung und damit eine Berücksichtigung intraregionaler Transporte erforderlich.

11. In diesem Modell werden Transportkosten exkl. Mautkosten k_T in Höhe von 0,70 EUR / km für ein vier- oder mehrachsiges Standardfahrzeug angenommen. Dies ist ein realistischer Wert für den Transport von Standardgütern in Österreich.[475]

Formel 19:

$$K_{Mexyxg}(A) = K_{Mexyx} \cdot 2 \cdot 50 \cdot 5 \cdot p_{xyx}$$

wobei...

K_{Mexyxg} ... gesamte Mautkosten p.a. für ein mautpflichtiges Fahrzeug e für Fahrten vom Standort x in Zielregion y inklusive intraregionaler Fahrten

p_{xyx} ... Wahrscheinlichkeit für eine Fahrt von Standort x in eine bestimmte Zielregion y inklusive intraregionaler Fahrten

Bei Berücksichtigung intraregionaler Fahrten berechnen sich dann die gesamten Mautkosten für ein mautpflichtiges Fahrzeug pro Jahr wie folgt:

Formel 20:

$$K_{Me}(A) = \sum_{g} K_{Mexyxg}$$

---

474 In einer Untersuchung für ein großes österreichisches Chemiehandelsunternehmen wurde festgestellt, dass der Autobahnanteil zwischen 80 % und 97 % in Abhängigkeit der zurückgelegten Weglänge bei einer Fahrt variiert. Vgl. Kummer / Einbock / Nagl (2003a), S. 12

475 Kummer / Riebesmeier / Einbock / Fürst / Kotnik gehen davon aus, dass ein Kilometersatz von 0,73 EUR für vier- und mehrachsige Fahrzeuge für Standardgüter realistisch ist. Vgl. Kummer / Riebesmeier / Einbock / Fürst / Kotnik (2002), S.44

Die prozentuale Erhöhung der Transportkosten eines vier- oder mehrachsigen Lkw in Abhängigkeit der Region ist in Tabelle 24 dargestellt. Bei Gesamtkosten für ein vier- oder mehrachsiges Fahrzeug von 0,70 EUR / km bedeutet die zusätzliche Kostenbelastung eine durchschnittliche Erhöhung der gesamten Transportkosten von mehr als 32,3 %. Die prozentual stärkste Erhöhung betrifft Unternehmen aus der Region SÜD mit 34,3 %. Am geringsten steigen die Transportkosten für Unternehmen aus der Region WEST mit 29,4 %. Die unterschiedliche Reihenfolge der Regionen, je nachdem, ob die absolute Kostensteigerung (Tabelle 22) oder die relative Kostensteigerung (Tabelle 24) als Grundlage genommen wird, lässt sich mit den Prämissen des Modells erklären. Die Berücksichtigung von intraregionalen Transporten bei der Bestimmung der Jahresfahrleistung F kann die Höhe der Jahresfahrleistung je nach Bevölkerungszahl in der Region stark beeinflussen. Je höher die Jahresfahrleistung eines Fahrzeuges aus einer Region ist, desto geringer wird unter ceteris paribus die prozentuale Erhöhung der Transportkosten sein.

	Erhöhung der Transportkosten in %
SÜD	34,3%
OST	32,0%
NORD	33,6%
WEST	29,4%
Mittelwert	*32,3%*

Tabelle 24: mautinduzierte Erhöhung der Transportkosten α_K eines vier- oder mehrachsigen Fahrzeuges bei einem angenommenen Kilometersatz von 0,70 EUR

4.1.1.2.1.4 Wirkung von Entlastungsmaßnahmen

Um die mautinduzierte Zusatzbelastung der Unternehmen abzufedern, wurden von Seiten der Politik Entlastungsmaßnahmen für Unternehmen beschlossen. Es handelt sich einerseits um die Abschaffung der Straßenbenützungsabgabe (Eurovignette) und andererseits um die Rücknahme der Kfz-Steuererhöhung 2001.

Die bis Ende 2003 erhobene Straßenbenutzungsabgabe in Höhe von 750 EUR (2- und 3-Achser) sowie 1250 EUR (4- und Mehrachser) für EURO II + III - Fahrzeuge in Österreich muss aus EU-rechtlichen Gründen[476] entfallen.[477] Die Rücknahme der

[476] Die Wegekostenrichtlinie 1999 / 62 / EG verbietet die gleichzeitige Existenz einer zeit- und fahrleistungsbezogenen Bemautung einer Verkehrsinfrastruktur. Vgl. auch Bundesstraßen-Mautgesetz idF BGBl. I Nr. 109 / 2002, § 32, Abs. 1 sowie Straßenbenützungsabgabegesetz idF BGBl. I Nr. 71 / 2003, § 2, Z. 6

Kfz-Steuererhöhung 2001 wurde zum 1.Januar 2004 verwirklicht.[478] Als dritte Entlastungsmaßnahme wird in Österreich eine Absenkung der Höhe der Kfz-Steuer auf EU-Mindestniveau diskutiert. Diese Forderung liegt auch darin begründet, dass die Kfz-Steuersätze für Lkw die höchsten in Europa sind, wie Abbildung 17 verdeutlicht.

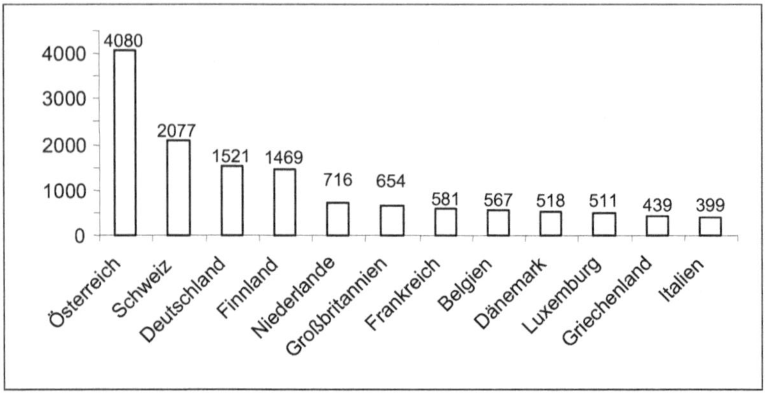

Abbildung 17: Unterschiedliche Kfz-Steuersätze für einen 40-Tonnen-Lastzug (EURO II) mit Luftfederung 2002 in EURO, Quelle: Bundesverband Güterkraftverkehr, Logistik und Entsorgung (2003)

Die Erfolgswirksamkeit dieser Entlastungsmaßnahmen wird anhand des Modells geprüft.

Zunächst werden die Auswirkungen der Abschaffung der Straßenbenutzungsabgabe untersucht. Wie in Tabelle 25 erkennbar ist, verringert sich die mautinduzierte Zusatzbelastung durch die Abschaffung der Straßenbenutzungsgebühr nur marginal. Die Belastung eines mautpflichtigen Fahrzeuges ist auch nach dieser Entlastungsmaßnahme immer noch immens.

So senkt sich beispielsweise bei einem vier- oder mehrachsigen Fahrzeug nach Abschaffung der Eurovignette die Zusatzbelastung auf durchschnittlich 31.274 EUR / Jahr. Das entspricht einer Reduktion auf 96,2 % des ursprünglichen Wertes, d.h. durch den Wegfall der Straßenbenutzungsabgabe kommt es zu einer Senkung der Zusatzbelastung für diese Achskategorie um 3,8 % im Durchschnitt.

477 Ältere Fahrzeuge der Kategorien EURO 0 und EURO I unterlagen höheren Steuersätzen. Da ein Großteil der im Fernverkehr fahrenden Lkw zu den Klassen EURO II und III gehört, ist eine ausschließliche Betrachtung dieser Emissionsklassen bei den folgenden Berechnungen gerechtfertigt.

478 Vgl. Kraftfahrzeugsteuergesetz idF BGBl I Nr. 142 / 2000, § 5 Abs. 1 Z 2 lit. B

	Mautkosten 2-Achser	Mautkosten 3-Achser	Mautkosten 4-Achser
SÜD	15.011	20.750	30.421
OST	12.269	16.911	24.663
NORD	12.895	17.786	25.976
WEST	25.464	32.080	44.036
Mittelwert	*16.410*	*21.882*	*31.274*

Tabelle 25: regionaler Vergleich der gesamten Mautkosten K_{Me} pro Jahr in EUR für einen Lkw nach Abschaffung der Straßenbenutzungsabgabe

Als zweite Entlastungsmaßnahme kommt die Rücknahme der Kfz-Steuererhöhung aus dem Jahr 2001 in Betracht. Für die in Österreich zugelassenen Lkw hat das eine durchschnittliche Entlastung je nach Achskategorie in Höhe der folgenden Beträge zur Folge:[479]

2-Achser:	411,20 EUR / Jahr
3-Achser:	626,94 EUR / Jahr
4- und Mehrachser:	919,51 EUR / Jahr

Die Tabelle 26 zeigt deutlich, dass auch nach den beiden Entlastungsmaßnahmen Abschaffung der Straßenbenutzungsabgabe und der Rücknahme der Kfz-Steuererhöhung 2001 keine nennenswerte Reduktion der Zusatzkosten eingetreten ist. Auch die Senkung der Kraftfahrzeugsteuer wirkt nur marginal auf die Höhe der Transportkosten.

So senkt sich beispielsweise die Zusatzbelastung bei einem vier- oder mehrachsigen Fahrzeug im Durchschnitt nach beiden Entlastungsmaßnahmen von 32.524 EUR / Jahr auf 30.355 EUR / Jahr. Beide Entlastungen führen zu einer Verringerung der Zusatzkosten auf 93,3 % des ursprünglichen Wertes, d.h. die Belastung durch beide Maßnahmen senkt sich um 6,7 %.

479 Vgl. Kummer / Einbock (2003a), S.43

	Mautkosten 2-Achser	Mautkosten 3-Achser	Mautkosten 4-Achser
SÜD	14.600	20.123	29.502
OST	11.858	16.284	23.744
NORD	12.483	17.160	25.056
WEST	25.053	31.453	43.116
Mittelwert	*15.999*	*21.255*	*30.355*

Tabelle 26: regionaler Vergleich der gesamten Mautkosten K_{Me} pro Jahr in EUR für einen Lkw nach Abschaffung der Straßenbenutzungsabgabe sowie der Rücknahme der Kfz-Steuererhöhung 2001

Die beiden Entlastungsmaßnahmen reduzieren offensichtlich auch die relative Zunahme der Transportkosten, wie Tabelle 27 verdeutlicht.
Der Mittelwert der Erhöhung der Transportkosten senkt sich durch die Entlastungen von 32,3 % auf 30,0 %.[480] Die realisierten Entlastungen wirken damit nur geringfügig auf die Transportkosten. Von einer Kompensation der mautinduzierten Zusatzkosten durch die beiden Entlastungsmaßnahmen kann keine Rede sein.

	Erhöhung der Transportkosten in %
SÜD	*31,9%*
OST	29,3%
NORD	31,0%
WEST	28,0%
Mittelwert	*30,0%*

Tabelle 27: mautinduzierte Erhöhung der Transportkosten eines vier- oder mehrachsigen Fahrzeuges bei einem angenommenen Kilometersatz von 0,70 EUR nach Abschaffung der Straßenbenutzungabgabe sowie der Rücknahme der Kfz-Steuererhöhung 2001

480 Eine Obergrenze der fahrzeugbezogenen Transportkostenerhöhungen bei etwa 30 % wird in vielen Veröffentlichungen erwähnt. Vgl. z.B. Kummer / Einbock / Nagl (2003a), S.4; o.V. (2003i), S.14; o.V. (2003k), S.18; o.V. (2003l), S.22; o.V. (2003p), S.3; o.V. (2003r), S.4; Schlobach / Ort (2003), S.33

Über diese Entlastungen hinausgehend ist die Forderung erhoben worden, eine Reduzierung der Kfz-Steuer auf EU-Mindestniveau vorzunehmen. Durch eine Absenkung auf das Mindestniveau würde sich eine weitere durchschnittliche Entlastung in folgender Höhe ergeben (Differenz zwischen Kfz-Steuer vor Kfz-Steuererhöhung 2001 und EU-Mindestsatz):[481]

2-Achser:	651,11 EUR / Jahr
3-Achser:	1452,21 EUR / Jahr
4- und Mehrachser:	2074,70 EUR / Jahr

Die Tabelle 28 zeigt die zusätzliche Gesamtbelastung nach der Abschaffung der Straßenbenützungsabgaben, der Rücknahme der Kfz-Steuererhöhung 2001 sowie der Reduzierung der Kfz-Steuer auf EU-Mindestniveau.

Für ein vier- und mehrachsiges Fahrzeug reduziert sich die mautinduzierte Belastung durchschnittlich auf 28.280 EUR / Jahr. Dies bedeutet eine Reduzierung um weitere 6,8 % gegenüber den bisher realisierten Entlastungen. Somit kann auch eine Reduzierung der Kfz-Steuer auf EU-Mindestniveau nur eingeschränkt zu einer nennenswerten Verringerung der Zusatzkosten beitragen.

	Mautkosten 2-Achser	Mautkosten 3-Achser	Mautkosten 4-Achser
SÜD	13.949	18.671	27.427
OST	11.207	14.832	21.669
NORD	11.832	15.707	22.982
WEST	24.402	30.000	41.042
Mittelwert	*15.348*	*19.803*	*28.280*

Tabelle 28: regionaler Vergleich der gesamten Mautkosten K_{Me} pro Jahr für einen Lkw nach Abschaffung der Straßenbenutzungsabgabe und der Reduzierung der Kfz-Steuer auf EU-Mindestniveau

Die Transportkostenerhöhung nach allen drei Entlastungsmaßnahmen beträgt dann durchschnittlich immer noch 28,2 %, wie Tabelle 29 zeigt.

---

481 Vgl. Kummer / Einbock (2003a), S.45

	Erhöhung der Transportkosten in %
SÜD	*29,6%*
OST	26,7%
NORD	28,4%
WEST	28,2%
Mittelwert	*28,2%*

Tabelle 29: mautinduzierte Erhöhung der Transportkosten eines vier- oder mehrachsigen Fahrzeuges bei einem angenommenen Kilometersatz von 0,70 EUR nach Abschaffung der Straßenbenutzungsabgabe sowie der Reduzierung der Kfz-Steuer auf EU-Mindestniveau

Zusammenfassend kann konstatiert werden, dass die zusätzliche absolute wie relative Belastung eines mautpflichtigen Fahrzeuges auch nach den Entlastungen immer noch sehr hoch ist. Von einer vollständigen Kompensation der Zusatzbelastung kann auch nach der Rückführung der Kfz-Steuer auf EU-Mindestniveau keine Rede sein.

4.1.1.2.2 Branchenzugehörigkeit als Einflussfaktor der mautinduzierten Transportkostensteigerung

Die mautinduzierte Steigerung der Transportkosten ist unter anderem von der Zugehörigkeit zu einer Branche abhängig. Je nach Branche variieren die zu befördernden Güter, die Transportkonzepte, der Einsatz von Nutzfahrzeugen, die durchschnittliche Transportweite oder auch der Anteil der Leerfahrten. Diese transportrelevanten Kenngrößen üben auf die Höhe der Transportkosten einen Einfluss aus. Branchen mit hoher mautinduzierter Steigerungsrate der Transportkosten werden in einem stärkeren Ausmaße von der fahrleistungsabhängigen Maut betroffen sein als Branchen, die nur mit einer geringen Transportkostenerhöhung konfrontiert sind.

In der im Herbst 2003 durchgeführten Befragung wurden die Unternehmen auch gebeten, ihre Erwartungen bezüglich der Höhe der Transportkostensteigerung anzugeben.[482] Wie Abbildung 18 verdeutlicht, steigen die Transportkosten von Industrie- und Gewerbeunternehmen in Abhängigkeit der Branche teilweise erheblich. Die stärksten Steigerungsraten sind in der Chemieindustrie mit durchschnittlich 15,8 % zu erwarten, es folgen mit kleinem Abstand die Branchen Steine, Erden, Keramik, Nahrungs- und Genussmittel sowie Maschinen und Fahrzeuge. Aber auch Branchen wie Bau- und Baustoffe oder Holz sind mit durchschnittlich 9,3 oder 10 % Transportkostenerhöhungen recht stark betroffen. Im Mittel steigen die Transportkosten der Industrie- und Gewerbeunternehmen um 12 %.

[482] Entlastungsmaßnahmen sind dabei nicht berücksichtigt.

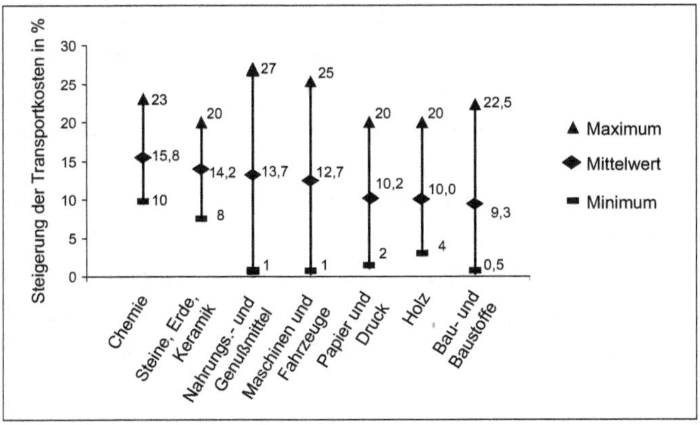

Abbildung 18: Erhöhung der Transportkosten nach Branche, Industrie und Gewerbe

Es kann angenommen werden, dass ein Zusammenhang zwischen der Zugehörigkeit zu einer Branche und der Höhe der Transportkostensteigerung existent ist. Eine Überprüfung des Zusammenhangs kann mit Hilfe des Kolmogorov-Smirnov-Z-Test[483] erfolgen. Die in Abbildung 18 dargestellten Branchen werden hierzu in zwei Gruppen eingeteilt. Zu der ersten Gruppe werden die Branchen gezählt, die vergleichsweise hohe durchschnittliche Transportkostensteigerungen aufweisen (Chemie; Steine, Erden, Keramik; Nahrungs- und Genussmittel; Maschinen und Fahrzeuge). Die nicht-genannten Branchen gehören entsprechend zur zweiten Gruppe mit niedrigeren durchschnittlichen Transportkostensteigerungen.

Nullhypothese H_o2: Es gibt keinen Zusammenhang zwischen der Branchenzugehörigkeit und der Höhe der Transportkostensteigerungen.

Asymptotische Signifikanz: 0,050

Damit kann die Nullhypothese H_o2 abgelehnt werden. Es gibt folglich einen signifikanten Zusammenhang zwischen der Branchenzugehörigkeit und der Höhe der Transportkostensteigerung.

Die Diskrepanz zwischen dem im Modell berechneten prozentualen Werten der Transportkostenerhöhung und den Mittelwerten der schriftlichen Befragung ist auf mehrere Ursachen zurückzuführen. Eine Vielzahl von Industrie- und Gewerbeunternehmen setzen eigene mautpflichtige Fahrzeuge im Fern- wie auch im Nahverkehr ein, so dass der im Modell zugrundegelegte Autobahnanteil von 90 % zu hoch sein dürfte. Zum Teil wird das mautpflichtige Straßennetz nur gelegentlich genutzt, wenn Unternehmen ausschließlich Nahverkehrstransporte durchführen. Unternehmen set-

483 Der Kolmogorov-Smirnov-Z-Test wird beim Vergleich von zwei unabhängigen Stichproben eingesetzt. Der Test gehört zu den nichtparametrischen Tests, wobei das Merkmal intervallskaliert sein muss. Es werden nicht Mittelwerte, sondern Verteilungen verglichen. Vgl. Brosius (2002), S.816

zen darüber hinaus auch nicht-mautpflichtige Fahrzeuge mit einem zulässigen Gesamtgewicht von weniger als 3,5 Tonnen ein, deren Transportkosten durch die Maut keine Veränderung erfahren. Letzteres ist insbesondere bei kleineren Gewerbeunternehmen der Fall. Zudem befinden sich bei den Unternehmen auch zwei- oder dreiachsige Fahrzeuge im Einsatz, deren Mautsätze wesentlich geringer sind. Darüber hinaus wird im Modell von einem Kilometerkostensatz für die Transportkosten ohne Maut von 0,70 EUR für 4- und Mehrachser ausgegangen. Für den Transport von Spezialgütern (beispielsweise Gefahrgut) liegen die durchschnittlichen Kostensätze aufgrund zusätzlicher Dienstleistungen und der höheren Spezifität der Produktionsfaktoren über diesem Wert. Ein höherer Kilometerkostensatz führt offensichtlich zu geringeren relativen mautinduzierten Transportkostenerhöhungen. Dies trifft beispielsweise für die Branche Holz zu. Der im Vergleich hohe Mittelwert der Branche Chemie ist vermutlich auf einen sehr hohen Autobahnanteil zurückzuführen. Dieser Aspekt wirkt wahrscheinlich stärker auf die durchschnittliche Transportkostenerhöhung als höhere Kilometersätze aufgrund des Einsatzes von Spezialfahrzeugen.

Handelsunternehmen sowie Transportdienstleister sind im Vergleich zu den Industrie- und Gewerbeunternehmen in einem noch stärkeren Maße von der Kostenerhöhung betroffen. Der Mittelwert der Steigerung der Transportkosten im Handelsbereich beträgt - wie in Abbildung 19 dargestellt - 13,3 %. Die Transportdienstleister erwarten im Durchschnitt eine Erhöhung um 17,7 %.

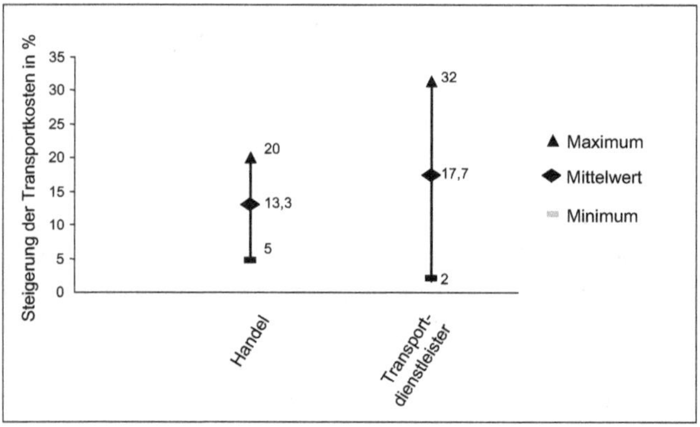

Abbildung 19: Erhöhung der Transportkosten, Handel und Transportdienstleister

Der Mittelwert der befragten Handelsunternehmen liegt ebenfalls deutlich unter den berechneten Werten des Modells. Der Autobahnanteil bei den Handelsunternehmen dürfte bedeutend unter den im Modell angenommenen 90 % liegen, da die Distribution der Waren zu den Filialen, die oftmals größere Entfernungen zu Autobahnanschlussstellen aufweisen, zu einem großen Teil auf den nicht-mautpflichtigen

Straßen erfolgt. Auch setzen Händler keineswegs nur vier- und mehrachsige Fahrzeuge ein, sondern auch zwei- oder dreiachsige mautpflichtige Fahrzeuge.
Transportdienstleister gaben im Vergleich zu Industrie-, Gewerbe- und Handelsunternehmen im Durchschnitt höhere Werte bezüglich der erwarteten Transportkostensteigerung an. Aber auch bei den Transportdienstleistern liegt der Mittelwert deutlich unter dem berechneten Mittelwert des Modells. Eine wichtige Ursache dafür ist, dass an der Befragung Nahverkehrs- wie Fernverkehrsunternehmen teilnahmen.[484] Fernverkehrsunternehmen sehen sich durch den höheren Autobahnanteil offensichtlich einer stärkeren Erhöhung der Transportkosten ausgesetzt als Nahverkehrsunternehmen. Eine ausschließliche Betrachtung von Straßengüterfernverkehrsunternehmen würde den Mittelwert vermutlich stark steigen lassen.
Eine Angabe über die mautinduzierte Erhöhung der Transportkosten für Unternehmen ist für eine umfassende Bewertung der Kostensteigerung allein nicht ausreichend. Für das Treffen fundierter Aussagen ist ein Setzen der Höhe der Steigerung in einen Kontext sinnvoll. Dafür bieten sich die Gesamtkosten oder der Umsatz eines Unternehmens an, da diese Bezugsgrößen die relative Bedeutung der Transportkosten für das Unternehmen widerspiegeln. Mit Hilfe der Kennziffer Anteil der Transportkosten an den Gesamtkosten bzw. am Umsatz kann abgeschätzt werden, wie stark die Branchen von der fahrleistungsabhängigen Maut betroffen sind.
Daher wurden die Unternehmen befragt, welche Höhe die Transportkosten am Umsatz vor dem Beginn der Einhebung der fahrleistungsabhängigen Maut in ihrem Unternehmen aufweisen.[485] Die Abbildung 20 zeigt die Durchschnittswerte für den Anteil der Transportkosten am Umsatz sowie den angegebenen Maximum- und Minimumwert für Industrie- und Gewerbeunternehmen ausgewählter Branchen. Der Mittelwert über alle Unternehmen beträgt 5,7 %. Insbesondere die Branche Steine, Erden und Keramik erreicht mit 16 % einen Wert, der weit über dem arithmetischen Mittelwert liegt. Dieser hohe Wert ist darauf zurückzuführen, dass der Anteil der Transportkosten am Umsatz bei geringwertigen Massengütern (Kohle, Kies, Sand etc.) mit einem sehr geringen Wert / Gewichtsverhältnis generell sehr hoch ist.[486] Bei hochwertigen Gütern dagegen, die durch ein hohes Wert / Gewichtsverhältnis charakterisiert sind, spielen die Transportkosten am Umsatz nur eine untergeordnete Rolle.[487] Daher ist der Mittelwert in der Branche Maschinen und Fahrzeuge oder Elektrotechnik sehr gering.

---

484 Aus diesem Grund ist die Spannweite der Werte zwischen dem Minimum und dem Maximum sehr groß.
485 Problematisch ist bei der Erhebung, dass in vielen Unternehmen Transportkosten nicht gesondert erfasst werden, da sie zumeist im Einstandspreis der Kaufteile bzw. im Absatzpreis der Produkte enthalten sind. Vgl. Puwein (2000), S.30
486 Vgl. Köberlein (1997), S.65
487 Vgl. Köberlein (1997), S.65

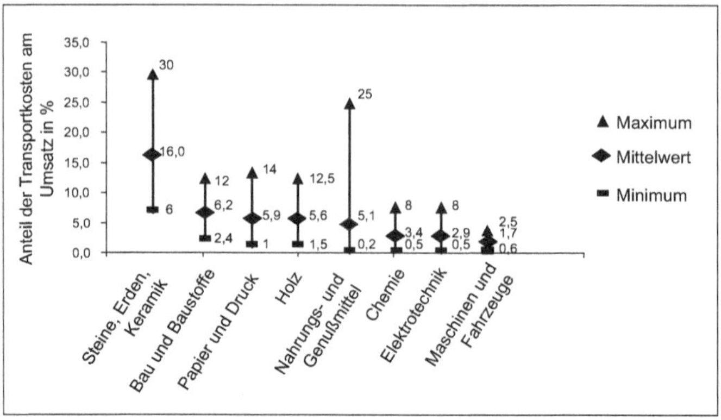

Abbildung 20: Anteil der Transportkosten am Umsatz, Industrie und Gewerbe

Die Prüfung eines Zusammenhangs zwischen der Zugehörigkeit zu einer in Abbildung 20 berücksichtigten Branche und dem Anteil der Transportkosten am Umsatz kann mit Hilfe des Kruskal-Wallis-Test erfolgen.

Nullhypothese $H_0$3: Es gibt keinen Zusammenhang zwischen der Branchenzugehörigkeit und dem Anteil der Transportkosten am Umsatz.
Asymptotische Signifikanz: 0,001
Damit kann die Nullhypothese $H_0$4 abgelehnt werden. Es gibt folglich einen signifikanten Zusammenhang zwischen der Branchenzugehörigkeit und dem Anteil der Transportkosten am Umsatz.
Der durchschnittliche Transportkostenanteil am Umsatz ist im Vergleich zu anderen Studien vergleichsweise hoch.[488] Das kann neben einem Fehlen einer gesonderten Erfassung auch an der Überschätzung der Transportkosten innerhalb des Logistikkostenblocks liegen.
Der durchschnittliche Anteil der Transportkosten am Umsatz ist beim Handel sowie bei Transportdienstleistern höher als bei den Industrie- und Gewerbeunternehmen, wie Abbildung 21 verdeutlicht.

---

488 In einer Studie des DIW wurde festgestellt, dass bei den meisten Gütergruppen der Transportkostenanteil am Produktionswert unter 1 % liegt. Größere Bedeutung haben die Transportkosten bei Baustoffen (9 %), land- und forstwirtschaftlichen Gütern (3 %), Nahrungs- und Genussmitteln (3 %) und bei der Holzbearbeitung (2 %). Diese Prozentangaben beziehen sich jedoch auf den Produktionswert und nicht auf den Umsatz des Unternehmens. Daher sind die Angaben nur eingeschränkt vergleichbar. Dennoch ist zu konstatieren, dass der Transportkostenanteil am Umsatz bzw. am Produktionswert im Allgemeinen sehr gering ist. Vgl. Hopf (1994), S. 220 ff; Kratena / Puwein stellen fest, dass der Transportkostenanteil am Produktionswert der Güter in Österreich etwa 2 % beträgt. Vgl. Puwein (2000), S.2; Kratena / Puwein (2002), S. 19; Pfohl zitiert beispielsweise Untersuchungen aus der ersten Hälfte der neunziger Jahre, in welchen ein Transportkostenanteil am Umsatz für Europa zwischen 1,8 und 3,0 % herausgefunden wurde. Vgl. Pfohl (2004), S. 54

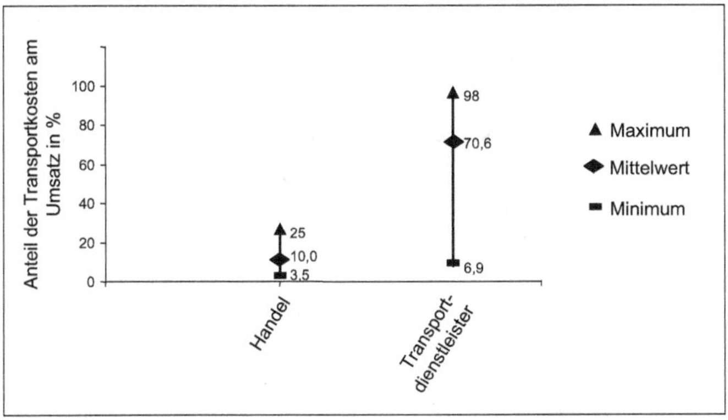

Abbildung 21: Anteil der Transportkosten am Umsatz, Handel und Transportdienstleister

Insbesondere die Transportdienstleister weisen einen sehr hohen Anteil der Transportkosten am Umsatz auf, der in dieser Umfrage bei mehr als 70 % im Durchschnitt liegt. Daher kann vermutet werden, dass Transportdienstleister - sofern der Anteil der mautpflichtigen Straßen an der Gesamtfahrleistung hoch ist - in starkem Maße von der Maut betroffen sind. Die Steigerung der Transportkosten bei den Transportdienstleistern ist auch von der Verkehrsart abhängig, was im Rahmen der Umfrage jedoch keine Berücksichtigung fand. Im Stückgutverkehr nimmt die prozentuale Steigerung der Transportkosten einen anderen Wert an als im Teilladungsverkehr oder Komplettladungsverkehr. Unternehmen, die im Stückgutverkehr tätig sind, haben aufgrund der Transportkosten im Vor- und Nachlauf geringere Steigerungsraten zu erwarten als Unternehmen im Komplettladungsverkehr, deren mautpflichtige Fahrzeuge zum großen Teil das mautpflichtige Straßennetz benutzen.

Die mautinduzierte Veränderung des Anteils der Transportkosten am Umsatz für die einzelnen Branchen kann unter ceteris-paribus-Bedingungen durch die Multiplikation der Transportkosten am Umsatz vor Mauteinführung und der erwarteten Transportkostenerhöhung ermittelt werden. Dabei wird davon ausgegangen, dass der Umsatz identisch bleibt, d.h. keine Weitergabe der Transportkostenerhöhung an die Kunden erfolgt. Die Gegenüberstellung ist in Tabelle 30 ersichtlich.

Im Industrie- und Gewerbebereich ist die Branche Steine, Erden, Keramik mit Abstand am stärksten mit der fahrleistungsabhängigen Maut konfrontiert. Durch den hohen Anteil der Transportkosten am Umsatz vor Mauteinführung sowie durch die überdurchschnittliche Steigerung der Transportkosten erhöht sich der Transportkostenanteil am Umsatz ceteris paribus sehr stark. Die stärksten Auswirkungen jedoch dürfte die fahrleistungsabhängige Maut bei den Transportdienstleistern aufweisen. Der hohe Anteil der Transportkosten am Umsatz, gekoppelt mit einer hohen Steigerungsrate, führt zu einem starken Anstieg der Transportkosten am Umsatz von 70,6 % auf 83,1 %.

Branche	Transportkosten am Umsatz vor Mauteinführung	Erwartete Steigerung der Transportkosten	Transportkosten am Umsatz nach Mauteinführung
Steine, Erden, Keramik	16,0 %	14,2 %	18,3 %
Bau und Baustoffe	6,2 %	9,3 %	6,8 %
Papier und Druck	5,9 %	10,2 %	6,5 %
Holz	5,6 %	10,0 %	6,2 %
Nahrungs- und Genussmittel	5,1 %	13,7 %	5,8 %
Chemie	3,4 %	15,8 %	3,9 %
Maschinen und Fahrzeuge	1,7 %	12,7%	1,9 %
Handel	10,0 %	13,3 %	11,3 %
Transportdienstleister	70, 6 %	17,7 %	83,1 %

Tabelle 30: mautinduzierte Veränderung der Größe „Transportkosten am Umsatz", Werte gerundet auf eine Stelle nach Komma

4.1.1.2.3 Standort des Unternehmens als Einflussfaktor der mautinduzierten Transportkostensteigerung

Auch der Standort eines Unternehmens hat einen Einfluss auf die Höhe der Transportkostensteigerung. Bei dem in Kapitel 4.1.1.2.1 dargestellten Modell wurde bereits gezeigt, wie unterschiedlich die Zusatzbelastung durch Mautkosten in den einzelnen Regionen sein kann.

Die empirische Umfrage bestätigt, dass die Transportkostenerhöhung auch vom Standort der Unternehmen abhängig ist. Dafür wurden die befragten Unternehmen den vier definierten Regionen zugeordnet. Wie Abbildung 22 zeigt, fühlen sich Unternehmen aus Industrie und Gewerbe aus der Nordregion (Oberösterreich, Salzburg) stärker betroffen als Unternehmen aus anderen Regionen. Allerdings unterscheiden sich die Mittelwerte der vier Regionen nur geringfügig, so dass die Region keinen starken Einfluss auf die Höhe der erwarteten Transportkostensteigerung ausübt.

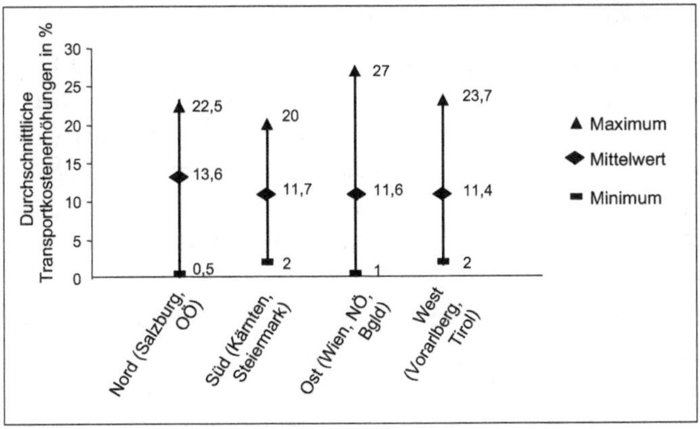

Abbildung 22: Erhöhung der Transportkosten in Abhängigkeit der Region, Industrie und Gewerbe

Der Kruskal-Wallis-Test prüft einen Zusammenhang zwischen der Zugehörigkeit des Unternehmens zu einer bestimmten Region (Unternehmensstandort) und der Höhe der Transportkostensteigerung.

Nullhypothese $H_0$4: Es gibt keinen Zusammenhang zwischen dem Standort eines Unternehmens und der Höhe der Transportkostensteigerung.

Asymptotische Signifikanz: 0,821

Damit kann die Nullhypothese $H_0$4 nicht zurückgewiesen werden. Es gibt keinen signifikanten Zusammenhang zwischen dem Standort eines Unternehmens und der Höhe der erwarteten Transportkostensteigerung.

Bei den Transportdienstleistern ist der Mittelwert der Transportkostensteigerung in der Nordregion mit 20,4 % ebenfalls am höchsten, gefolgt von Ost mit 17,5 %, West mit 15,1 % sowie Süd mit 15,0 %.

Die regionale Reihung bei Industrie und Gewerbe sowie bei Transportdienstleistern in Bezug auf die Höhe der Transportkostensteigerung unterscheidet sich bei der Befragung von der im Modell. Im Gegensatz zu den Ergebnissen des Modells ist bei der Befragung die Nordregion in der Umfrage am stärksten betroffen, die Westregion (Industrie und Gewerbe) bzw. Südregion (Transportdienstleister) jedoch am wenigsten. Die Ursache für diese Unterschiede ist in erster Linie in den Prämissen des Modells begründet. Während das Modell ausschließlich Österreich als Absatzmarkt betrachtet, ist in der Realität auch die Bundesrepublik Deutschland für viele Unternehmen als Markt für ihre Produkte von Relevanz. Bei der Belieferung von Kunden in der Bundesrepublik Deutschland sind tendenziell die Unternehmen aus der Westregion im Vorteil. Zudem wirkt der Faktor Branchenzugehörigkeit in stärkerem Maße auf den Durchschnitt der Transportkostenerhöhung als der Unternehmensstandort. Das ist deutlich an der größeren Streuung der Mittelwerte bei den Branchen erkennbar.

4.1.1.2.4 Bewertung weitergehender Entlastungsmaßnahmen

Der österreichische Staat hat Entlastungsmaßnahmen getroffen, welche die Erhöhung der Transportkosten zumindest partiell abfedern sollen. Dazu gehören die im Kapitel 4.1.1.2.1.4 beschriebene Abschaffung der Straßenbenutzungsgebühr sowie die Rücknahme der Kfz-Steuererhöhung 2001. Wie im Modell berechnet, reduzieren die Entlastungen die mautinduzierte Zusatzbelastung nur geringfügig. Daher wurden die Unternehmen befragt, inwieweit sie weitere Entlastungsmaßnahmen vom Staat für erforderlich halten.

Die Abbildung 23 gibt über die Präferenz bezüglich weiterer Entlastungsmaßnahmen bei Industrie und Gewerbe sowie Transportdienstleistern Auskunft. Insbesondere Transportdienstleister erwarten über die bisher umgesetzten Entlastungen hinaus weitere Maßnahmen zur Reduzierung ihrer Transportkostenbelastung. Nur eine kleine Minderheit von 15 % der Transportdienstleister hält die bisherigen Entlastungen für ausreichend. Die Industrie- und Gewerbeunternehmen dagegen sind zu einem Drittel mit den bisherigen Maßnahmen zufrieden und fordern keine weiteren Entlastungen.

Das Antwortverhalten der Unternehmen bei dieser Frage muss jedoch vorsichtig interpretiert werden, da die Befragten Anreize haben, strategisch zu antworten. Befragte können erwarten, durch die Bejahung weiterer Entlastungsmaßnahmen den Druck auf die Politik zu verstärken, weitere Entlastungen zu beschließen, obwohl die durchgeführten Entlastungen unter Umständen ausreichend sind, die Zusatzbelastung zu kompensieren.

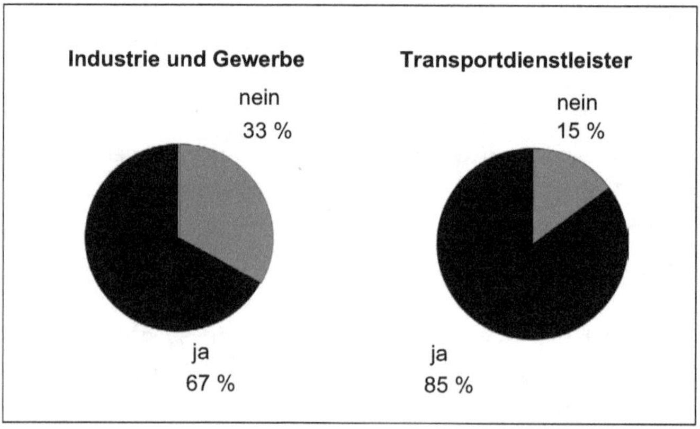

Abbildung 23: Präferenz bezüglich weiterer Entlastungsmaßnahmen

Der Wunsch nach weitergehenden Entlastungen kann als ein Indikator für die Stärke der Betroffenheit gelten. Unternehmen, die zusätzliche Entlastungen fordern, können tendenziell in stärkerem Ausmaß von der fahrleistungsabhängigen Maut beeinflusst sein als Unternehmen, für welche die bisherigen Entlastungen ausreichend zu sein scheinen. Daher stützt auch das Antwortverhalten bei dieser Frage die These, dass Transportdienstleister stärker von der Maut betroffen sind als Industrie- und Gewerbeunternehmen.

In diesem Zusammenhang ist auch relevant, welche Vorschläge die Befragten über weitergehende Entlastungsmaßnahmen unterbreiten. Viele Unternehmen erwarten von Seiten des Staates die Angleichung der österreichischen Mautsätze an die wesentlich niedrigeren deutschen Mautsätze, obwohl dies keine Entlastungsmaßnahme im engeren Sinne ist. Oftmals wird auch gefordert, die Sondermauten in Österreich abzuschaffen. Die Reduzierung der Mineralölsteuer wurde ebenfalls häufig als eine zusätzliche Entlastungsmaßnahme angeführt.

4.1.1.3 Veränderung der Beschaffungskosten

Durch die mautinduzierte Zunahme der Transportkosten im Beschaffungs- und Distributionsbereich von Unternehmen in Supply Chains können mittelbar die Beschaffungskosten der Unternehmen ansteigen.

Zu den Beschaffungskosten gehören nicht nur die Beschaffungsobjektkosten (Einkaufspreis), sondern auch die Beschaffungsprozesskosten.[489] Letztere „..erfassen die Einzel- und Gemeinkosten, die im Beschaffungsbereich entstehen durch die Inanspruchnahme der Dienstleistungen aus dem Beschaffungsbereich."[490] Zu den Beschaffungsprozesskosten gehören u.a. Kosten für Bedarfs-, Markt-, Lieferantenanalysen, für Verhandlungen mit Zulieferern, aber auch Kosten für die Abwicklung der Bestellungen.[491]

Die mautinduzierte Veränderung der Beschaffungskosten trifft insbesondere Industrie-, Gewerbe- sowie Handelsunternehmen.

Eine Zunahme der Beschaffungskosten ist dann zu erwarten,

- wenn der Lieferant oder ein eingeschalteter Transportdienstleister für die Lieferung verantwortlich ist und mautinduzierte Preisanpassungen vornimmt (Veränderung der Beschaffungsobjektkosten) oder
- wenn das beschaffende Unternehmen selbst für die Lieferung verantwortlich ist und dabei entstehende Mautkosten den Beschaffungsobjekt- bzw. Beschaffungsprozesskosten zurechnet.

---

489 Vgl. Koppelmann (2000), S.116; Schuster (2003), S.339; Eine sehr ähnliche Unterscheidung lässt sich bei Nebl finden, der zwischen direkten Beschaffungskosten (Einstandspreis inkl. Bezugskosten), den Bestell- sowie den Lagerkosten unterscheidet. Vgl. Nebl (2004), S.261 ff; Corsten unterteilt zwischen unmittelbaren und mittelbaren Beschaffungskosten. Vgl. Corsten (2003), S.445

490 Koppelmann (2000), S.116

491 Vgl. Koppelmann (2000), S.116; Die Betrachtung der Beschaffungsprozesskosten neben den Beschaffungsobjektkosten ist jedoch nicht gleichzusetzen mit dem Konzept des Total Cost of Ownership. Letzteres Konzept umfasst zusätzlich Kosten für Ersatzteile, für die Entsorgung etc. Vgl. Ellram / Siferd (1998), S. 56; Degraeve / Roodhooft (1999), S. 6; Bowersox / Closs / Cooper (2002), S.136 f; Ellram (2002), S.661; Roodhooft / Hiel / Abbeele / Doveren (2003), S.28

Die erwartete Zunahme der Beschaffungskosten wird auch durch die Unternehmensumfrage bestätigt. Fast alle Industrie- und Gewerbeunternehmen gehen von einer (zumindest mittelfristigen) Erhöhung ihrer Beschaffungskosten aus. Die Steigerung bewegt sich für die Industrie und das Gewerbe im Durchschnitt bei 5,5 %, wie Abbildung 24 veranschaulicht. Die Chemiebranche ist mit Abstand am stärksten von einer Beschaffungskostenerhöhung betroffen. Mit einer durchschnittlichen Beschaffungskostenerhöhung von 13,6 % wirkt die fahrleistungsabhängige Maut bei Chemieunternehmen wesentlich stärker als bei Unternehmen anderer Branchen, beispielsweise aus der Branche Maschinen und Fahrzeuge mit 1,2 %. Damit wird offensichtlich, dass die Streuung dieser Mittelwerte erheblich ist und damit der errechnete Mittelwert von 5,5 % nur eine eingeschränkte Aussagekraft besitzt.

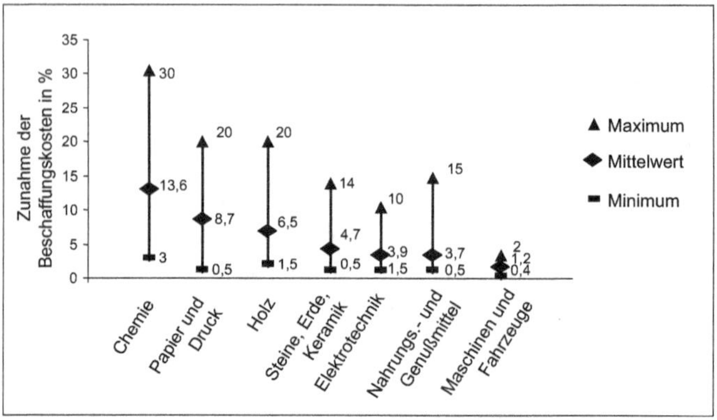

Abbildung 24: Steigerung der Beschaffungskosten nach ausgewählten Branchen, Industrie und Gewerbe

Die starke Zunahme in der Chemiebranche könnte unter anderem darauf zurückzuführen sein, dass vor allem geringwertige und voluminöse Beschaffungsgüter eingekauft werden, die per Lkw angeliefert werden. Diese Güter weisen einen überdurchschnittlich hohen Transportkostenanteil am Umsatz auf, der durch die Maut c.p. weiter gesteigert wird. Andererseits zählen die eingehenden Grundstoffe der chemischen Industrie zu den Massengütern und diese weisen eine hohe Affinität zum Verkehrsträger Eisenbahn oder Binnen-, Küsten- oder Seeschifffahrt auf und wären folglich von der fahrleistungsabhängigen Maut nur eingeschränkt betroffen. Dafür spricht auch, dass der in Abbildung 20 dargestellte Anteil der Transportkosten am Umsatz in der Chemiebranche nur 3,4 % beträgt. Das lässt darauf hindeuten, dass die Inputströme überwiegend per Eisenbahn oder Schiff abgewickelt werden.

Bei der Branche Maschinen und Fahrzeuge dagegen ist davon auszugehen, dass die Beschaffungsteile meist kleinvolumig sind und tendenziell einen höheren Warenwert als in der Chemiebranche aufweisen. Transportkostensteigerungen, die sich in ver-

änderten Beschaffungskosten widerspiegeln, werden daher ein geringeres Ausmaß annehmen.
Die Erhöhung der Beschaffungskosten hängt zudem davon ab, ob und in welcher Höhe die mautinduzierten Zusatzkosten in der Supply Chain weitergegeben werden. Darauf wird im Kapitel 4.2 näher eingegangen.
Mittels Kruskal-Wallis-Test wird der Zusammenhang zwischen den ausgewählten Branchen und der Beschaffungskostenerhöhung geprüft.

Nullhypothese H_o5: Es gibt keinen Zusammenhang zwischen der Branchenzugehörigkeit und der erwarteten Zunahme der Beschaffungskosten.
Asymptotische Signifikanz: 0,051
Damit kann die Nullhypothese H_o5 nicht abgelehnt werden. Es gibt jedoch einen tendenziell signifikanten Zusammenhang zwischen der Branchenzugehörigkeit und der Höhe der erwarteten Beschaffungskostensteigerung.
Die befragten Händler erwarten im Durchschnitt eine Erhöhung ihrer Beschaffungskosten um 7,8 %. Damit erwarten die Händler eine etwas höhere Steigerung ihrer Beschaffungskosten im Durchschnitt als die Industrie- und Gewerbeunternehmen.
Von einer Betrachtung der Beschaffungskosten bei Transportdienstleistern wird aufgrund anderer Charakteristika im Beschaffungsbereich (insb. andere Beschaffungsgüter) abgesehen.

4.1.2 Veränderungen in der Kostenstellen- und -trägerrechnung

4.1.2.1 Grundlagen der Kostenverteilung von Mautkosten

Gegenstand des Kapitels ist die Darstellung der grundlegenden Prinzipien der Kostenverteilung, mit welchen die Methoden der Mautkostenzuordnung und -verrechnung evaluiert werden können.
Eine Kostenverteilung wird in der Kostenstellen- und -trägerrechnung für die in der Kostenartenrechnung erfassten Kosten vorgenommen. Es erfolgt eine Zuordnung der erfassten Kosten zu Kostenstellen und Kostenträgern.
Die Kostenstellenrechnung fungiert als Bindeglied der Kostenarten- und Kostenträgerrechnung. Gegenstand der Kostenstellenrechnung ist die Zuordnung von Gemeinkosten von Hilfskostenstellen auf Hauptkostenstellen und die damit einhergehende Bildung von Kalkulationssätzen.[492] Die Kostenartenrechnung beantwortet die Frage, wofür Kosten angefallen sind.[493] Kostenträger sind „...erzeugte Güter und an-

[492] Vgl. Hummel / Männel (1986), S.190; Coenenberg (2003), S.57 ff; Schweitzer / Küpper (2003), S.119 ff; Fandel / Fey / Heuft / Pitz (2004), S.131 f; Götze (2004), S.71; Wilkens (2004), S.183 f; Eine weitere wichtige Aufgabe der Kostenstellenrechnung ist die Überwachung des betrieblichen Geschehens in den einzelnen Kostenstellen hinsichtlich der Wirtschaftlichkeit und der Einhaltung der Budgets. Vgl. Götze (2004), S.71
[493] Vgl. Hummel / Männel (1986), S.255; Götze (2004), S.97

dere betriebliche Leistungen, die einen Werteverzehr ausgelöst haben bzw. auslösen werden und daher Kosten ‚tragen' sollen."[494] Kostenträger können beispielsweise Aufträge, Sendungen oder Kunden sein. Bei der Kostenträgerrechnung wird zwischen der Kostenträgerstückrechnung (Kalkulation) und der Kostenträgerzeitrechnung (kurzfristige Erfolgsrechnung) unterschieden.[495]

Mautkosten müssen mit Hilfe geeigneter Methoden in der Kostenstellen- und -trägerrechnung auf Kostenträger umgelegt werden. Als typische Bezugsobjekte bei den Mautkosten fungieren Sendungen oder Aufträge.

Aufgrund der hohen Transportkostensteigerung sowie des großen Anteils der Transportkosten am Umsatz haben die Transportdienstleister im Vergleich zu Werkverkehrsbetreibern stärkere Anreize, sich mit der Kostenverteilung zu beschäftigen.

Als Grundlage für die Zuordnung und Verrechnung der Kosten können die folgenden Prinzipien, mit welchen die Methoden der Verteilung der Mautkosten einer Bewertung unterzogen werden, dienen:[496]

- Verursachungsprinzip

  Das Verursachungsprinzip besagt, dass einem Bezugsobjekt ausschließlich jene Kosten zugeordnet werden, die von diesem verursacht worden sind. Beim Verursachungsprinzip kann zwischen einer kausalen und einer finalen Sichtweise unterschieden werden. Nach der kausalen Auslegung liegt zwischen dem Bezugsobjekt und den Kosten eine Ursache-Wirkungs-Beziehung vor. Diese enge Interpretation besagt, dass einer Produkteinheit nur diejenigen Kosten zugerechnet werden können, die bei der Erstellung zusätzlich anfallen.[497] „Die Erstellung der Produkteinheit ist also Voraussetzung für die Kostenentstehung."[498] Die finale Sichtweise dagegen geht von einem Zweck-Mittel-Verhältnis zwischen Kosten und Bezugsobjekt aus. Die Kosten können als Mittel zum Zweck der Leistungserstellung interpretiert werden. Leistungen können nicht ohne Kosten zustande kommen, jedoch können Kosten anfallen, ohne dass zugleich Leistungen erbracht werden.[499]

---

494 Götze (2004), S.97

495 Vgl. Hummel / Männel (1986), S.258 f; Coenenberg (2003), S.73 ff; Schweitzer / Küpper (2003), S.155; Fandel / Fey / Heuft / Pitz (2004), S.154; Götze (2004), S.97 ff

496 Die Systematik basiert auf Haberstock (1998), S. 47 ff sowie Götze (2004), S.18 f. Eine ähnliche Einteilung nehmen Schweitzer / Küpper vor. Sie differenzieren zwischen einem Verursachungsprinzip, einem Identitätsprinzip, einem Proportionalitätsprinzip, einem Leistungsentsprechungsprinzip, einem Durchschnittsprinzip sowie einem Tragfähigkeitsprinzip. Vgl. Schweitzer / Küpper (2003), S. 54 ff; Eine andere, hier nicht weiter beachtete Systematik unterscheidet zwischen dem Einwirkungsprinzip, dem Beanspruchungsprinzip sowie dem Verursachungsprinzip. Vgl. Schiller / Lengsfeld (1998), S.527 f

497 Vgl. Vormbaum (1977), S.15; Hummel / Männel (1986), S.53 ff; Coenenberg (2003), S.29; Fandel / Fey / Heuft / Pitz (2004), S.35 f; Götze (2004), S.18 f

498 Götze (2004), S.18

499 Vgl. Vormbaum (1977), S.15; Hummel / Männel (1986), S.55 f; Coenenberg (2003), S.29; Fandel / Fey / Heuft / Pitz (2004), S.35 f; Götze (2004), S.18 f

- Identitätsprinzip
  Das Identitätsprinzip besagt, dass Kosten nur dann einem Bezugsobjekt zugeordnet werden können, wenn die Existenz des Bezugsobjektes sowie die Kosten durch ein und dieselbe, d.h. identische Entscheidung ausgelöst wurden. Das auf Riebel zurückgehende Prinzip fordert demnach, dass sowohl der Faktorverbrauch als auch die Entstehung des Kalkulationsobjektes durch dieselbe Entscheidung verursacht werden müssen.[500]
- Durchschnittsprinzip
  Das Durchschnittsprinzip fordert eine durchschnittliche Verteilung von Kosten auf Bezugsobjekte. Im Einproduktfall werden sämtliche Fixkosten durch die gesamte Leistungsmenge dividiert. Bei Vorhandensein mehrerer Kostenstellen oder Kostenträger können dann Bezugs- bzw. Maßgrößen verwendet werden, so dass Kosten proportional zu den Ausprägungen verrechnet werden können.[501] An die Bezugs- bzw. Maßgrößen werden bestimmte Anforderungen gestellt, die bei der Verrechnung mit diesen beachtet werden müssen. Bezugs- bzw. Maßgrößen sollen mindestens eine plausible, möglichst eine proportionale Beziehung zwischen zugerechneten Kosten und den Kosteneinflussgrößen aufweisen.[502] Eine hohe Genauigkeit im Sinne von direkter Messbarkeit der Bezugs- bzw. Maßgrößen sollte gegeben sein. Weiterhin ist Einfachheit der Größen vorteilhaft, d.h. es sollten einfache Größen (z.B. Stunden) vor kombinierten Größen (z.B. Tonnenkilometer) bevorzugt werden.[503]
- Tragfähigkeitsprinzip
  Die Verteilung von Kosten auf die Kostenträger (z.B. den Sendungen) richtet sich nach deren Tragfähigkeit aus. Als ein Maß für die Tragfähigkeit können die Bruttogewinne angesehen werden, die mit diesen Kostenträgern erzielt werden sollen. Dies hat zur Folge, dass mit zunehmendem Bruttogewinn eines Kostenträgers die absolute Höhe der Zurechnung von Kosten auf diesen Kostenträger steigt.[504]

---

500 Vgl. Riebel (1974), Sp.1141; Hummel / Männel (1986), S.56; Riebel (1994), S.32, S.70 ff; Fandel / Fey / Heuft / Pitz (2004), S.36 f

501 Vgl. Coenenberg (2003), S.29 f; Fandel / Fey / Heuft / Pitz (2004), S.37; Götze (2004), S.19; Teilweise wird in der Literatur zwischen einem Durchschnitts- und einem Proportionalitätsprinzip differenziert. Das Proportionalitätsprinzip fordert zwingend eine Kostenverteilung proportional zu einer Bezugs- oder Maßgröße, um eine verursachungsgerechte Kostenzuordnung erreichen zu können. Vgl. Rummel (1949), S.17 ff; Schmalenbach (1963), S.360; Schweitzer / Küpper (2003), S.57; Götze (2004), S.19 Haberstock vertritt die Ansicht, dass das Durchschnittsprinzip eine künstliche Fixkostenproportionalisierung beinhaltet und daher auf den Begriff des Proportionalitätsprinzips vollkommen verzichtet werden soll. Vgl. Haberstock (1998), S.52

502 Vgl. Schweitzer / Küpper (2003), S.127; Wilkens (2004), S.183

503 Vgl. Wilkens (2004), S.183 f

504 Vgl. Hummel / Männel (1986), S.58; Schweitzer / Küpper (2003), S.58; Fandel / Fey / Heuft / Pitz (2004), S.38; Götze (2004), S.19

Mit Hilfe dieser Prinzipien können die im Folgenden vorzustellenden verschiedenen Methoden der Verteilung von Mautkosten evaluiert werden. Die Methoden lassen sich in zwei Gruppen der Kostenzuordnung und -verrechnung einteilen. Eine Gruppe nimmt eine pauschale Zuordnung und Verrechnung der Mautkosten vor, die Methoden der zweiten Gruppe haben eine verursachungsgerechte Kostenzuordnung und -verrechnung der Mautkosten zum Ziel.

4.1.2.2 Methoden der pauschalen Kostenzuordnung und -verrechnung direkter und indirekter Mautkosten

Für Unternehmen, die in der Kostenartenrechnung Mautkosten gesondert erfassen, existieren grundsätzlich mehrere Methoden, die direkten und indirekten Mautkosten Kostenträgern pauschal zuzuordnen und zu verrechnen. Dazu gehören:[505]

- Pauschale Umsatzumlage auf Transportpreis,
- Pauschale Kilometerumlage auf Transportpreis,
- Pauschale Umlage auf Basis des Transportgewichts und
- Pauschale Umlage auf Basis der Transportkosten ohne Einzelausweis.

Diese Methoden werden im Folgenden beschrieben und bewertet.

4.1.2.2.1 Pauschale Umsatzumlage auf Transportpreis

Bei diesem Verfahren zur Kostenzuordnung und -verrechnung wird die Summe der direkten und indirekten[506] Mautkosten für eine Periode ermittelt (z.B. ein Jahr) und dann mit dem Erlös des Unternehmens bzw. des Transportbereichs eines Unternehmens in Relation gesetzt. Durch die Division dieser Größen können die gesamten Mautkosten pro Geldeinheit Frachterlös bestimmt werden. Dadurch kann ein pauschaler Mautaufschlag auf den Transportpreis ermittelt werden. Auf den Kundenrechnungen können für Aufträge die dazugehörigen Mautkosten extra ausgewiesen werden.

Diese Methode ist durch ein hohes Maß an Einfachheit gekennzeichnet und daher leicht anwendbar. Sie führt bei der Rechnungserstellung nur zu unwesentlich höheren Prozesskosten. Es besteht eine fixe Kalkulationsgröße für Disposition / Verkauf sowie für Kunden. Die so ermittelten gesamten Mautkosten pro Geldeinheit Transporterlös sind niedriger als bei einer direkten Berechnung der Mautkosten eines mautpflichtigen Fahrzeugs auf einer mautpflichtigen Strecke für eine bestimmte Fahrt, da alle Transporte - so auch nicht-mautpflichtige Fahrten - Berücksichtigung

---

505 Die Systematik der Methoden der Weiterverrechnung und die Beschreibung der Methoden wurden an Kerler angelehnt. Vgl. Kerler (2003), S.41 ff

506 Bei den pauschalen Methoden können auch ausschließlich die direkten Mautkosten zugeordnet und verrechnet werden. Die indirekten Kosten würden dann als Bestandteil der Verwaltungsgemeinkosten fungieren. Eine separate Erfassung der indirekten Mautkosten würde sich in diesem Fall erübrigen. Jedoch wird dann das Verursachungsprinzip in noch geringerem Maße berücksichtigt.

finden. Folglich fällt der Mautaufschlag geringer aus. Das Identitätsprinzip ist grundsätzlich gegeben. Auch das Durchschnittsprinzip mit der Bezugsgröße Umsatz findet hier Anwendung.

Dieses Verfahren führt jedoch zu einer Quersubventionierung von Kunden, die überdurchschnittliche Mautkosten generieren. Daher ist mit dieser Methode eine verursachungsgerechte Kostenzuteilung und -verrechnung auf Aufträge nicht möglich. Kostentreiber der Mautkosten finden keinen Eingang in die Ermittlung des Mautaufschlags. Die Methode wird daher bei Kunden auf große Akzeptanz stoßen, die stark durch die Maut betroffen sind. Umgekehrt werden Auftraggeber, die vor allem Nahverkehrstransporte durchführen lassen und damit eher nur unterdurchschnittlich Mautkosten produzieren, diesem Verfahren eher ablehnend gegenüberstehen. Schwierigkeiten können sich auch dann ergeben, wenn die Prognosen für die Planperiode nicht eintreffen. Das ist insbesondere dann problematisch, wenn prognostizierte Mautkosten einen niedrigeren Wert als den tatsächlich eingetretenen Ist-Wert annehmen oder wenn der Umsatz der Planperiode überschätzt wird. Das führt dann dazu, dass nicht sämtliche Mautkosten an den Kunden weitergegeben werden können. Das Tragfähigkeitsprinzip findet bei dieser Methodik grundsätzlich keine Anwendung.

4.1.2.2.2 Pauschale Kilometerumlage auf Transportpreis

Diese Art der Weiterberechnung zeichnet sich dadurch aus, dass die gesamten Mautkosten einer Periode (z.B. ein Jahr) auf die gesamte Fahrleistung des Fuhrparks[507] in der Periode umgelegt werden. Bei der Ermittlung der Fahrleistung ist es aus Vereinfachungsgründen irrelevant, ob die Fahrleistung auf dem bemauteten oder dem nachrangigen Straßennetz generiert wird. Durch die Division der beiden Größen Mautkosten und Fahrleistung wird ein Mautaufschlag pro gefahrenen Kilometer ermittelt, der dann für die Kostenzuordnung, Kalkulation und Rechnungserstellung verwendet werden kann. Auch bei diesem Verfahren können die auftragsbezogenen Mautkosten auf den Kundenrechnungen extra ausgewiesen werden.

Die Vorteile bei diesem Vorgehen gleichen denen der pauschalen Umsatzumlage.

Nachteilig sind auch hier eine Quersubventionierung und damit eine mangelnde Verursachungsgerechtigkeit der Kostenzuordnung und -verrechnung. Kunden, die überdurchschnittlich hohe Mautkosten erzeugen, werden im Vergleich zu anderen Auftraggebern, deren Transporte nur geringe Mautkosten aufweisen, bevorteilt. Auch das Nichteintreffen der prognostizierten Werte für eine Planungsperiode bezüglich der Mautkosten und der Fahrleistung kann zu einer nicht vollständigen Weitergabe

[507] Es werden dabei offensichtlich nur die Fahrzeuge berücksichtigt, die mindestens ein zulässiges Gesamtgewicht von 3,5 Tonnen aufweisen, d.h. die der Mautpflicht unterliegen.

von Kosten führen. Das Tragfähigkeitsprinzip findet hier ebenso wenig seine Anwendung.

4.1.2.2.3 Pauschale Umlage auf Basis des Transportgewichts

Bei diesem Verfahren werden die gesamten Mautkosten einer Periode mit dem Transportgewicht (in Kilogramm oder Tonnen) in dieser Periode in Relation gesetzt. Durch die Division dieser beiden Größen kann ein Mautkostenaufschlag pro Einheit Transportgewicht ermittelt werden, mit dem eine Kalkulation und eine Weiterverrechnung auf Basis des Transportgewichts möglich ist. Wie bei den vorangegangenen Methoden auch, können auf den Kundenrechnungen die zum Auftrag gehörenden Mautkosten extra ausgewiesen werden.

Diese Methode bietet sich vor allem dann an, wenn der Frachtpreis auf Basis des Transportgewichtes ermittelt wird. Dies ist beispielsweise bei Kurier-, Express- und Paketdienstleistern der Fall.[508] Die Prozesskosten nehmen auch bei dieser Methodik aufgrund der Einfachheit der Berechnung niedrige Werte an. Eine fixe Kalkulationsgröße für Disposition / Verkauf sowie für Kunden ist damit gegeben. Auch bei diesem Verfahren sind die so ermittelten gesamten Mautkosten pro Gewichtseinheit niedriger bei Fahrten auf dem mautpflichtigen Straßennetz als bei einer direkten Zuordnung und Verrechnung von Mautkosten, da sämtliche Transporte Berücksichtigung finden. Das Identitätsprinzip ist grundsätzlich bei diesem Vorgehen gegeben. Mittels der Verrechnung auf Basis der Bezugsgröße Transportgewicht findet das Durchschnittsprinzip Anwendung.

Kritisch ist die Bestimmung der Mautkosten allein auf Basis des Transportgewichtes. Ein anderer wesentlicher Kostentreiber der Mautkosten, die mautpflichtige Entfernung, spielt keine Rolle bei der Zuordnung und Verteilung der Kosten. Sendungen, die über kurze Entfernungen laufen, subventionieren daher Sendungen über lange (Maut)Strecken quer. Auch sind Sendungen mit hohen Volumen und geringem Transportgewicht zu wenig mit Mautkosten belastet, so dass schwere Sendungen diese quersubventionieren. Von einer verursachungsgerechten Kostenzuordnung und -verteilung kann daher keine Rede sein. Auch dürfte - wie bei den vorhergehenden Methoden - die Akzeptanz der Kunden bei Transporten dann gering sein, wenn Mautkosten gar nicht oder nur in sehr geringer Höhe anfallen. Das Tragfähigkeitsprinzip wird bei dieser Variante grundsätzlich nicht berücksichtigt.

4.1.2.2.4 Pauschale Umlage auf Basis der Transportkosten ohne Einzelausweis

Bei dieser Vorgehensweise werden die Summe der direkten und indirekten Mautkosten pro Periode (z.B. ein Jahr) in Beziehung zu den Transportkosten exklusive Maut-

[508] Das gilt zumindest für nationale Transporte. Transporte auf internationaler Ebene zeichnen sich auch durch eine länder(gruppen)spezifische Bepreisung aus, d.h. neben dem Transportgewicht spielt das Zielland der Sendung eine Rolle bei der Ermittlung des Frachtpreises.

kosten in dieser Periode gesetzt. Der durch Division ermittelte Faktor wird pauschal auf den bisherigen Transportpreis aufgeschlagen. Mautkosten werden aufgrund der internen Bezugsgröße demnach nicht extra auf der Rechnung ausgewiesen, sondern sie sind in diesem Fall integrierter Bestandteil des auf der Rechnung erscheinenden Frachtpreises.[509]

Die Vorteile dieser Methode liegen in der Einfachheit der Bepreisung. Geringe Prozesskosten der Frachtpreisermittlung und der Rechnungserstellung sind die Folge. Auch hier ist eine fixe Kalkulationsgröße gegeben. Das Identitätsprinzip ist bei diesem Vorgehen grundsätzlich realisiert, ebenso das Durchschnittsprinzip.

Auch bei dieser Methode wird das Verursachungsprinzip nicht angewandt. Das Tragfähigkeitsprinzip spielt keine Rolle.

Nachteilig ist darüber hinaus die mangelnde Transparenz der Erhöhung des Frachtpreises für den Kunden.[510] Auftragnehmer könnten die Mauteinführung zum Anlass nehmen, über die anteiligen Mautkosten hinaus weitere Zuschläge in den Transportpreis zu integrieren, um den Cash-Flow des Unternehmens zu verbessern. Andererseits steht einer Berücksichtigung weiterer Zuschläge die hohe Wettbewerbsintensität im Absatzmarkt derjenigen Transportdienstleister, die Standardprodukte anbieten, gegenüber. Unter diesen Rahmenbedingungen dürfte für diese Transportdienstleister eine pauschale Erhöhung, die über den anteiligen Mautkosten liegt, mit einer Verringerung der Kundenanzahl einhergehen. Auch Werkverkehrsbetreiber werden aufgrund der Wettbewerbssituation in vielen Branchen kaum in der Lage sein, Erhöhungen über die Mautkosten hinaus durchzusetzen.

Für die Kunden dürfte die Akzeptanz in Bezug auf einen Verzicht der gesonderten Ausweisung der Mautkosten umso höher sein, je niedriger die prozentuale Steigerung des Transportpreises ist. Ist die relative Erhöhung - auch im Vergleich zu anderen Steigerungen in der Vergangenheit - vergleichsweise hoch, so ist anzunehmen, dass Auftraggeber einen detaillierteren Ausweis von direkten und indirekten Mautkosten präferieren. Es ist auch möglich, dass Großkunden einem Verzicht des Ausweises aufgrund der mangelnden Transparenz und der Pauschalität grundsätzlich ablehnend gegenüberstehen.

Zusammenfassend kann festgestellt werden, dass die pauschalen Methoden zwar einfach in der Anwendung - verbunden mit niedrigen Prozesskosten - sind, jedoch weder eine verursachungsgerechte Kostenzuordnung und -verrechnung erreichen

---

509 Mittelfristig ist zu erwarten, dass Transportdienstleister Mautkosten auf den Rechnungen nicht mehr separat ausweisen, sondern als integrierter Bestandteil des Transportpreises ansehen. Auseinandersetzungen mit dem Auftraggeber über die vom Kunden angesehene „richtige" Höhe der Mautkosten gehören dann der Vergangenheit an.

510 Diese Ausführungen gelten auch sinngemäß für die anderen Methoden, sofern die Mautkosten auf der Kundenrechnung nicht extra ausgewiesen sind.

noch das Tragfähigkeitsprinzip angewandt wird. Das Identitätsprinzip sowie das Durchschnittsprinzip finden bei allen Vorgehensweisen Berücksichtigung.
Zur Realisierung des Verursachungsprinzips bieten sich andere Vorgehensweisen an, welche im Folgenden ausführlicher vorgestellt werden.

4.1.2.3 Methoden der verursachungsgerechten Kostenzurechnung und -verrechnung von direkten und indirekten Mautkosten

Verursachungsgerechte Verfahren der Zuordnung und Verrechnung direkter und indirekter Mautkosten für einen Kostenträger bieten die Möglichkeit, die Kostenträger (Sendungen, Aufträge) mit dem tatsächlichen Ressourcenverzehr zu bewerten und somit eine individuelle Allokation der Mautkosten vorzunehmen. Damit unterscheiden sie sich sehr stark von den im letzten Kapitel vorgestellten Methoden zur pauschalen Kostenverteilung. Zu den verursachungsgerechten Verfahren gehören die folgenden Methoden:

- Exakte, auftragsbezogene Mautkostenzurechnung,
- Mautkostentabellen und
- Kostenverrechnung von Mautkosten auf Basis einer Mengenstromanalyse des logistischen Netzwerkes eines Unternehmens

Diese Verfahren werden im Folgenden einer ausführlichen Betrachtung unterzogen.

4.1.2.3.1 Exakte, auftragsbezogene Mautkostenzurechnung

Diese verursachungsgerechte Methode lässt eine detaillierte Ausweisung von direkten und ggf. indirekten Mautkosten eines Auftrages auf den Kundenrechnungen zu, indem die durch die fahrleistungsabhängige Maut anfallenden Kosten separat und zwar getrennt nach den für den Kostenträger tatsächlich angefallenen direkten Mautkosten sowie ggf. den indirekten Mautkosten angegeben werden. Die direkten Mautkosten des Auftrages - inklusive der für diesen Auftrag anfallenden Kosten der mautpflichtigen Leerkilometer - sowie die kilometerbezogenen indirekten Mautkosten werden zum Transportpreis (ohne Mautkosten) des Auftrages addiert, um den Gesamtfrachtpreis zu erhalten.
Die exakte, auftragsbezogene Ausweisung der Mautkosten ist charakterisiert durch ein sehr hohes Maß an Nachvollziehbarkeit und verursachungsgerechter Kostenzuordnung und dürfte daher grundsätzlich bei den Kunden auf große Akzeptanz stoßen.
Jedoch kann eine detaillierte Ausweisung der direkten und indirekten Mautkosten auch problematisch sein. Auftraggeber könnten versucht sein, einzelne Größen der Berechnung zu hinterfragen. So könnte die zurückgelegte Entfernung auf dem mautpflichtigen Straßennetz vom Kunden nicht akzeptiert werden, da beispielsweise eine nicht bemautete Straße parallel zur Mautstrecke existiert und der Auftraggeber dar-

auf dringt, letztere zu benützen.[511] Auch können Auftraggeber Kosten für mautpflichtige Leerkilometer nicht oder nur teilweise akzeptieren.[512] Darüber hinaus ist die exakte Ermittlung der direkten Mautkosten von der Verkehrsart abhängig. Während im Komplettladungsverkehr eine eindeutige Allokation direkter Mautkosten unkritisch ist, ist im Teilladungsverkehr und in noch viel stärkerem Maße im Stückgutverkehr eine verursachungsgerechte Kostenzuordnung mit starken Problemen behaftet, da eine eindeutige Zuordnung der Kosten zu Kostenträgern oftmals nicht möglich ist und für jede Fahrt neu bestimmt werden muss.
Bei der Bestimmung der Höhe der indirekten Kosten besteht Manipulationspotential bezüglich der Hinzurechnung von Kosten der Führungsteilsysteme und deren Koordination, was die Nachvollziehbarkeit und die Verursachungsgerechtigkeit der Zuordnung dieser Kosten beeinträchtigen kann.
Die Prozesskosten der exakten Ermittlung der auftragsbezogenen Mautkosten sowie der Erstellung der Rechnung nehmen daher Werte an, die deutlich über denen der pauschalen Methoden liegen. Die Höhe der Prozesskosten ist unter anderem abhängig vom Automatisierungsgrad der Berechnung der auftragsspezifischen direkten und indirekten Mautkosten. Leistungsfähige Softwaresysteme zur Mautkontrolle können helfen, die Prozesskosten zu senken.[513]
Daher werden im Folgenden Methoden vorgestellt, mit denen eine verursachungsgerechte Kostenverteilung mit akzeptablen Prozesskosten möglich ist.

4.1.2.3.2 Mautkostentabellen

Bei den Mautkostentabellen kann in individuelle sowie generalisierte Mautkostentabellen unterschieden werden, die beide im Folgenden erläutert werden.

4.1.2.3.2.1 Individuelle Mautkostentabellen

4.1.2.3.2.1.1 Grundlagen

Individuelle Mautkostentabellen sind an Unternehmen angepasste Mautkostentabellen, in welchen unternehmensspezifische Daten Berücksichtigung finden. Sie sind eine Methode, die Kostenverrechnung von Mautkosten an Kostenträger annähernd

---

511 Vgl. zum Mautausweichverkehr auch Kapitel 6.3.4.4.2

512 Beispielsweise kommunizierte DaimlerChrysler im Mai 2003, vier Monate vor der ursprünglich geplanten Einführung der deutschen Lkw-Maut, dass der Konzern die direkten Mautkosten der Transportdienstleister bzw. Lieferanten, die unter Last anfallen, übernehmen wird. Die Übernahme von Leerkilometern sei dagegen Verhandlungssache mit dem Transportdienstleister bzw. Lieferanten. Vgl. DaimlerChrysler (2003), S.1

513 Der Einsatz von Software zur Mautkontrolle ist jedoch erst ab einer bestimmten Anzahl von Transaktionen ökonomisch, da die Fixkosten für Lizenzierung und Implementierung auf die Anzahl der Transaktionen umgelegt werden müssen. Dies ist offensichtlich nur bei hohen Transaktionszahlen kostengünstiger als manuelle oder teilautomatisierte Lösungen, die sich durch hohe Grenzkosten für eine weitere Transaktion, d.h. der Erstellung einer weiteren Rechnung, auszeichnen. Vgl. zur Mautkontrolle auch Kapitel 5.

verursachungsgerecht mit geringen Prozesskosten zu bewältigen, d.h. die Nutzung der individuellen Mautkostentabellen ist mit niedrigen Kosten verbunden. Andererseits ist der Aufwand bei der Erstellung von individuellen Mautkostentabellen zu berücksichtigen. Insbesondere die Ermittlung der relevanten Daten erfordern einen hohen Zeitaufwand.

Mautkostentabellen weisen einen bestimmten Mautkostensatz für einen Auftrag bzw. eine Sendung in Abhängigkeit des Transportgewichtes / -volumens und der Entfernungszone aus. Die beiden wesentlichen Kostentreiber Gewicht bzw. Volumen und die Entfernung finden damit Berücksichtigung bei der Ermittlung der Höhe der zu verrechnenden Mautkosten.

Mautkostentabellen sind ein einfaches und nachvollziehbares Verfahren, um im Beschaffungs- oder Distributionsbereich von Industrie-, Gewerbe oder Handelsunternehmen schnell und mit einem hohen Maß an Verursachungsgerechtigkeit die zusätzlichen direkten und indirekten Kosten der Maut an Kostenträger verrechnen zu können. Bei Transportdienstleistern bieten sich individuelle Mautkostentabellen vor allem im Stückgut- sowie im Teilladungsverkehr an. Grundsätzlich können sie aber auch im Komplettladungsverkehr Anwendung finden.

Die in der individuellen Mautkostentabelle enthaltenen Mautkostensätze sollten keinen Gewinnzuschlag enthalten. Die Mautkostentabellen haben das Ziel, ausschließlich die durch die fahrleistungsabhängige Maut entstandenen Kosten eindeutig Aufträgen bzw. Sendungen zuzuordnen und zu verrechnen.

4.1.2.3.2.1.2 Erstellung einer individuellen Mautkostentabelle, dargestellt am Beispiel eines Chemiehandelsunternehmens

In diesem Kapitel werden die Prämissen, die Methodik sowie die Ergebnisse der Berechnung einer individuellen Mautkostentabelle dargestellt.[514] Diese individuelle Mautkostentabelle wurde für das größte Chemiehandelsunternehmen in Österreich im Herbst 2003, wenige Monate vor Einführung der fahrleistungsabhängigen Maut, erstellt. Das Unternehmen verfolgt mit der individuellen Mautkostentabelle das Ziel, für die Distribution von Flüssigprodukten mit Tankwagen Mautkosten verursachungsgerecht zuzuordnen. Die Distribution der Flüssigprodukte, die in mehreren österreichischen und ausländischen Werken produziert werden, ist durch eine Vielzahl von österreichischen Senken, d.h. angefahrenen Kunden, bei einer Tour gekennzeichnet. Somit ist eine verursachungsgerechte Kostenaufteilung der Mautkosten zu einzelnen Aufträgen / Sendungen unter der Prämisse geringer Prozesskosten sowie der Forderung nach vollständiger Weiterberechnung der Maut an die Kunden nur mit individuellen Mautkostentabellen möglich. Die Distribution der Flüssigprodukte erfolgt mittels

---

[514] Ausführliche Informationen zur Erstellung einer individuellen Mautkostentabelle lassen sich bei Kummer / Einbock / Nagl (2003a) finden. Vgl. Kummer / Einbock / Nagl (2003a), S.3 ff

eigenem Fuhrpark. Zusätzlich werden Transportdienstleister zur Abwicklung der Transportaufträge herangezogen.

4.1.2.3.2.1.2.1 Datenerhebung

Um eine auf das Unternehmen spezifizierte Mautkostentabelle zu erstellen, ist es erforderlich, zunächst unternehmensindividuelle Daten zum Distributionsbereich zu eruieren. Es wurden u.a. folgende Daten erhoben:

- Anzahl Tankwagenfahrzeuge in den jeweiligen Achskategorien,
- Durchschnittliche Nettogewichte pro Tour,
- Autobahnkilometeranteile der Tankwagen oder
- Leerkilometeranteile der Tankwagen

Die Erhebung dieser Daten erfolgte durch eine schriftliche Umfrage mittels Fragebogen bei allen österreichischen Standorten des Unternehmens. Die für die individuelle Mautkostentabelle notwendige Aggregation der Daten erfolgte durch die Ermittlung der ungewichteten Durchschnitte aller Produktionsstätten.

4.1.2.3.2.1.2.2 Generierung einer Entfernungszonentabelle

Für die Bestimmung der bei einer Tour für einen Kostenträger entstehenden Mautkosten ist eine Auswahl der entsprechenden Entfernungszone erforderlich. Bei der für das Beispielunternehmen entwickelten Entfernungszonentabelle wurde von 10 Entfernungszonen in Österreich ausgegangen. Durch die im Vergleich zu anderen Mautkostentabellen hohe Anzahl an Entfernungszonen kann eine Weitergabe der zusätzlichen Mautbelastung in starkem Maße verursachungsgerecht erfolgen. Je höher die Anzahl der Entfernungszonen ist, desto geringer sind die Sprünge der in der Mautkostentabelle enthaltenen Mautkostenwerte zwischen zwei benachbarten Entfernungszonen. Dies kann die Akzeptanz einer Mautkostentabelle bei Kunden fördern.

Eine Entfernungszone EZ ist definiert durch einen Entfernungszonenmittelpunkt l_{EZ} und durch einen Radius, der die Größe der Entfernungszonen bestimmt. Die in Tabelle 31 mit diesen beiden Größen charakterisierten 10 Entfernungszonen bilden die Basis für die Entfernungszonentabelle.

Die Größe einer Entfernungszone, definiert als Radius um den Zonenmittelpunkt, beträgt mit Ausnahme der Entfernungszone 1 und 2 jeweils 40 Kilometer. Bei den beiden Nahverkehrszonen 1 und 2 dagegen wurde der Radius auf 20 Kilometer reduziert. Die Ursache liegt in der angenommenen hohen Sensibilität der Kunden im Nahverkehr bezüglich der Mautkosten. Auftraggeber, so kann vermutet werden, werden bei kurzen Transporten nur sehr niedrige Mautkostenaufschläge akzeptieren.[515] Ein zu großer Radius bei Entfernungszonen im Nahbereich kann daher zu einer Verringerung der Akzeptanz der Mautkostentabelle bei Kunden führen.

Entfernungszone EZ	Größe der Entfernungszone	Entfernungszonenmittelpunkt l_{EZ}
1	0 - 40 km	30 km
2	41 - 80 km	66 km
3	81 - 160 km	120 km
4	161 - 240 km	200 km
5	241 - 320 km	280 km
6	321 - 400 km	360 km
7	401 - 480 km	440 km
8	481 - 560 km	520 km
9	561 - 640 km	600 km
10	641 - 720 km	680 km

Tabelle 31: Charakterisierung der Entfernungszonen EZ

Der Entfernungszonenmittelpunkt l_{EZ} berechnet sich aus dem arithmetischen Mittel der Unter- sowie der Obergrenze der jeweiligen Entfernungszone.[516] Ausnahmen bilden die ersten beiden Entfernungszonen. Aufgrund der Standortstruktur der Betriebsstätten des betrachteten Unternehmens, welche sich überwiegend in der Nähe von Ballungszentren befinden, wurde pauschal ein Wert als Zonenmittel angesetzt, der größer als das arithmetische Mittel ist. Diese Abweichung vom arithmetischen Mittelwert kann mit der höheren Autobahnnetzdichte in Agglomerationsräumen begründet werden.

Von einem beliebigen österreichischen Quellstandort ausgehend, wird für Transporte in alle möglichen Senkstandorte in Österreich die entsprechende Entfernungszone zugewiesen. Dies kann jedoch bei einer Vielzahl von Fahrten und Kunden sehr zeitaufwendig sein. Zur Vereinfachung bietet sich an, Quell- und Senkstandorte zu Postleitzahlregionen zusammenzufassen. Eine Postleitzahlregion ist durch die ersten beiden Ziffern der Postleitzahl bestimmt. Die Zuweisung der Entfernungszonen für Transporte zwischen einer Quelle und Senke erfolgt dann über die mittlere Entfer-

[515] Aus diesem Grund ist es auch sinnvoll, bei Auftraggebern, deren Betriebsstandort sich in unmittelbarer Nähe einer der Produktionsstätten des Beispielsunternehmens befindet, ganz von Mautkostenzuschlägen abzusehen.

[516] In diesem Beispiel erfolgt eine Abrundung auf volle Stellen.

nung zwischen zwei Postleitzahlgebieten unter Berücksichtigung des wirtschaftlichen Schwerpunkts eines Postleitzahlengebietes. In einigen Fällen wurde nicht die kürzeste Route gewählt, sondern diejenige, welche für den Lkw von Relevanz ist.[517]
Tabelle 32 zeigt einen kleinen Ausschnitt aus der Entfernungszonentabelle.

PLZ-Region (von) \ PLZ-Region (nach)	10-16	20	21	22	23	...
10-16	1	2	2	2	1	
20	2	1	2	2	2	
21	2	2	1	2	2	
22	2	2	2	1	2	
23	1	2	2	2	1	
...						

Tabelle 32: Ausschnitt aus der Entfernungszonentabelle

Im Falle internationaler Transporte von / nach Österreich kann die Entfernungszonentabelle von / bis zu den Grenzübergangsstellen genutzt werden, um für den österreichischen Teil des Transportes anfallende Mautkosten zuordnen zu können.

	Postleitzahlgebiet
Achenkirch (D)	62
Bad Radkersburg (SLO)	84
Berg (SK)	24
Bonisdorf (SLO)	83
Braunau (D)	52
...	...

Tabelle 33: Verzeichnis der Grenzübergangsstellen mit den dazugehörigen Postleitzahlen (Auswahl)

Daher wurden für alle Grenzübergangsstellen die entsprechende Postleitzahlregion bestimmt, wie in Tabelle 33 ausschnittsweise dargestellt ist.

4.1.2.3.2.1.2.3 Annahmen des Modells

Für die Berechnung der Mautkostensätze in der individuellen Mautkostentabelle ist es erforderlich, bestimmte Prämissen zu einzelnen, in die Ermittlung einfließenden Größen zu treffen.

517 Aufgrund der Topographie des Landes Österreich können Straßengüterverkehrsfahrzeuge nicht immer die kürzeste Route wählen.

- Durchschnittliches Nettogewicht w

Unter einem durchschnittlichen Nettogewicht w wird das auf einer Tour in der Distribution auf einem Tankfahrzeug im Mittel transportierte Gewicht der Ladung verstanden. Der Messpunkt des durchschnittlichen Nettogewichtes auf einer Tour sollte zwischen der Befüllung des Fahrzeuges in einer der Produktionsstätten und der ersten Abladestelle liegen. Bei der Ermittlung des durchschnittlichen Nettogewichtes w wurde in der Befragung eine Unterscheidung in Werkverkehr und gewerblichen Verkehr vorgenommen. Die beiden eruierten Werte der durchschnittlichen Nettogewichte wurden im nächsten Schritt mit der Anzahl der Fahrzeuge im Werkverkehr bzw. mit der Anzahl der Fahrzeuge von Transportdienstleistern gewichtet, um einen Durchschnittswert für das Unternehmen zu erhalten.[518] Es werden hauptsächlich 40-Tonnen-Fahrzeuge eingesetzt, deren maximales Nutzgewicht bei 24 Tonnen liegt. Das Ergebnis stellt sich damit wie folgt dar (Tabelle 34):

Größe	Wert
Durchschnittliches Nettogewicht w	15.000 kg
Maximales Nutzgewicht (40-Tonner)	24.000 kg
Durchschnittliche gewichtsmäßige Auslastung[519]	62,5 %[520]

Tabelle 34: Durchschnittliches Nettogewicht im Tankwagenverkehr

Das im Vergleich zur festen Ladung hohe durchschnittliche Nettogewicht bei Tankwagen lässt sich auf zwei Gründe zurückführen.[521] Bei Flüssigkeiten entfallen Verpackungen, die Volumen beanspruchen, jedoch nicht das Nettogewicht der zu transportierenden Güter verändern. Dies wirkt sich positiv auf die gewichtsmäßige Auslastung von Tankwagen aus. Auch sind eine Vielzahl von Tankwagentouren internationale Verkehre, bei denen besonders auf eine hohe gewichtsmäßige Auslastung geachtet wird.

Beim Transport kleinerer Sendungsgrößen ist das in Tabelle 34 angegebene durchschnittliche Nettogewicht im Regelfall nicht zu erreichen. Im Tankwagenverkehr wird

---

[518] Das durchschnittliche Nettogewicht bei Fahrzeugen, die durch Transportdienstleister eingesetzt wurden, war wesentlich höher als bei den werkseigenen Fahrzeugen. Ein geringerer Auslastungsgrad im Werkverkehr im Vergleich zum gewerblichen Verkehr ist typisch. Vgl. Baum (1991), S.6; Aberle (2003), S.236

[519] Die Gewichtsauslastung eines Verkehrsmittels wird durch die Division des tatsächlichen Nutzgewichtes und des maximalen Nutzgewichts ermittelt. Sie nimmt einen Wert zwischen 0 % und 100 % an. Vgl. Aberle (2003), S.235

[520] Dieser Wert ist jedoch nicht ganz korrekt, da neben 40-Tonnen-Fahrzeugen gelegentlich auch kleinere Fahrzeuge mit einem geringeren Nutzgewicht zum Einsatz kommen und ein Bezug auf das maximale Nutzgewicht eines 40-Tonnen-Fahrzeuges daher eigentlich unzulässig wäre.

[521] Bei fester Ladung beträgt die gewichtsmäßige Auslastung in Abhängigkeit der Verkehrsart oder der Produkte im Durchschnitt oft weniger als 15 Tonnen.

bei Vorliegen kleinerer Sendungsgrößen der Einsatz kleinerer und somit kostengünstigerer Fahrzeuge präferiert. Daher wird bei kleineren Sendungseinheiten ein geringeres durchschnittliches Nettogewicht angesetzt. Diese steigt in leicht konvexer Form mit zunehmender Sendungsgröße, bis sie den Wert 15.000 kg erreicht.[522]

- Durchschnittlicher Mautsatz $\overline{m}$

Im Tankwagenverkehr werden bei dem Beispielunternehmen fast ausschließlich vier- und mehrachsige Fahrzeuge eingesetzt. Daher kann von einem Mautsatz von 0,273 EUR / km ausgegangen werden.[523]

Die indirekten Mautkosten sollten in den Mautkostentabellen grundsätzlich berücksichtigt werden. Wie bereits in Kapitel 4.1.1.1.3 gezeigt, können diese in Form eines Aufschlages zu den direkten Mautkosten integriert werden. Bei dieser Mautkostentabelle wurde jedoch aus dem Grund der vom Unternehmen vermuteten mangelnden Akzeptanz seitens der Kunden auf eine Einbindung der indirekten Mautkosten in die Mautkostentabelle verzichtet.[524]

Fraglich ist, inwieweit die beiden Entlastungsmaßnahmen Abschaffung der Straßenbenutzungsabgabe sowie Rückführung der Kfz-Steuererhöhung 2001 in Mautkostentabellen Berücksichtigung finden sollten. Zwar hängen die Entlastungen unmittelbar mit der fahrleistungsabhängigen Maut zusammen und sollten daher Eingang in die Mautkostentabelle finden. Andererseits stellen die Straßenbenutzungsabgabe sowie die Kfz-Steuer für die Unternehmen Fixkosten dar. Die direkten Mautkosten und ein Teil der indirekten Mautkosten dagegen sind jedoch fahrleistungsabhängig, d.h. sie gehören zu den variablen Kosten. Eine verursachungsgerechte Kostenverteilung von Fixkosten ist immer problematisch. Zusätzlich würde eine Integration der Entlastungen in die Mautkostentabelle zu einer Verringerung der Transparenz der Ermittlung der Mautkostensätze führen. Zudem sind in Zukunft Veränderungen in der Höhe der Mautsätze zu erwarten. Die Verabschiedung der neuen EU-Wegekostenrichtlinie kann eine Änderung der Mautsätzen notwendig machen. Auch können ökologische Komponenten zukünftig in die Bepreisung einfließen. Aus diesen Gründen erscheint es als sinnvoller, Entlastungen im Transportpreis exklusive Mautkosten zu berück-

---

522 Auf eine genaue Darstellung der Funktion wird hier verzichtet.

523 Sofern auch zwei- oder dreiachsige Fahrzeuge eingesetzt werden, müssen bei der Ermittlung des durchschnittlichen Mautsatzes die unterschiedlichen Mautsätze mit der Anzahl der Fahrzeuge in der jeweiligen Kategorie gewichtet werden. Voraussetzung dafür sind ähnliche Fahrleistungen pro Periode in den einzelnen Achskategorien. Sollten die Fahrleistungen in den Kategorien größere Unterschiede aufweisen (üblicherweise werden kleinere Fahrzeuge im Nahverkehr eingesetzt, deren Periodenfahrleistungen geringer sind als im Fernverkehr), so muss zur Ermittlung des Durchschnittsmautsatzes eine Gewichtung zusätzlich anhand der durchschnittlichen Fahrleistungen je Achskategorie erfolgen.

524 Das Unternehmen befürchtete, dass eine Hinzurechnung der indirekten Mautkosten die Akzeptanz der Mautkostentabelle wesentlich verringern würde. Dies hat nicht zuletzt auch damit zu tun, dass große Unternehmen vor der Mauteinführung kommuniziert haben, nur direkte Mautkosten zu übernehmen.

sichtigen. Somit sind auch in dieser individuellen Mautkostentabelle keine Entlastungswirkungen enthalten.

- Durchschnittlicher Autobahnanteil der Fahrleistungen α_F

Da die Mautpflicht ausschließlich auf dem hochrangigen Straßennetz gilt, fallen somit nur bei Benutzung dieser Straßen direkte Mautkosten an. Dieses Faktum wird durch die Berücksichtigung des Autobahnkilometeranteils an der gesamten Fahrleistung berücksichtigt. Der Autobahnkilometeranteil an der gesamten Wegstrecke einer Fahrt wächst üblicherweise mit zunehmender Entfernung zwischen einem Quell- und Senkstandort. Dies muss im Rahmen der Ermittlung des durchschnittlichen Autobahnanteils Berücksichtigung finden.

Der Autobahnkilometeranteil für die zehn definierten Entfernungszonen wurde mit Hilfe einer Polynomfunktion vierten Grades berechnet. Diese Funktion ermöglicht eine sehr realitätsnahe Darstellung der unterschiedlichen Autobahnanteile in den zehn Entfernungszonen. Formal lässt sich die Funktion wie folgt darstellen:

Formel 21:

$$\alpha_F = -0{,}00011 \cdot l_{EZ}^{\ 4} + 0{,}00323 \cdot l_{EZ}^{\ 3} - 0{,}03430 \cdot l_{EZ}^{\ 2} + 0{,}1631 \cdot EZ + 0{,}66798$$

Bei Anwendung dieser Polynomfunktion auf die zehn Entfernungszonen EZ ergeben sich folgende Autobahnkilometeranteile:

Entfernungszone EZ	Autobahnkilometeranteil α_F
1 (1 - 40 km)	80 %
2 (41 - 80 km)	88 %
3 (81 - 160 km)	93 %
4 (161 - 240 km)	95 %
5 (241 - 320 km)	96 %
6 (321 - 400 km)	96 %
7 (401 - 480 km)	97 %
8 (481 - 560 km)	97 %
9 (561 - 640 km)	97 %
10 (641 - 720 km)	97 %

Tabelle 35: Autobahnkilometeranteile α_F für die jeweiligen Entfernungszonen, auf volle Stellen gerundet

Der graphische Verlauf der Funktion ist in Abbildung 25 ersichtlich.

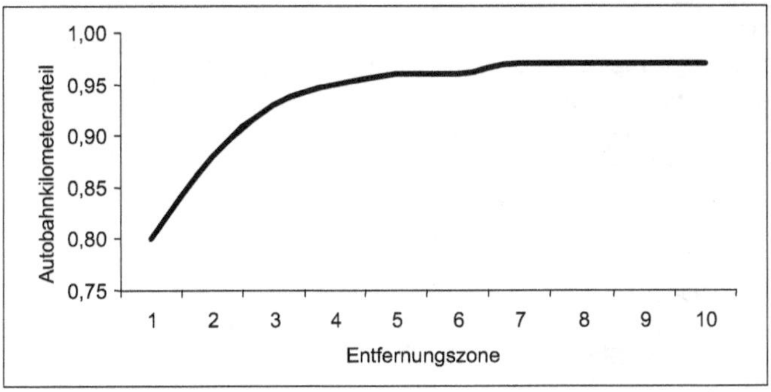

Abbildung 25: Autobahnkilometeranteile in Abhängigkeit der Entfernungszonen

- Durchschnittlicher Leerkilometeranteil α_L

Die Fahrleistung eines Straßengüterverkehrsfahrzeuges setzt sich aus der Addition der Last- und der Leerkilometer zusammen. Lastkilometer fallen bei Lastfahrten an und stellen denjenigen Teil der Fahrleistung dar, bei welchem Last, d.h. Güter, befördert wird. Leerkilometer sind dann folglich jener Teil der Fahrleistung, bei der keine Last transportiert wird, d.h. die gewichtsmäßige Auslastung den Wert Null annimmt.[525] Leerkilometer entstehen, weil „...viele Transporte Verteilerverkehre ohne Rückladeмöglichkeit darstellen...“[526]. Dazu gehören beispielsweise Tankstellenbelieferungen, Lebensmitteltransporte oder Baustellenverkehre.[527] Bei den auch als Rüstkosten bezeichneten Kosten der Leerkilometer ist die Frage der Zurechnung auf die Kostenträger besonders problematisch.[528] Sofern bei Leerfahrten das mautpflichtige Straßennetz benutzt wird, fallen auch für diese Leerfahrten Mautkosten an, die Aufträgen bzw. Sendungen zugeordnet werden müssen.

Es ist evident, dass die direkten Mautkosten, die bei Leerfahrten anfallen, in der individuellen Mautkostentabelle Berücksichtigung finden müssen, wenn eine vollständige Weiterverrechnung der Mautkosten angestrebt wird.

Im Rahmen der Datenerhebung wurde herausgefunden, dass der durchschnittliche Leerkilometeranteil 40 % beträgt, wie Tabelle 36 zeigt. Das bedeutet, dass im Mittel 40 % der Periodenfahrleistung der Fahrzeuge ohne Last zurückgelegt werden.

Der relativ hohe Leerkilometeranteil bei Tankwagen resultiert aus der für Tankwagen kaum vorhandenen Möglichkeit, Retourfrachten zu akquirieren. In Tankwagen werden ausschließlich sehr spezifische Güter transportiert, so dass nur von einer geringen Rückladefähigkeit gesprochen werden kann.

---

525 Vgl. Riebel (1955), S.58; Stieglitz (1997b), S.519; Eine einheitliche Definition von Leerkilometern ist jedoch nicht existent. In der speditionellen Praxis werden im Sammelgutverkehr die Fahrleistungen bei den Auslieferungstouren bereits nach der ersten Abladung als Leerkilometer und nicht mehr als Lastkilometer angesehen.

526 Aberle (2003), S.238

527 Vgl. Aberle (2003), S.238

528 Vgl. Diederich (1977), S.139

Größe	Wert
Durchschnittlicher Leerkilometeranteil α_L	40 %
Durchschnittlicher Lastkilometeranteil	60 %
Summe	100 %

Tabelle 36: Durchschnittlicher Leer- und Lastkilometeranteil im Tankwagenverkehr

4.1.2.3.2.1.2.4 Berechnung der Mautkostensätze in der individuellen Mautkostentabelle

Die Mautkostensätze K_{MS} in Abhängigkeit der Entfernungszone werden mit Hilfe folgender Formel ermittelt:

Formel 22:

$$K_{MS} = \frac{l_{EZ} \cdot \alpha_F \cdot \overline{m}}{(1-\alpha_L) \cdot w}$$

wobei

K_{MS} ... Mautkostensatz
l_{EZ} ... Entfernungszonenmittelpunkt der jeweiligen Entfernungszone
α_F ... Autobahnkilometeranteil der jeweiligen Entfernungszone
$\overline{m}$ ... durchschnittlicher Mautsatz
α_L ... Leerkilometeranteil
w ... durchschnittliches Nettogewicht

Formel 22 berechnet demnach den anteiligen Mautkostensatz für eine Gewichtseinheit (z.B. 1 kg) für eine bestimmte Entfernungszone.
Im zweiten Schritt werden die Mautkostensätze für alle Gewichtsklassen ermittelt, indem eine Multiplikation des Mautkostensatzes mit dem arithmetischen Mittelwert der Gewichtsklasse erfolgt.

4.1.2.3.2.1.2.5 Ergebnis: individuelle Mautkostentabelle

Das Ergebnis der Berechnung der Mautkostensätze K_{MS} für alle Gewichts- / Entfernungszonenkombinationen zeigt Tabelle 37. Mautkostensätze können mit Hilfe der individuellen Mautkostentabelle für die Kalkulation und Rechnungsstellung leicht ermittelt werden, da für den Kostenträger nur die Inputgrößen Nettogewicht und Entfernungszone eruiert werden müssen und damit der jeweilige Mautkostensatz K_{MS} in der Mautkostentabelle bestimmt werden kann.
Zusammenfassend kann festgestellt werden, dass eine individuelle Mautkostentabelle anfallende Mautkosten annähernd verursachungsgerecht auf Kostenträger ver-

rechnen kann. Das Identitätsprinzip wird ebenso wie das Durchschnittsprinzip realisiert. Das Tragfähigkeitsprinzip kann jedoch auch bei individuellen Mautkostentabellen nicht angewandt werden.

4.1.2.3.2.2 Generalisierte Mautkostentabellen

4.1.2.3.2.2.1 Grundlagen

Generalisierte Mautkostentabellen sind Mautkostentabellen für eine Branche, die auf Durchschnittswerten der Branche beruhen. Innerhalb der Branchen kann zusätzlich in verschiedene Verkehrsarten differenziert werden. Generalisierte Mautkostentabellen bieten sich besonders für den Stückgut- und Teilladungs- sowie teils für den Komplettladungsverkehr an.

Die generalisierten Mautkostentabellen ermitteln auf Basis der Branchenwerte für einen Auftrag bzw. eine Sendung in Abhängigkeit des Transportgewichtes / -volumens und der Entfernungszone den entsprechenden Mautkostensatz.

Generalisierte Mautkostentabellen bieten für Unternehmen der jeweiligen Branche die Möglichkeit, ohne die Erstellung einer individuellen Mautkostentabelle Mautkosten mit geringen Prozesskosten an Kunden weiterverrechnen zu können. Allerdings besteht für das anwendende Unternehmen das Risiko, nicht alle direkten und indirekten Mautkosten weiterverrechnen zu können, wenn die Mautkostensätze der generalisierten Mautkostentabelle zu gering ausfallen. Das ist dann der Fall, wenn das Unternehmen bei den Inputgrößen der Berechnung schlechtere Werte im Vergleich zum Branchenmittelwert aufweist (z.B. höherer Leerkilometeranteil, geringeres durchschnittliches Nettogewicht etc.). Andererseits ist es für Unternehmen, die besser als der Branchendurchschnitt sind, vorteilhaft, diese generalisierte Mautkostentabelle zu nutzen, da dann versteckte Margen enthalten sind, d.h. der verrechnete Preis über den tatsächlich angefallenen Mautkosten liegt.

Daher sollten generalisierte Mautkostentabellen nur dann erstellt werden, wenn die Streuung der Einzelwerte um den branchenüblichen Mittelwert nur einen sehr geringen Betrag annimmt. Im Fall hoher Streuungswerte ist es angebrachter, auf generalisierte Mautkostentabellen zu verzichten, da dann die Verursachungsgerechtigkeit darunter leidet.

Die Akzeptanz generalisierter Mautkostentabelle bei Auftraggebern dürfte im Allgemeinen recht hoch sein. Dies trifft insbesondere dann zu, wenn keine versteckten Margen in den Mautkostensätzen vermutet werden.

Mautgebührentabelle für Tankwagen

Nettogewicht	15.000 KG
Leerfahrtenanteil	0,4
Multiplikator Leerfahrten	1,6667
Mautsatz	0,273 €

			30 KM	66 KM	120 KM	200 KM	280 KM	360 KM	440 KM	520 KM	600 KM	680 KM
			Maut pro Sendung									
Maut per Fahrt in Zone		→	11,603 €	26,426 €	49,140 €	84,630 €	121,030 €	157,248 €	194,194 €	229,502 €	264,810 €	300,118 €
Nettogewicht	von KG	bis KG	1-40 km	41-80 km	81-160 km	161 - 240 km	241 - 320 km	321 - 400 km	401 - 480 km	481 - 560 km	561 - 640 km	641 - 720 km
			Zone 1	Zone 2	Zone 3	Zone 4	Zone 5	Zone 6	Zone 7	Zone 8	Zone 9	Zone 10
1.700 KG	1 KG	2.000 KG	2,820 €	6,420 €	11,930 €	20,550 €	29,390 €	38,190 €	47,160 €	55,740 €	64,310 €	72,890 €
2.251 KG	2.001 KG	2.500 KG	3,590 €	8,170 €	15,190 €	26,160 €	37,410 €	48,610 €	60,030 €	70,940 €	81,860 €	92,770 €
2.751 KG	2.501 KG	3.000 KG	4,240 €	9,660 €	17,960 €	30,920 €	44,220 €	57,460 €	70,960 €	83,860 €	96,760 €	109,660 €
3.501 KG	3.001 KG	4.000 KG	5,210 €	11,860 €	22,050 €	37,980 €	54,320 €	70,570 €	87,150 €	103,000 €	118,840 €	134,690 €
4.501 KG	4.001 KG	5.000 KG	6,410 €	14,610 €	27,170 €	46,780 €	66,910 €	86,930 €	107,350 €	126,870 €	146,390 €	165,910 €
5.501 KG	5.001 KG	6.000 KG	7,440 €	16,940 €	31,500 €	54,250 €	77,580 €	100,800 €	124,480 €	147,120 €	169,750 €	192,380 €
6.501 KG	6.001 KG	7.000 KG	8,260 €	18,800 €	34,970 €	60,220 €	86,120 €	111,900 €	138,190 €	163,310 €	188,440 €	213,560 €
7.501 KG	7.001 KG	8.000 KG	8,880 €	20,210 €	37,590 €	64,730 €	92,580 €	120,280 €	148,540 €	175,550 €	202,550 €	229,560 €
8.501 KG	8.001 KG	9.000 KG	9,320 €	21,230 €	39,480 €	67,990 €	97,230 €	126,330 €	156,010 €	184,370 €	212,740 €	241,100 €
9.501 KG	9.001 KG	10.000 KG	9,640 €	21,960 €	40,830 €	70,310 €	100,550 €	130,650 €	161,340 €	190,680 €	220,010 €	249,340 €
10.501 KG	10.001 KG	11.000 KG	9,880 €	22,510 €	41,860 €	72,090 €	103,090 €	133,940 €	165,410 €	195,490 €	225,560 €	255,630 €
11.501 KG	11.001 KG	12.000 KG	10,110 €	23,010 €	42,800 €	73,700 €	105,410 €	136,950 €	169,120 €	199,870 €	230,620 €	261,370 €
12.501 KG	12.001 KG	13.000 KG	10,360 €	23,600 €	43,880 €	75,570 €	108,070 €	140,410 €	173,390 €	204,920 €	236,450 €	267,970 €
13.501 KG	13.001 KG	14.000 KG	10,710 €	24,390 €	45,350 €	78,100 €	111,690 €	145,110 €	179,200 €	211,780 €	244,360 €	276,950 €
14.501 KG	14.001 KG	15.000 KG	11,220 €	25,550 €	47,500 €	81,810 €	117,000 €	152,010 €	187,730 €	221,860 €	255,990 €	290,120 €
15.000 KG	15.001 KG	24.000 KG	11,600 €	26,430 €	49,140 €	84,630 €	121,030 €	157,250 €	194,190 €	229,500 €	264,810 €	300,120 €

Tabelle 37: Individuelle Mautkostentabelle für Tankwagenverkehr des Beispielunternehmens, Quelle: Kummer / Einbock / Nagl (2003a)

Generalisierte Mautkostentabellen könnten jedoch kartellrechtlich bedenklich sein. Bei sehr enger Auslegung des österreichischen Kartellgesetzes können sie zu den Empfehlungskartellen gezählt werden.[529] Empfehlungskartelle „...sind Empfehlungen zur Einhaltung bestimmter Preise, Preisgrenzen, Kalkulationsrichtlinien, Handelsspannen oder Rabatte, durch die eine Beschränkung des Wettbewerbs erreicht werden soll oder erreicht wird."[530] Jedoch gehören Empfehlungen, in denen ausdrücklich auf deren Unverbindlichkeit hingewiesen wird und kein wirtschaftlicher Druck zur Durchsetzung ausgeübt wird, nicht zu den Empfehlungskartellen.[531] Die Wettbewerbsbehörde kann auf dieser Basis grundsätzlich verbotene Preisabsprachen zwischen den die generalisierten Mautkostentabellen anwendenden Unternehmen vermuten. Es ist jedoch fraglich, ob durch die generalisierten Mautkostentabellen eine Beschränkung des Wettbewerbs erreicht werden soll bzw. erreicht wird. Diese Mautkostentabellen dienen - wie bereits dargestellt - allein der Weiterverrechnung der direkten Mautkosten und ggf. der indirekten Mautkosten an die Auftraggeber. Transportdienstleister sind in der Festlegung der Höhe des Basisfrachtpreises (ohne Mautkosten) vollkommen frei. Da es sich bei den Mautkosten immer nur um einen Teilbestandteil des Transportpreises handelt, kann vermutet werden, dass der Wettbewerb zwischen Transportdienstleistern nicht beschränkt wird. Auch Industrie-, Gewerbe- und Handelsunternehmen können bezüglich der Weiterverrechnung von Transportkosten (ohne Mautkosten) ebenfalls frei entscheiden. Zudem weisen Mautkosten i.d.R. nur einen geringen Teil der Rechnungssumme auf, so dass auch hier nicht von einer Einschränkung des Wettbewerbes ausgegangen werden kann. Nach dieser Argumentation wären generalisierte Mautkostentabellen vom Kartellverdacht befreit.

4.1.2.3.2.2.2 Erstellung einer generalisierten Mautkostentabelle, dargestellt am Beispiel des Speditionssammelgutverkehrs

Ein bekanntes Beispiel für die generalisierten Mautkostentabellen sind die Tabellen für den Spediteurssammelgutverkehr in Österreich.[532] Diese generellen Mautkostentabellen dienen der Kostenzuordnung und -verrechnung direkter und indirekter Mautkosten in österreichischen Sammelgutspeditionen.[533] Sie werden jedoch auch bei

529 Alternativ können bei sehr enger Auslegung die generalisierten Mautkostentabellen unter die Vereinbarungskartelle nach § 10 KartG subsumiert werden. Vereinbarungskartelle zeichnen sich dadurch aus, dass „...Vereinbarungen zwischen wirtschaftlich selbständig bleibenden Unternehmen oder zwischen Verbänden von Unternehmen, wenn durch sie im gemeinsamen Interesse eine Beschränkung des Wettbewerbs, insbesondere bei ... den Preisen, bewirkt werden soll (Absichtskartelle) oder, ohne dass dies beabsichtigt ist, tatsächlich bewirkt wird (Wirkungskartelle)." § 10 KartG

530 § 12 KartG

531 Vgl. § 12 KartG

532 Sie sind in der Praxis auch unter dem Namen „Kummer-Tabellen" bekannt, benannt nach dem Ersteller der Mautkostentabellen. Vgl. ausführlich zu diesen Tabellen Kummer (2003), S.5 ff

533 Die indirekten Kosten sind aufgrund der Verrechnungsproblematik sowie der schwierigen Prognostizierbarkeit dabei nicht vollständig berücksichtigt. Vgl. Kummer (2003), S.11

anderen Verkehrsarten und Branchen, wie zum Beispiel bei der Mautkostenverrechnung von Komplettladungsverkehren oder von Stückguttransporten im Werkverkehr österreichischer Unternehmen herangezogen.[534]

Zwar existieren für den Speditionssammelgutverkehr in Österreich bereits Entfernungs-Gewichts-Tabellen, welche die Transportkosten (ohne Maut) verteilen. Aufgrund des Wunsches der Verlader nach einem gesonderten Ausweis von Mautkosten auf Rechnungen sowie der unterschiedlichen Kostenverläufe von Transportkosten (exkl. Mautkosten) einerseits sowie Mautkosten andrerseits ist eine Integration von Mautkosten in die Basistabelle nicht vorteilhaft.[535] Transportkosten weisen in Abhängigkeit der Entfernung zumeist einen degressiven Verlauf auf, während die direkten und teils die indirekten Mautkosten mit zunehmender Entfernung einen progressiven Kostenverlauf annehmen.[536]

Die folgende Darstellung der Erstellung der generalisierten Mautkostentabelle für den Speditionssammelgutverkehr erfolgt in komprimierterer Form als bei der individuellen Mautkostentabelle, um inhaltliche Wiederholungen zu vermeiden.

4.1.2.3.2.2.2.1 Annahmen des Modells

In der Mautkostentabelle wird zwischen Sendungen bis 2.000 kg (Stückgutverkehr) und Sendungen ab 2001 kg (Teilladungsverkehr) unterschieden. Für beide Fälle wurden unterschiedliche Entfernungszonentabellen und Mautkostentabellen erstellt. Für Sendungen bis 2.000 kg wird eine Entfernungszonentabelle mit 5 Entfernungszonen verwendet. Bei der anderen Mautkostentabelle wird eine wesentlich differenzierte Entfernungstabelle mit 8 Zonen eingesetzt.

Als Inputgrößen in die Berechnung der Mautgrößen gehen der gewichtsmäßige Auslastungsgrad, der Leerfahrtenanteil, der Autobahnkilometeranteil sowie der Mautsatz ein. Es wurden für alle genannten Größen branchenübliche Durchschnittswerte ermittelt.

Die Mautkostentabelle bis 2.000 kg nimmt eine durchschnittliche Gewichtsauslastung von 8.000 kg an. Für den Teilladungsverkehr wurde von einer durchschnittlichen Auslastung in Höhe von 12.000 kg ausgegangen. Die geringere Auslastung im Stückgutverkehr lässt sich mit einer hohen Vielfalt der Güter bezüglich Verpackung oder Größe usw. begründen. Das führt im Stückgutverkehr zu einer volumenmäßig

---

534 Dies ist sehr kritisch zu bewerten, da - wie noch gezeigt wird - die Prämissen der Berechnung der Mautkostensätze nur bei Sammelgutverkehren der Realität entsprechen dürften.

535 Vgl. Kummer (2003), S.7

536 Vgl. Kummer (2003), S.7; Ballou jedoch geht grundsätzlich von linearen Verläufen der Transportkostenfunktion in Abhängigkeit der Entfernung aus. Vgl. Ballou (1999), S.154

sehr hohen Auslastung[537], die bei durchschnittlicher gewichtsmäßiger Auslastung durchaus nahe 100 % betragen kann.[538]

Der Leerfahrtenanteil beträgt 16 %. Dieser im Vergleich zur individuellen Mautkostentabelle des vorhergehenden Beispiels niedrige Wert lässt sich auf eine sehr hohe Rückladewahrscheinlichkeit zurückführen.

Im Stückgutverkehr wird zusätzlich ein pauschaler Hubaufschlag in Höhe von 20 % der Entfernungskilometer berücksichtigt. Im Stückgutgeschäft werden typischerweise Hub-and-Spoke-Systeme in der Leistungserstellung verwendet.[539] Es werden bei diesen Systemen keine Direktverkehre zwischen Absender und Empfänger durchgeführt, sondern Sendungen aus Bündelungsgründen über Hubs geleitet. Das führt offensichtlich zu längeren Transportwegen.

Weiterhin wird angenommen, dass im Sammelgutverkehr ausschließlich vier- und mehrachsige Fahrzeuge im Einsatz sind. Zwar sind im Sammel- und Verteilverkehr teils auch kleinere Fahrzeugeinheiten im Einsatz, jedoch finden im Fernverkehr fast ausschließlich große vier- und mehrachsige Fahrzeuge Verwendung.

Der Autobahnkilometeranteil der Fahrleistungen wurde bei der Bestimmung des Entfernungszonenmittelpunkts berücksichtigt.

4.1.2.3.2.2.2.2 Berechnung der Mautkostensätze und Ergebnisse

Die Berechnung der Mautkostensätze für den Stückgutverkehr bis 2.000 kg erfolgt grundsätzlich nach folgendem Schemata:

Formel 23:

$$K_{MSSt} = \frac{(l_{EZ} \cdot 1{,}2) \cdot \overline{m}}{w}$$

wobei

K_{MSSt} ... Mautkostensatz für Stückgut im Speditionssammelgutverkehr

Der Leerkilometeranteil sowie der Autobahnkilometeranteil wurden aus Vereinfachungsgründen in die Festlegung des Entfernungszonenmittelpunkts integriert. Daher sind diese beiden Größen in Formel 23 nicht extra angeführt.

Der Mautkostensatz K_{MSSt} wird im zweiten Schritt mit dem durchschnittlichen Gewicht der jeweiligen Gewichtszonen multipliziert, um für jede Gewichts-Entfernungs-Kombination einen Mautkostensatz ermitteln zu können.

---

537 Die volumenmäßige Auslastung wird durch die Division des tatsächlichen Volumens und des maximal möglichen Ladevolumen eines Fahrzeuges ermittelt. Vgl. Aberle (2003), S.235

538 Vgl. Kummer (2003), S.7 f

539 Vgl. Taylor / Harit / English / Whicker (1995), S.209; Aberle (2003), S.211 u. S.534; Hub-and-Spoke-Systeme sind Nabe-Speichen-Systemen, deren Vorbilder im nordamerikanischen Luftverkehrsnetz zu finden sind. Transporte werden grundsätzlich über zentrale Hubs geführt. Vgl. Taylor / Harit / English / Whicker (1995), S.209 f; Bjelicic (1997), S.373 f; Buchholz / Clausen / Vastag (1998), S.187 f; Abdinnour-Helm (1999), S.100; Aberle (2003), S.534 f

Die generalisierte Mautkostentabelle für den Speditionssammelgutverkehr für Stückgut bis 2.000 kg ist in Tabelle 38 dargestellt.[540]

von KG	bis KG	Zone 1 Euro	Zone 2 Euro	Zone 3 Euro	Zone 4 Euro	Zone 5 Euro
1	50	0,088	0,204	0,324	0,489	0,776
51	100	0,189	0,436	0,695	1,047	1,663
101	200	0,380	0,873	1,390	2,094	3,326
201	300	0,632	1,454	2,317	3,489	5,543
301	400	0,885	2,035	3,244	4,885	7,760
401	500	1,138	2,617	4,170	6,281	9,978
501	600	1,390	3,198	5,097	7,676	12,195
601	700	1,643	3,779	6,024	9,072	14,412
701	800	1,896	4,361	6,950	10,468	16,630
801	900	2,149	4,942	7,877	11,863	18,847
901	1000	2,401	5,523	8,804	13,259	21,064
1001	1250	2,843	6,541	10,425	15,702	24,944
1251	1500	3,475	7,993	12,741	19,191	30,488
1501	2000	3,725	8,568	13,656	20,568	32,676

Tabelle 38: generalisierte Mautkostentabelle für Stückgutverkehre bis 2.000 kg im österreichischen Speditionssammelgutverkehr exkl. Mehrwertsteuer, Quelle: Kummer (2003), S.12

Die Mautkostensätze für den Teilladungsverkehr über 2.000 kg werden in Anlehnung an Formel 23 wie folgt berechnet:

Formel 24:

$$K_{MSTl} = \frac{l_{EZ} \cdot \overline{m}}{w}$$

wobei

K_{MSTl} ... Mautkostensatz für Teilladung im Speditionssammelgutverkehr

Auch bei der Ermittlung des Mautkostensatz K_{MSTl} findet eine Multiplikation mit dem durchschnittlichen Gewicht für jede Gewichtszone statt, um für jede Gewichts-Entfernungs-Relation einen Mautkostensatz ermitteln zu können, deren Ergebnis in Tabelle 39 ersichtlich ist.

Generalisierte Mautkostentabellen sind Verfahren, die Mautkosten grundsätzlich verursachungsgerecht weiterverrechnen. Jedoch ist aufgrund der Prämissen der Erstellung das Ausmaß an Verursachungsgerechtigkeit geringer als bei individuellen Mautkostentabellen. Dies gilt auch für das Durchschnittsprinzip. Das Identitätsprinzip ist offensichtlich gegeben. Das Tragfähigkeitsprinzip wird nur dann realisiert, wenn das anwendende Unternehmen Zuschläge bzw. Abschläge aufgrund unterschiedlicher Zahlungsbereitschaften der Kunden vornimmt.

[540] Auf eine Darstellung der Entfernungszonentabellen wird hier verzichtet. Ausführlich bei Kummer (2003), Anhang

von KG	bis KG	Zone 1	Zone 2	Zone 3	Zone 4	Zone 5	Zone 6	Zone 7	Zone 8
		EURO	EURO	EURO	EURO	EURO	EURO	EURO	EURO
2001	2500	3,095	9,235	15,388	21,565	27,718	33,871	40,048	46,188
2501	3000	3,438	10,268	17,098	23,962	30,792	37,633	44,497	51,327
3001	4000	4,004	11,981	19,947	27,955	35,932	43,898	51,906	59,883
4001	5000	5,148	15,402	25,646	35,942	46,197	56,441	66,737	76,991
5001	6000	6,292	18,824	31,346	43,930	56,462	68,983	81,567	94,099
6001	7000	7,436	22,246	37,045	51,917	66,726	81,526	96,398	111,207
7001	8000	8,580	25,667	42,744	59,904	76,991	94,068	111,228	128,315
8001	9000	9,724	29,089	48,443	67,891	87,256	106,610	126,058	145,423
9001	10000	10,868	32,510	54,142	75,878	97,521	119,153	140,889	162,531
10001	11000	12,012	35,932	59,842	83,866	107,786	131,695	155,719	179,639
11001	12000	13,156	39,354	65,541	91,853	118,050	144,238	170,550	196,747
12001	24000	14,196	42,588	70,980	99,372	127,764	156,156	184,548	212,940

Tabelle 39: generalisierte Mautkostentabelle für Teilladungsverkehre ab 2.001 kg im österreichischen Speditionssammelgutverkehr exkl. Mehrwertsteuer, Quelle: Kummer (2003), S.13

4.1.2.3.3 Kostenverrechnung von Mautkosten auf Basis einer Mengenstromanalyse des logistischen Netzwerkes eines Unternehmens

4.1.2.3.3.1 Grundlagen

Diese Methode der Verrechnung von Mautkosten basiert auf einer Analyse des logistischen Netzwerkes eines Unternehmens. Ein logistisches Netzwerk besteht aus mindestens drei Knoten sowie Kanten. Knoten sind Zustände oder Transformationen, Kanten hingegen raum- oder zeitüberbrückende Zustandsveränderungen oder Transfers. In den Knoten werden Güter produziert, gelagert, umgeschlagen und über die Kanten transportiert.[541] Bei dieser Methode der Weiterverrechnung der Mautkosten wird nur der für die Mautverrechnung relevante Teil des logistischen Netzwerkes betrachtet. Das wird im Regelfall das logistische Netzwerk in der Distribution sein.

Diese Methode zeichnet sich durch ein hohes Maß an Verursachungsgerechtigkeit der Mautkostenverteilung aus. Die Prozesskosten bei der Nutzung sind gering. Nachteilig an dieser Methode ist im Vergleich zu den bereits dargestellten Verfahren der hohe Aufwand für die Ermittlung der notwendigen Daten, d.h. für die Analyse des relevanten Ausschnitts des logistischen Netzwerkes.

Bei dieser Art der Kostenverrechnung wird für jede Relation im logistischen Netzwerk ein Mautkostensatz je Auftrag / Sendung ausgewiesen, der auf Basis der genauen Entfernung, der Leerkilometerwahrscheinlichkeit auf dieser Kante und auch auf den periodenbezogenen Sendungsmengen dieser Relation ermittelt wird. Die wichtigsten Kostentreiber der Mautkosten finden damit Berücksichtigung.

Eine solche Kostenverrechnung ist grundsätzlich für jede Art von Verkehren möglich. Vor allem im Komplettladungs- und Teilladungsverkehr bietet sich diese Methode an. Im Stückgutverkehr dagegen ist eine Anwendung nur eingeschränkt möglich, da bei diesem Verfahren relationsbezogene Mautkosten auf die Sendungsmengen auf dieser Relation umgelegt werden und dies aufgrund der Vielfalt an Sendungen im Stückgutbereich problematisch ist.

Im Folgenden wird die Vorgehensweise bei dieser Art der Weiterverrechnung erörtert.

---

[541] Vgl. Freichel (1992), S.12; Bretzke (1997), S.626 f; Vahrenkamp (2000), S.3; Weber / Kummer liefern eine etwas abstraktere Definition von Logistiknetzwerken. Im Sinne der Logistik als Flussorientierung der Unternehmensführung sind Logistiknetzwerke flussorientierte, wandelbare Wertschöpfungsnetzwerke. Vgl. Weber / Kummer (1998), S.346

4.1.2.3.3.2 Vorgehensweise bei der Kostenverrechnung auf Basis einer Mengenstromanalyse des logistischen Netzwerkes

4.1.2.3.3.2.1 Schritt 1: Aufbereitung der ASFINAG-Mautabschnittstariftabelle für das relevante logistische Netzwerk

Die Grundlage für die Abrechnung der Maut bildet die von der ASFINAG herausgegebene Mautabschnittstariftabelle. Diese Tabelle enthält eine Auflistung aller mautpflichtigen Streckenabschnitte des bestehenden hochrangigen Straßennetzes in Österreich und weist die Höhe der Mautkosten für mautpflichtige Fahrzeuge der drei Achskategorien in EUR exklusive Umsatzsteuer zwischen zwei benachbarten Anschlussstellen des hochrangigen Straßennetzes aus. Ein Ausschnitt der Mautabschnittstariftabelle der Westautobahn A 1 von Wien Auhof ausgehend ist in Tabelle 40 dargestellt. Die direkten Mautkosten sind auf eine Stelle nach dem Komma gerundet.[542]

Mautabschnittstarife					
Tarife in EUR exklusive 20 % Ust					
STR. KENN-ZAHL	Streckenabschnitt		2-Achser	3-Achser	4- und Mehr-achser
A01-	Wien Auhof	Preßbaum	1,8	2,5	3,8
A01-	Preßbaum	KN Steinhäusl	1,0	1,4	2,1
A01-	KN Steinhäusl	Altlengbach	0,6	0,8	1,3
A01-	Altlengbach	St.Christophen	0,7	1,0	1,5
A01-	St.Christophen	Böheimkirchen	0,9	1,2	1,8
A01-	Böheimkirchen	KN St.Pölten	0,8	1,2	1,8
A01-	KN St.Pölten	St.Pölten Süd	0,6	0,8	1,3

Tabelle 40: Ausschnitt der Mautabschnittstariftabelle der ASFINAG, Quelle: ASFINAG

In der Tabelle 41 sind die jeweiligen Anschlussstellen für alle Abschnitte der Autobahn sowie die direkten Mautkosten in EUR (ohne Umsatzsteuer) für eine Fahrt von Fahrzeugen der jeweiligen Achskategorie aufgeführt.

Auf der Grundlage der Mautabschnittstariftabelle erfolgt eine Zuordnung aller Knoten des betrachteten logistischen Netzwerkes des Unternehmens zu den nächstgelegenen möglichen Autobahnanschlussstellen. Knoten im logistischen Netzwerk können Produktionsstätten, Lieferantenproduktionsstandorte, Lager, Händlerstandorte etc.

[542] Die Rundung auf eine Stelle nach dem Komma in der von der ASFINAG herausgegebenen Mautabschnittstariftabelle erscheint jedoch als sehr grob, da die kommunizierten Kilometermautsätze mit drei Stellen nach dem Komma ausgewiesen werden. Da nur die ASFINAG-Mautabschnittstariftabelle verbindlichen Charakter hat, stellen die mit der Entfernung multiplizierten Kilometermautsätze nur eine Annäherung an die tatsächlich entstehenden direkten Mautkosten zwischen zwei Autobahnanschlussstellen dar.

sein. Eine Zuordnung von Knoten eines logistischen Netzwerkes zu Autobahnanschlussstellen ist beispielhaft in Tabelle 41 dargestellt.

Knoten im logistischen Netzwerk	Autobahn	Relevante Anschlussstelle
Strasswalchen	A01	Mondsee bzw. Wallersee
Wien	A23 / A04	Handelskai bzw. Simmeringer Haide
Wiener Neustadt	A02	Knoten Wiener Neustadt
Graz	A022	Graz Puchwerk
Hall in Tirol	A12	Hall i.T. West

Tabelle 41: Zuordnung logistischer Knoten zu Autobahnanschlussstellen für ein bestimmtes logistisches Netzwerk

4.1.2.3.3.2.2 Schritt 2: Ermittlung der direkten Mautkosten für eine Fahrt zwischen einer Quelle und einer Senke im logistischen Netzwerk

Mit Hilfe der Zuordnung von Knoten zu Autobahnanschlussstellen können die direkten Mautkosten für eine Fahrt zwischen zwei Knoten des logistischen Netzwerkes ermittelt werden. Es wird in der Mautabschnittstariftabelle eine Spalte hinzugefügt, in welcher die direkten Mautkosten jener österreichischen Mautstreckenabschnitte, die zwischen den Anschlussstellen des Abgangsortes und des Empfängerortes liegen, kumuliert werden. Tabelle 42 zeigt dies beispielsweise für ein vier- oder mehrachsiges Fahrzeug, dessen Ausgangsort in Strasswalchen ist und dessen Senkort sich in der Bundesrepublik Deutschland befindet.

STR. KENN-ZAHL	Streckenabschnitt		4- und Mehrachser	Kumulierte Summe in EUR
A01-	Wallersee	Salzburg Nord	1,9	1,9
A01-	Salzburg Nord	Messezentrum (P+R)	0,6	2,5
A01-	Messezentrum (P+R)	Salzburg Mitte Freilassing	0,3	2,8
A01-	Salzburg Mitte Freilassing	Kleßheim	0,3	3,1
A01-	Kleßheim	Siezenheim	0,5	3,6
A01-	Siezenheim	Flughafen	0,2	3,8
A01-	Flughafen	Wals Salzburg West	0,3	4,1
A01-	Wals Salzburg West	KN Salzburg	0,4	4,5
A01-	KN Salzburg	Staatsgrenze Walserberg	0,7	**5,2**

Tabelle 42: Beispiel für Berechnung der direkten Mautkosten für Fahrt zwischen Strasswalchen und Deutschland

Die Spalte „Kumulierte Summe / Abschnitt in EUR" ergibt für den Streckenabschnitt Wallersee bis zum Knoten Salzburg für vier- und mehrachsige Fahrzeuge direkte Mautkosten in Höhe von 5,20 EUR.

Bei einer Vielzahl von Knoten im logistischen Netzwerk bietet sich an, Österreich in räumlich abgegrenzte Zonen zu unterteilen. Die Zuordnung einzelner Orte zu einer bestimmten Zone kann der Systematik der österreichischen Postleitzahlen folgen, wie Tabelle 43 beispielhaft in Ausschnitten zeigt.

Zone	PLZ von – bis	PLZ von – bis	PLZ von – bis
01	6700 - 6709	6710 - 6719	6780 - 6789
02	6800 - 6809	6810 - 6819	6820 - 6829
03	6830 - 6839	6840 - 6849	
04	6850 - 6859	6890 - 6899	
...			

Tabelle 43: Zuordnung von Postleitzahlen zu Zonen (Ausschnitt)

Mit Hilfe der Einteilung in Zonen kann jeder österreichischen Ortschaft eindeutig eine Zone zugeordnet werden. Dies ist insbesondere dann von Bedeutung, wenn die Raumkoordinaten logistischer Knoten einer häufigen Veränderung unterworfen sind. Auch sind bei einem solchen Vorgehen Verwechslungen aufgrund gleichlautender Ortsnamen ausgeschlossen. Bei Distributionssystemen mit einer hohen Zahl von Senkstandorten - beispielsweise Filialen im Einzelhandel - können durch die Zusammenfassung logistischer Knoten zu Zonen Schwankungen von Nachfragemengen in der Zone besser ausgeglichen werden, da c.p. davon ausgegangen werden kann, dass Nachfragemengen in einer Zone relativ konstant sind.[543] Reduziert sich die Menge der gelieferten Güter durch den Wegfall eines Einzelhändlers in einem Ort, so wird diese Reduktion mit hoher Wahrscheinlichkeit durch andere, in räumlicher Nähe des Ortes ansässige Einzelhändler kompensiert.

Die direkten Mautkosten einer einfachen Fahrt zwischen einer Quellzone und einer Senkzone können durch Ermittlung der direkten Mautkosten aller potentiellen Verbindungen zwischen beiden Zonen bestimmt werden. In solch einer Tabelle können die Orte der Zielzonen in den einzelnen Zeilen fortlaufend und die Quellzone in den jeweiligen Spalten angeführt werden. Ein Ausschnitt aus einer solchen Tabelle zeigt Tabelle 44. Beispielhaft werden hier für die beiden Quellstandorte Strasswalchen und Wien die direkten Mautkosten für eine einfache Fahrt in die Zone 37 ermittelt.[544]

Die Höhe der angeführten Mautkosten für Fahrten zwischen Quellen und Senken ergibt sich durch Kumulation der befahrenen mautpflichtigen Streckenabschnitte des hochrangigen Straßennetzes auf Basis der Mautabschnittstariftabelle der ASFINAG. Sie muss bei exakter Zuweisung von Mautkosten für jede Kombination zwischen Zone des Quellstandorts und Zone des Empfängers errechnet werden.

---

[543] Dies gilt vor allem für Konsumgüter.

[544] Auf die Darstellung weiterer Orte in den beiden Quellzonen wird verzichtet.

Zo-ne	Post-leit-zahl	Ort in der Ziel-zone	Direkte Mautkosten für Fahrt von Strass-walchen in EUR	Direkte Mautkosten für Fahrt von Wien in EUR
37	8570	Voitsberg	94,4	57,3
37	8580	Köflach	94,4	57,3
37	8510	Stainz	94,4	55,5
37	8562	Mooskirchen	96,2	57,3
37	8502	Lannach	94,4	55,5
37	8511	St.Stefan	94,4	55,5
37	8572	Bärnbach	96,2	57,3
		Minimaler Mautbetrag	94,4	55,5
		Maximaler Mautbetrag	96,2	57,3
		Durchschn. direkte Mautkosten	95,3	56,4

Tabelle 44: Ermittlung der direkten Mautkosten für eine einfache Fahrt eines vier- oder mehrachsigen Fahrzeuges, Beispiel von Quellstandort Strasswalchen bzw. Wien in Zone 37

Die direkten Mautkosten für eine einfache Fahrt von der Quellzone in die Senkzone werden durch die Mittelung des minimalen und des maximalen Mautbetrages berechnet. Dies berücksichtigt zwar jedoch nicht die unterschiedliche Bedeutung von Orten in einer Zone, ist aber vertretbar, wenn die Größe der Zonen gering ist.

4.1.2.3.3.2.3 Schritt 3: Mengenstromanalyse der Güter im logistischen Netzwerk

In diesem Schritt werden die Mengenströme der betrachteten Güter zwischen den Quell- und Senkzonen ermittelt. Diese Analyse ist für die verursachungsgerechte Kostenzuordnung von hoher Bedeutung, da die dadurch bestimmte Rückfrachtwahrscheinlichkeit bei der Kostenverrechnung eine wichtige Rolle spielt.

Bei der Mengenstromanalyse wird für alle gerichteten Kanten des logistischen Netzwerkes eine Bewertung mit Sendungsmengen für eine definierte Zeitperiode, z.B. ein Jahr, vorgenommen. Die Belegung der Kanten mit Gütermengen erfolgt für innerösterreichische interzonale Verbindungen - intrazonale Kanten werden nicht berücksichtigt - genauso wie für internationale Transporte.

Die Mengenstromanalyse dient der Abbildung der Mengenströme zwischen allen Zonen, um die Möglichkeit von Rückladungen bei Fahrzeugtouren zu bestimmen. Im Regelfall sind Fahrzeuge einem bestimmten Standort zugeordnet, an welchem sie ihre Touren beginnen. Bei Vorliegen von Rückladungen ist unter der Bedingung der verursachungsgerechten Kostenverteilung keine pauschale Verrechnung der Mautkosten einer leeren Rücktour auf den Kostenträger dieser Tour mehr möglich. Im Rahmen der Mengenstromanalyse wird daher untersucht, bei welchen Relationen zwischen den Quell- und den Senkzonen eine zumindest partielle Paarigkeit der Mengenströme gegeben ist, so dass Rückfracht generiert und der Leerfahrtenanteil reduziert werden kann. Dabei ist es sinnvoll, zur Vermeidung leerer Rücktouren jene benachbarten Zonen nahe des Senkstandortes zu berücksichtigen, in welchen Rückladung existent ist. Diese entsprechenden Zonen können zu Großräumen für die Generierung von Rückfracht zusammengefasst werden. Die Bestimmung des Großraums ist unter anderem von der vorhandenen Verkehrsinfrastruktur sowie von der gewählten Route bei der Rückfracht abhängig.
Die Rückfrachtwahrscheinlichkeit in einer Periode p_{QS} wird wie folgt ermittelt:

Formel 25:

$$p_{QS} = \frac{x_{SQ}}{x_{QS}}$$

wobei:

p_{QS}	...	Rückfrachtwahrscheinlichkeit für Relation Quellzone Q und Senkzone S
x_{SQ}	...	Mengenstrom zwischen Großraum Senke S und Großraum Quelle Q (Rückfrachten) in einer Periode
x_{QS}	...	Mengenstrom zwischen Quellzone Q und Senkzone S in einer Periode

Die Rückfrachtwahrscheinlichkeit wird als Wert zwischen Null und Eins angegeben. Sollten die Mengenströme x_{SQ} einen höheren Wert als x_{QS} annehmen, so beträgt die Rückfrachtwahrscheinlichkeit p_{QS} exakt Eins.
Die Berechnung der Rückfrachtwahrscheinlichkeit p_{QS} ist jedoch nur im Falle der Nichtexistenz zeitlicher Disparitäten der Mengenströme x_{QS} und x_{SQ} möglich. Fallen die Ströme zu unterschiedlichen Zeitpunkten in der betrachteten Periode an, so kann die Formel 25 nicht angewandt werden. Die Rückfrachtwahrscheinlichkeit ist dann demzufolge geringer.
Die Ermittlung der Rückfrachtwahrscheinlichkeit wird für alle diejenigen Kanten des logistischen Netzwerkes vorgenommen, bei welchen in der Senkzone oder in dessen Umgebung Rückfrachtpotential gegeben ist. In allen anderen Fällen beträgt p_{QS} Null.
Beispielhaft soll an dieser Stelle die Rückfrachtwahrscheinlichkeit von Touren, die durch einen Quellstandort Strasswalchen und eine Senke Graz charakterisiert sind,

ermittelt werden. Die notwendigen Informationen für die Berechnung der Rückfrachtwahrscheinlichkeit für ein in Strasswalchen stationiertes Fahrzeug sind in Abbildung 26 enthalten.

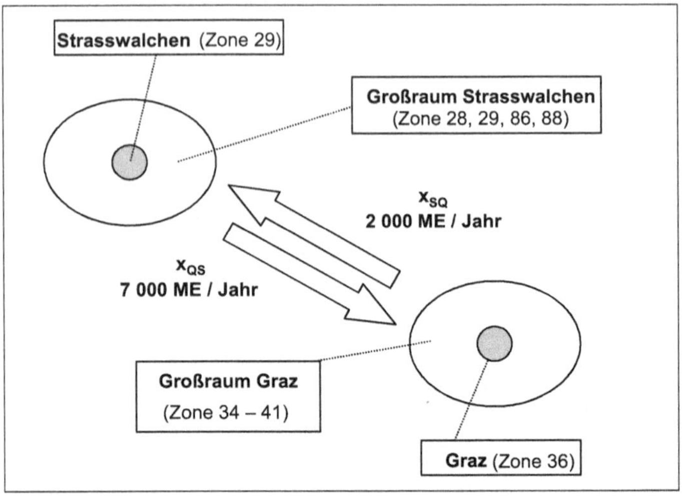

Abbildung 26: Mengenströme, ausgedrückt in Mengeneinheiten pro Jahr zwischen Großraum Strasswalchen und Großraum Graz

Die Rückfrachtwahrscheinlichkeit bei einer Tour von Strasswalchen (Zone 29) nach Graz (Zone 36) beträgt entsprechend Formel 25 genau 28,6 %. Der überwiegende Teil der Touren (71,4 %) hat auf der Rückfahrt mangels Rückfrachtpotential keine Fracht geladen.

4.1.2.3.3.2.4 Schritt 4: Berechnung der direkten und indirekten Mautkosten einer Tour

Nachdem die Rückfrachtwahrscheinlichkeit für alle relevanten Quelle-Senken-Beziehungen herausgefunden wurde, werden im nächsten Schritt die direkten und indirekten Mautkosten für alle Touren zwischen allen Quellzonen und Senkzonen ermittelt. Die direkten Mautkosten einer Tour werden wie folgt berechnet:

Formel 26:

$$K_{MdQST} = (1 - p_{QS}) \cdot (K_{MdQS} + K_{MdSQ}) + p_{QS} \cdot (K_{MdQS} + K_{MdSQ'})$$

wobei:

K_{MdQST} ... auf den Kostenträger zuzuordnende direkte Mautkosten einer Tour

K_{MdQS} ... direkte Mautkosten der einfachen Fahrt zwischen Quelle Q und Senke S (Hinfahrt)

K_{MdSQ} ... direkte Mautkosten der einfachen Fahrt zwischen Senke S und Quelle Q (Rückfahrt)

$K_{MdSQ'}$ ... direkte Mautkosten der Fahrt zwischen Senke S und dem nächsten Beladeort Q' im Großraum des Senkstandortes

Der Startpunkt einer Tour ist in diesem Modell immer der Quellstandort, der Endpunkt bei Nichtvorhandensein von Rückfracht wieder der Quellstandort, bei Rückfracht der neue Beladeort für die Rückfahrt.
Bei fehlender Rückfracht in der Zielzone bzw. in der Nähe dieser Zielzone erfolgt die Rückführung des mautpflichtigen Fahrzeuges über die gleiche Wegstrecke wie auf der Hinfahrt zurück zum Ausgangsort.
Aus Vereinfachungsgründen werden eventuell anfallende Mautkosten bei Rückfahrt mit Ladung nach der Abladung der Rückfracht nicht betrachtet.
Es können somit die K_{MdQST} für alle potentiellen Quelle-Senken-Beziehungen eines logistischen Netzwerkes in der Matrix eingetragen werden:

Zone der Quelle: von \ Zone der Senke: nach	1	2	3	4	5	
1			...			
2						
3		...	K_{MdQST}	...		...
4						
5			...			
			...			

Tabelle 45: Matrix der auf einen Kostenträger zuzuordnenden direkten Mautkosten einer Tour K_{MdQST} für alle Quellen-Senken-Beziehungen

Die indirekten Mautkosten können in Form eines pauschalen Aufschlages auf die K_{MdQST} berücksichtigt werden.

Formel 27:

$$K_{MgesQST} = K_{MdQST} \cdot K_{Mindf}$$

wobei:

$K_{MgesQST}$ ... auf den Kostenträger zuzuordnende direkte und indirekte Mautkosten einer Tour zwischen Quelle Q und Senke S

K_{Mindf} ... Faktor der indirekten Mautkosten

Es können dann die $K_{MgesQST}$ in einer Matrix dargestellt werden, wie Tabelle 46 zeigt.

Zone der Quelle		Zone der Senke					
von \ nach	1	2	3	4	5		
1			...				
2							
3		...	$K_{MgesQST}$	...		...	
4							
5			...				
			...				

Tabelle 46: Matrix der auf einen Kostenträger zuzuordnenden direkten und indirekten Mautkosten einer Tour $K_{MgesQST}$ für alle Quellen-Senken-Beziehungen

4.1.2.3.3.2.5 Schritt 5: Ermittlung der gesamten Mautkosten für eine Sendungseinheit

Für die Weiterverrechnung der gesamten Mautkosten ist eine Umlage der Kosten auf eine Sendungseinheit, d.h. einer Mengeneinheit, erforderlich. Dabei kann in eine entfernungsabhängige und in eine entfernungsunabhängige Weiterverrechnung unterschieden werden.

Bei einer entfernungsabhängigen Umlage der direkten und indirekten Mautkosten auf die Mengeneinheit muss die durchschnittliche Auslastung der mautpflichtigen Fahrzeuge bekannt sein. Bei großvolumigen Sendungen - wie zum Beispiel bei der Beförderung von Kraftfahrzeugen oder großen Aggregaten - kann der Ladefaktor bestimmt werden, der die durchschnittliche Auslastung abbildet. Der Ladefaktor sagt aus, wieviel Sendungen in einer Periode auf einem mautpflichtigen Fahrzeug bei einer Tour im Durchschnitt transportiert werden. So zum Beispiel beträgt der durchschnittliche Ladefaktor bei Transportdienstleistern der in der Fahrzeugdistribution tätigen Unternehmen etwa 7 Pkw je Tour.[545] Voraussetzung für die Verwendung des Ladefaktors sind eine hohe Homogenität der beförderten Sendungen im Hinblick auf Volumen bzw. Gewicht sowie eine im Zeitablauf geringe Streuung des Ladefaktors.

Die gesamten anteiligen Mautkosten der Mengeneinheit, die von einer Quelle Q zu einer Senke S befördert werden, werden wie folgt berechnet:

Formel 28:

$$K_{MgesQSS} = \frac{K_{MgesQST}}{h}$$

wobei:

$K_{MgesQSS}$ ... anteilige direkte und indirekte Mautkosten einer Sendungseinheit, die zwischen Quelle Q und Senke S transportiert wird

h ... Ladefaktor (Anzahl Mengeneinheiten)

545 Vgl. Kummer / Einbock / Stöcklmair (2003), S.38

Die gesamten Mautkosten einer Sendung, die von einer Quelle zu einer Senke befördert werden, können für alle Quelle-Ziel-Relationen in einer Matrix dargestellt werden (siehe Tabelle 47).

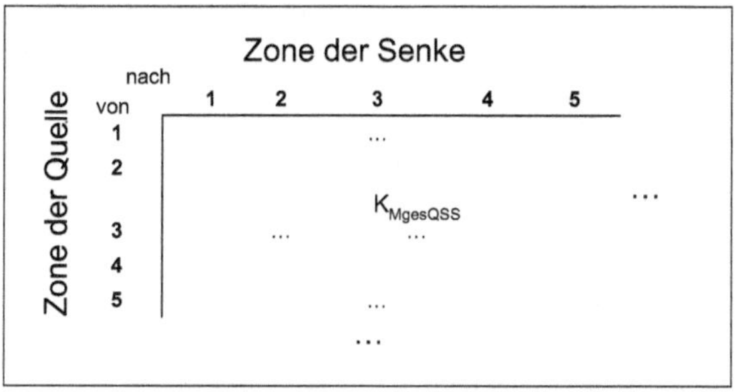

Tabelle 47: Matrix der direkten und indirekten Mautkosten einer Sendungseinheit $K_{MgesQSS}$ für alle Quellen-Senken-Beziehungen

Im Fall einer heterogenen Sendungsstruktur bietet sich an, eine durchschnittliche Gewichts- oder Volumenauslastung anzunehmen und die Sendung in Relation zur dieser Größe zu setzen, um die gesamten Mautkosten der Tour anteilig zu verteilen. Bei Annahme einer durchschnittlichen Gewichtsauslastung werden die gesamten Mautkosten für die Sendung zwischen Quelle Q und Senke S nach Formel 29 ermittelt:

Formel 29:

$$K_{MgesQSS} = K_{MgesQST} \cdot \frac{w_{QSS}}{w}$$

wobei:

w_{QSS} ... Nettogewicht der Sendung, die zwischen Quelle Q und Senke S transportiert wird

Bei Verwendung des Volumens als Bezugsgröße errechnen sich die direkten und indirekten Mautkosten der Sendung nach Formel 30:

Formel 30:

$$K_{Mges_{QSS}} = K_{MgesQST} \cdot \frac{v_{QSS}}{v}$$

wobei:

v_{QSS} ... Volumen der Sendung, die zwischen Quelle Q und Senke S transportiert wird

v ... durchschnittliche Volumenauslastung der Fahrzeuge

Bei der entfernungsunabhängigen Zuordnung der gesamten Mautkosten auf Sendungen erfolgt eine Summation der gesamten Mautkosten über alle Quelle-Senken-

Beziehungen im logistischen Netzwerk für eine Periode, die dann durch die Anzahl der Sendungen dividiert wird (Formel 31).

Formel 31:

$$K_{MgesS} = \frac{\sum_{N}(K_{MgesQST} \cdot N_{QS})}{S}$$

wobei:

K_{MgesS} ... entfernungsunabhängige Mautkostenpauschale einer Sendung im logistischen Netzwerk

N_{QS} ... Anzahl der Touren zwischen Quellzone und Senkzone in der betrachteten Periode

S ... Anzahl der Sendungen, die im logistischen Netzwerk in der betrachteten Periode befördert werden

Die entfernungsunabhängige Mautkostenpauschale zeichnet sich im Gegensatz zur entfernungsabhängigen Mautkostenverteilung durch einen geringeren Grad an Verursachungsgerechtigkeit der Kostenzuordnung aus. Senken mit überdurchschnittlich hohen Mautkosten werden von Zielzonen mit unterdurchschnittlich geringen Mautkosten quersubventioniert. Für die Anwendung eines pauschalierten Mautkostensatzes für eine Sendung können jedoch unternehmenspolitische Gründe sprechen. So ist es beispielsweise Politik der Automobilhersteller, den Kraftfahrzeughändlern einen einzigen Pauschalsatz für Transportkosten (und damit auch Mautkosten) zu offerieren.[546] Markenartikelhersteller im Nahrungs- und Genussmittelbereich bieten ihre Produkte österreichweit zu den gleichen Preisen an. Auch im KEP-Bereich wird eine entfernungsunabhängige Bepreisung von Sendungen vorgenommen.
Dieses Verfahren der exakten Mautkostenverrechnung bietet grundsätzlich ein Höchstmaß an Verursachungsgerechtigkeit. Das gilt insbesondere für die entfernungsabhängige Mautkostenzurechnung, in geringerem Ausmaß für die distanzunabhängige Zuordnung der Mautkosten. Das Identitäts- sowie das Durchschnittsprinzip sind gegeben. Das Tragfähigkeitprinzip findet grundsätzlich keine Anwendung. Diese Methode ist nur dann anwendbar, wenn die Mengenströme im logistischen Netzwerk über längere Zeit keinen größeren Änderungen unterworfen ist. Andernfalls ist eine erneute Mengenstromanalyse erforderlich.
Generell kann konstatiert werden, dass die verursachungsgerechten Methoden der Kostenzurechung und -verteilung grundsätzlich die Anforderungen an die Kostenverrechnung wesentlich besser erfüllen als die pauschalen Verfahren. In der Anwendung sind die vorgestellten Methoden effizient einsetzbar. Das gilt insbesondere dann, wenn die Daten mit der EDV zur Kalkulation und Rechnungserstellung verbun-

546 Vgl. Kummer / Einbock / Stöcklmair (2003), S. 39

den sind. Jedoch sind die Erstellung von individuellen Mautkostentabellen sowie die Kostenverrechnung auf Basis der Analyse des logistischen Netzwerkes mit einem erheblichen Zeitaufwand verbunden. Daher ist die Anwendung dieser beiden Methoden nur dann vorteilhaft, wenn Unternehmen in starkem Maße von Mautkosten betroffen sind.

4.2 Weitergabe der Kostenerhöhungen als Ursache für die Veränderung der Produktpreise

4.2.1 Weitergabe der Zusatzkosten an die Kunden

Die fahrleistungsabhängige Maut wirkt wie eine Distanzsteuer und kann eine erhebliche Kostensteigerung bewirken.[547] In Bezug auf die Kostenträgerschaft gibt es drei Möglichkeiten. Die mautbedingten Zusatzkosten können:

- vollständig selbst getragen werden,
- teilweise in der Supply Chain weitergegeben werden oder
- vollständig in der Wertschöpfungskette weitergegeben werden.[548]

Bei Verfolgung des Gewinnmaximierungsprinzips[549] werden Unternehmen grundsätzlich versucht sein, die direkten und indirekten Mautkosten vollständig an die Kunden und damit an die Endkonsumenten in der Supply Chain weiterzureichen.[550] Die tatsächliche Weitergabe von Mautkosten ist jedoch von der Angebots- und Nachfragefunktion eines Gutes abhängig. Unter einem Gut wird hier entweder die Transportdienstleistung oder ein materielles Gut verstanden.

Die Elastizität der Angebotsfunktion spielt eine wichtige Rolle bei der Weitergabe der Kosten der fahrleistungsabhängigen Maut (vgl. auch Abbildung 27). Bei Vorhandensein einer vollständig elastischen Angebotskurve kann eine vollständige Weitergabe der Maut erfolgen. Eine vollständig elastische Angebotskurve liegt parallel zur Mengenachse (Abszissen-Achse). Zu einem bestimmten Preis wird jede gewünschte Menge eines Gutes (hier z.B. Transportdienstleistung) angeboten, jedoch wird nichts zu einem niedrigeren Preis angeboten. Das bedeutet, dass der Preis ausschließlich durch die Angebotskurve und die Menge allein durch die Nachfragefunktion determiniert wird. Im Fall eines völlig unelastischen Angebotes (vertikal zur Abszisse) steht

[547] Vgl. Kummer / Einbock / Nagl (2003a), S.4; Die Distanzsteuer ist am ehesten mit einer Mengensteuer vergleichbar, da die „Menge" in diesem Fall die zurückgelegte mautpflichtige Entfernung ist. Andere typische Mengensteuern sind die Mineralölsteuer oder die Biersteuer. Vgl. zu unterschiedlichen Steuerarten Brümmerhoff (2001), S.402 ff

[548] Darüber hinaus können natürlich Unternehmen versuchen, die Höhe der direkten und indirekten Mautkosten durch Ergreifung entsprechender Maßnahmen zu reduzieren. Vgl. auch Kapitel 6.3.4.

[549] Von der Betrachtung anderer unternehmerischer Zielsetzungen wie z.B. der Umsatzmaximierung wird hier abgesehen.

[550] Es wird dann von einer sogenannten Vorwälzung gesprochen; die Mautkosten werden durch eine Erhöhung der Güterpreise auf die Kunden übergewälzt. Vgl. Zimmermann / Henke (2001), S.229

die Menge eines Gutes fest. Der Gleichgewichtspreis wird dann ausschließlich durch die Nachfragefunktion bestimmt.[551] Das impliziert ein vollständiges Selbsttragen der direkten und indirekten Mautkosten.

Der typische Fall ist eine positiv geneigte, jedoch nicht vertikale Funktion des Angebotes. Das Ausmaß der Weitergabe hängt von der Steigung der Angebotskurve ab.[552] Je höher die Steigung, desto geringer ist der Anteil der Zusatzkosten, die weitergegeben werden können. Wie Abbildung 27 zeigt, ist auf der linken Seite die Angebotsfunktion fast horizontal und ein großer Teil der Zusatzbelastung kann an die Kunden weitergereicht werden. Auf der rechten Seite, mit einer steilen Angebotskurve, ist die Möglichkeit der Überwälzung von mautinduzierten Zusatzkosten nur sehr eingeschränkt gegeben. Der Anteil der weitergegebenen Zusatzkosten ist geringer als bei der links dargestellten Angebotsfunktion.

Die Angebots- und Nachfragefunktionen können unter anderem durch die Machtverteilung, die Marktstruktur sowie durch die Kooperationswilligkeit beider Marktseiten beeinflusst werden.

Als wichtiger Einflussfaktor für die Möglichkeit der Weitergabe der Zusatzbelastung ist die Machtverteilung zwischen der Anbieterseite (Lieferanten bzw. Transportdienstleister) und der Nachfragerseite (Kunden) zu nennen. Es ist evident, dass eine große Marktmacht eines Unternehmens zugleich Möglichkeiten eröffnet, Preise aktiv zu beeinflussen. Ein großer Lieferant / Transportdienstleister wird gegenüber seinen Kunden mit einer höheren Wahrscheinlichkeit vollständig die Mautkosten weiterverrechnen können als ein kleiner Anbieter. Je größer der Nachfrager, desto weniger wird er ceteris paribus aufgrund seiner zunehmenden Machtfülle bereit sein, mautinduzierte Zusatzkosten zu übernehmen.

Damit eng zusammen hängen die Marktstrukturverhältnisse und damit die Wettbewerbssituation auf der Anbieter- und Nachfragerseite, welche die Machtverhältnisse der Marktseiten beeinflussen.[553] Interesse an vollständiger Weitergabe der Zusatzkosten unterstellt, können Anbieter versucht sein, kurzfristige Wettbewerbsvorteile durch ein vollständiges Selbsttragen oder nur teilweiser Weitergabe der Zusatzkosten zu lukrieren. Dieses Verhalten kann insbesondere bei polypolistischen Anbieterstrukturen auftreten. Je höher der Konzentrationsgrad - und damit die Machtbündelung - auf der Anbieterseite ist, desto leichter wird ceteris paribus eine Weitergabe der Zusatzkosten möglich sein. Je höher die Wettbewerbsintensität auf den Absatz-

---

551 Vgl. Varian (2004), S.305

552 Alternativ ist bei dieser mikroökonomischen Betrachtung die Möglichkeit und Stärke einer Überwälzung über die Verschiebung der Nachfragefunktion zu erklären. Die Ergebnisse sind jedoch identisch. Vgl. Wigger (2004), S.146 ff

553 Vgl. Brümmerhoff (2001), S.402 ff; Zimmermann / Henke (2001), S.235

märkten der Nachfrager, desto geringer wird die Bereitschaft ausfallen, Zusatzkosten zu übernehmen.[554]

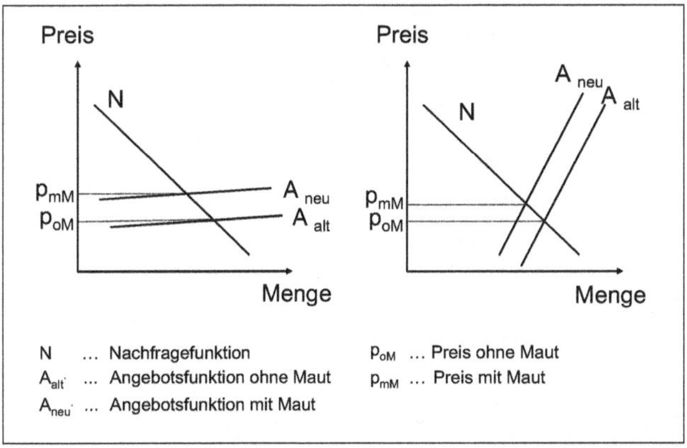

Abbildung 27: Unterschiedliche Angebotsfunktionen und Folgen für die Weitergabe der Zusatzbelastung (vereinfachte Darstellung), Quelle: in Anlehnung an Zimmermann / Henke (2001), S.241 ff; Varian (2004), S. 307

Ein weiterer Einflussfaktor, der unter anderem durch Marktstrukturen beeinflusst werden kann, ist die Kooperationswilligkeit der Anbieter- und Nachfragerseite. Je intensiver die Bereitschaft zu Kooperation auf beiden Seiten ausgeprägt ist, desto höher ist ceteris paribus der Anteil der weitergegebenen Zusatzkosten.

Eine Vielzahl österreichischer Unternehmen betont in der Kommunikation mit ihrer Umwelt das Erfordernis einer vollständigen Weitergabe der Zusatzkosten der fahrleistungsabhängigen Maut. Dies trifft insbesondere auf Transportdienstleister zu.[555] Diese sprechen daher auch von der fahrleistungsabhängigen Maut als einem „Durchlaufposten". Damit wird die Intention verdeutlicht, dass die mautbedingten Zusatzkosten vollständig an die Auftraggeber übergewälzt werden sollen. Eine wesentliche Ursache dafür liegt in den vergleichsweise geringen Margen im österreichischen Transportdienstleistergewerbe. Die Umsatzrendite beträgt im Durchschnitt etwa 2 %.[556] Bei vollständigem Selbsttragen der Zusatzkosten ist offensichtlich, dass die Margen dann negative Vorzeichen aufweisen werden.

Da die Frage der Weitergabe der Zusatzkosten für die Unternehmen von großer Relevanz ist, sollten die Unternehmen im Rahmen der Befragung ihre Erwartungen be-

---

554 Es wird dabei angenommen, dass die Qualität der Dienstleistungserstellung unabhängig von der Frage der Weitergabe der Zusatzkosten ist.

555 Darauf weisen eine Vielzahl von Pressemitteilungen oder Stellungnahmen hin. Vgl. z.B. Horvath (2003a), S.5; o.V. (2003h), S.3; o.V. (2003i), S.14; o.V.(2003j), S.16; o.V. (2003k), S.18; o.V. (2003l), S.22; o.V. (2003n), S.15; o.V. (2003o), S.4; Schlobach / Ort (2003), S.33; Schmid (2003), S.14 f; Schmidt (2003a), S.22

556 Vgl. o.V. (2003m), S.3; Schlobach / Ort (2003), S.33

züglich der Überwälzung der Zusatzkosten angeben. Die Umfrageergebnisse sind in Abbildung 28 dargestellt.

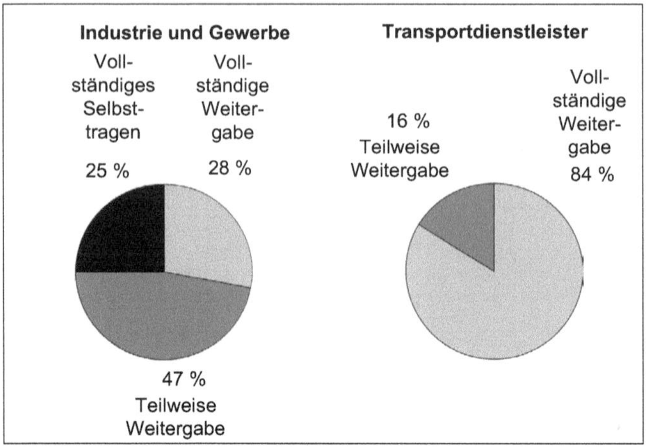

Abbildung 28: Können die Unternehmen die mautinduzierten Kostenerhöhungen weitergeben?

Knapp ein Drittel der Industrie- und Gewerbeunternehmen (28 %) erwartet eine vollständige Weiterberechnung der mautbedingten Kostenerhöhungen an die eigenen Kunden. Bei den befragten Transportdienstleistern dagegen sprechen sich sogar ein Großteil der Unternehmen für eine vollständige Weiterverrechnung aus (84 %). Die Transportdienstleister sehen in der Mehrzahl - unabhängig von den Marktstrukturverhältnissen, der Wettbewerbssituation etc. - die Notwendigkeit, aufgrund ihrer vergleichsweise geringen Marge die gesamten Mautkosten vollständig weiterzugeben, um die Überlebensfähigkeit des Unternehmens zu sichern. Sie gehen davon aus, dass ihre Kunden die Zusatzkosten übernehmen müssen, da sonst Vertragskündigungen und Marktaustritte die Folge wären.[557] Da die befragten Industrie- und Gewerbeunternehmen im Unterschied zu den Transportdienstleistern weniger existenziell von der fahrleistungsabhängigen Maut betroffen sind, ist für Industrie und Gewerbe generell eine vollständige Weitergabe nicht unbedingt ein Erfordernis. Eine weitere Erklärungsmöglichkeit kann in der Machtungleichverteilung liegen. Gerade Industrie- oder Gewerbeunternehmen sehen sich oft großen Handelsunternehmen als Abnehmer gegenüber und letztere verfolgen in vielen Fällen - zumindest wird dies

[557] Nach Einführung der leistungsabhängigen Schwerverkehrsabgabe (LSVA) in der Schweiz ist die Anzahl der auf dem Markt tätigen Transportdienstleister zwischen Einführung der Maut im Januar 2001 bis Juni 2003 um etwa ein Drittel gesunken. Vgl. o.V. (2003m), S.3; o.V. (2003p), S.3; o.V. (2003q), S.1; o.V. (2004), S.15; Die starke Reduktion dürfte weniger auf Fusionen und Aufkäufe aufgrund der LSVA zurückzuführen sein, sondern in erster Linie auf Marktaustritte kleinerer Unternehmen. Jedoch sollte LSVA nicht als alleinige Ursache für die Reduzierung der Anzahl der Transportdienstleister gesehen werden. Andere Gründe liegen beispielsweise in der schwachen Konjunkturentwicklung.

nach außen hin kommuniziert - die Strategie, keine durch die Maut verursachten Mehrkosten übernehmen zu wollen.
Eine zumindest partielle Weitergabe der Zusatzkosten erwarten 47 % der Industrie- und Gewerbeunternehmen, jedoch nur 16 % der Transportdienstleister. Die Erwartungen der Unternehmen über eine teilweise Weitergabe dürften als realistisch gelten, da Angebotsfunktionen bei fast allen Gütern eine positive Steigung über Null aufweisen, jedoch nicht vollkommen unelastisch sind.[558] Auch wenn Nachfrager nicht bereit sind, Mautkosten zu übernehmen, so ist es doch - zumindest mittelfristig - wahrscheinlich, dass mindestens ein Teil der mautbasierten Mehrkosten in die Produktkalkulationen und damit in die Verkaufspreise integriert werden. Diese Erwartung wird auch von Branchenvertretern kommuniziert.[559]
Ein vollständiges Selbsttragen der zusätzlichen Kosten kommt nur für eine Minderheit der Industrie- und Gewerbeunternehmen in Betracht. 25 % der Industrie- und Gewerbeunternehmen erwarten nicht, dass sie die Mehrkosten weitergeben können. Bei den befragten Transportdienstleister erwartet keiner eine vollständige Selbstübernahme. Der maßgebliche Grund für die nicht vorhandene Möglichkeit der Weitergabe dürfte in unterschiedlichen Marktmachtverhältnissen liegen.
Einige Monate nach der Einführung der fahrleistungsabhängigen Maut kann konstatiert werden, dass die Transportdienstleister einen Großteil ihrer Mautkosten an ihre Auftraggeber überwälzen können.[560] Viele Industrie- und Gewerbeunternehmen können jedoch die Mautkosten nicht an Handelsunternehmen weitergeben und müssen die Mautkosten selbst tragen.

4.2.2 Veränderung der Verkaufspreise

Eine Weiterverrechnung der Mautkosten führt offensichtlich zu einer Erhöhung der Verkaufspreise der Güter. Je höher der Grad der Weitergabe der Zusatzkosten ist, desto stärker werden die Verkaufspreise ansteigen.
Die Erwartungen über die Höhe der Steigerung der Verkaufspreise bei denjenigen Unternehmen, die angaben, die mautbasierten Zusatzkosten teilweise oder vollständig an die Kunden weiterzuverrechnen, sind in Abbildung 29 dargestellt. Industrie und Gewerbe sowie der Handel gehen davon aus, dass ihre Produktpreise sich im Durchschnitt um 2,8 % bzw. 2,9 % erhöhen. Transportdienstleister dagegen planen, weit höhere Steigerungen ihrer Verkaufspreise vorzunehmen. Durchschnittlich wollen sie eine Verkaufspreissteigerung von 14,6 % erreichen, wobei die Spannweite zwischen dem Minimum und dem Maximum sehr hoch ist.

---

[558] Auch Zimmermann / Henke bezeichnen diesen Fall als relativ wirklichkeitsnah. Vgl. Zimmermann / Henke (2001), S.241
[559] Vgl. o.V. (2003s), S.5
[560] Vgl. Glisic (2004), S.1

Auch bei dieser Frage kommt deutlich zum Ausdruck, dass Transportdienstleister im Vergleich zu Industrie und Gewerbe und auch Handel wesentlich stärker betroffen sind. Der Anteil der Transportkosten am Umsatz sowie die erwartete Transportkostensteigerung bei den Transportdienstleistern ist, wie bereits dargestellt, wesentlich höher als in Industrie, Gewerbe und Handel. Das spiegelt sich deutlich in den Werten der erwarteten Verkaufspreissteigerung wieder.

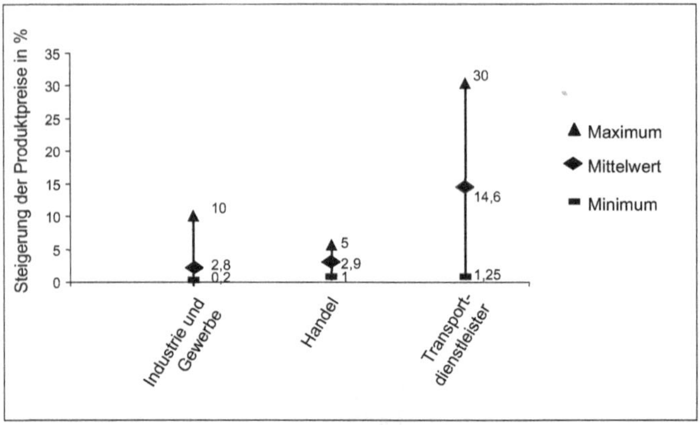

Abbildung 29: Steigerung der Produktpreise

Von einer branchenbezogenen Betrachtung bei Industrie und Gewerbe wird hier aufgrund zu weniger Nennungen abgesehen, so dass keine spezifischeren Aussagen über die Höhe der Veränderung der Verkaufspreise möglich sind. Die in Abbildung 29 gezeigten Ergebnisse über die Veränderung der Verkaufspreise beim Handel sind jedoch nicht mit der Veränderung der Endverbraucherpreise gleichzusetzen. Da die Unternehmen in Wertschöpfungsketten eingebunden sind, bedarf es zur Prognose der Änderung der Endverbraucherpreise einer Wertschöpfungskettenbetrachtung. Bei der Analyse der gesamten Supply Chain werden die anfallenden Mautkosten bei der Herstellung und dem Vertrieb eines Produktes vom Rohstofflieferanten bis zum Endkonsumenten addiert und auf eine Produkteinheit bezogen. Dadurch ist eine Abschätzung der gesamten Mautkosten je Produkteinheit möglich, die bei vollständiger Weitergabe der Kosten zu einer entsprechenden Erhöhung der Endverbraucherpreise führt.

Alternativ ist eine Berechnung von Preisänderungen über ein Input-Output-Modell möglich. So wurden beispielsweise in einer Studie des Österreichischen Instituts für Wirtschaftsforschung auf Basis eines disaggregierten makroökonometrischen Modells die volkswirtschaftlichen Wirkungen der Einführung der fahrleistungsabhängigen Maut untersucht.[561] Das input-output-basierte makroökonomische Modell mit

561 Vgl. Kratena / Puwein (2002), S.2 ff

einem mittleren Aggregationsniveau von 36 verschiedenen Wirtschaftszweigen verbindet ökonometrische Funktionen für Güter, Faktornachfrage, Preise, Löhne und den Arbeitsmarkt mit der Input-Output-Tabelle für Österreich.[562] Bestandteil der Untersuchung war auch eine Abschätzung der mautbasierten Veränderung der Güterpreise, wie Tabelle 48 zeigt. Das keynsianisch geprägte Modell beruht u.a. auf der Prämisse, dass der Mautsatz 0,25 EUR / km für ein vierachsiges Fahrzeug beträgt.[563]

Wirtschaftszweig	Mautinduzierte Erhöhung der Güterpreise in %
Land-, Forst- und Fischwirtschaft	0,24
Veredelte Erdölprodukte	0,63
Eisen- und Nichteisenmetalle	0,23
Nichtmetallische Mineralprodukte	0,77
Chemikalien	0,36
Metallprodukte	0,23
Maschinen für Landwirtschaft	0,27
Büromaschinen	0,10
Elektrische Güter	0,16
Verkehrsmittel	0,22
Nahrungsmittel und Tabak	0,28
Textil, Bekleidung, Schuhe	0,23
Holz	0,37
Papier, Faser	0,34
Printprodukte	0,22
Gummi und Kunststoff	0,25
Sonstige	0,09

Tabelle 48: Mautinduzierte Veränderung der Güterpreise 2004 nach Kratena / Puwein für ausgewählte Wirtschaftszweige, Quelle: Kratena / Puwein (2002), S.25

Die berechneten Steigerungen der Güterpreise nehmen in diesem Modell deutlich geringere Werte als in der Unternehmensbefragung an. Mögliche Ursachen für die Differenzen könnten in den Prämissen sowie der Konstruktion des makroökonomischen Modells liegen.[564] Ein weiterer Grund könnte in den strategischen Antworten der Unternehmen bei der Befragung zu finden sein. Um Veränderungen im Mautsystem (insb. bei der Höhe der Mautsätze bzw. bei Entlastungsmaßnahmen) zugunsten

562 Vgl. Kratena / Puwein (2002), S.5
563 Vgl. Kratena / Puwein (2002), S.19
564 Vgl. zur Kritik Kummer / Riebesmeier / Einbock / Fürst / Kotnik (2002), S.39

der Unternehmen zu bewirken, könnten diese versucht sein, höhere Zahlen bei der Steigerung der Verkaufspreise anzugeben als sie es in Wahrheit erwarten.

4.3 Veränderungen bei Kennzahlen und bei ABC-Analysen

4.3.1 Veränderungen bei Kennzahlen

Die Bildung von mautbezogenen Kennzahlen ist ein wichtiges Instrument im Informationssystem eines Unternehmens, um in konzentrierter und zusammengefasster Form die Unternehmensführung über relevante Aspekte der fahrleistungsabhängigen Maut zu informieren.

Kennzahlen bilden betriebliche Sachverhalte in Form von Zahlen ab.[565] Die Sachverhalte müssen messbar und quantifizierbar sein. Es wird zwischen absoluten Kennzahlen und Verhältniskennzahlen unterschieden.[566] Letztere werden in Gliederungs-, Beziehungs- und Indexzahlen eingeteilt.[567] Kennzahlen erfüllen folgende Funktionen:[568]

- Operationalisierungsfunktion
  Kennzahlen werden zur Operationalisierung von Zielen und Zielerreichung, d.h. Leistungen, gebildet.
- Anregungsfunktion
  Die (laufende) Erfassung von Kennzahlen dient der Erkennung von Veränderungen und Auffälligkeiten betrieblicher Sachverhalte.
- Vorgabefunktion
  Kritische Kennzahlenwerte werden als Zielgrößen für unternehmerische Teilbereiche ermittelt.
- Steuerungsfunktion
  Kennzahlen dienen der Vereinfachung von Steuerungsprozessen.
- Kontrollfunktion
  Eine Erfassung von Kennzahlen dient der Erkennung von Soll-Ist-Abweichungen.

Die Generierung von mautbezogenen Kennzahlen ist für alle Unternehmen, die über mautpflichtige Fahrzeuge verfügen, die auf dem hochwertigen Straßennetz verkehren, von Interesse. Die Bildung von Kennzahlen ist demnach nicht nur für Transportdienstleister, sondern auch für Industrie-, Gewerbe- und Handelsunternehmen

---

565 Vgl. Reichmann / Lachnit (1976), S.706; Weber (1995), S.203; Reichmann (2001), S.19; Horvath (2003), S.566; Jung (2003), S.154; Piontek (2003), S.351; Barth / Barth (2004), S.137; Brühl (2004), S.411

566 Vgl. Staehle (1969), S.50; Weber (1995), S.204; Piontek (2003), S.351; Barth / Barth (2004), S.138; Brühl (2004), S.411

567 Vgl. Schwarz (2002), S.125 ff; Horvath (2003b), S.567; Jung (2003), S.155 f; Piontek (2003), S.351 f; Barth / Barth (2004), S.138; Brühl (2004), S.412

568 Vgl. Weber (1995), S.204

von Relevanz, obgleich sich Transportdienstleister besonders intensiv mit der Bildung von mautbezogenen Kennzahlen auseinandersetzen sollten.

Absolutkennzahlen, die mit der fahrleistungsabhängigen Maut in Zusammenhang stehen, sind beispielsweise die folgenden:

- Summe direkte Mautkosten,
- Summe indirekte Mautkosten,
- Vorfinanzierungskosten,
- Kosten des Delkredere-Risikos,
- Kosten des Mautcontrollings,
- Summe Mautkosten,
- weitergegebene Mautkosten oder
- selbst zu tragende Mautkosten.

Solche Absolutkennzahlen zeichnen sich durch eine begrenzte Vergleichbarkeit sowie eine geringe Aussagekraft aus. Um diese Nachteile zu eliminieren, bietet sich die Bildung von Verhältniszahlen an. Verhältniszahlen setzen zwei absolute Kennzahlen in Beziehung. Sie sind dadurch erheblich aussagekräftiger und zeigen Zusammenhänge zwischen betriebswirtschaftlichen Zusammenhängen auf.[569] Eine Aufzählung möglicher mautkostenbezogener Verhältniskennzahlen, aufgeteilt in Gliederungs- und Beziehungskennzahlen, zeigt Abbildung 30.

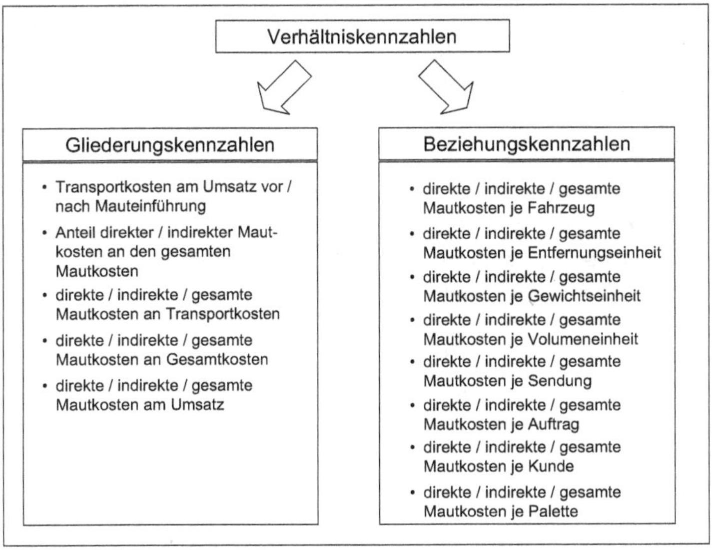

Abbildung 30: die Mautkosten betreffende Verhältniskennzahlen (beispielhafte, nicht vollständige Enumeration)

569 Vgl. Jung (2004), S.155

Die in Abbildung 30 dargestellten Verhältniskennzahlen können entweder für sämtliche Transporte gebildet oder nach Verkehrsarten wie Komplettladungs-, Teilladungs- oder Stückgutverkehr differenziert werden.[570] Letztere zu generieren ist insbesondere dann sinnvoll, wenn Mautkosten bei den Verkehrsarten eine unterschiedliche Bedeutung aufweisen.

Darüber hinaus können Kennzahlen für andere, in Zusammenhang mit der fahrleistungsabhängigen Maut stehende Führungsteilsysteme generiert werden. So bieten sich zum Beispiel im Kontrollsystem der Unternehmensführung Kennzahlen über die Kontrollkosten (z.B. Anteil der Kontrollkosten an den gesamten Mautkosten) oder die Kontrolldichte (z.B. kontrollierte Rechnungen als Anteil aller Rechnungen) an.

Weiterhin kann eine Indexierung der Kennzahlen sinnvoll sein. Indexzahlen zeigen zeitliche Veränderungen von Größen auf und sie können für jede der mautbezogenen Kennzahlen angewandt werden. Indexkennzahlen sind insbesondere bei mautbezogenen Größen von Relevanz, die sich im Zeitablauf mehr oder weniger stark verändern können.

Bei der Bildung von Kennzahlen ist es aus ökonomischer Sicht erforderlich, den aus der Generierung erzielbaren Nutzen die Kosten gegenüberzustellen. Dem Nutzen der Informationsgewinnung stehen Kosten für die Ermittlung der Kennzahlen gegenüber. Mit jeder zusätzlich erhobenen mautbezogenen Kennzahl verringert sich der marginale Nutzenzuwachs. Daher ist eine Fokussierung auf wenige, dafür aussagekräftige Kennzahlen sinnvoll. Die Vorteilhaftigkeit der Erstellung eines reinen mautbezogenen Kennzahlensystems ist demnach für ein Unternehmen aus Wirtschaftlichkeitsgründen fraglich.[571]

Mittels mautbezogenen Kennzahlen sind neben Soll-Ist-Vergleichen und Zeitvergleichen auch Betriebsvergleiche möglich. Der Betriebsvergleich ermöglicht, das Führungs- oder Ausführungssystem im Hinblick auf mautinduzierte Auswirkungen bei verschiedenen Unternehmen zu vergleichen, um Verbesserungspotentiale im eigenen Unternehmen auszuloten (Benchmarking).[572]

4.3.2 Veränderungen bei ABC-Analysen

ABC-Analysen stellen ein Hilfsmittel dar, mit denen komplizierte Sachverhalte überschaubarer werden und Wesentliches vom Unwesentlichen unterschieden wird.[573] Sie dienen nicht dazu, spezifische Handlungsanweisungen vorzuschlagen. Die Grundidee dieses Instrumentes besteht in der Erreichung von Aufmerksamkeit bei

---

570 Differenzierungen sind auch bezüglich der Güterarten möglich.

571 Kennzahlensysteme werden durch unterschiedliche Kennzahlen gebildet, die sich gegenseitig ergänzen, erklären und auf einen einheitlichen Sachverhalt ausgerichtet sind. Vgl. Reichmann / Lachnit (1976), S.707; Schwarz (2002), S.265; Horvath (2003), S.568; Barth / Barth (2004), S.137

572 Vgl. Jung (2003), S.157

573 Vgl. Benz (1970), S.111; Weber (1995), S.199 f; Mikus (1997), S.1; Kluck (2002), S.37; Meißner (2004), S.96

Entscheidungsträgern bezüglich derjenigen Probleme, welche die unternehmerische Zielerreichung in hohem Maß beeinflussen.[574] „Gegenstand detaillierter Planungen und Kontrollen sind nur A-Problemstellungen."[575]

Die ABC-Analyse kann Kunden mit einer hohen Mautbelastung identifizieren helfen. Die Mautbelastung kann beispielsweise an der relativen Zunahme der Transportkosten bei der Mauteinführung für die Kunden gemessen werden, sofern eine vollständige Weitergabe der Zusatzkosten erfolgt.[576]

Bei Kunden mit hoher Mautbelastung besteht das Risiko, dass sie zu Konkurrenten abwandern. Bei Straßengüterverkehrsunternehmen besteht darüber hinaus die Gefahr, dass Kunden verstärkt auf andere Verkehrsträger setzen. Für Unternehmen ist die Abwanderung insbesondere dann kritisch, wenn deren Umsatzanteil am Gesamtumsatz des Unternehmens hoch ist.

Mit Hilfe der Kriterien Transportkostensteigerung und Umsatzanteil des Kunden wird eine Klassifizierung von Kunden vorgenommen, wie in Abbildung 31 deutlich wird.

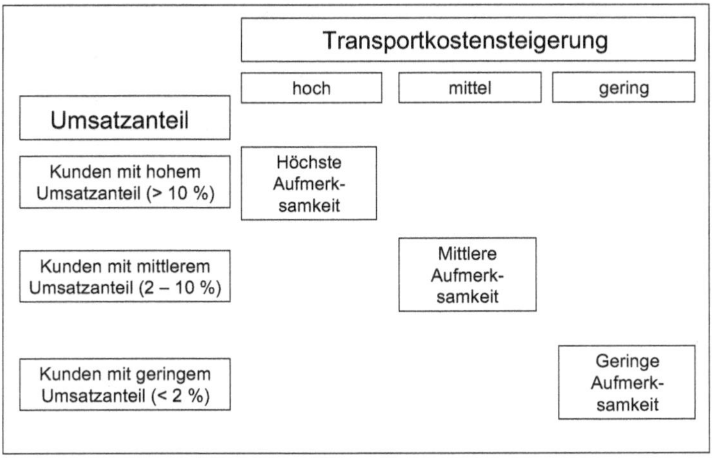

Abbildung 31: ABC-Analyse zur Identifikation von Kundengruppen mit starker Mautbelastung

Offensichtlich muss denjenigen Kunden, die für das Unternehmen einen hohen Umsatz generieren und deren Transportkostensteigerungen bei Mauteinführung erheblich sind, eine hohe Aufmerksamkeit geschenkt werden. Ziel dieser sogenannten A-Kunden ist die Ausarbeitung und Realisierung von Strategien, die Höhe der Transportkostensteigerung des Unternehmens zu reduzieren, um einer Abwanderung vorzubeugen. Den C-Kunden, d.h. Kunden, denen grundsätzlich eine geringe Aufmerk-

574 Vgl. Weber (1995), S.200
575 Weber (1995), S.200
576 Alternativ kann die ABC-Analyse produktbezogen durchgeführt werden. Der Anteil der gesamten Mautkosten am Produktwert wird ermittelt, um die kritischen Produkte mit hoher Mautbelastung herauszufiltern.

samkeit gegeben wird, sind dagegen unkritisch. Die freie Felder in der Abbildung 31 nehmen jeweils eine Zwischenposition ein und sollten mit entsprechender Aufmerksamkeit beobachtet werden.

Das Instrument der ABC-Analyse ist zwar in erster Linie für Transportdienstleister relevant, jedoch können auch Industrie- und Gewerbeunternehmen sowie Händler, die Mautkosten weiterverrechnen, dieses Instrument nutzen, um kritische Kunden zu identifizieren.

5 Auswirkungen auf das Kontrollsystem

In diesem Kapitel werden die Auswirkungen der fahrleistungsabhängigen Maut auf das Kontrollsystem von Unternehmen dargestellt. Von besonderer Relevanz ist die Kontrolle der von der Europpass zur Verfügung gestellten Einzelleistungsinformationen, die manuell oder mit Hilfe von Mautkontrollsoftware erfolgen kann. Auf andere Kontrollobjekte, die mit der fahrleistungsabhängigen Maut in Zusammenhang stehen, wird nicht näher eingegangen. Daher bildet dieses Kapitel folglich nur einen Ausschnitt der Auswirkungen auf das Kontrollsystem ab.

5.1 Grundlagen des Kontrollsystems von Unternehmen

Im Kontrollsystem erfolgt ein Vergleich eines eingetretenen Ist mit einem vorgegebenen Soll. Nach der Durchführung des Vergleiches werden Gründe für eventuelle Soll-Ist-Abweichungen analysiert und ggf. Vorschläge für Korrekturmaßnahmen innerhalb eines existenten Ziel-, Regelungs- und Handlungsrahmens unterbreitet. Darüber hinaus kann das Kontrollsystem Veränderungen des Ziel-, Regelungs- und Handlungsrahmen bewirken.[577]

Zu den wesentlichen Kontrollinstrumenten gehören die Abweichungsanalysen und die Stichprobenanalysen.[578] Bei der Abweichungsanalyse lassen sich die Gesamtabweichungen grundsätzlich in zwei verschiedene Teilabweichungen einteilen, nämlich in Erlösabweichungen sowie Kostenabweichungen, wobei sich diese weiter untergliedern lassen.[579] Stichprobenanalysen bieten sich dann an, wenn eine Totalkontrolle der Kontrollobjekte nicht möglich oder nicht effizient ist. Es besteht dann das Erfordernis, eine Auswahl der zu kontrollierenden Ausführungshandlungen vorzunehmen.[580] Solche Stichprobenanalysen können auf statistischen Erkenntnissen beruhen.[581]

---

577 Vgl. Weber (1995), S.150 f; ähnlich Preißler (2000), S.97; Friedl (2003), S.264 ff

578 Vgl. Weber (1995), S.156 ff; Eine mögliche Einteilung von Kontrollinstrumenten nimmt Friedl vor. Sie unterscheidet zwischen Instrumenten zur Bildung von Kontrollschwerpunkten (ABC-Analysen etc.), Instrumenten zur Beurteilung von Abweichungen (z.B. Statische Modelle) und Instrumenten zur Spaltung von Abweichungen (Ursachenorientierte Abweichungsanalysen usw.). Vgl. Friedl (2003), S.273

579 Vgl. Brühl (2004), S.283 ff; Ursachen für Abweichungen können Preis-, Verbrauchs- oder Beschäftigungsabweichungen sein. Vgl. Ziegenbein (1984), S.355; Weber (1995), S.157 f; Preißler (2000), S.106; Jung (2003), S.390; Piontek (2003), S.345 f; Brühl (2004), S.289; ähnlich Horvath (2003), S.484

580 Vgl. Treuz (1974), S.58 f; Weber (1995), S.159; Friedl (2003), S. 268; Eine Stichprobe ist also die tatsächlich untersuchte Teilmenge einer Grundgesamtheit. Vgl. Fahrmeir / Künstler / Pigeot / Tutz (2004), S.15

581 Vgl. Weber (1995), S.160; Neben der Verwendung von statistischen Verfahren kann als Basis für die Kontrolle auch auf der Grundlage von Erfahrung und Know-how des Prüfers erfolgen. Diese Art von Analyseverfahren wird hier jedoch nicht weiter betrachtet. Vgl. Weber (1995), S.160

5.2 Kontrolle der Einzelleistungsinformationen als relevantes Kontrollobjekt

5.2.1 Einzelleistungsinformation als Kontrollobjekt

Veränderungen im Kontrollsystem aufgrund der fahrleistungsabhängigen Maut betreffen grundsätzlich alle Unternehmen, insbesondere jene, die mit mautpflichtigen Fahrzeugen auf dem hochrangigen Straßennetz verkehren. Eine wesentliche Änderung im Kontrollsystem stellt die Kontrolle der Einzelleistungsinformationen dar, auf die im Folgenden ausführlicher eingegangen wird. Auf die Diskussion der Kontrolle von anderen, in Zusammenhang mit der fahrleistungsabhängigen Maut stehenden Objekten wird im Rahmen dieser Arbeit verzichtet.[582]

Einzelleistungsinformationen sind auf der Homepage der Europpass entweder pro mautpflichtigem Fahrzeug oder gesamt für alle Fahrzeuge eines Unternehmen abrufbar. Sie fungieren jedoch nicht als Rechnung und haben daher einen rein informativen Charakter. Allerdings basiert der auf der Rechnung des Mautgläubigers ausgewiesene Betrag auf der Einzelleistungsinformation.[583]

Eine Einzelleistungsinformation enthält neben dem Datum und der Zeit der Mauttransaktion eine zwölfstellige Referenznummer, die Nummer des Mautabschnittes, die Straßenkennzahl, die Mautabschnittsbezeichnung, das Kfz-Kennzeichen, die Nationalität, die Go-Box-Nummer, das Zahlverfahren, die Achskategorie, das Zahlungsmittel sowie den Netto- und Bruttobetrag.[584] Jeder einzelne Mautabschnitt nimmt auf der Einzelleistungsinformation eine Zeile in Anspruch.

Aufgrund der Komplexität der technischen Erhebung und des Umfangs der zu berücksichtigenden Daten bei der Ermittlung der direkten Mautkosten eines mautpflichtigen Fahrzeuges bzw. eines Unternehmens können Fehler bei der Einzelleistungsinformation auftauchen, so dass die Höhe der Zahlungsverpflichtung der Mautschuldner zu höheren bzw. niedrigeren Werten als bei korrekter Ermittlung führen kann.

Grundsätzlich können drei verschiedene Arten von Fehlern bei der Einzelleistungsinformation auftreten:

- Doppelbuchungen

  Bei Doppelbuchungen wird der gleiche Mautabschnitt kurz hintereinander doppelt gebucht. Doppelbuchungen können entweder aufgrund technischer Erfassungsfehler (z.B. bei Verkehrsstauerscheinungen) oder aufgrund tatsächlich doppelter Durchfahrten (z.B. bei zeitlich kurz hintereinander folgenden Durchfahrten eines

---

[582] Als weitere Kontrollobjekte können beispielsweise die Kostenrechnung oder die Weiterverrechnung der fahrleistungsabhängigen Maut angesehen werden.

[583] Eine handelsrechtlich verbindliche Rechnung über die direkten Mautkosten wird bei dem üblichen Postpay - Verfahren postalisch zugestellt.

[584] Vgl. Weltin (2004), S.20

mautpflichtigen Fahrzeuges) auftreten, wobei letzteres nicht als ein Fehler in der Einzelleistungsinformation gewertet werden kann.

- Fehlerhafte Buchung
  Von einer fehlerhaften Buchung wird dann gesprochen, wenn die Höhe des erscheinenden Betrages nicht korrekt ist und dies nicht durch eine Doppelbuchung verursacht wurde. Das ist dann der Fall, wenn zum Beispiel bei der Bestimmung der Höhe der direkten Mautkosten des Streckenabschnittes eine andere Achskategorie zugrundegelegt wurde oder die Zahl der mautpflichtigen Kilometer des Streckenabschnittes nicht der Mautabschnittstariftabelle der ASFINAG entspricht.
- Fehlende Buchung
  Von einer fehlenden Buchung wird dann ausgegangen, wenn die Abbuchung bei der Durchfahrt zwar funktioniert hat, die Buchung jedoch nicht auf der Einzelleistungsinformation erscheint. Auch kommt es gelegentlich vor, dass trotz intakter OBU keine Abbuchung erfolgt.[585] Eine nicht ordnungsgemäß funktionierende Go-Box ist eine weitere Ursache für eine fehlende Abbuchung.[586]

Eine Kontrolle der Einzelleistungsinformationen ist aus Gründen einer vermuteten Fehlerwahrscheinlichkeit über Null vorteilhaft. Dies gilt insbesondere für die erste Phase des Betriebs des fahrleistungsabhängigen Mautsystems, da davon ausgegangen werden kann, dass in dieser Phase die Fehleranfälligkeit des Mautsystems besonders hoch sein dürfte. Großes Interesse an einer Kontrolle von Einzelleistungsinformationen werden vor allem diejenigen Unternehmen haben, die mit hohen mautinduzierten Transportkostensteigerungen konfrontiert sind. Das trifft besonders auf die Transportdienstleister zu. Aber auch für werkverkehrsbetreibende Unternehmen kann eine Kontrolle der Einzelleistungsinformation sinnvoll sein.

5.2.2 Manuelle Kontrolle

Die Einzelleistungsinformation weist ein sehr großes Datenvolumen auf, da diese für jedes Fahrzeug für jeden Mautabschnitt eine eigene Position (Zeile auf der Einzelleistungsinformation) vorsieht. Es ist evident, dass bei einer manuellen Kontrolle der Einzelleistungsinformationen nicht alle Positionen auf Richtigkeit kontrolliert werden können.[587]

---

585 Vgl. Glisic (2004), S.1; o.V. (2004b), S.4; Das wird als Mautprellerei gewertet und hat Konsequenzen für die Unternehmen, die deswegen eine Strafe zahlen müssen und einen Verwaltungsmehraufwand haben.

586 Ein Großteil der Fehler basiert laut Europpass aufgrund nicht funktionierender oder falsch eingestellter Go-Boxen. Etwa 1.000 der 300.000 ausgegebenen OBU produzieren etwa 30 % der Fehler. Vgl. Newole (2004)

587 Der damit einhergehende Arbeitsaufwand und die daraus resultierenden Kosten wären erheblich, die in keinem Verhältnis zum Nutzen stehen. Stichproben liefern dagegen die Ergebnisse innerhalb kurzer Zeit. Vgl. zu den wichtigsten Gründen für Stichproben Sauerbier (2003), S.151; Fahrmeir / Künstler / Pigeot / Tutz (2004), S.25; Meißner (2004), S.309 f

Eine manuelle Kontrolle der Positionen ist grundsätzlich dann sinnvoll, wenn der Anteil der fehlerhaften Buchungen einen sehr geringen Wert annimmt und die Mautkostenbelastung des Unternehmens niedrig ausfällt. Manuelle Kontrollen betreffen also insbesondere jene Unternehmen, die nur gelegentlich mit mautpflichtigen Fahrzeugen das hochwertige Straßennetz benützen. Das gilt für viele Industrie- und Gewerbeunternehmen mit Werkverkehr sowie für Transportdienstleister im Nahverkehr. In diesen Fällen wird ein Disponent i.d.R. selbst gut abschätzen können, ob die Einzelleistungsinformation korrekt ist.

5.2.3 Kontrolle mittels Mautkontrollsoftware

Für Unternehmen, die eine vergleichsweise hohe Mautkostenbelastung aufweisen, ist eine computerunterstützte Kontrolle mit spezieller Software sinnvoll. Das gilt auch dann, wenn eine Totalkontrolle aller Positionen auf der Einzelleistungsinformation angestrebt wird. Transportdienstleister im Fernverkehr sowie Industrie-, Handels- und Gewerbeunternehmen mit großem, im Fernverkehr eingesetzten Werkverkehrsfuhrpark sollten daher die Anschaffung einer Mautkontrollsoftware überprüfen.
Eine Mautkontrollsoftware ist ein EDV-Programm, welches die Einzelleistungsinformation auf logische Konsistenz überprüft und darüber hinaus weitere Funktionen in Zusammenhang mit der fahrleistungsabhängigen Maut erfüllen kann. Ein Mautkontrollprogramm kann zunächst den Abruf der Einzelleistungsinformationen von der Homepage der Europpass erleichtern helfen, sofern die Software über einen sogenannten „Download-Agenten" verfügt. Ein händisches Herunterladen der Informationen dagegen wäre sehr zeitaufwendig, da dies für jedes mautpflichtige Fahrzeug separat durchgeführt werden muss. Durch ein automatisiertes Download und ggf. der Konvertierung in ein bestimmtes Dateiformat erfolgt daher eine Senkung des Zeitaufwandes zur Mautkontrolle.
In einer Mautkontrollsoftware sind die Tarife für alle Mautabschnitte und für alle Achskategorien hinterlegt.[588] Darüber hinaus ist es sinnvoll, Daten zu tageszeitabhängigen Mautsätzen auf dem Brenner sowie zu Durchschnittsgeschwindigkeiten der mautpflichtigen Fahrzeuge in der Mautkontrollsoftware zu berücksichtigen. Damit können im Rahmen einer Abweichungsanalyse Soll-Daten mit den Ist-Werten verglichen und Unterschiede festgestellt werden. Mit Hilfe dieser Daten werden Doppelbuchungen, fehlerhafte Buchungen sowie fehlende Buchungen aufgedeckt.
Ein weiteres, für Unternehmen sehr interessantes Einsatzfeld der Mautkontrollsoftware ist die Möglichkeit der Nachbuchung. Eine fehlende Abbuchung eines Mautabschnittes führt grundsätzlich zu einer Nachzahlung des offenen Betrages. Auch kann die Europpass zusätzlich Strafgelder (sogenannte Ersatzmauten in Höhe von 110 oder 220 EUR) aussprechen. Die Nachmeldefrist für die Zahlung beträgt 120 Stun-

---

[588] In Österreich sind das etwa 2.400 Tarife. Vgl. Weltin (2004), S.21

den. Eine Mautkontrollsoftware kann innerhalb dieser Zeit die Nachzahlung automatisch veranlassen, ohne dass dafür Personalaufwand anfällt.[589]
Bei Mautkontrollprogrammen besteht auch die Möglichkeit, angefallene Sondermauten herauszurechnen und separat auszuweisen. Diese Funktion ist dann von Relevanz, wenn Sondermauten auf Kundenrechnungen extra ausgewiesen werden.
Darüber hinaus lassen sich Lenk- und Ruhezeiten der Fahrer sowie tatsächliche Fahrzeuggeschwindigkeiten messen.[590]
Die Daten der Einzelleistungsinformationen können auch für den Abgleich mit Daten geographischer Ortungssysteme verwendet werden. Ortungssysteme wie GPS[591] oder GSM[592]-Ortung bieten räumliche und zeitliche Informationen zu gewählten Fahrtrouten und sind damit Bestandteil von Sendungsverfolgungssystemen[593]. Diese Daten können visualisiert und mit den Daten der Mautkontrollsoftware abgeglichen werden. Das erleichtert die Identifikation von Fehlern in der Einzelleistungsinformation.
Eine Mautkontrollsoftware kann demnach eine Vielzahl von Daten liefern, die für das Transportcontrolling von Interesse sein können. Die aus der Mautkontrollsoftware generierten Daten ermöglichen unter anderen:[594]

- exakte und transparente Transportkalkulationen,

---

589 Dies ist seit dem 1.Juli 2004 grundsätzlich möglich. Zuvor mussten nach der damaligen Rechtslage Funktionsstörungen der Go-Box bis maximal 30 Minuten nach der Durchfahrt eines Portals telefonisch oder an einer Vertriebsstelle nachgebucht werden. Diese Zeit wäre für eine automatische Anweisung durch die Mautkontrollsoftware zu knapp bemessen gewesen, zumal eine Einzelleistungsinformation regelmäßig erst einige Stunden nach der Fahrt auf der Homepage erscheint.

590 Ob bei einem solchen Funktionsumfang dann noch der Begriff „Maut*kontroll*software" die korrekte Bezeichnung ist, muss angezweifelt werden. Es ist wohl besser, dann von „Maut*controlling*software" oder von „*Transportcontrolling*software" zu sprechen. Da aber in diesem Kapitel Fokus auf die Mautkontrolle gelegt wird, wird an der Bezeichnung festgehalten.

591 GPS (Global Positioning System) ist ein weltweit funktionierendes, satellitenbasiertes Ortungssystem, welches vom US-amerikanischen Militär entwickelt wurde. Vgl. Blanchard (1996), S.4 f; Stopka (2000), S.584; Miller / Shaw (2001), S.95 f; Minge / Schaefer / Schoenenberger / Sonnemann (2001), S.218 ff; Mögliche Datenübertragungsmethoden sind GPRS (General Packet Radio Service) oder UMTS (Universale Mobile Telecommunication System), die beide eine höhere Datenübertragungsrate als GSM aufweisen. Vgl. Holzinger (2002), S.306 ff; Amberg (2004), S.58; Silberer (2004), S.459; Auch das deutsche Mautsystem wird auf GPS basieren.

592 GSM (Global System for Mobile Communication) ist ein älterer Datenübertragungsstandard, der vor allem in Mobilkommunikationssystemen angewandt wird. Eine (grobe) Ortung mit GSM, d.h. mit Funktelefonen, ist möglich, da jedes Mobiltelefon an einer Sendestation angemeldet sein muss. Die Präzision der Lokalisierung ist demzufolge wesentlich geringer als bei GPS. Die Datenübertragungsrate ist jedoch stark beschränkt. Vgl. Minge / Schaefer / Schoenenberger / Sonnemann (2001), S.215; Holzinger (2002), S.302 ff; Bukhres / Pitoura / Zaslavsky (2003), S.442; Grob / Reepmeyer / Bensberg (2004), S.117

593 Sendungsverfolgungssysteme (Tracking-Tracing-Systeme) dienen der Lokalisation von Sendungen, logistischer Einheiten oder Fahrzeugen sowie der Dokumentation der Bewegungen. Das Tracking bezeichnet die Ortung und unter Tracing werden die Aktivitäten der Dokumentation zusammengefasst. Vgl. Städtler-Schumann (1997), S.1080; Günther / Kracke (1998), S.341; Dorp verweist auf eine Vielzahl unterschiedlicher Definitionen von Tracking-Tracing-Systemen. Vgl. Dorp (2001), S. 25

594 Vgl. in Anlehnung an Weltin (2004), S.32

- eine Nachkalkulation von Touren mittels Echtzeitwerten,
- eine Gewinnung von Kennzahlen über Transportprozesse sowie
- ein effizienteres Flottenmanagement (z.B. durch eine kostengünstige Ortung).

Die für das Transportcontrolling relevanten Daten können mit minimalem Kostenaufwand aus der Mautkontrollsoftware extrahiert werden. Der Nutzen der Daten ist vergleichsweise hoch, da diese Daten einen hohen Aktualitätsgrad sowie ein vermutlich hohes Maß an Korrektheit aufweisen und bereits in digitalisierter Form vorhanden sind. Es kann daher davon ausgegangen werden, dass bei Unternehmen, die diese Daten nicht für das Transportcontrolling verwenden, in Folge Opportunitätskosten[595] durch Nichtverwendung dieser Information entstehen.[596]

Die grundlegenden Anforderungen an ein effektives und effizientes Informationssystem im Unternehmen sollten mit der Weiterverwendung der Daten aus der Mautkontrollsoftware erfüllt sein: „Informationen kosten, ihr Umfang ist deshalb gering zu halten. Informationen, welche nicht im normalen Geschäftsablauf erfasst werden, verlangsamen den Geschäftsprozess; ihr Umfang ist ebenfalls gering zu halten. Informationen müssen aktuell und entscheidungsrelevant sein."[597]

Zusammenfassend ist festzuhalten, dass die Nutzung der aus der Einzelleistungsinformation durch eine Mautkontrollsoftware gewonnenen Daten die Wettbewerbsposition eines Unternehmens verbessern helfen kann. Neben der Überprüfung von Abweichungen und der ggf. darauf folgenden Ergreifung von Maßnahmen dienen die Daten der Verbesserung der Transparenz des Transportsystems mit der Folge einer effizienteren Planung und Steuerung der Transportprozesse.

---

595 Opportunitätskosten sind Alternativverwendungskosten, die wie folgt definiert werden können: „The cost of producing a certain product is the value of other products that could have been produced if the resources had been allocated differently." Mansfield / Yohe (2000), S.227

596 Es ist evident, dass dies nur für Unternehmen gilt, die bisher noch kein Transportcontrolling aufgebaut haben.

597 Lanz (1992), S.351

6 Auswirkungen auf das Planungssystem

Das Kapitel zum Planungssystem beschränkt sich auf die Darstellung der strategischen Analyse sowie der Beschreibung und Evaluierung von Strategien, die in Zusammenhang mit der Einführung der fahrleistungsabhängigen Maut von Bedeutung sind. Auf eine Darstellung operativer Planungsinstrumente wird verzichtet. Zwar hat die Einführung der fahrleistungsabhängigen Maut auch Einfluss auf die operative Planung, so zum Beispiel auf die Deckungsbeitragsrechnung oder auf Investitionsrechenverfahren, jedoch sind die Auswirkungen auf die operative Planung nicht so gravierend wie bei der strategischen Planung.

6.1 Grundlagen der strategischen Planung

Die strategische Planung hat das „Erkennen und den Aufbau von strategischen Erfolgs- und Fähigkeitenpotentialen zum Inhalt".[598] Bei der strategischen Planung handelt es sich um eine bewusste Gestaltung von Zukunft. Sie beschäftigt sich damit, was in der Gegenwart zu tun sei, um trotz existenter Unsicherheit von Daten die gewünschten Ziele des Unternehmens zu erreichen.[599]

Die strategische Planung zeichnet sich durch folgende Eigenschaften aus:[600]

- geringes Maß an Differenzierung,
- Globalität der Größen, d.h. der Problemfelder,
- geringer Grad an Präzision und Bestimmtheit der Informationen über die Größen,
- Langfristigkeit,
- weiter Suchraum für zulässige Lösungen sowie
- relativ große Bedeutung von Normen.

Die Planungsobjekte in der strategischen Planung können in Programm-, Potential- und Prozessgestaltung differenziert werden.[601] Bestandteil der Programmgestaltung ist neben der Definition der Produktfelder, auf denen das Unternehmen tätig werden soll, auch die Festlegung der zu bearbeitenden Märkte. Im Rahmen der Potentialgestaltung erfolgt u.a. die Bestimmung der Produktions- und / oder Logistikstandorte im logistischen Netzwerk, die Festlegung der Größe dieser Standorte oder die bei den Standorten bzw. den Verbindungen zwischen den Knoten des logistischen Netzwer-

598 Weber (1995), S.79

599 Vgl. Weber (1995), S.79; Es geht folglich nicht darum, eine exakte Vorhersage der mittel- bis langfristigen Zukunft des Unternehmens vorzunehmen, also Ungewissheit in Gewissheit zu überführen. Vgl. Weber (1995), S.79

600 Vgl. Pfohl (1981), S.123; Eine ähnliche Charakterisierung nimmt Friedl (2003) vor. Sie nimmt bei der Enumeration der Eigenschaften noch eine Ergänzung um das Kriterium Planungsträger vor. Planungsträger bei der strategischen Planung ist die oberste Führungsebene eines Unternehmens. Vgl. Friedl (2003), S.203

601 Vgl. Corsten (2003), S.26 f

kes einzusetzenden Technologien. Die Prozessgestaltung definiert die generellen Abläufe im Leistungssystem des Unternehmens. [602]
Zur strategischen Planung gehören neben der Analyse und der darauf folgenden Ziel- und Strategieformulierung auch die strategischen Programme sowie die strategische und operative Budgetierung.[603] Der Fokus in dieser Arbeit liegt einerseits auf der strategischen Analyse, deren Betrachtungsobjekte durch die fahrleistungsabhängige Maut beeinflusst werden und andererseits auf der Beschreibung und Bewertung von Strategien, welche die mautinduzierte Zusatzkostenbelastung mindern sollen. Es werden demzufolge nur Teilprozesse der strategischen Planung in dieser Arbeit diskutiert.

6.2 Veränderungen bei Betrachtungsobjekten der strategischen Analyse

6.2.1 Grundlagen der strategischen Analyse

Zu Beginn der strategischen Planung steht die Analyse der Umwelt des Unternehmens sowie des Unternehmens selbst.[604] Diese Analysen schaffen die informationellen Voraussetzungen für die Formulierung von Strategien.[605]
Das Ziel der Umweltanalyse ist die Eruierung und Aufbereitung vollständiger, sicherer und exakter Informationen über das Umfeld des Unternehmens.[606] Das Umfeld kann grundsätzlich in vier verschiedene Kategorien eingeteilt werden. Eine weitverbreitete Systematisierung entsprechend des Kriteriums der Art des Umfeldes ist die folgende:[607]

- politisch-rechtliche Unternehmensumwelt,
- technologische Unternehmensumwelt,
- ökonomische Unternehmensumwelt sowie
- sozio-kulturelle / gesellschaftliche Unternehmensumwelt.

Die Einführung der fahrleistungsabhängigen Maut stellt für Industrie, Gewerbe, Handel sowie für Transportdienstleister eine Veränderung der politisch-rechtlichen Unternehmensumwelt dar.[608] Die fahrleistungsabhängige Maut führt damit offensichtlich zu

---

602 Die Beschreibung der Planobjekte erfolgt in Anlehnung an Corsten. Vgl. Corsten (2003), S.26 f

603 Vgl. Zahn (1989), Sp.1909 f; Welge / Al-Laham (2003), S.103; Eine ähnliche Einteilung nimmt Jung vor. Jung lehnt jedoch die Hereinnahme der Budgetierung in die strategische Planung ab und ordnet sie der operativen Planung zu. Vgl. Jung (2003), S.275 ff

604 Vgl. Homburg / Krohmer (2003), S.368; Welge / Al-Laham (2003), S.187; Hungenberg / Wulf (2004), S.152

605 Vgl. Welge / Al-Laham (2003), S.187

606 Vgl. Homburg / Krohmer (2003), S.375 f; Welge / Al-Laham (2003), S.187

607 Vgl. Bosemann / Phatak (1989), S.26; Corsten (2003), S.3; Homburg / Krohmer (2003), S.378; Macharzina (2003), S.22 ff; Müller-Stewens / Lechner (2003), S.205; Alt (2004), S.42 f; ähnlich Kreilenkamp (1987), S.74; Thommen (2002), S.52 ff; Hungenberg / Wulf (2004), S.155;

608 Die politische Unternehmensumwelt beinhaltet die Einflussfaktoren, die vom Staat durch Gesetze auf Unternehmen wirken. Die fahrleistungsabhängige Maut ist - wie bereits geschildert - als Bundesstraßenmautgesetz beschlossen worden. Eine Subsumierung unter der ökonomischen

Auswirkungen bei einer Vielzahl von Unternehmen, die daraufhin Anpassungen vornehmen, um dieser Umweltherausforderung begegnen zu können. Die Adaptionen können sich beispielsweise in Strategien niederschlagen, welche die mautbedingten Zusatzkosten minimieren sollen.

Zum Betrachtungsobjekt der Umfeldanalyse gehört auch die von Porter begründete Branchenstrukturanalyse, die im nächsten Abschnitt ausführlicher diskutiert wird.

Aufgabe der Unternehmensanalyse ist es dagegen, ein objektives Bild der Stärken und Schwächen des eigenen Unternehmens aufzuzeigen.[609] Eine Unternehmensanalyse führt ausschließlich zu unternehmensspezifischen Aussagen. Daher sind allgemeingültige Aussagen zu den Folgen der fahrleistungsabhängigen Maut für die Stärken und Schwächen von Unternehmen nicht möglich. Somit wird die Unternehmensanalyse im weiteren Verlauf der Arbeit nicht weiter betrachtet.

6.2.2 Mautbasierte Veränderungen im Branchenwettbewerb

6.2.2.1 Grundlagen der Porter'schen Branchenstrukturanalyse

Die durch die fahrleistungsabhängige Maut bedingte Veränderung der Umfeldbedingungen kann sich auf den Wettbewerb in Branchen und damit auf die Wettbewerbsposition eines einzelnen Unternehmens in einer Branche auswirken. Um diese Veränderungen auf Branchen abschätzen zu können, wird auf die Methodik der von Porter begründeten Branchenstruktur- und Wettbewerbsanalyse zurückgegriffen. Im Folgenden wird daher diese Methodik zunächst kurz vorgestellt, um im Anschluss daran die mautinduzierte Veränderung der Wettbewerbskräfte mit möglichen Konsequenzen aufzuzeigen.

Die Branchenstrukturanalyse dient in erster Linie dazu, die Stärken und Schwächen einer Unternehmung bezüglich der gegenwärtigen Ausprägung der Branchenstruktur festzustellen.[610] Darauf aufbauend soll im Rahmen der Strategiefindung das Unternehmen derart positioniert werden, dass seine Fähigkeiten eine Abwehr gegen die Wettbewerbskräfte ermöglichen und zugleich das Kräftegleichgewicht so verändert werden soll, dass die eigene Wettbewerbsposition verbessert wird.[611]

Nach Porter ist die Wettbewerbsintensität und die Gewinnchance in einer Branche[612] durch fünf Faktoren (Treibern) charakterisiert.[613] Dabei handelt es sich um die folgenden Faktoren:[614]

Umwelt ist zwar grundsätzlich auch möglich, jedoch fallen unter letzterer vor allem die Entwicklung gesamtwirtschaftlicher Einflussfaktoren wie beispielsweise die wirtschaftliche Entwicklung oder Zinssätze.

609 Vgl. Joyce / Woods (2001), S.138; Homburg / Krohmer (2003), S.393 f; Welge / Al-Laham (2003), S.235; Hungenberg / Wulf (2004), S.152

610 Vgl. Welge / Al-Laham (2003), S.204

611 Vgl. Porter (1999), S.34

612 Eine Branche wird nach Porter wie folgt charakterisiert: „...eine Gruppe von Unternehmungen, die Produkte herstellen, die sich gegenseitig nahezu ersetzen können." Porter (1999), S.35; Bei der

- Bedrohung durch neue Konkurrenten,
- Rivalität unter den bestehenden Unternehmen der Branche,
- Verhandlungsmacht der Lieferanten,
- Verhandlungsmacht der Abnehmer sowie
- Bedrohung durch Substitutionsprodukte,

wobei die Rivalität als der zentrale Treiber aufzufassen ist.[615] Wettbewerb kann demzufolge als erweiterte Rivalität bezeichnet werden.[616]

Mit diesem Konzept ist eine Identifikation der strukturellen Merkmale einer Branche möglich, welche die Stärke der Wettbewerbsintensität und damit mittelbar der Rentabilität der Branche determinieren.[617] Jedoch ist das Konzept von Porter nicht ganz unumstritten, da die „...empirische Forschung zum Einfluss der Branchenstruktur auf die Rentabilität ... die zentralen Annahmen des Bezugsrahmens ... nur eingeschränkt bestätigen...“[618] kann. Es existiert zwar ein Einfluss der Branchenstruktur in Höhe von etwa 10 - 20 % auf die Varianz der Branchenrendite, jedoch treten in Abhängigkeit der Branche erhebliche Unterschiede auf.[619]

Die fahrleistungsabhängige Maut übt generell einen Einfluss auf alle fünf Kräfte des Branchenwettbewerbs aus, die im Folgenden nur in sehr aggregierter, zusammenfassender Form vorgestellt werden, so dass der Aussagegehalt teilweise recht vage ist. Eine Differenzierung nach unterschiedlichen Branchen - dies wird hier nur vereinzelt vorgenommen - würde die Möglichkeit bieten, die mautinduzierten Veränderungen der Triebkräfte im Branchenwettbewerb in einzelnen Branchen genauer abzuschätzen.

6.2.2.2 Bedrohung durch neue Anbieter

Neue Anbieter in einer Branche erhöhen die Kapazitäten in einer Branche mit der möglichen Folge der Senkung des Preisniveaus und damit der Rentabilität der Unternehmen in der Branche. Die Wahrscheinlichkeit des Markteintritts eines neuen Anbieters ist vor allem von zwei wichtigen Faktoren abhängig, den Eintrittsbarrieren sowie den erwarteten Reaktionen der in der Branche etablierten Unternehmen.[620]

Branchenabgrenzung verfolgt Porter somit das Konzept der Substitutionskonkurrenz, d.h. das Konzept des relevanten Marktes. Vgl. Grant (2002), S.86 f; Welge / Al-Laham (2003), S.197; Hungenberg / Wulf (2004), S.158 f

613 Vgl. Porter (1980), S.4; Aus diesem Grund ist das Modell in der Literatur auch unter dem Namen „Five-Forces-Modell“ bekannt.

614 Vgl. Porter (1980), S.5 ff; Porter (1985), S.4 ff

615 Vgl. Porter (1980), S.6

616 Vgl. Porter (1999), S.36

617 Vgl. Joyce / Woods (2001), S.120 f; Welge / Al-Laham (2003), S.197; Hungenberg / Wulf (2004), S.159; Damit steht Porter in der Tradition der Industrial-Organization-Forschung. Vgl. Welge / Al-Laham (2003), S.197

618 Welge / Al-Laham (2003), S.204

619 Vgl. Welge / Al-Laham (2003), S.204 f; siehe auch Grant (2002), S.89

620 Vgl. Porter (1999), S.37 ff; Müller-Stewens / Lechner (2003), S.190; Welge / Al-Laham (2003), S.198 f; Hungenberg / Wulf (2004), S.159 f

Die fahrleistungsabhängige Maut kann eine Verringerung der Eintrittswahrscheinlichkeit insbesondere in jenen Branchen bewirken, die einen hohen Transportkostenanteil am Umsatz aufweisen, mit starken mautinduzierten Transportkostensteigerungen durch die Einführung der Maut rechnen müssen und wo das Risiko gegeben ist, die direkten und indirekten Mautkosten nicht vollständig weitergeben zu können. Das betrifft in erster Linie die Transportdienstleister, insbesondere jene Straßengüterverkehrsunternehmen in Österreich, die ihren Schwerpunkt im Fernverkehr aufweisen. Unter Berücksichtigung der anderen, widrigen Umfeldbedingungen für einen Markteintritt im österreichischen Straßengüterfernverkehr[621] kann demnach die fahrleistungsabhängige Maut dazu beitragen, dass die Eintrittswahrscheinlichkeit ein noch niedrigeres Niveau annimmt. Andererseits ist es auch möglich, dass die fahrleistungsabhängige Maut die Wahrscheinlichkeit des Eintritts in der Branche der Transportdienstleister erhöht. Die Einführung der Maut kann bei der verladenden Wirtschaft als Anlass gesehen werden, aus Kostengründen verstärkt ausländische, insb. zentral- und osteuropäische Transportdienstleister zu beauftragen, die dadurch in den österreichischen Markt eintreten können bzw. ihre Aktivitäten in Österreich verstärken können. Welches dieser beiden Trends stärker ist, kann derzeit nicht seriös abgeschätzt werden und bedarf weiterer Forschung.
In bestimmten Industrie- und Gewerbebranchen kann die fahrleistungsabhängige Maut ebenfalls die Markteintrittswahrscheinlichkeit reduzieren. Wie bei Transportdienstleistern trifft dies in erster Linien auf jene Branchen zu, die sich durch einen hohen Transportkostenanteil am Umsatz, durch starke Transportkostensteigerungen sowie durch eingeschränkte Möglichkeiten der vollständigen Weitergabe der Mautkosten auszeichnen. Potentiellen Mitbewerbern aus dem Ausland in diesen Branchen könnten dadurch von einer Investition in Österreich abgehalten werden. Auf der anderen Seite kann es in Industrie- oder Gewerbebranchen zu einer erhöhten Eintrittswahrscheinlichkeit kommen. Sie wird in jenen Branchen gefördert werden, die unmittelbar mit der zweiten und dritten Ebene des österreichischen Mautsystems in Verbindung stehen. Das betrifft unter anderem ausländische Bauunternehmen, die durch die Einhebung der Maut ins Kalkül ziehen, durch höhere Investitionen in Unterhalt und Ausbau des hochwertigen Straßennetzes Aufträge in Österreich zu erhalten. Das gleiche gilt für ausländische Unternehmen, die Produkte bzw. Dienstleistungen für das technische Mauterhebungssystem anbieten.
Zusammenfassend kann festgestellt werden, dass weder bei Transportdienstleister noch in Industrie und Gewerbe aufgrund des Vorliegens gegenteiliger Effekte keine allgemeingültigen Aussagen zur Veränderung der Eintrittswahrscheinlichkeit einer Branche getroffen werden können.

---

[621] Dazu gehören u.a. eine hohe Wettbewerbsintensität, sehr geringe Umsatzrenditen und die zunehmende Konkurrenz aus den Beitrittsstaaten der EU.

6.2.2.3 Rivalität unter den bestehenden Unternehmen der Branche

Das Ausmaß der Rivalität in einer Branche äußert sich in Form von aggressiven Taktiken (z.B. intensiver Preiswettbewerb, Werbeschlachten, Garantieleistungen etc.). Eine hohe Rivalität ist das Resultat einer Vielzahl struktureller Einflussfaktoren. Dazu gehören beispielsweise die Anzahl der Wettbewerber, das Wachstum der Branche, vorhandene überschüssige Kapazitäten, eine fehlende bzw. minimale Produktdifferenzierung oder die Existenz hoher Marktaustrittsbarrieren.[622]

Der Grad der Rivalität in Branchen kann durch die fahrleistungsabhängige Maut weiter gesteigert werden. Die Intensität der Rivalität wird vor allem in der Branche der Transportdienstleister und dort in erster Linie bei Straßengüterfernverkehrsunternehmen zunehmen. Die höhere Rivalität kann sich beispielsweise darin äußern, dass Unternehmen versuchen, nur ein Teil der mautinduzierten Zusatzkosten weiterzugeben, um dadurch den eigenen Marktanteil zu sichern oder zu verbessern. Ob allerdings diese Strategie betriebswirtschaftlich vorteilhaft ist, erscheint zumindest als zweifelhaft. Die zusätzlichen Erlöse müssten dann die damit verbundenen Kostensteigerungen kompensieren, was eher unwahrscheinlich ist. Der stärkere Grad an Rivalität kann sich darüber hinaus durch einen Ausbau logistischer Dienstleistungen bemerkbar machen.[623] Darüber hinaus kann das Wachstum der Transportdienstleister, gemessen am Umsatz oder der zurückgelegten Fahrzeugkilometer, durch eine geringe Nachfrage aufgrund der höheren Preise eingeschränkt werden, was zu einer höheren Rivalität unter den Unternehmen führt. Wachstumseinbußen für Straßengüterfernverkehrsunternehmen können auch durch eine Verlagerung von Transporten auf andere Verkehrsträger verursacht werden. Auf der anderen Seite ist mit Marktaustritten von Unternehmen, insbesondere kleinen Transportdienstleistern zu rechnen. Das führt zu einem geringeren Maß an Rivalität. Daher sind für Transportdienstleister ebenfalls keine allgemeingültigen Aussagen über die Veränderung des Grades an Rivalität möglich.

Auch bei Industrie- und Gewerbeunternehmen kann die fahrleistungsabhängige Maut eine Zunahme an Rivalität bewirken. Das gilt insbesondere für Branchen, die transportkostenintensive, straßenverkehrsaffine Produkte anbieten. Die Nahrungs- und Genussmittelindustrie ist dafür ein typisches Beispiel. In den meisten Branchen der Industrie und des Gewerbes dürfte es durch die fahrleistungsabhängige Maut jedoch kaum zu einer signifikanten Änderung des Rivalitätsgrades kommen. Da der Transportkostenanteil am Umsatz durch die Maut in vielen Branchen nur unwesentlich steigt und dieser in der Regel ein recht niedriges Niveau aufweist, ist anzunehmen,

---

622 Vgl. Porter (1999), S. 50 ff

623 Das Angebot weiterer logistischer Dienstleistungen hat dann zur Folge, dass sich die Substitutionswahrscheinlichkeit wieder verringert und daher der Grad der Rivalität abnimmt.

dass andere Faktoren den Grad der Rivalität in wesentlich stärkerem Ausmaß determinieren.

6.2.2.4 Verhandlungsmacht der Lieferanten und der Abnehmer

Die beiden Kräfte Lieferantenmacht und Abnehmermacht werden hier gemeinsam betrachtet, da die Determinanten für das Ausmaß der Macht große Ähnlichkeiten aufweisen.

Lieferanten können neben der Erhöhung ihrer Preise und der Senkung der Qualität auch eine Verknappung ihrer Produktmenge als strategische Aktionsparameter einsetzen und dadurch den Branchenwettbewerb beeinflussen. Die Rentabilität der Branche wird dann herabgesetzt, wenn Unternehmen den Lieferantenforderungen aufgrund stärkerer Lieferantenmacht nachkommen müssen und diese Forderungen nicht an die Kunden weitergeben können, d.h. die Preise nicht entsprechend erhöhen können.[624]

Die Marktmacht von Abnehmern der Branche kann ebenso die Rentabilität der Unternehmen, beispielsweise durch Forderungen nach niedrigeren Preisen, höherer Qualität oder verbessertem Service, beeinträchtigen.[625]

Die Verhandlungsstärke der Zulieferer bzw. der Abnehmer wird durch eine Vielzahl von Faktoren bestimmt. Wichtige Determinanten sind der Konzentrationsgrad im Beschaffungs- bzw. Absatzmarkt, der Standardisierungsgrad der Produkte, der Grad der Markttransparenz oder auch der Wert der Produkte.[626]

Die Macht der Lieferanten bzw. der Abnehmer spielt bei der Frage der Weitergabe der Mautkosten in der Wertschöpfungskette eine wesentliche Rolle (vgl. auch Kapitel 4.2).

Für Transportdienstleister ist vor allem die Verhandlungsmacht der Abnehmer von Interesse. Wie bereits dargestellt, haben Transportdienstleister grundsätzlich ein hohes Interesse an einer vollständigen Weitergabe aller direkten und indirekten Mautkosten, um die Rentabilität nicht zu verringern. Dies kann nur dann gelingen, wenn Auftraggeber bereit sind, die mautinduzierten Zusatzkosten zu übernehmen. Da der Konzentrationsgrad der Transportdienstleister im Vergleich zu anderen Branchen vergleichsweise niedrig ist (vgl. Kapitel 6.3.4.4.5.4), kann vermutet werden, dass die verladende Wirtschaft oft über ein höheres Maß an Verhandlungsmacht verfügt als die Transportdienstleister. Dieser Fakt kann sich negativ auf die Bereitschaft zur Übernahme von mautinduzierten Zusatzkosten auswirken.

Industrie- und Gewerbeunternehmen sehen sich einer Verhandlungsmacht auf Lieferanten- wie auch auf Kundenseite ausgesetzt. Sofern Lieferanten über eine größe-

---

624 Vgl. Porter (1999), S.61
625 Vgl. Porter (1999), S.58
626 Vgl. Porter (1999), S.58 ff

re Machtballung als Unternehmen in der Branche verfügen, kann davon ausgegangen werden, dass mautinduzierte Kosten in der Supply Chain weitergegeben werden. Entsprechend ist im Fall einer stärkeren Abnehmermacht das Risiko gegeben, nur ein Teil der Zusatzkosten weitergeben zu können bzw. die gesamten Mautkosten vollständig selbst tragen zu müssen.

Detaillierte Aussagen zur Möglichkeit der Weitergabe bzw. zur Übernahme von Mautkosten sind ausschließlich branchenspezifisch möglich, da die Ausprägung der Determinanten zur Bestimmung der Machtverteilung je nach Branche variiert.

6.2.2.5 Bedrohung durch Substitutionsprodukte

Substitutionsprodukte sind Ersatzprodukte, welche die gleichen Funktionen wie das originäre Produkt der Branche erfüllen. Sie begründen daher eine Preisobergrenze für das originäre Produkt.[627]

Das Risiko der Bedrohung durch Ersatzprodukte betrifft insbesondere die Transportdienstleister, vor allem die Straßengüterfernverkehrsunternehmen. Die um bis zu etwa 30 % steigenden Transportkosten - vollständige Weitergabe der gesamten Mautkosten unterstellt - können zu einer Verlagerung von Transporten auf andere Verkehrsträger führen, um somit eine Transportkostenreduktion zu erreichen.[628] Von einer Verlagerung wird in erster Linie die Eisenbahn profitieren, bei wenigen Relationen auch die Binnenschiffahrt (vgl. auch Kapitel 6.3.4.4.4). Die stärkere Nutzung anderer Verkehrsträger führt bei den Straßengüterfernverkehrsunternehmen zu einem geringeren Sendungsaufkommen. Bei bestimmten nationalen oder internationalen Relationen, bei welchen die Konkurrenzintensität durch das Angebot hochwertiger Eisenbahntransportdienstleistungen einen hohen Wert annimmt, wird ein Straßengüterfernverkehrsunternehmen ggf. nur ein Teil der mautinduzierten Zusatzkosten weitergeben, weil andernfalls die Preisobergrenze überschritten wird und dadurch das Risiko gegeben ist, dass Kunden zum Verkehrsträger Eisenbahn wechseln.

Industrie- und Gewerbeunternehmen sind aufgrund des im Vergleich zu Transportdienstleistern geringen Anteils der Transportkosten am Produkt durch die Einführung der fahrleistungsabhängigen Maut grundsätzlich nicht durch die Bedrohung durch Substitutionsprodukte betroffen.

---

627 Vgl. Porter (1999), S.56 f; Müller-Stewens / Lechner (2003), S.191 f; Welge / Al-Laham (2003), S.203

628 Dabei wird simplifizierend angenommen, dass die Qualität der Leistungserstellung bei anderen Verkehrsträgern identisch sei, was offensichtlich in der Praxis nicht der Fall ist.

6.2.3 Mautbasierte Veränderung der Wettbewerbsfähigkeit österreichischer Unternehmen

6.2.3.1 Definition von Bezugsobjekten

Wie im vorangegangenen Kapitel dargestellt, beeinflusst die fahrleistungsabhängige Maut den Wettbewerb in Branchen. Sie hat folglich auch Konsequenzen für die Wettbewerbsfähigkeit der Unternehmen. Die Wettbewerbsfähigkeit eines Unternehmens kann durch die fahrleistungsabhängige Maut entweder eine Verbesserung oder eine Beeinträchtigung erfahren. Gleichwohl wird es jedoch auch eine Vielzahl von Unternehmen geben, deren Wettbewerbsfähigkeit durch die fahrleistungsabhängige Maut keinen Veränderungen unterworfen ist.

Für die Messung der Veränderung der Wettbewerbsfähigkeit von Unternehmen ist die Bestimmung von Bezugsobjekten notwendig. Unter einem Bezugsobjekt wird hier eine Gruppe von Mitbewerbern, die durch bestimmte Merkmale charakterisiert sind, verstanden. Die Notwendigkeit der Definition mehrerer Bezugsobjekte ergibt sich daraus, dass bei einem einzigen Bezugsobjekt, in dem alle Konkurrenten zusammengefasst werden, keine differenzierten Aussagen möglich sind.

Folgende Bezugsobjekte erscheinen für eine Analyse als sinnvoll:

- österreichische Mitbewerber in Österreich,
- österreichische Mitbewerber im Ausland,
- ausländische Mitbewerber in Österreich und
- ausländische Mitbewerber im Ausland.

Aufgrund dieser Differenzierung können Unterschiede in der Veränderung der Wettbewerbsfähigkeit je nach Bezugsobjekt aufgedeckt werden. So ist anzunehmen, dass die Veränderung der Wettbewerbsfähigkeit im Ausland sich von der im Inland unterscheidet. Ebenso gilt dies für das Kriterium der Herkunft der Wettbewerber (inländische bzw. ausländische Herkunft).

Die vier Kategorien der Bezugsobjekte werden im Folgenden für Industrie und Gewerbe sowie für Transportdienstleister genauer analysiert. Wesentlicher Bestandteil der folgenden Unterkapitel sind die Erwartungen der an der Befragung teilgenommen Unternehmen über die Veränderungen der Wettbewerbsfähigkeit. Im Rahmen von Kreuztabellen werden wichtige Einflussfaktoren auf die Veränderung der Wettbewerbsfähigkeit wie Region, Branchenzugehörigkeit oder Unternehmensgröße diskutiert.

Im Anschluss daran werden zwei weitere Einflussfaktoren, die auf die Wettbewerbsfähigkeit einwirken, behandelt. Dabei handelt es sich erstens um den Vergleich mit dem deutschen Mautsystem, welches im Vergleich zum österreichischen System u.a. durch andere Mautsätze sowie durch die unterschiedliche Einbeziehung von Fahrzeugen in die Mautpflicht gekennzeichnet ist. Zweitens wird die Veränderung der

Größe der Absatzmärkte und deren Auswirkungen auf die Wettbewerbsfähigkeit diskutiert.

6.2.3.2 Veränderung der Wettbewerbsfähigkeit gegenüber österreichischen Mitbewerbern in Österreich

Die erste Kategorie zeigt auf, inwieweit sich die Wettbewerbsfähigkeit der österreichischen Unternehmen gegenüber ihren inländischen Wettbewerbern im Heimatmarkt verändert. Dies lässt Aussagen über die unterschiedliche Stärke der Auswirkungen bei österreichischen Unternehmen in Österreich zu.

6.2.3.2.1 Industrie und Gewerbe

Knapp zwei Drittel der Industrie- und Gewerbeunternehmen (65 %) erwarten keine Veränderung ihrer Wettbewerbsfähigkeit gegenüber ihren einheimischen Konkurrenten in Österreich, wie Abbildung 32 aufzeigt. Allerdings erwarten 29 % negative bzw. 4 % stark negative Beeinträchtigungen ihrer Wettbewerbsfähigkeit. Andererseits gaben auch 2 % der Unternehmen an, durch die Maut eine Stärkung ihrer Wettbewerbsfähigkeit zu erwarten.

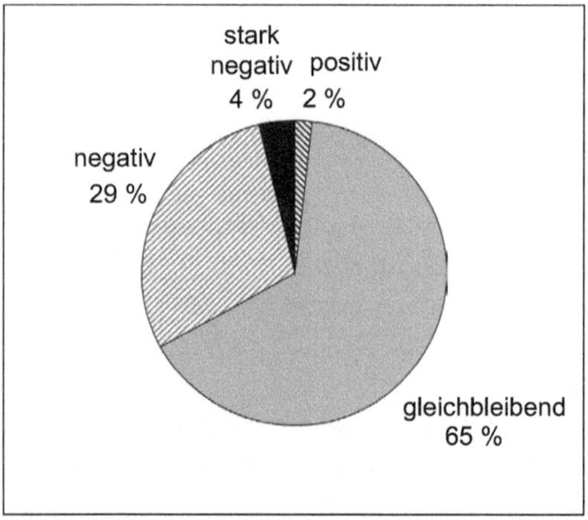

Abbildung 32: Wie verändert sich die Wettbewerbsfähigkeit der Unternehmen gegenüber den österreichischen Mitbewerbern in Österreich? Industrie und Gewerbe

Die Mehrzahl der Befragten sieht demnach keine Veränderung der Wettbewerbsfähigkeit auf dem Heimatmarkt gegenüber ihren einheimischen Konkurrenten. Für diese Unternehmen kann zwar die Maut zu einer höheren Kostenbelastung führen, jedoch sehen sie dadurch keine Veränderung bezüglich ihrer Wettbewerbsfähigkeit. Pauschale Aussagen, in denen eine Verschlechterung der Wettbewerbsfähigkeit für alle Unternehmen behauptet wird, halten somit einer genauen Prüfung nicht stand.

Ein Einflussfaktor auf das Antwortverhalten der Unternehmen liegt im Standort des Unternehmens begründet. Industrie- und Gewerbeunternehmen, die sich (stark) negativ in ihrer Wettbewerbsfähigkeit beeinträchtigt fühlen, haben ihren Produktionsstandort insbesondere in West- und in Südösterreich. Das zeigt deutlich die Abbildung 33.

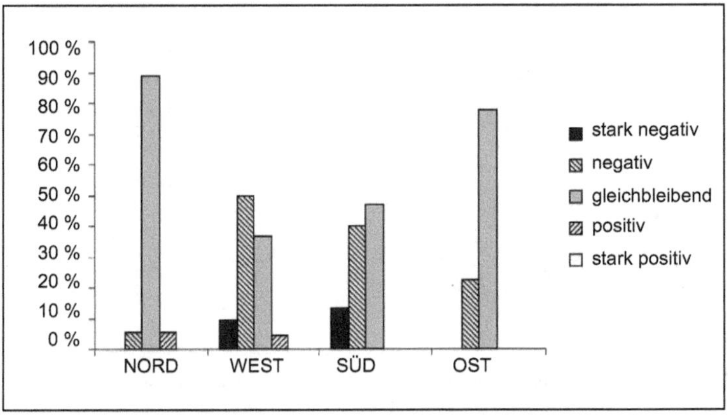

Abbildung 33: Veränderung der Wettbewerbsfähigkeit gegenüber österreichischen Mitbewerbern in Österreich in Abhängigkeit der Region, Industrie und Gewerbe

60 % der Unternehmen aus der Region WEST sowie 53 % der Unternehmen aus der Region SÜD erwarten eine (starke) Beeinträchtigung ihrer Wettbewerbsfähigkeit.[629] Dagegen sehen nur 6 % der Unternehmen aus der Region NORD bzw. 22 % aus OST eine negative Veränderung ihrer Wettbewerbsfähigkeit. In diesen beiden Regionen geht der größte Teil von keiner Veränderung der Wettbewerbsfähigkeit aus. Die vermutete Verschlechterung der Wettbewerbsfähigkeit einer Vielzahl von Unternehmen aus dem österreichischen Westen und Süden könnte u.a. auf die große Entfernung zum Agglomerationsraum Wien zurückzuführen sein. Der Großraum Wien ist mit Abstand der bedeutendste Absatzmarkt in Österreich. Das gilt insbesondere für Konsumgüter. So weisen beispielsweise Unternehmen der Nahrungs- und Genussmittelbranche mit einem Produktionsstandort in West- oder Südösterreich, die den Ballungsraum Wien beliefern wollen, eine wesentlich höhere Mautkostenbelastung auf als vergleichbare Unternehmen, die im östlichen Teil Österreichs produzieren. Da der Transportkostenanteil am Umsatz in der Nahrungs- und Genussmittelindustrie vergleichsweise hoch und darüber hinaus eine starke Straßenverkehrsaffinität der Branche gegeben ist, kann ein weit entfernter Produktionsstandort die Wettbewerbsfähigkeit negativ beeinflussen.

---

[629] Zu Zuordnung von Bundesländern zu Region siehe Kapitel 4.1.1.2.1.1.

Das Antwortverhalten der Befragten variiert demnach auch in Abhängigkeit der Branche. Bestimmte Branchen sind stärker von der fahrleistungsabhängigen Maut in ihrer Wettbewerbsfähigkeit betroffen als andere Branchen. Die Abbildung 34 beleuchtet die Auswirkungen auf die Wettbewerbsfähigkeit für ausgewählte Branchen.[630]

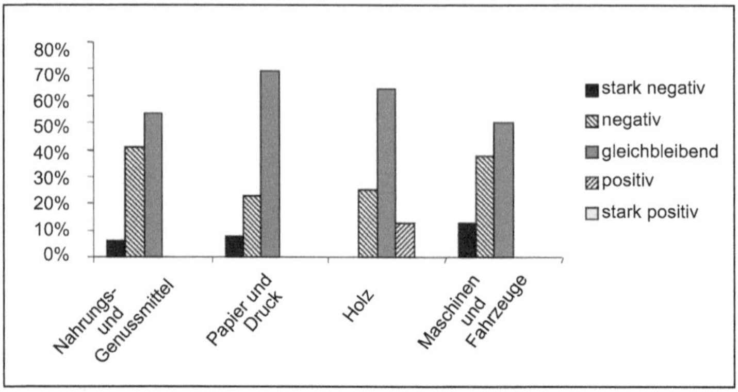

Abbildung 34: Veränderung der Wettbewerbsfähigkeit gegenüber österreichischen Mitbewerbern in Österreich in ausgewählten Branchen, Industrie und Gewerbe

In der Nahrungs- und Genussmittelbranche erwarten 47 % eine (starke) negative Veränderung ihrer Wettbewerbsfähigkeit, bei Maschinen und Fahrzeuge sind es sogar 50 %. Dagegen vermuten nur 31 % der Unternehmen der Papier- und Druckbranche sowie 25 % in der Holzwirtschaft eine Verschlechterung dieser Größe. Es kann angenommen werden, dass das branchenabhängige Antwortverhalten durch die Höhe der mautinduzierten Transportkostensteigerung sowie durch den Anteil der Transportkosten am Umsatz (vor Mauteinführung) abhängig ist. Eine Überprüfung dieser Hypothesen kann mit Hilfe des Kruskal-Wallis-Tests erfolgen.

Nullhypothese H_o6: Es gibt keinen Zusammenhang zwischen der erwarteten Steigerung der Transportkosten durch die Einführung der fahrleistungsabhängigen Maut und der Veränderung der Wettbewerbsfähigkeit gegenüber den inländischen Mitbewerbern im Inland.

Asymptotische Signifikanz: 0,050

Damit kann die Nullhypothese H_o6 abgelehnt werden. Es gibt folglich einen signifikanten Zusammenhang zwischen der Transportkostensteigerung und der Veränderung der Wettbewerbsfähigkeit gegenüber einheimischen Konkurrenten in Österreich. Je höher die zu erwartende Transportkostensteigerung ist, desto negativer wird folglich die Wettbewerbsfähigkeit gegenüber inländischen Mitbewerbern in Österreich eingeschätzt.

630 Für die anderen Branchen war die Stichprobe zu klein, um Aussagen über die Verteilung der Antworten liefern zu können.

Nullhypothese H_o7: Es gibt keinen Zusammenhang zwischen dem Transportkostenanteil am Umsatz vor der Mauteinführung und der Veränderung der Wettbewerbsfähigkeit gegenüber den inländischen Mitbewerbern im Inland.

Asymptotische Signifikanz: 0,362

Damit kann die Nullhypothese H_o7 nicht abgelehnt werden. Der Einfluss des Transportkostenanteils am Umsatz ist folglich sehr gering.

Die Veränderung der Wettbewerbsfähigkeit ist auch von der Größe des Unternehmens abhängig. Wie in Abbildung 35 dargestellt, sehen 60 % der kleinen Unternehmen, 37 % der mittleren Unternehmen und nur 24 % der Großunternehmen eine (starke) negative Verringerung ihrer Wettbewerbsfähigkeit. Je größer die Unternehmen, desto weniger sehen sie ihre Wettbewerbsfähigkeit durch die fahrleistungsabhängige Maut in Gefahr. 74 % der Großunternehmen erwarten überhaupt keine Veränderung gegenüber ihren österreichischen Konkurrenten in Österreich.

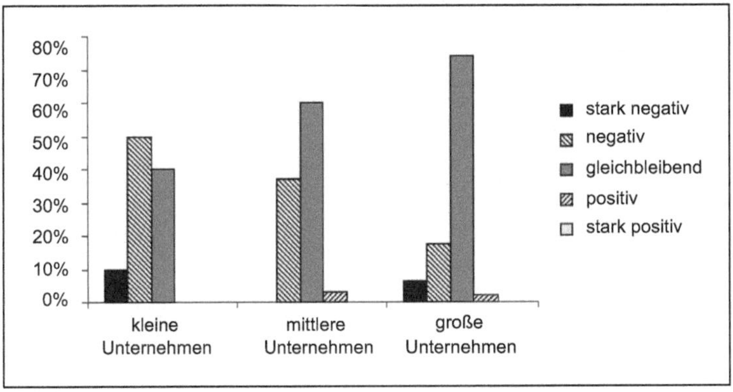

Abbildung 35: Veränderung der Wettbewerbsfähigkeit gegenüber österreichischen Mitbewerbern in Österreich in Abhängigkeit der Unternehmensgröße, Industrie und Gewerbe

Einen Einfluss der Unternehmensgröße zeigt auch der Kruskal-Wallis-Test:

Nullhypothese H_o8: Es gibt keinen Zusammenhang zwischen der Unternehmensgröße und der Veränderung der Wettbewerbsfähigkeit gegenüber den inländischen Mitbewerbern im Inland.

Asymptotische Signifikanz: 0,097

Damit kann die Nullhypothese H_o8 bei einer unterstellten Irrtumswahrscheinlichkeit von 5 % nicht abgelehnt werden, jedoch ist eine gewisse Signifikanz gegeben.

Ein möglicher Grund für dieses unterschiedliche Antwortverhalten kann in der Befürchtung kleinerer Unternehmen liegen, aufgrund ihrer im Vergleich zu Großunternehmen geringeren Marktmacht die mautinduzierten Zusatzkosten nicht vollständig weitergeben zu können bzw. mautbezogene Beschaffungskostenerhöhungen akzeptieren zu müssen. Großunternehmen dagegen - die zumeist auch über mehrere Produktionsstandorte verfügen - sind zudem in der Lage, Produktionsmengen den geänderten Rahmenbedingungen anzupassen. Sie können verstärkt die Leistungserstellung ins Ausland verlagern oder in jenen österreichischen Standorten produzieren, bei welchen die Zunahme der Transportkosten am geringsten sein wird. Daher sind die Auswirkungen auf die Wettbewerbsfähigkeit in der Gruppe der Großunternehmen nicht so gravierend.

6.2.3.2.2 Transportdienstleister

Bei den Transportdienstleistern geht der Großteil der Unternehmen (81 %) davon aus, dass die Wettbewerbsfähigkeit gegenüber den österreichischen Konkurrenzunternehmen im Inland keinen Veränderungen unterworfen ist, wie Abbildung 36 verdeutlicht. Nur eine kleine Minderheit von 16 % der Transportdienstleister befürchtet (stark) negative Auswirkungen auf die Wettbewerbsfähigkeit.

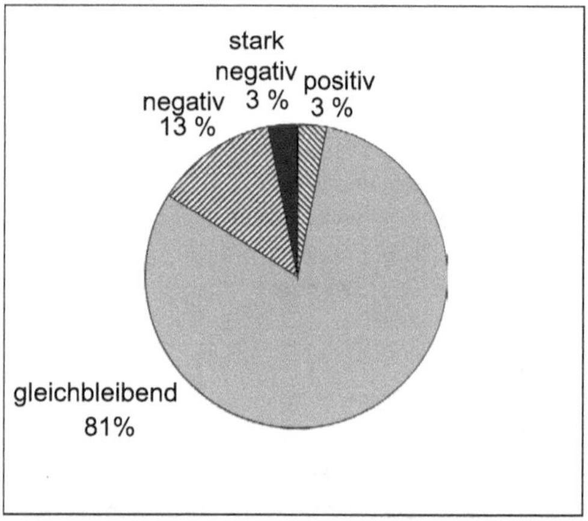

Abbildung 36: Wie verändert sich die Wettbewerbsfähigkeit der Unternehmen gegenüber den österreichischen Mitbewerbern in Österreich? Transportdienstleister

Das Antwortverhalten der Transportdienstleister lässt darauf hindeuten, dass ein Großteil der Befragten keine Unterschiede in den Kostenauswirkungen der fahrleistungsabhängigen Maut sehen. Es wird vermutlich erwartet, dass sich die Unternehmen mit Kostensteigerungen in ähnlicher Höhe konfrontiert sehen und dies daher keinen Einfluss auf die Wettbewerbsfähigkeit zwischen Unternehmen ausübt. Die Resultate der Befragung zeigen jedoch, dass die Spannweite der Werte bei der Erhöhung der Transportkosten gerade bei den Transportdienstleistern am höchsten ist. Sie variiert zwischen 2 % und 32 % (siehe Kapitel 4.1.1.2.2). Das könnte auf eine Diskrepanz zwischen der von den Probanden erwarteten und den tatsächlichen Transportkostensteigerung bei den Mitbewerbern hindeuten. Dagegen könnte sprechen, dass an der Befragung Nahverkehrs- wie Fernverkehrsunternehmen teilgenommen haben. Nahverkehrsunternehmen sehen sich durch den geringen Auto-

bahnanteil offensichtlich weniger mit Kostensteigerungen konfrontiert als Fernverkehrsunternehmen. Die fehlende Differenzierung der Transportdienstleister entsprechend dieses Kriteriums fördert folglich die Größe der Spannweite der Werte.
Grundsätzlich kann jedoch angenommen werden, dass die Transportdienstleister je nach Unternehmensstandort unterschiedliche Kostensteigerungen zu erwarten haben, die sich auf deren Wettbewerbsfähigkeit auswirken können. Die Tatsache der unterschiedlichen Kostensteigerungen je nach Region wurde bereits im Rahmen des Modells im Kapitel 4.1.1.2.1 diskutiert.
Eine Analyse der Veränderung der Wettbewerbsfähigkeit in Abhängigkeit des Standortes, der Transportkostensteigerung sowie des Transportkostenanteils am Umsatz ist aufgrund des geringen Umfanges der Stichprobe nicht sinnvoll. Daher wird auf diese Betrachtung verzichtet. Das gilt ebenso für den Einflussfaktor der Unternehmensgröße. Es kann angenommen werden, dass kleinere Unternehmen eher negative Auswirkungen sehen als mittlere oder große Unternehmen, da kleinere Unternehmen Befürchtungen haben, die Mautkosten nur teilweise weitergeben zu können.

6.2.3.3 Veränderung der Wettbewerbsfähigkeit gegenüber österreichischen Mitbewerbern im Ausland

Die zweite Kategorie zeigt auf, wie die Unternehmen die Veränderung ihrer Wettbewerbsfähigkeit im Vergleich zu anderen österreichischen Unternehmen im Export einschätzen. Auf der Basis dieser Erwartungen können Aussagen über die unterschiedliche Stärke der Änderung der Wettbewerbsfähigkeit im Export im Vergleich zu inländischen Konkurrenten getroffen werden.

6.2.3.3.1 Industrie und Gewerbe

31 % der Industrie- und Gewerbeunternehmen gehen von einer negativen Beeinträchtigung ihrer Wettbewerbsfähigkeit gegenüber ihren inländischen Mitbewerbern im Ausland aus, wie Abbildung 37 zeigt. 10 % der Befragten befürchten sogar stark negative Folgen für ihre Wettbewerbsfähigkeit. Jedoch erwarten andererseits mehr als die Hälfte der Unternehmen (59 %) keine Veränderung ihrer Wettbewerbsfähigkeit.
Im Vergleich zur Veränderung der Wettbewerbsfähigkeit gegenüber inländischen Mitbewerbern in Österreich fällt das Antwortverhalten bezüglich des Exportes deutlich anders aus. Wesentlich mehr Unternehmen befürchten eine (starke) Verringerung ihrer Wettbewerbsfähigkeit gegenüber ihren inländischen Konkurrenten beim Export von Gütern. Dies zeigt deutlich, dass die Maut die Exportfähigkeit österreichischer Unternehmen einschränken kann.

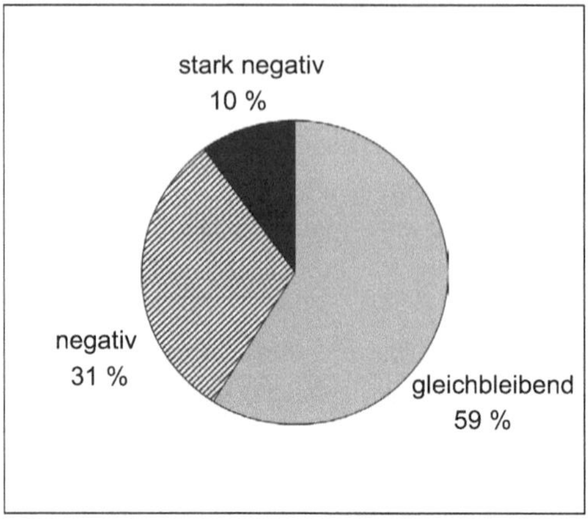

Abbildung 37: Wie verändert sich die Wettbewerbsfähigkeit der Unternehmen gegenüber den österreichischen Unternehmen im Export? Industrie und Gewerbe

Eine Ursache für dieses Ergebnis liegt im Standort des Unternehmens begründet, wie auch Abbildung 38 verdeutlicht. Allerdings ist der Zusammenhang zwischen der Auswirkung auf die Wettbewerbsfähigkeit und der Region recht gering ausgeprägt. Während Unternehmen aus der Region WEST nur zu 31 % eine negative Entwicklung erwarten, sind es in Ostösterreich 40 %, in NORD 43 % und im Süden sogar 53 %.

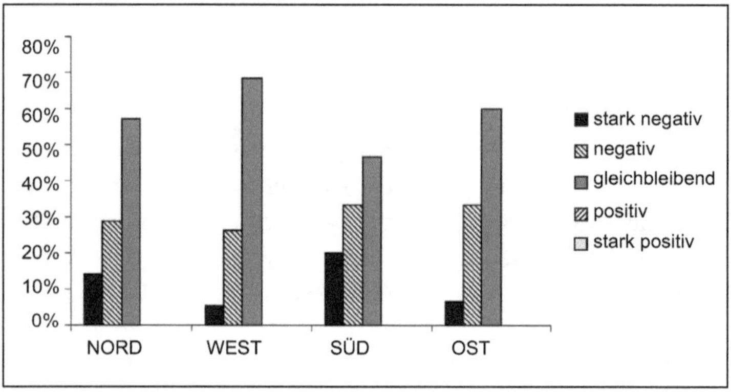

Abbildung 38: Veränderung der Wettbewerbsfähigkeit gegenüber österreichischen Mitbewerbern im Export in Abhängigkeit der Region, Industrie und Gewerbe

Eine wichtige Ursache für die Abhängigkeit von der Region liegt in der Struktur des Außenhandels der Republik Österreich begründet. In Tabelle 49 ist deutlich zu erkennen, dass Deutschland bei der Einfuhr und - hier besonders relevant - bei der Ausfuhr mit Abstand der wichtigste Handelspartner darstellt. Mit deutlich geringeren Werten folgen die anderen Nachbarländer. Bei der Belieferung der Kunden aus der

Bundesrepublik Deutschland - insbesondere des süddeutschen Raumes Bayern und Baden-Württemberg - sind offensichtlich die Unternehmen aus Westösterreich mit wesentlich geringeren Mautkosten belastet als Unternehmen aus dem Süden von Österreich und aus Ostösterreich. Andererseits sind genau diese Unternehmen im Nachteil, wenn es um den Export nach Ungarn, Slowakei oder Ungarn geht. Jedoch ist die Ausfuhr in diese Länder nur von untergeordneter Bedeutung.[631]

Land	Einfuhr in Mrd. EUR	Ausfuhr in Mrd. EUR
Deutschland	31,1	24,8
Italien	5,5	6,5
Schweiz	2,5	4,1
Ungarn	2,6	3,3
Tschechien	2,2	2,2
Slowakei	1,2	1,1
Slowenien	0,8	1,4

Tabelle 49: Außenhandel Österreichs mit den Nachbarländern, Werte für 2002, Quelle: Statistik Austria (2004), S.373

Ebenso hat die Zugehörigkeit zu einer Branche einen Einfluss auf die erwartete Veränderung der Wettbewerbsfähigkeit, wie auch Abbildung 39 für ausgewählte Wirtschaftszweige offenbart. Während bei Nahrungs- und Genussmittel nur 35 % von einer Verschlechterung und bei Papier und Druck 39 % von einer (starken) Verringerung ausgehen, sind es bei Maschinen und Fahrzeugen bereits 50 % und in der Holzwirtschaft sogar 86 %. Folglich ist die Veränderung der Wettbewerbsfähigkeit in starkem Maße von der Branche abhängig. Eine mögliche Ursache für die besonders negativen Auswirkungen bei der Holzbranche kann darin liegen, dass im Sample mehr als 55 % der Unternehmen aus der Region SÜD bzw. aus der Region OST stammen. Für diese Unternehmen kann der Export nach Deutschland zu signifikanten Kostensteigerungen führen. Bei Maschinen und Fahrzeugen beträgt der Anteil der Unternehmen, die im Süden oder Osten Österreichs ihren Produktionssitz haben, sogar 75 %. Für diese Unternehmen sind die Transportkostensteigerungen für Straßentransporte nach Deutschland ebenfalls beträchtlich. Jedoch muss andrerseits festgestellt werden, dass auch 54 % der Unternehmen der Nahrungs- und Genussmittelindustrie und 50 % bei Papier und Druck aus den beiden Regionen Süden und Osten stammen und dort andere Erwartungen über die Veränderung der Wettbewerbsfähigkeit bestehen.

---

[631] Zwar dürfte durch die EU-Integration dieser Länder eine starke Zunahme der Ein- und Ausfuhr erfolgen, jedoch kann angenommen werden, dass auch zukünftig die Bundesrepublik Deutschland mit großem Abstand der wichtigste Handelspartner bleibt.

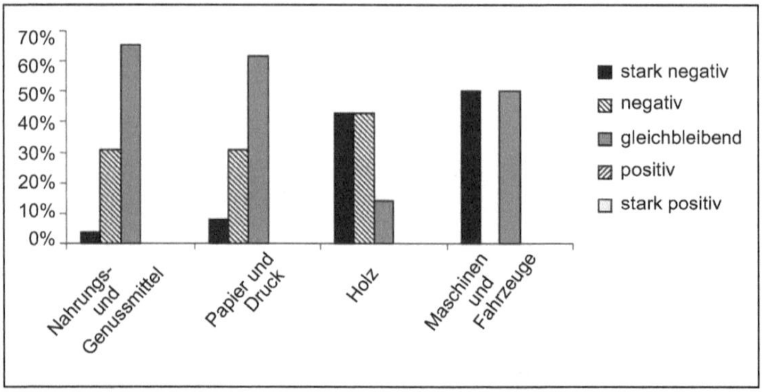

Abbildung 39: Veränderung der Wettbewerbsfähigkeit gegenüber österreichischen Mitbewerbern in Ausland in ausgewählten Branchen, Industrie und Gewerbe

Es können demzufolge auch in dieser Kategorie der Veränderung der Wettbewerbsfähigkeit die Transportkostensteigerung sowie die Höhe des Transportkostenanteils am Umsatz eine Rolle bei der Verteilung der Antworten spielen. Der Kruskal-Wallis-Test zeigt folgendes:

Nullhypothese H_o9: Es gibt keinen Zusammenhang zwischen der erwarteten Steigerung der Transportkosten durch die Einführung der fahrleistungsabhängigen Maut und der Veränderung der Wettbewerbsfähigkeit gegenüber den inländischen Mitbewerbern im Ausland.
Asymptotische Signifikanz: 0,278
Damit kann die Nullhypothese H_o9 nicht abgelehnt werden. Es gibt folglich nur einen mäßigen Zusammenhang zwischen der Transportkostensteigerung und der Veränderung der Wettbewerbsfähigkeit gegenüber einheimischen Konkurrenten außerhalb Österreichs.

Nullhypothese H_o10: Es gibt keinen Zusammenhang zwischen dem Transportkostenanteil am Umsatz vor der Mauteinführung und der Veränderung der Wettbewerbsfähigkeit gegenüber den inländischen Mitbewerbern im Ausland.
Asymptotische Signifikanz: 0,059
Damit kann die Nullhypothese H_o10 nicht abgelehnt werden. Der Einfluss des Transportkostenanteils am Umsatz ist jedoch fast signifikant. Der Transportkostenanteil hat folglich einen weit höheren Einfluss auf die Antworten als die Steigerung der Transportkosten.
Ein weiterer Einflussfaktor für die Bestimmung der Veränderung der Wettbewerbsfähigkeit gegenüber den österreichischen Mitbewerbern im Export ist die Größe des Unternehmens. 71 % der Kleinunternehmen, 48 % der mittleren Unternehmen und

nur 32 % der Großunternehmen gehen von einer (stark) negativen Beeinträchtigung ihrer Wettbewerbsfähigkeit aus (siehe Abbildung 40).

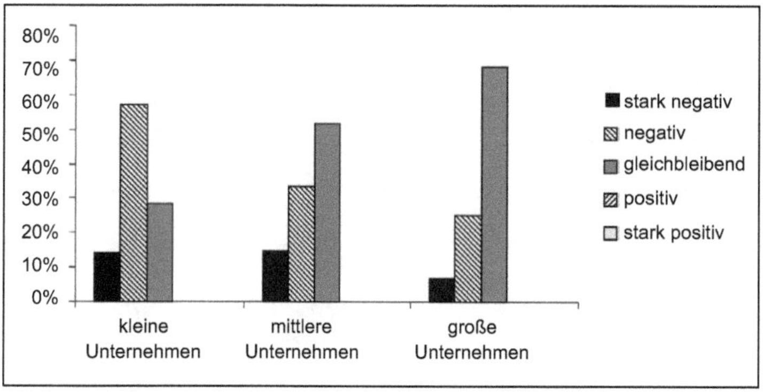

Abbildung 40: Veränderung der Wettbewerbsfähigkeit gegenüber österreichischen Mitbewerbern im Export in Abhängigkeit der Unternehmensgröße, Industrie und Gewerbe

Im Vergleich zur Veränderung der Wettbewerbsfähigkeit gegenüber inländischen Konkurrenten in Österreich nehmen diese Werte einen teils deutlich höheren Wert an. Dabei spielt u.a. die Befürchtung eine Rolle, dass die Unternehmen - insbesondere die kleineren - bei ihren ausländischen Kunden nicht die vollen Zusatzkosten weiterverrechnen können, da das Problembewusstsein bezüglich der Weiterverrechnung bei ausländischen Auftraggebern eventuell weniger ausgeprägt ist. Darüber hinaus kommt auch hier deutlich zum Ausdruck, dass mit abnehmender Unternehmensgröße die Befragten von einer zunehmend verschlechterten Wettbewerbsfähigkeit ausgehen, was insbesondere in der Machtverteilung eine Ursache hat.
Einen gewissen Einfluss der Unternehmensgröße bestätigt auch der Kruskal-Wallis-Test:

Nullhypothese $H_0 11$: Es gibt keinen Zusammenhang zwischen der Unternehmensgröße und der Veränderung der Wettbewerbsfähigkeit gegenüber den inländischen Mitbewerbern im Ausland.
Asymptotische Signifikanz: 0,112
Damit kann die Nullhypothese $H_o 11$ zwar nicht abgelehnt werden, jedoch ist auch hier eine gewisse Signifikanz gegeben.

6.2.3.3.2 Transportdienstleister

Die Veränderung der Wettbewerbsfähigkeit bei den Transportdienstleistern gegenüber den inländischen Konkurrenten auf Auslandsmärkten bewerten 74 % unkritisch. Sie sehen keine Veränderung gegenüber der bisherigen Situation, wie Abbildung 41 verdeutlicht.

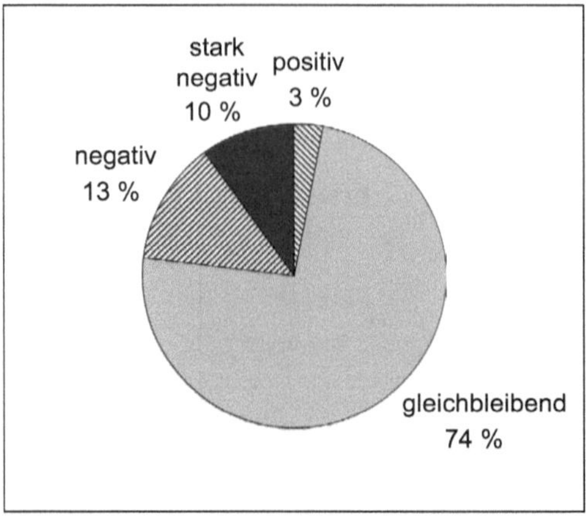

Abbildung 41: Wie verändert sich die Wettbewerbsfähigkeit der Unternehmen gegenüber den österreichischen Mitbewerbern im Export? Transportdienstleister

Jedoch sehen auch 23 % der Unternehmen eine Einschränkung ihrer Wettbewerbsfähigkeit. Folglich sehen auch die Transportdienstleister in der Mehrzahl der Fälle der Stichprobe keine Benachteilung gegenüber ihren inländischen Mitbewerbern im Ausland, jedoch ist der Anteil derjenigen Unternehmen, die negativ betroffen sind, deutlich höher als bei der vorangegangenen Einschätzung bezüglich des Heimatmarktes. Wie bei Industrie- und Gewerbeunternehmen kann vermutet werden, dass ihre ausländischen Kunden nur eine geringe Bereitschaft aufweisen, zusätzlich anfallende mautrelevante Kosten zu übernehmen. Eine weitere mögliche Ursache für das im Vergleich zum Heimatmarkt veränderte Antwortverhalten kann auch in höheren Rüstkosten der Anfahrt zu ausländischen Standorten begründet sein, sofern andere inländische Mitbewerber eine geringere Distanz zum ausländischen Kundenstandort aufweisen. Transportdienstleister sehen sich durch die Maut mit Zusatzkosten belastet, so dass sie die Verträge mit ausländischen Auftraggebern anpassen müssten, jedoch dadurch eventuell vermuten, nicht mehr konkurrenzfähig zu sein. Auch in dieser Kategorie spielt die Frage der Machtverteilung offensichtlich eine wichtige Rolle.

6.2.3.4 Veränderung der Wettbewerbsfähigkeit gegenüber ausländischen Mitbewerbern in Österreich

Die dritte Kategorie der Wettbewerbswirkungen beschäftigt sich mit der Veränderung der Wettbewerbsfähigkeit gegenüber ausländischen Mitbewerbern im Heimatmarkt Österreich. Dies ist vor allem in Zusammenhang mit der These, die fahrleistungsabhängige Maut fungiere als Schutzzoll für österreichische Unternehmen gegenüber den ausländischen Konkurrenten in Österreich, von Interesse.

6.2.3.4.1 Industrie und Gewerbe

Mehr als die Hälfte der Industrie- und Gewerbeunternehmen (57 %) sehen keine Veränderung der Wettbewerbsfähigkeit gegenüber ihren ausländischen Konkurrenten in Österreich, wie Abbildung 42 hinweist. Jedoch erwarten 27 % der Unternehmen eine Verschlechterung ihrer Wettbewerbsposition, 7 % sogar eine starke Verschlechterung. Andererseits gehen 9 % der Unternehmen davon aus, durch die fahrleistungsabhängige Maut eine Verbesserung ihrer Wettbewerbssituation gegenüber ausländischen Konkurrenten im Heimatmarkt erreichen zu können.

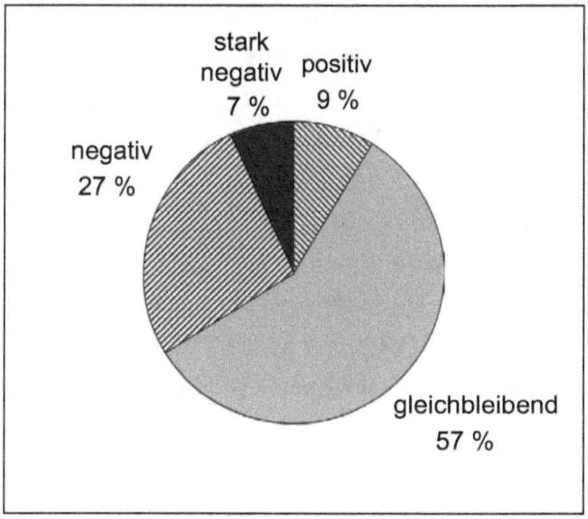

Abbildung 42: Wie verändert sich die Wettbewerbsfähigkeit der Unternehmen gegenüber den ausländischen Unternehmen in Österreich? Industrie und Gewerbe

Die Verteilung zeigt deutlich, dass die große Mehrzahl der Unternehmen die fahrleistungsabhängige Maut nicht als Schutzzoll gegenüber den ausländischen Mitbewerbern in Österreich ansieht. Ob die fahrleistungsabhängige Maut als Schutzzoll fungiert, wird mit Hilfe einer Wertschöpfungskettenanalyse des zu betrachtenden Produktes ersichtlich. Wertschöpfungskettenanalysen eruieren für ein Produkt die Höhe der anteiligen Mautkosten. Eine Schutzzollfunktion gegenüber ausländischen Konkurrenten im Heimatmarkt ist nur dann gegeben, wenn ausländische Unternehmen über die gesamte Wertschöpfungskette höhere anteilige Mautkosten je Produkt tragen als inländische Unternehmen und die Differenz nicht marginal ist. Für Produkte international agierender Unternehmen, die außerhalb Österreichs produzieren und Österreich ausschließlich als Absatzmarkt ansehen, fallen Mautkosten nur beim Straßentransport nach Österreich und ggf. bei einer mehrstufigen Distribution in Österreich selbst an. Österreichische Unternehmen, die in Österreich Wertschöpfung

generieren und alle Teile des Produktes im Inland herstellen lassen, sind dagegen auf allen Wertschöpfungsstufen mit Mautkosten betroffen.[632]
Gerade bei von Nachfrageschwerpunkten entfernt liegenden Produktionsstandorten in Österreich können die produktbezogenen Mautkosten einen höheren Wert annehmen als beim Transport aus dem Ausland. Besonders bei transportkostenintensiven Produkten, die eine hohe Affinität zum Straßengüterverkehr aufweisen, kann das für inländische Unternehmen problematisch sein.
Im Einzelfall kann jedoch die fahrleistungsabhängige Maut als Schutzzoll gegenüber den ausländischen Unternehmen fungieren. Das ist beispielsweise bei transportkostenintensiven, straßenverkehrsaffinen, aus wenigen Teilen bestehenden Gütern der Fall, bei denen österreichische Unternehmen unmittelbar in der Nähe der Kunden produzieren und die ausländischen Mitbewerber zur Überwindung der Distanz zum österreichischen Absatzmarkt lange Distanzen zurücklegen müssen.
Auch bei der Veränderung der Wettbewerbsfähigkeit gegenüber ausländischen Konkurrenten in Österreich ist der Standort des Unternehmens eine der Erklärungsvariablen. Während nur 19 % der Unternehmen aus Südösterreich von einer (stark) negativen Veränderung ausgehen und 26 % aus NORD, so sind es bei der Region WEST bereits 36 % und aus dem ostösterreichischen Raum 42 %, wie Abbildung 43 zeigt.

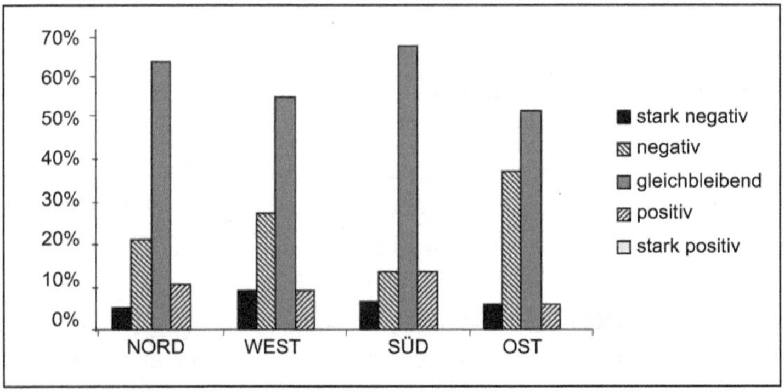

Abbildung 43: Veränderung der Wettbewerbsfähigkeit gegenüber ausländischen Mitbewerbern in Österreich in Abhängigkeit der Region, Industrie und Gewerbe

Unternehmen aus dem ostösterreichischen Raum haben zum Beispiel dann einen Wettbewerbsnachteil, wenn Kunden in der Nähe der Grenze zum wichtigsten Handelspartner Deutschland ihren Sitz haben. Welche unterschiedliche Mautkostenbe-

[632] Es wird unterstellt, dass die Produkte mit dem Straßengüterverkehr befördert werden. Würde die Belieferung aus dem Ausland mit der Bahn erfolgen, so ist offensichtlich, dass regionale Wertschöpfung in Österreich noch nachteiliger ist.

lastung die Belieferung aus dem Inland bzw. aus dem Ausland hat, zeigt folgendes Beispiel.[633]

Es wird ermittelt, wie hoch die aus der fahrleistungsabhängigen Maut resultierenden Kosten eines Lieferanten ausfallen, der in 300 km Entfernung vom Kundenstandort Salzburg seinen Sitz hat. Als Zulieferer wurden drei Unternehmen ausgewählt, die in Wien, Nürnberg und in Tabor (Tschechien, südlich von Prag) ihren Standort haben. Sie beliefern mit einem vier- oder mehrachsigen Fahrzeug mit 5 Drehern / Woche den in Salzburg beheimateten Kunden. Wie in Abbildung 44 erkennbar ist, ist die zusätzliche Belastung mit direkten Mautkosten des österreichischen Lkw mit einem Betrag von 36.255 EUR / Jahr mit Abstand am höchsten. Die Lkw aus Nürnberg trägt eine Belastung von 19.435 EUR / Jahr, währenddessen der tschechische Lkw Zusatzkosten in Höhe von 19.000 EUR / Jahr tragen muss.[634]

Interessant ist hierbei die Fragestellung, bis zu welcher geographischen Linie eine Belieferung Salzburgs aus Deutschland günstiger ist als aus Wien.[635] In diesem Fall ist eine Belieferung aus Deutschland bis zu einer Entfernung von etwa 485 km von Salzburg günstiger als eine Belieferung aus Wien. Das entspricht der in etwa der Luftlinie Chemnitz - Fulda - Darmstadt - Strasbourg / Kehl. Damit kann ein Lkw eines Lieferanten aus dem süddeutschen Raum den Abnehmer in Salzburg günstiger als der Lieferant aus Wien beliefern.

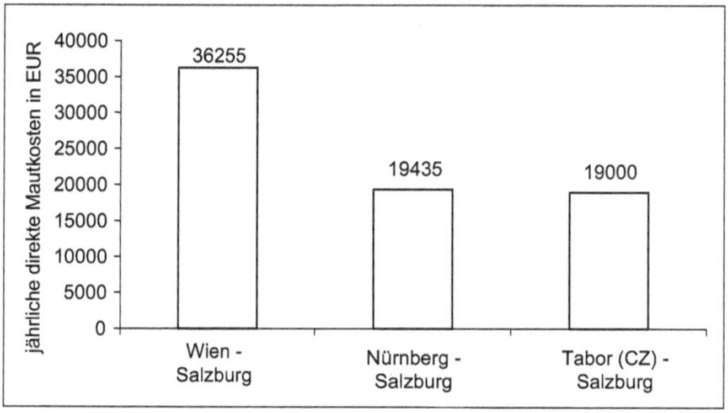

Abbildung 44: jährliche direkte Mautkosten eines österreichischen, deutschen und tschechischen Lkw aus 300 km Entfernung zur Anlieferung an einen Kunden in Salzburg (5 Dreher / Woche) nach Entlastungsmaßnahmen

633 Vgl. Kummer / Einbock (2003a), S.60 ff

634 Die Höhe des deutschen Mautsatzes wurde mit 0,15 EUR / km angenommen. Bei einem Mautsatz von 0,12 EUR / km (siehe § 1 deutsche MautHV) ist die Belieferung aus Nürnberg offensichtlich noch vorteilhafter.

635 Die Funktion gleicher Transportkosten wird nach Alfred Weber auch als Isotime bezeichnet. Vgl. Schätzl (2001), S.43

Eine Schutzzollwirkung erwarten nur 6 % der Unternehmen aus Ostösterreich, jedoch 13 % der Befragten aus Südösterreich. Da gerade bei einer Belieferung südösterreichischer Regionen aus Deutschland lange Distanzen zu überwinden sind, können Unternehmen aus Südösterreich durch die viel geringeren Mautkosten Wettbewerbsvorteile gegenüber deutschen Konkurrenten bei ihren in Südösterreich sitzenden Kunden generieren. Gleiches gilt auch mit Einschränkungen für die anderen Regionen. Für die exakte Bestimmung der Mautkosten und damit der Veränderung der Wettbewerbsfähigkeit sind jedoch - wie bereits erwähnt - Wertschöpfungskettenanalysen erforderlich.

Wie bei den anderen Kategorien der Veränderung der Wettbewerbsfähigkeit ist auch hier zu konstatieren, dass die Veränderungen von der Zugehörigkeit zu einer Branche abhängig sind. Wie Abbildung 45 verdeutlicht, sieht kein Unternehmen der Holzwirtschaft eine Verschlechterung der Wettbewerbsfähigkeit. Bei Papier und Druck sowie Nahrungs- und Genussmittel sehen bereits jeweils 36 % der Befragten (stark) negative Auswirkungen, bei Maschinen und Fahrzeuge sogar jedes zweite befragte Unternehmen.

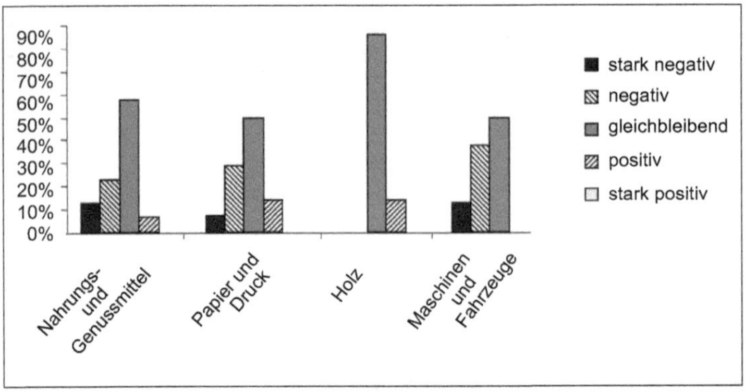

Abbildung 45: Veränderung der Wettbewerbsfähigkeit gegenüber ausländischen Mitbewerbern in Österreich in ausgewählten Branchen, Industrie und Gewerbe

Die Höhe der erwarteten Transportkostensteigerung ist auch in dieser Kategorie eine der Erklärungsvariablen, wie der Kruskal-Wallis-Test offenbart:

Nullhypothese H_o12: Es gibt keinen Zusammenhang zwischen der erwarteten Steigerung der Transportkosten durch die Einführung der fahrleistungsabhängigen Maut und der Veränderung der Wettbewerbsfähigkeit gegenüber den ausländischen Mitbewerbern im Inland.

Asymptotische Signifikanz: 0,064

Damit kann die Nullhypothese H_o12 zwar nicht abgelehnt werden, jedoch ist offensichtlich ein Zusammenhang zwischen der Transportkostensteigerung und der Ver-

änderung der Wettbewerbsfähigkeit gegenüber ausländischen Mitbewerbern in Österreich gegeben.
Der Transportkostenanteil am Umsatz spielt dagegen kaum eine Rolle:

Nullhypothese $H_0$13: Es gibt keinen Zusammenhang zwischen dem Transportkostenanteil am Umsatz vor der Mauteinführung und der Veränderung der Wettbewerbsfähigkeit gegenüber den ausländischen Mitbewerbern im Inland.
Asymptotische Signifikanz: 0,756
Damit kann die Nullhypothese $H_0$13 offensichtlich nicht abgelehnt werden. Der Zusammenhang zwischen beiden Größen ist äußerst gering. Der Transportkostenanteil am Umsatz spielt im Gegensatz zur Transportkostensteigerung kaum eine Rolle, die Veränderung der Wettbewerbsfähigkeit zu erklären.
Wie zu erwarten ist, unterscheidet sich auch in dieser Kategorie das Antwortverhalten der Unternehmen je nach Unternehmensgröße, wie Abbildung 46 verdeutlicht. Während 73 % der kleinen Unternehmen (stark) negative Auswirkungen befürchten, sind es bei den mittleren 24 % und bei den Großunternehmen 33 %. Die Verteilung zeigt deutlich, dass kleine Unternehmen auch in Bezug auf die Veränderung ihrer Wettbewerbsfähigkeit gegenüber ihren ausländischen Mitbewerbern in Österreich ein Risiko sehen. Das könnte unter anderem darauf zurückzuführen sein, dass kleine Unternehmen eher regional in Österreich beschaffen und sie durch die fahrleistungsabhängige Maut höhere Beschaffungskostensteigerungen aufweisen, die die ausländischen Konkurrenten aufgrund deren Lieferantenstruktur so nicht treffen bzw. nicht so stark treffen.

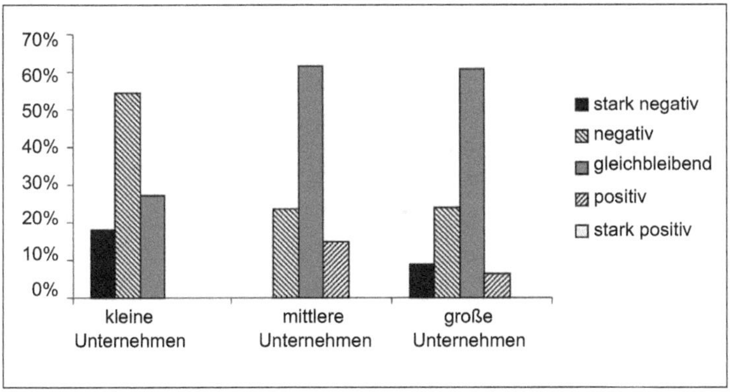

Abbildung 46: Veränderung der Wettbewerbsfähigkeit gegenüber ausländischen Mitbewerbern in Österreich in Abhängigkeit der Unternehmensgröße, Industrie und Gewerbe

Der Kruskal-Wallis-Test belegt jedoch, dass der Zusammenhang nur sehr gering ausgeprägt ist:

Nullhypothese $H_0 14$: Es gibt keinen Zusammenhang zwischen der Unternehmensgröße und der Veränderung der Wettbewerbsfähigkeit gegenüber den ausländischen Mitbewerbern im Inland.

Asymptotische Signifikanz: 0,565

Damit kann die Nullhypothese $H_0 14$ nicht abgelehnt werden, der Zusammenhang ist nur sehr eingeschränkt gegeben.

6.2.3.4.2 Transportdienstleister

Die Transportdienstleister sehen die Wettbewerbsfähigkeit gegenüber den ausländischen Mitbewerbern in Österreich kritischer als bei den beiden vorangegangenen Kategorien. Nur noch 53 % der Transportdienstleister sehen keine Auswirkungen auf die Wettbewerbsfähigkeit, jedoch 34 % gehen von einer (starken) Verschlechterung aus. Andererseits sehen 13 % der Befragten auch eine Verbesserung ihrer Wettbewerbsfähigkeit.

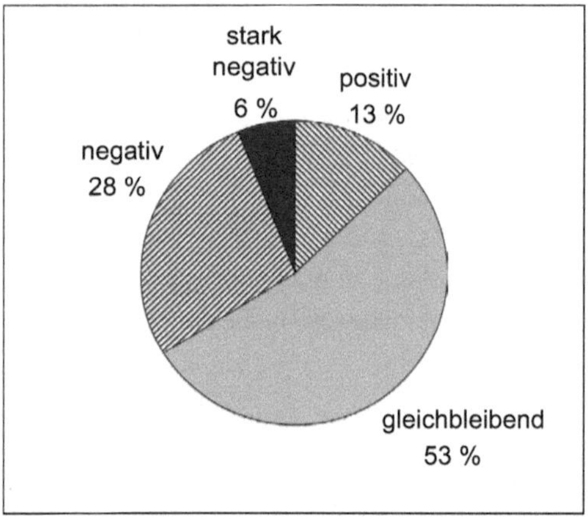

Abbildung 47: Wie verändert sich die Wettbewerbsfähigkeit der Unternehmen gegenüber den ausländischen Mitbewerbern in Österreich? Transportdienstleister

Die Befürchtung österreichischer Transportdienstleister, dass sie durch vermehrte Marktaktivitäten ausländischer Konkurrenten in Österreich in Bedrängnis geraten, scheint diese Umfrage zu bestätigen. In der Tat können Auftraggeber verstärkt auf ausländische Mitbewerber setzen, die eine geringere Mautkostenbelastung aufweisen. Das gilt insbesondere für jene Auftraggeber, die in Grenznähe zu anderen Ländern ihren Produktionssitz haben. Ausländische Mitbewerber können in diesen Fällen durchaus eine weit geringere Zunahme von mautinduzierten Transportkosten erwarten als die einheimischen Transportdienstleister. Andererseits sehen 13 % der Befragten eine Zunahme ihrer Wettbewerbsfähigkeit gegenüber ihren ausländischen Mitbewerbern in Österreich. Diese Unternehmen sehen im Vergleich zu ihren ausländischen Mitbewerbern eine geringere Steigung ihrer Transportkosten. Das kann offensichtlich eine Erhöhung ihrer Wettbewerbsfähigkeit bewirken.

6.2.3.5 Veränderung der Wettbewerbsfähigkeit gegenüber ausländischen Mitbewerbern im Ausland

Die vierte Kategorie der Wettbewerbswirkungen setzt sich mit der Veränderung der Wettbewerbsfähigkeit gegenüber ausländischen Mitbewerbern im Ausland auseinander. Auf dieser Grundlage können Aussagen über die Veränderung der Exportfähigkeit in Österreich hergestellter Produkte getroffen werden. Das lässt Rückschlüsse auf die Veränderung der generellen Exportfähigkeit der österreichischen Wirtschaft zu.

6.2.3.5.1 Industrie und Gewerbe

Entsprechend Abbildung 48 erwarten 48 % der Industrie- und Gewerbeunternehmen eine Verschlechterung ihrer Wettbewerbsfähigkeit gegenüber ausländischen Unternehmen im Ausland. 20 % nehmen sogar eine starke Beeinträchtigung an. Nur knapp ein Drittel der Unternehmen (32 %) geht von einer gleichbleibenden Wettbewerbsfähigkeit aus.

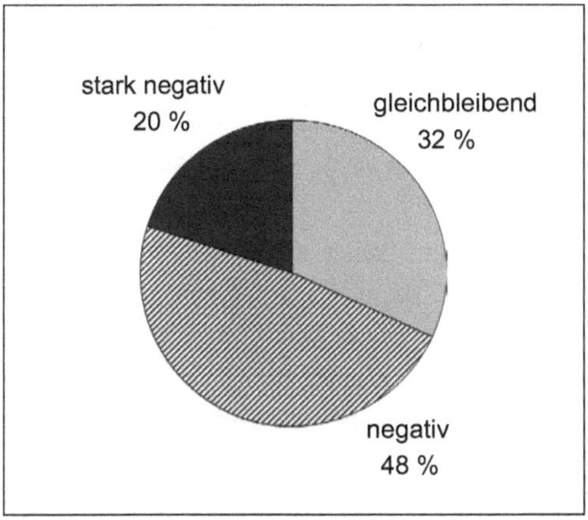

Abbildung 48: Wie verändert sich die Wettbewerbsfähigkeit der Unternehmen gegenüber den ausländischen Unternehmen im Ausland? Industrie und Gewerbe

Die Einschätzung der Veränderung der Wettbewerbsfähigkeit gegenüber den ausländischen Konkurrenten im Ausland ist somit deutlich negativer als die Beurteilung in den vorangegangenen Kategorien. Mehr als zwei Drittel der Unternehmen sehen in der fahrleistungsabhängigen Maut eine Verringerung der Exportfähigkeit ihrer Produkte. Österreichische Unternehmen sehen sich im Gegensatz zu ihren ausländischen Mitbewerbern im Ausland durch die fahrleistungsabhängige Maut mit teils sehr hohen Kostensteigerungen konfrontiert, die bei den ausländischen Konkurren-

ten nicht anfallen.[636] Sie befürchten, Weitergabe der Zusatzkosten unterstellt, auf ausländischen Märkten dann nur noch eingeschränkt konkurrenzfähig zu sein.
Den Einfluss des Unternehmensstandortes auf die Veränderung der Wettbewerbsfähigkeit verdeutlicht Abbildung 49. In der Region WEST und OST gehen 61 % bzw. 62 % der befragten Unternehmen von einer (starken) Verschlechterung ihrer Wettbewerbsfähigkeit im Export aus, in den Region Süd sind es bereits 73 % und in Nordösterreich befürchten sogar 86 % zumindest eine partielle Einschränkung ihrer Exportfähigkeit. Die vergleichsweise geringen Werte der Unternehmen aus den Regionen WEST und OST lassen sich u.a. mit der Nähe zu wichtigen Auslandsmärkten begründen.

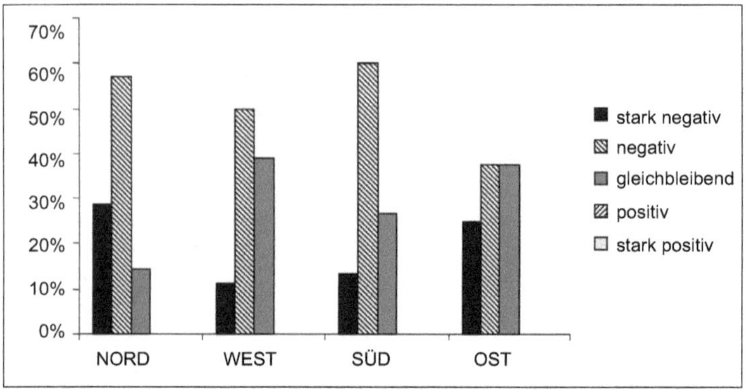

Abbildung 49: Veränderung der Wettbewerbsfähigkeit gegenüber ausländischen Mitbewerbern im Ausland in Abhängig der Region, Industrie und Gewerbe

Bei der Belieferung von Deutschland, Schweiz und Italien bzw. Tschechien, Slowakei, Ungarn sind diese Unternehmen durch relativ geringe Mautkosten nicht wesentlich gegenüber ihren ausländischen Konkurrenten benachteiligt. Unternehmen aus Südösterreich sehen sich dagegen mit weit höheren Mautkosten bei der Belieferung wichtiger ausländischer Märkte wie z.B. Deutschland konfrontiert. Der überdurchschnittliche Wert in der Region NORD lässt sich eventuell damit begründen, dass deren ausländischen Absatzmärkte nicht nur auf Deutschland beschränkt sind, sondern darüber hinaus weitere Nachbarländer beliefern, für die in Österreich längere Transportwege zurückzulegen sind (z.B. Italien, Südosteuropa etc.).
Auch in dieser Kategorie der Veränderung der Wettbewerbsfähigkeit ist das Antwortverhalten der Unternehmen von der Branche abhängig. Wie in Abbildung 50 ersichtlich, gehen in der Branche Papier und Druck 77 % der Unternehmen von einer (starken) Beeinträchtigung aus, bei Holz sind es 71 %, in der Maschinen und Fahrzeugin-

[636] Wenn ausländische Unternehmen für die Belieferung ausländischer Märkte mit dem Lkw durch Österreich fahren, dann sind sie natürlich ebenso mit der fahrleistungsabhängigen Maut konfrontiert.

dustrie 67 % und bei Nahrungs- und Genussmitteln sind es 63 % der Unternehmen. Der vergleichsweise hohe Wert für die Papier- und Druckindustrie resultiert vermutlich aus der Befürchtung, bei Weitergabe der Zusatzkosten auf ausländischen Märkten nicht mehr konkurrenzfähig zu sein, da die ausländischen Konkurrenten aufgrund der fahrleistungsabhängigen Maut keine Kostensteigerungen erwarten und in dieser Branche ein starker Preiswettbewerb herrscht.[637]

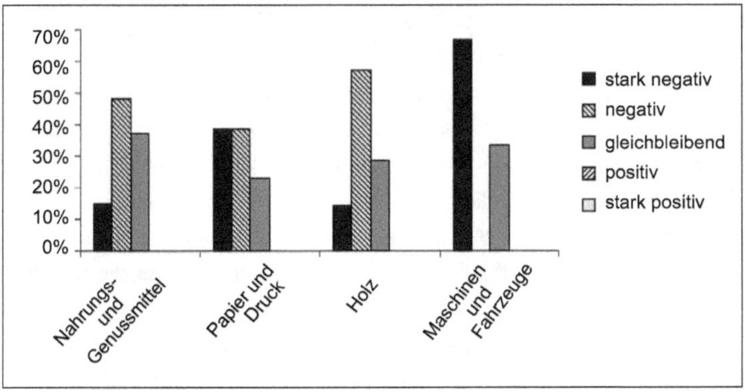

Abbildung 50: Veränderung der Wettbewerbsfähigkeit gegenüber ausländischen Mitbewerbern im Ausland in ausgewählten Branchen, Industrie und Gewerbe

Die Höhe der erwarteten Transportkostensteigerung ist nach dem Kruskal-Wallis-Test jedoch nur eingeschränkt zur Erklärung des Antwortverhaltens geeignet. Das gilt auch für den Transportkostenanteil am Umsatz.

Nullhypothese H_o15: Es gibt keinen Zusammenhang zwischen der erwarteten Steigerung der Transportkosten durch die Einführung der fahrleistungsabhängigen Maut und der Veränderung der Wettbewerbsfähigkeit gegenüber den ausländischen Mitbewerbern im Ausland.

Asymptotische Signifikanz: 0,688

Damit kann die Nullhypothese H_o15 definitiv nicht abgelehnt werden. Der Zusammenhang zwischen diesen Größen ist nur minimal. Damit relativiert sich die Bedeutung der Transportkostenerhöhung als Erklärungsvariable zur Veränderung der Wettbewerbsfähigkeit gegenüber ausländischen Konkurrenten im Ausland.

Nullhypothese H_o16: Es gibt keinen Zusammenhang zwischen dem Transportkostenanteil am Umsatz vor der Mauteinführung und der Veränderung der Wettbewerbsfähigkeit gegenüber den ausländischen Mitbewerbern im Ausland.

Asymptotische Signifikanz: 0,649

[637] Es sei denn, sie haben Lieferanten, die in Österreich produzieren. Dann steigen deren Beschaffungskosten, sofern sie nicht zu ausländischen Zulieferern wechseln.

Damit kann die Nullhypothese $H_0$16 offensichtlich nicht abgelehnt werden. Der Zusammenhang zwischen beiden Größen ist äußerst gering. Der Transportkostenanteil am Umsatz spielt wie die erwartete Transportkostensteigerung kaum eine Rolle, die Veränderung der Wettbewerbsfähigkeit zu erklären.

Die Größe des Unternehmens ist in dieser Kategorie ebenfalls ein Einflussfaktor für die Veränderung der Wettbewerbsfähigkeit. Wie Abbildung 51 zeigt, sehen alle kleinen Unternehmen im Sample negative bzw. stark negative Wirkungen auf ihre Wettbewerbsfähigkeit. Bei mittleren Unternehmen sind es 54 %, bei den großen Unternehmen 72 %. Die These, dass mit zunehmender Unternehmensgröße die Veränderung der Wettbewerbsfähigkeit gegenüber ausländischen Konkurrenten im Ausland weniger problematisch ist, kann auch hier nicht bestätigt werden. Offensichtlich sind die mittleren Unternehmen diejenigen, die den höchsten Anteil an Unternehmen aufweisen, die keine Veränderung der Wettbewerbsfähigkeit sehen. Ein möglicher Grund dafür könnte sein, dass diese flexibler als Großunternehmen auf die fahrleistungsabhängige Maut reagieren können und somit eher Strategien zur Minderung der Mautkosten ergreifen können, um exportfähig zu bleiben. Die kleinen Unternehmen sehen aufgrund ihrer geringen Marktmacht im Ausland offensichtlich Einschränkungen in ihrer Konkurrenzfähigkeit im Ausland. Während mittlere und große Unternehmen es leichter haben, Zusatzkosten auf den Kunden zu überwälzen, stellt sich dies für kleine Unternehmen als problematisch dar.

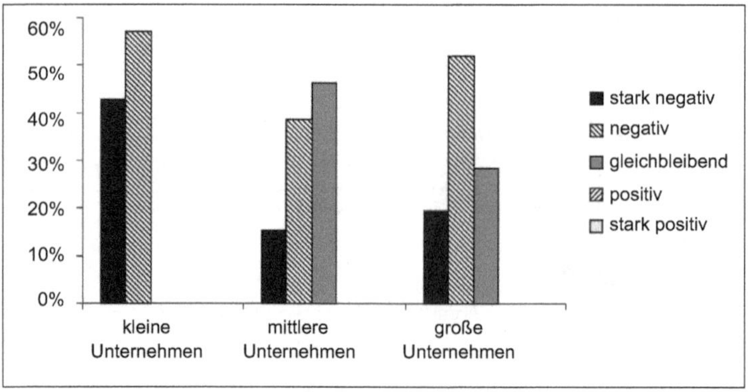

Abbildung 51: Veränderung der Wettbewerbsfähigkeit gegenüber ausländischen Mitbewerbern im Ausland in Abhängigkeit der Unternehmensgröße, Industrie und Gewerbe

Der Kruskal-Wallis-Test zeigt, dass ein Zusammenhang jedoch nur sehr eingeschränkt vorhanden ist:

Nullhypothese $H_0$17: Es gibt keinen Zusammenhang zwischen der Unternehmensgröße und der Veränderung der Wettbewerbsfähigkeit gegenüber den ausländischen Mitbewerbern im Ausland.

Asymptotische Signifikanz: 0,792

Damit kann die Nullhypothese $H_0$17 nicht abgelehnt werden, der Zusammenhang ist nur sehr schwach.

6.2.3.5.2 Transportdienstleister

Das Antwortverhalten der Transportdienstleister ist im Vergleich zu den drei vorangegangenen Kategorien deutlich kritischer. Nur knapp die Hälfte der Befragten (47 %) sieht keine Veränderung gegenüber ausländischen Konkurrenten außerhalb Österreichs, aber exakt 50 % der Unternehmen - mehr als in den anderen Kategorien - befürchten eine Verschlechterung ihrer Lage.

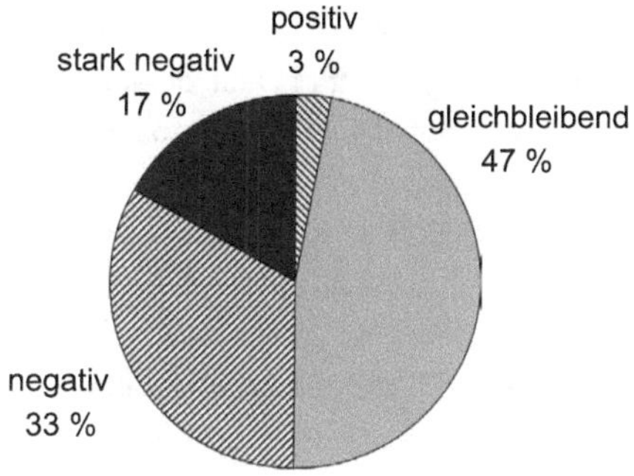

Abbildung 52: Wie verändert sich die Wettbewerbsfähigkeit der Unternehmen gegenüber den ausländischen Mitbewerber im Ausland? Transportdienstleister

Die Hälfte der Transportdienstleister sieht demnach negative Folgen für die Bearbeitung ausländischer Märkte im Vergleich zu ihren ausländischen Konkurrenten. Offensichtlich befürchten sie im Vergleich zu ihren ausländischen Konkurrenten durch die nur bei ihnen anfallenden Mautkosten einen Wettbewerbsnachteil erleiden zu müssen. Aufgrund des starken Preiswettbewerbs auf den mitteleuropäischen Straßengüterverkehrsmärkten ist die Weitergabe der gesamten Mautkosten problematisch. Das gilt im Ausland noch viel stärker als in Österreich, da dort ein geringeres Problembewusstsein der Auftraggeber erwartet werden kann.

6.2.3.6 Bewertung zweier zentraler Unterschiede zum deutschen Mautsystem und deren Wirkung auf die Wettbewerbsfähigkeit der Unternehmen

Das fahrleistungsabhängige Mautsystem in der Bundesrepublik Deutschland startete zum 01. Januar 2005.[638] Bemautet wird der schwere Straßengüterverkehr mit Fahr-

[638] Vgl. Bellmer (2004), S.3

zeugen ab 12 Tonnen zulässigem Gesamtgewicht auf dem hochwertigen Straßennetz.[639] Die Mautsätze betragt für Fahrzeuge der Emissionsklassen EURO II und III für 2- und 3-Achser 0,11 EUR / km und für vier- und mehrachsige Fahrzeuge 0,12 EUR / km.[640]

Abgesehen von Unterschieden auf der technischen Ebene des Mautsystems sind für die Veränderung der Wettbewerbsfähigkeit österreichischer Unternehmen aufgrund der Einführung der fahrleistungsabhängigen Maut in Deutschland zwei Aspekte von Relevanz:

- unterschiedliche Höhe der Mautsätze sowie
- die in Abhängigkeit des zulässigen Gesamtgewichtes unterschiedliche Einbeziehung von Fahrzeuge in die Mautpflicht.

Aufgrund der geringeren Mautsätze in Deutschland sowie der Einbeziehung von Fahrzeugen erst ab 12 Tonnen zulässigem Gesamtgewicht in Deutschland kann vermutet werden, dass diese beiden Unterschiede auf die Wettbewerbsfähigkeit der österreichischen Unternehmen einen Einfluss ausüben.

Im Rahmen der empirischen Umfrage im Herbst 2003 wurden daher Industrie- und Gewerbeunternehmen sowie Transportdienstleister befragt, wie sie die Veränderung der Wettbewerbsfähigkeit aufgrund unterschiedlicher Mautsätze bzw. unterschiedlicher Einbeziehung von Fahrzeugen einschätzen. Die Ergebnisse in Bezug auf die Mautsätze zeigt Tabelle 50.

Veränderung der Wettbewerbsfähigkeit	Industrie und Gewerbe	Transportdienstleister
Stark negativ	15 %	22 %
Negativ	27 %	31 %
Gleichbleibend	58 %	47 %
Positiv	0 %	0 %
Stark positiv	0 %	0 %

Tabelle 50: Veränderung der Wettbewerbsfähigkeit österreichischer Unternehmen aufgrund unterschiedlicher Mautsätze in Österreich und Deutschland

Bei den Industrie- und Gewerbeunternehmen sehen insgesamt 42 % eine (starke) Verschlechterung ihrer Wettbewerbsfähigkeit, bei den Transportdienstleistern sind es

639 Die österreichische Gewichtsgrenze von 3,5 Tonnen zulässiges Gesamtgewicht hat gegenüber der höheren deutschen Einbeziehungsgrenze den Vorteil, dass Ausweichmöglichkeiten auf kleinere, nicht-mautpflichtige Fahrzeuge nur beschränkt möglich sind. Darüber hinaus scheint ein Nutzerbeitrag der Fahrzeuge zwischen 3,5 Tonnen und 12 Tonnen auch gerechtfertigt, da sie ebenso externe Kosten produzieren und ihren Teil zur Deckung der Wegekosten beitragen sollten.

640 Vgl. § 1 MautHV; Es wird derzeit in der Bundesrepublik Deutschland diskutiert, ob die Mautsätze für diese Emissionsklasse auf durchschnittlich 0,15 EUR / km angehoben werden sollen.

53 %. Dagegen erwarten 58 % in Industrie und Gewerbe sowie 47 % der Transportdienstleister keine Veränderung ihrer Wettbewerbsfähigkeit.
Die unterschiedliche Höhe der Mautsätze kann die Wettbewerbsfähigkeit österreichischer Unternehmen gegenüber ihren in- bzw. ausländischen Mitbewerbern in Deutschland verringern. Der Radius der Isotimen zur Belieferung eines Kunden ist bei österreichischen Lieferanten aufgrund der höheren Mautsätze deutlich geringer als bei deutschen Zulieferern. Durch die Einführung der fahrleistungsabhängigen Maut 2004 in Österreich wird der Radius der Isotime des österreichischen Unternehmens stark reduziert wird, während sich die Isotime des deutschen Lieferanten sich nicht ändert. Nach Einführung der deutschen Maut 2005 wird letztere ebenfalls stark verringert, jedoch nicht in dem Ausmaß wie beim österreichischen Lieferanten. Die fahrleistungsabhängige Maut kann folglich für österreichische wie für deutsche Lieferanten negative Auswirkungen auf die Größe ihres Absatzmarktes haben. Insbesondere bei Kundenstandorten in räumlicher Nähe der Grenze Deutschland / Österreich kann es aufgrund unterschiedlicher Zusatzkostenbelastungen zu Wechsel von Lieferanten kommen. Für österreichische Zulieferer dürfte die Auswirkung auf Absatzmärkte aufgrund der höheren Mautsätze bedeutender sein als in Deutschland. Die stärkere Verringerung der Größe des Absatzmarktes im Vergleich zu deutschen Konkurrenten kann zu einer Einschränkung der Wettbewerbsfähigkeit für österreichische Unternehmen führen.[641]
Die kritischere Bewertung der Transportdienstleister gegenüber Industrie und Gewerbe ist in erster Linie auf die höhere Bedeutung der Transportkosten - gemessen an der Größe Transportkosten am Umsatz - zurückzuführen. Die unterschiedliche Höhe der Mautsätze und damit der direkten Mautkosten schlagen sich bei Transportdienstleistern in der Kostenrechnung viel deutlicher nieder als bei ihren Mitbewerbern aus der Bundesrepublik Deutschland. Entsprechend stärker ist der Einfluss auf die Verringerung der Isotimen.
Eine Verringerung der Wettbewerbsfähigkeit aufgrund unterschiedlicher Mautsätze kann bei Industrie und Gewerbe sowie Transportdienstleistern darüber hinaus auch auf anderen Auslandsmärkten auftreten. Kunden aus der Schweiz oder aus Tschechien können durch unterschiedliche Mautsätze in vielen Fällen durch deutsche Zulieferer mit geringeren Mautkosten beliefert werden als durch österreichische Unternehmen.
Die unterschiedliche Einbeziehung von Fahrzeugen in die Mautpflicht führt bei vielen österreichischen Unternehmen ebenso zu Befürchtungen bezüglich der Verschlechterung ihrer Wettbewerbsfähigkeit, wie Tabelle 51 zeigt. Die niedrige Gewichtsgrenze von 3,5 Tonnen in Österreich führt dazu, dass im Gegensatz zu Deutschland Auslie-

---

641 Bei dieser - vereinfachten - Argumentation wird eine disperse Struktur von Lieferantenstandorten unterstellt.

ferungsverkehre ebenso bemautet werden wie Fernverkehre. Das steigert die Transportkosten der Auslieferung, insbesondere bei einem hohen Autobahnanteil der Auslieferung.

Veränderung der Wettbewerbsfähigkeit	Industrie und Gewerbe	Transportdienstleister
Stark negativ	13 %	13 %
Negativ	44 %	23 %
Gleichbleibend	43 %	64 %
Positiv	0 %	0 %
Stark positiv	0 %	0 %

Tabelle 51: Veränderung der Wettbewerbsfähigkeit österreichischer Unternehmen aufgrund unterschiedlicher Einbeziehung von Fahrzeugen in das Mautsystem Österreichs und Deutschlands

Die Industrie- und Gewerbeunternehmen sehen die unterschiedliche Einbeziehung von Fahrzeugen problematischer als die Transportdienstleister. Während bei Industrie und Gewerbe 57 % eine negative bzw. stark negative Wirkung erwarten, sind es bei den Transportdienstleistern nur 26 %. Eine mögliche Ursache dafür kann darin liegen, dass die befragten Transportdienstleister überwiegend im Fernverkehr tätig sind, somit in erster Linie vier- und mehrachsige Fahrzeuge einsetzen und damit durch die unterschiedliche Gewichtsgrenze folglich kaum betroffen sind. Österreichische Transportdienstleister, die im Nahverkehr tätig sind, sind zwar folglich mit deutlich höheren Mautkosten konfrontiert als ihre deutschen Wettbewerber, jedoch muss dies nicht automatisch zu einer negativen Veränderung ihrer Wettbewerbsfähigkeit führen. Kritisch für Transportdienstleister - dies gilt für Industrie und Gewerbe genauso - wird es nur dann, wenn die Belieferung von Kunden in der Nähe der deutsch / österreichischen Grenze mit kleineren Fahrzeugen erfolgt. Hier sind deutsche Transportdienstleister bzw. Zulieferer aufgrund der Gewichtsgrenze offensichtlich im Vorteil.

Der vergleichsweise hohe Wert bei Industrie- und Gewerbeunternehmen, die eine Beeinträchtigung ihrer Wettbewerbsfähigkeit erwarten, kann auf den häufigen Einsatz kleinerer Straßengüterverkehrsfahrzeuge zurückgeführt werden. Aufgrund des im Unterschied zu Transportdienstleistern geringeren Bündelungspotentials im Werkverkehr reichen oft kleinere Fahrzeuge aus, um Kunden zu beliefern. Österreichische Lieferanten, insbesondere jene, die von der deutschen Grenze weit entfernt ihren Produktionsstandort haben, sind gegenüber den deutschen Mitbewerbern bei der Belieferung der Abnehmer in Deutschland im Nachteil. Auch gilt dies für österreichische Abnehmer, die in der Nähe der Grenze zu Deutschland ihren Standort haben.

Zusammenfassend ist zu konstatieren, dass bei Transportdienstleistern die Höhe des Mautsatzes entscheidender bei der Veränderung der Wettbewerbsfähigkeit als die unterschiedliche Einbeziehung von Fahrzeugen in die Mautpflicht ist. Für Industrie und Gewerbe wird der Unterschied in der Gewichtsgrenze kritischer bewertet als die unterschiedlichen Mautsätze.

6.2.3.7 Veränderungen bezüglich der Größe der Absatzmärkte der Unternehmen und deren Folgen für die Wettbewerbsfähigkeit der Unternehmen

Die Veränderung der Größe der Absatzmärkte von Unternehmen ist - wie im vorangegangenen Kapitel bereits dargestellt - eine mögliche Auswirkung der Bemautung der hochwertigen Straßeninfrastruktur. Transportkosten können nach der Einführung der fahrleistungsabhängigen Maut derart ansteigen, dass es sich für Unternehmen nicht mehr lohnt, räumlich entfernt liegende Absatzmärkte zu bedienen. Die Nachteilhaftigkeit der Belieferung in diese räumlich entfernt liegenden Absatzmärkte äußert sich im Fall des vollständigen Selbsttragens der Mautkosten in negativen Margen. Wenn dagegen Mautkosten teilweise oder vollständig weitergegeben werden, kann die damit einhergehende Preiserhöhung eine Verringerung der Nachfrage bewirken, so dass dieser räumlich entfernte Absatzmarkt als weniger oder gar nicht mehr attraktiv erscheint. Die höheren Transportkosten können demnach einen Rückzug aus solchen Absatzmärkten zur Folge haben. Eine Verkleinerung von Absatzmärkten geht mit Umsatzverlusten und ggf. einer damit verbundenen verringerten Ausnutzung von Größen- und Verbundvorteilen einher, was zu einer Reduzierung der Wettbewerbsfähigkeit führt. Neben diesen negativen einzelwirtschaftlichen Auswirkungen ist eine Verkleinerung von Absatzmärkten auch auf volkswirtschaftlicher Ebene nachteilig. Die Konkurrenzintensität des entfernt liegenden Marktes nimmt durch die verringerte Anzahl von Wettbewerbern ab, deren mögliche Folgen in einem Anstieg des Preisniveaus auf diesem Markt sowie der Zunahme des Grades an Homogenisierung der angebotenen Güter, d.h. einer zunehmend geringeren Produktvielfalt, liegen.[642]
Andererseits kann die fahrleistungsabhängige Maut eine räumliche Vergrößerung des Absatzmarktes bewirken. Mitbewerber können in noch stärkerem Maße von der fahrleistungsabhängigen Maut negativ betroffen sein und sich daraufhin aus bestimmten Märkten zurückziehen. Das kann für andere Unternehmen Anreize liefern, diese Absatzmärkte zu bedienen, deren Bearbeitung sich vor der Maut nicht gelohnt hat.
Absatzmarktgrößenänderungen sind vor allem in jenen Branchen zu erwarten, in denen die Transportkosten am Umsatz einen höheren Wert annehmen. Daher sind für eine Vielzahl von Unternehmen Veränderungen in der Größe des Absatzmarktes nicht von Relevanz.

---

[642] Vgl. zu dieser Argumentation auch Puwein (2000), S.9 f

Wie Abbildung 53 zeigt, erwartet in der Industrie und des Gewerbe die Mehrzahl der Unternehmen keine Veränderungen. Jedoch gehen 38 % der Industrie- und Gewerbeunternehmen von einer Verkleinerung der Absatzmärkte aus.

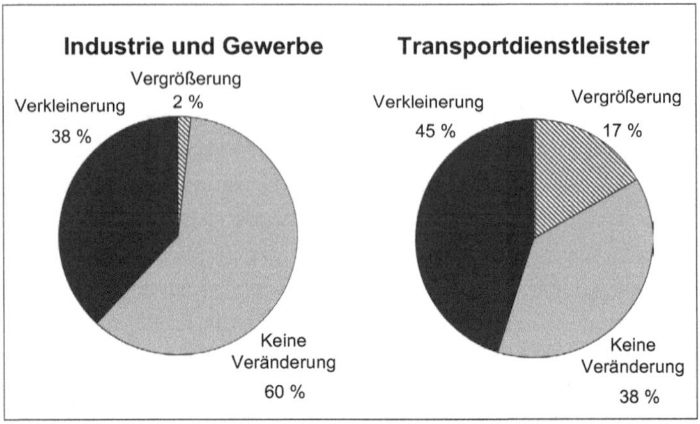

Abbildung 53: Erwartungen bezüglich Veränderungen der Größe des Absatzmarktes

Die Transportdienstleister sehen die Lage insgesamt uneinheitlicher. Während einerseits 45 % der Transportdienstleister eine Verkleinerung befürchten, sehen 17 % eine Vergrößerung ihrer Absatzmärkte. Nur 38 % gehen von keinen Veränderungen aus. Die Unterschiede bei Industrie und Gewerbe einerseits und den Transportdienstleistern andererseits lassen sich auf den unterschiedlichen Anteil der Transportkosten am Umsatz zurückführen. Offensichtlich werden die Marktgrenzen bei Transportdienstleistern wesentlich stärker durch die Höhe der Transportkosten determiniert als bei Industrie und Gewerbe.

6.3 Veränderungen in der Zielkonzeption und bei Strategien von Unternehmen

6.3.1 Die Festlegung von Zielen als Voraussetzung für die Generierung mautbezogener Strategien

Die Einführung der fahrleistungsabhängigen Maut kann zu einer Veränderung der Zielkonzeption von Unternehmen führen. Die Bemautung der hochwertigen Straßeninfrastruktur stellt für viele Unternehmen eine Herausforderung der politischen Unternehmensumwelt dar. In Folge sind Ziele zu definieren, um dieser Herausforderung begegnen zu können. Das generelle Oberziel ist es, die Wettbewerbsfähigkeit des Unternehmens trotz fahrleistungsabhängiger Maut sicherzustellen. Die Erfüllung dieses Oberzieles kann durch zwei Kategorien von Unterzielen ermöglicht werden:

- In der ersten Kategorie der Unterziele geht es darum, den durch die fahrleistungsabhängige Maut bedingten Zuwachs der Gesamtkosten zu minimieren.
- In der zweiten Zielkategorie werden Ziele im Hinblick auf die Weiterverrechnung der direkten und ggf. indirekten Mautkosten festgelegt.

In diesem Kapitel werden ausschließlich Strategien dargestellt, die zur ersten Zielkategorie gehören, da die Weiterverrechnung von Mautkosten bereits in Kapitel 4.2 dargestellt wurde.

Unterziele in Zusammenhang mit der Einführung der fahrleistungsabhängigen Maut zu definieren, ist vor allem für Unternehmen, die einen hohen Transportkostenanteil am Umsatz aufweisen und starke Steigerungen der Transportkosten erwarten, von hoher Bedeutung. Es sind folglich vor allem die Transportdienstleister, die Unterziele festlegen müssen, um die eigene Wettbewerbsfähigkeit sicherzustellen. Aber auch für viele Industrie-, Gewerbe und Handelsunternehmen ist das Setzen von Zielen in Zusammenhang mit der fahrleistungsabhängigen Maut sinnvoll.

Ein wichtiges Unterziel in der ersten Zielkategorie dürfte bei vielen Unternehmen die Minimierung der Mautkosten sein. Ein alleiniges Ziel der Mautkostenminimierung greift jedoch zu kurz, da Interdependenzen mit anderen Planungsobjekten auftreten, d.h. Zielkonkurrenz besteht. Eine Minimierung von Mautkosten kann andere Kosten im logistischen System erhöhen. So führt beispielsweise eine Verminderung der Transportfrequenz bei Straßengüterfernverkehrstransporten zwar zu einer Verringerung der Mautkosten, jedoch nehmen andererseits die Lager- und Bestandskosten zu, abgesehen von damit einhergehenden längeren Lieferzeiten. Daher ist immer eine Minimierung der Gesamtkosten des logistischen Systems[643] anzustreben.[644]

Die Definition von Zielen ist Voraussetzung für die Planung von Strategien, da Strategien sich generell an Zielen orientieren und ausrichten.[645] Strategien können demnach als rational geplante Maßnahmenbündel für die Erreichung eines Ziels aufgefasst werden.[646] Ohne Zielsetzungen läuft das Management Gefahr, in einen reinen Aktionismus zu verfallen und dabei die strategische, langfristige Perspektive außer Acht zu lassen.[647] Es ist also im Zuge der Mauteinführung in vielen Fällen nicht ausreichend - das gilt vor allem für Transportdienstleister - Aktionismus zu betreiben. Es kommt vielmehr darauf an, Kosteneinsparungspotentiale im Logistiksystem im Allgemeinen und im Transport im Besonderen auszuloten und dann auszuschöpfen.

---

643 Die Kosten des logistischen Systems bestehen nach Pfohl aus den Auftragsabwicklungs-, Bestands-, Lagerhaus-, Transport- und Verpackungskosten. Vgl. Pfohl (2004), S.31

644 Darauf verweist auch Pfohl, der das Total- oder Gesamtkostendenken als ein wichtiges Charakteristikum einer Logistikkonzeption ansieht. Vgl. Pfohl (2003), S.30 ff

645 Vgl. Grant (2002), S.29 ff; Welge / Al-Laham (2003), S.111

646 Vgl. Macharzina (2003), S.237

647 Vgl. Welge / Al-Laham (2003), S.111

6.3.2 Überblick über mautbezogene Strategien

Strategien bestimmen die grundsätzliche Positionierung eines Unternehmens und prägen zugleich dessen Ressourcenbasis.[648] Die Bildung von Strategien sollte sich an folgenden zentralen Prinzipien orientieren:[649]

- Aufbau von Stärken, Vermeidung von Schwächen,
- Konzentration der Kräfte,
- Optimierung der Ressourcenbasis sowie
- Ausnutzung bzw. Aufbau von Synergiepotentialen.

Strategien können entsprechend des Kriteriums des organisatorischen Geltungsbereiches in Unternehmens-, Geschäftsfeld- und Funktionalstrategien eingeteilt werden.[650] Die Unternehmensstrategie (corporate strategy) legt fest, in welchen Geschäften ein Unternehmen agieren soll und wie diese untereinander zu priorisieren sind, d.h. es geht um die Bestimmung des Geschäftsfeldportfolios.[651] Die Geschäftsfeldstrategie determiniert, wie ein Unternehmen in einem einzelnen Geschäftsfeld operieren soll.[652] Die Funktionalstrategien beziehen sich auf eine betriebliche Funktion und betreffen das Management der einem Funktionsbereich zuzurechnenden Erfolgspotentiale.[653]

Die im Folgenden diskutierten mautbezogenen Strategien gehören bei Industrie-, Gewerbe und Handelsunternehmen typischerweise zu den Funktionalstrategien, da Logistik / Transport üblicherweise als eine Funktion im Unternehmen aufgefasst wird. Für Transportdienstleister dagegen lässt sich keine eindeutige Zuordnung zu Unternehmens-, Geschäftsfeld oder Funktionalstrategien vornehmen.

Die Strategien zur Erreichung der Ziele werden in dieser Arbeit wie folgt unterteilt:

- Strategien im Beschaffungsbereich von Industrie und Gewerbe
- Strategien im Absatzbereich von Unternehmen
- Strategien zur Verbesserung der Standortstruktur in logistischen Netzwerken
- Strategien im Transport- und Verpackungsbereich
    - Reorganisation in der Transportlogistik
    - Verstärkte Nutzung nicht bemauteter Straßen

---

648 Vgl. Hungenberg / Wulf (2004), S.101

649 Vgl. Welge / Al-Laham (2003), S.317 ff

650 Vgl. Weber (1995), S. 79; Homburg / Krohmer (2003), S.348 f; Welge / Al-Laham (2003), S.328 ff; Darüber hinaus gibt es eine Vielzahl weiterer Strategietypologien. Mögliche weitere Unterscheidungskriterien sind die Funktion, die Entwicklungsrichtung, das Marktverhalten, Produkte / Märkte oder Wettbewerbsvorteile. Vgl. Kreikebaum (1997), S.58; Eine weitere Einteilung nimmt Macharzina vor. Vgl. Macharzina (2003), S.241 ff

651 Vgl. Homburg / Krohmer (2003), S.348; Macharzina (2003), S.242; Müller-Stewens / Lechner (2003), S.277; Hungenberg / Wulf (2004), S.105

652 Vgl. Homburg / Krohmer (2003), S.348; Macharzina (2003), S.248; Müller-Stewens / Lechner (2003), S.299; Hungenberg / Wulf (2004), S.105

653 Vgl. Homburg / Krohmer (2003), S.348 f; Müller-Stewens / Lechner (2003), S.477

- Strategien der Veränderung der Fahrzeugzusammensetzung im Fuhrpark
    - Verstärkter Einsatz nicht-mautpflichtiger Fahrzeuge
    - Verstärkter Einsatz von kleineren, geringer bemauteten Fahrzeugen
    - Verstärkter Einsatz größerer Fahrzeuge
- Verlagerung auf andere Verkehrsträger
- Bildung und Intensivierung von Kooperationen
    - Verstärkte Kooperation bei Industrie und Gewerbe
    - Verstärkte Kooperation bei Transportdienstleistern
- Verstärkte Auslagerung von Transportdienstleistungen bei Industrie und Gewerbe
- Ausflaggung von Fahrzeugen bei Transportdienstleistern
- Häufigere Nutzung von Einwegverpackungen

Jede der genannten Strategien wird in den folgenden Unterkapiteln ausführlich dargestellt. Zuvor jedoch wird auf die Bedeutung der Planungssicherheit über die Ausgestaltung des Mautsystems für die Zieldefinition und die Strategieformulierung eingegangen.

6.3.3 Bedeutung der Planungssicherheit über die Ausgestaltung des Mautsystems für Unternehmen

Ein hohes Maß an Planungssicherheit ist für die Unternehmen in der Regel mit einem hohen Nutzen verbunden. Unternehmen können sich dann durch geeignete mautbezogene Strategien an die fahrleistungsabhängige Lkw-Maut sehr gut anpassen und dadurch die Gesamtkosten des logistischen Systems effizient minimieren. Ein häufiger Wechsel von mautbezogenen Strategien mit den entsprechenden negativen Folgen ist folglich bei einem hohen Grad an Planungssicherheit ausgeschlossen.

Ein hohes Maß an Planungssicherheit bedingt eine Festschreibung wichtiger Parameter des Mautsystems über mehrere Jahre hinweg. Zu den Parametern zählen neben der Höhe der Mautsätze und der Gewichtsgrenze für die Einbeziehung von Fahrzeugen auch das technische Erhebungssystem und die Bestimmung des mautpflichtigen Straßennetzes.

Um zu überprüfen, wie stark die Unternehmen an Planungssicherheit interessiert sind, wurden sie in der empirischen Umfrage vor die Wahl gestellt, ob sie eine fünfjährige Festschreibung der Höhe der Mautsätze oder einen 10 % niedrigeren Mautsatz bevorzugen. Die Ergebnisse sind in Abbildung 54 dargestellt.

Es ist deutlich zu erkennen, dass Unternehmen aus Industrie und Gewerbe sowie Transportdienstleister mehrheitlich konstante Mautkonditionen über 5 Jahre gegenüber einer Senkung des Mautsatzes um 10 % präferieren. Das offenbart, dass Unternehmen in der Tat ein Interesse an Planungssicherheit des Mautsystems aufweisen. 63 % der Industrie- und Gewerbeunternehmen sowie 68 % der Transportdienstleister haben eine Zahlungsbereitschaft für Planungssicherheit, die mindestens einen Wert von 10 % ihrer direkten Mautkosten entspricht.

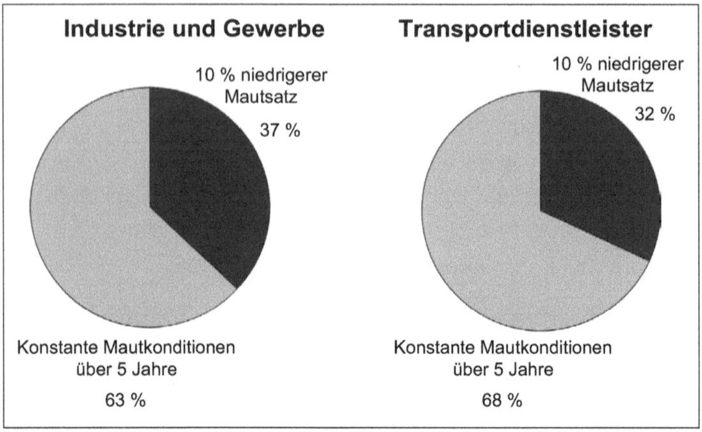

Abbildung 54: Welche Alternative wird bevorzugt? 10 % geringerer Mautsatz oder konstante Mautkonditionen über 5 Jahre?

Anders verhält es sich, wenn die Unternehmen vor die Alternative gestellt werden würden, ob sie 5 Jahre Planungssicherheit oder einen um 20 % reduzierten Mautsatz bevorzugen. Abbildung 55 weist nun darauf hin, dass eine Mehrzahl der Industrie- und Handelsunternehmen einen 20 % geringeren Mautsatz statt der Planungssicherheit bevorzugt.

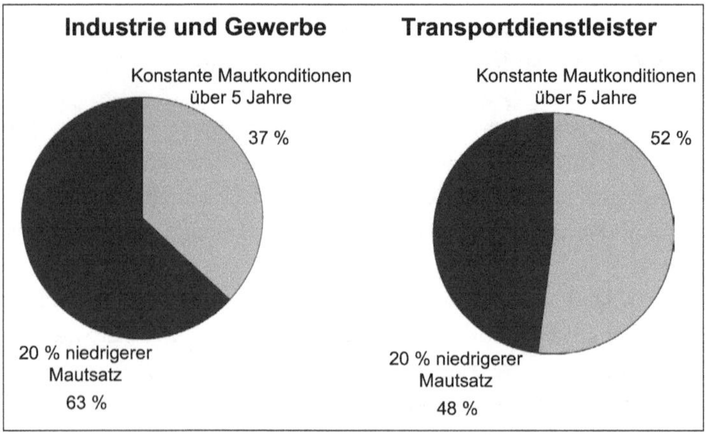

Abbildung 55: Welche Alternative wird bevorzugt? 20 % geringerer Mautsatz oder konstante Mautkonditionen über 5 Jahre?

Die Transportdienstleister dagegen würden mehrheitlich (52 %) die Alternative Planungssicherheit präferieren.
Die Zahlungsbereitschaft für die Mehrheit der Industrie- und Gewerbeunternehmen für Planungssicherheit liegt demzufolge zwischen 10 und 20 % ihrer direkten Mautkosten. Bei Transportdienstleister liegt die Preisbereitschaft in der Mehrzahl der Unternehmen bei über 20 % der direkten Mautkosten.
Folglich haben die Transportdienstleister ein ausgeprägteres Interesse an einem hohen Grad an Planungssicherheit als die Industrie- und Gewerbeunternehmen. Dies liegt darin begründet, da Transportdienstleister durch die fahrleistungsabhängige Maut wesentlich stärker in ihrem Geschäft beeinflusst werden als Industrie- oder Gewerbeunternehmen. Sie weisen, wie bereits dargestellt, einen hohen Transportkostenanteil am Umsatz auf und erwarten hohe Transportkostensteigerungen.

6.3.4 Darstellung und Evaluierung von mautbezogenen Strategien

6.3.4.1 Strategien im Beschaffungsbereich von Industrie und Gewerbe

Wie im Kapitel 4.1.1.3 dargestellt, erwarten die Industrie- und Gewerbeunternehmen im Durchschnitt eine mautinduzierte Beschaffungskostenerhöhung von 5,5 %.[654] Eine solche Beschaffungskostensteigerung kann einschneidende Folgen für den Nettogewinn eines Unternehmens haben, wie Tabelle 52 beispielhaft verdeutlicht.

	Ausgangssituation	Kosten nach Mauteinführung
Umsatzerlös	1.000 EUR	1.000 EUR
Beschaffungskosten	500 EUR	527,5 EUR[655]
Fertigungskosten	300 EUR	300 EUR
Weitere Kosten	100 EUR	100 EUR
Nettogewinn	100 EUR	82,5 EUR
Verringerung des Nettogewinns		17,5 %

Tabelle 52: Beispielrechnung zur Darstellung des Hebeleffektes der Beschaffungskosten auf den Nettogewinn eines Industrie- oder Gewerbeunternehmens, vollständiges Selbsttragen der Mautkosten unterstellt

[654] Unter einer mautinduzierten Beschaffungskostenerhöhung wird die Summe der Mautkosten, die beim Transport vom Lieferanten zum Abnehmer anfällt und folglich die Beschaffungskosten eines Unternehmens erhöht, verstanden. Dabei ist es bei aggregierter Betrachtung unerheblich, ob die mautinduzierten Beschaffungskosten im eigenen Werkverkehr, beim Lieferanten oder bei Dritten anfallen.

[655] Das entspricht einer Beschaffungskostenerhöhung von 5,5 %.

Vollständiges Selbsttragen der mautinduzierten Beschaffungskostenerhöhung unterstellt, wirkt die Erhöhung der Beschaffungskosten überproportional auf den Nettogewinn. Dieser sogenannte Hebeleffekt der Beschaffungskosten[656] wirkt umso stärker, je geringer der Anteil der unternehmenseigenen Wertschöpfung an der gesamten Wertschöpfung eines Gutes ist. Durch den Trend zum Outsourcing von Wertschöpfungsaktivitäten[657] nimmt die Relevanz des Hebeleffektes in der Praxis offensichtlich zu.

Industrie- und Gewerbeunternehmen verfügen über eine Vielzahl von mautbezogenen Strategien im Beschaffungsbereich. Ziel dieser Strategien ist es, die selbst zu tragenden mautinduzierten Beschaffungskosten derart zu minimieren, dass die Gesamtkosten des logistischen Systems minimal sind. Abbildung 56 zeigt, welche Strategien die Unternehmen ergreifen wollen, um die Höhe der selbst zu tragenden Beschaffungskostensteigerung zu senken.

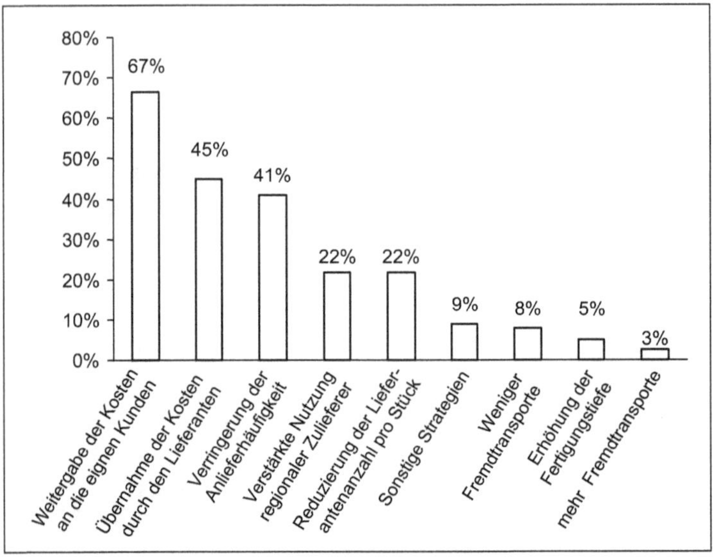

Abbildung 56: Maßnahmen der Industrie- und Gewerbeunternehmen auf die Erhöhung der Beschaffungskosten, Mehrfachantworten möglich

Zwei Drittel der Befragten (67 %) gaben an, die mautinduzierte Beschaffungskostenerhöhung zumindest teilweise an die Kunden weiterzureichen. Wie Tabelle 53 offenbart, intendieren vor allem kleine Unternehmen, die Beschaffungskostenerhöhung

---

656 Vgl. Ballou (1999), S.416; Hartmann (2002), S.17 ff; Kluck (2002), S.19 ff

657 Vgl. Christopher (1998), S. 144; Koppelmann (2000), S.201 ff; Schary / Skjott-Larsen (2001), S.180; Arnold (2002), S.205; Freudenberg (2002), S.157 ff; Palupski (2002), S.197 ff

weiterzugeben. 82 % aller kleinen Unternehmen in der Befragung planen eine (zumindest partielle) Weitergabe der mautbedingten Beschaffungskostenerhöhung.

	Kleine Unternehmen	Mittlere Unternehmen	Große Unternehmen
Weitergabe der Kosten an die Kunden	82 %	54 %	48 %
Übernahme der Kosten durch Lieferanten	55 %	27 %	40 %
Verringerung der Anlieferhäufigkeit	45 %	27 %	35 %
Verstärkte Nutzung regionaler Zulieferer	27 %	19 %	15 %
Reduzierung der Lieferantenanzahl pro Stück	9 %	19 %	19 %

Tabelle 53: Bedeutung der wichtigsten Strategien im Beschaffungsbereich in den einzelnen Unternehmensklassen, Prozentgröße als Anteil aller Unternehmen in der jeweiligen Unternehmensklasse

Knapp die Hälfte der Unternehmen (45 %) plant, zumindest einen Teil der mautbedingten Beschaffungskosten durch die Lieferanten tragen zu lassen. Interessanterweise sind es auch hier gerade die Kleinunternehmen, die diese Strategie favorisieren. 55 % aller Kleinunternehmen erwarten eine Kostenübernahme durch den Zulieferer. Ein möglicher Erklärungsgrund könnte darin liegen, dass die Lieferanten der Kleinunternehmen von noch geringerer Größe als die an der Befragung teilgenommen kleinen Unternehmen sind.

Eine weitere relevante Strategie für Industrie- und Gewerbeunternehmen zur Senkung der mautinduzierten Beschaffungskosten liegt in der Verringerung der Anlieferhäufigkeit, die 41 % ins Auge fassen. Eine seltenere Anlieferung der Kaufteile kann zu einer besseren Auslastung der Transportkapazitäten führen und somit die Durchschnittskosten des Transports senken. Ein geringerer Anteil der direkten Mautkosten an den Kaufteilen ist die Folge. Die Verringerung der Anlieferhäufigkeit bedingt jedoch andrerseits eine Erhöhung der Lagerbestände im Beschaffungslager. Die höheren Zeitabstände zwischen Belieferungen werden durch höhere Bestände und damit höhere Bestandskosten kompensiert. Ziel kann es demnach nur sein, die Summe der Kosten im logistischen System zu minimieren.

Eine Überprüfung der Vorteilhaftigkeit der Verringerung der Anlieferhäufigkeit kann mit der Andler'schen Losgrößenformel[658] vorgenommen werden, die bei Beschaffung auf Lager verwendet wird, um die optimale Bestellmenge für ein Gut zu ermitteln.[659] Die optimale Bestellmenge ist diejenige Menge, bei der die Gesamtkosten, bestehend aus Lagerkosten und Beschaffungskosten, ein Minimum ergeben.[660] Die Berücksichtigung der direkten Mautkosten[661] in der Andler'schen Losgrößenformel kann wie folgt geschehen (Formel 32):[662]

Formel 32:

$$Q_{opt} = \sqrt{\frac{2 \cdot (b + K_T + K_{Md}) \cdot j}{i_{KBK} \cdot p_E + c}}$$

wobei:

Q_{opt} ... optimale Bestellmenge
b ... beschaffungsfixe Kosten ohne Transportkosten
j ... nachgefragte Menge
i_{KBK} ... Zinssatz
p_E ... Einstandspreis für ein Stück
c ... stückbezogene Lagerkosten

Die direkten Mautkosten erhöhen die beschaffungsfixen Kosten des Unternehmens. Unter Konstanthaltung aller anderen Größen wirken die direkten Mautkosten erhöhend auf die optimale Bestellmenge. Das heißt in weiterer Folge, dass die Belieferung eines Beschaffungslagers bei Optimierung seltener und dann in größeren Mengen erfolgt.

Bei Just-in-time-Konzepten dagegen ist eine Verringerung der Anlieferhäufigkeit kaum machbar. Just in time ist charakterisiert durch eine häufige Anlieferung weniger Sendungen, da beim Empfänger kein Lager, ggf. nur ein Handlingslager, vorhanden ist.[663] Ohne strukturelle Änderungen im physischen Beschaffungsbereich des Empfängers, d.h. der Einrichtung kleinerer Lager, ist eine Verringerung der Anlieferhäufigkeit i.d.R. nicht möglich. Fraglich ist jedoch, ob bei JIT die Mautkosten pro Stück überhaupt relevant sind. JIT ist eine Beschaffungsform für hochwertige A-Güter, um

---

658 In der Literatur findet sich für dieses grundlegende Lagerhaltungsmodell auch der Begriff „klassisches Losgrößenmodell" oder „Harris-Wilson-Modell". Vgl. Weber / Kummer (1998), S.57

659 Vgl. Kluck (2002), S.102 ff; Schönsleben (2002), S.487

660 Vgl. Weber / Kummer (1998), S.58; Kluck (2002), S.102; Schönsleben (2002), S.483 ff; Corsten (2004), S.446; Pfohl (2004), S.106 f

661 Indirekte Mautkosten sind hier nicht berücksichtigt, können aber über einen Zuschlagsfaktor zu den direkten Mautkosten integriert werden.

662 Vgl. zur Herleitung der Andler'schen Losgrößenformel z.B. Weber / Kummer (1998), S.57 ff; Stölzle / Heusler / Karrer (2004), S.84 ff

663 Vgl. Cheng / Podolsky (1993), S.100; Heiserich (2000), S.43 f; Schary / Skjott-Larsen (2001), S.181; Witte (2001), S.31 f; Bowersox / Closs / Cooper (2002), S.156

Bestandskosten zu reduzieren. Eine mautinduzierte Erhöhung der Transportkosten wird den Anteil der Transportkosten an den Gesamtkosten[664] nur unwesentlich erhöhen und ist daher in vielen Fällen als unkritisch zu betrachten. Die Höhe der Bestandskosten ist ein wesentlich stärkerer Treiber für Just-in-time.

Die Verringerung der Anlieferhäufigkeit ist eine ebenso eine Strategie, auf die vor allem kleinere Unternehmen setzen. Über 45 % alle befragten kleinen Unternehmen wollen die Häufigkeit verringern, gefolgt von den Großunternehmen mit 35 %, wie Tabelle 53 zeigt.

Die verstärkte Nutzung regionaler (näher gelegener) Zulieferer ist für 22 % der antwortenden Industrie- und Gewerbeunternehmen von Relevanz. Eine verstärkte Fokussierung auf regional ansässige Lieferanten ermöglicht zweifelsohne eine Reduzierung der entfernungsabhängigen direkten Mautkosten (und natürlich der Transportkosten ohne Maut), die sich in geringeren mautinduzierten Beschaffungskosten niederschlägt. Eine engere Zusammenarbeit mit nahe gelegenen Lieferanten kann darüber hinaus zu einer engeren Abstimmung der Prozesse und zu größerem Vertrauen zwischen den Partnern führen. Andererseits besteht das Risiko, sich vom Weltmarkt abzukoppeln und damit ggf. technologische Weiterentwicklungen zu verpassen. Auch können nahe gelegenere Zulieferer ihre Preise anheben, da aufgrund der fahrleistungsabhängigen Maut und der damit eventuell einhergehenden Verkleinerung der Absatzmärkte der Wettbewerbsdruck im Beschaffungsmarkt sinken kann. Die fahrleistungsabhängige Maut kann folglich tendenziell die regionale Wertschöpfung erhöhen und der Grad an nationaler und insbesondere internationaler Arbeitsteilung[665] würde sich dadurch verringern.[666] Auch hier ist die Gruppe der kleinen Unternehmen diejenige Unternehmensklasse, bei welcher der Anteil am höchsten ist. Offensichtlich setzen gerade kleinere Unternehmen durch die Maut auf näher gelegene Zulieferer, da sie in der Regel stärker in einer Region verwurzelt sind als größere Unternehmen.

Die Strategie der Reduzierung der Lieferantenanzahl pro Stück scheint für ebenfalls für 22 % der Industrie- und Gewerbeunternehmen eine Rolle zu spielen. Konzepte des Single Sourcing oder des Dual Sourcing gewinnen demnach durch die fahrleistungsabhängige Maut weiter an Bedeutung für die Unternehmen. Unter Single Sour-

---

664 Unter Gesamtkosten sollen hier die Summe der Transportkosten und der Bestandskosten verstanden werden.

665 Offensichtlich sind die geringen Transportkosten einer der wesentlichen Treiber der internationalen Arbeitsteilung. Vgl. Schary / Skjott-Larsen (2001), S.346; Boutellier (2003), S.456; Siebert (2003), S.106; Ravn / Mazzenga (2004), S.650

666 Auf der anderen Seite kann die fahrleistungsabhängige Maut auch zur Verringerung der regionalen Wertschöpfung beitragen, da die Produktion aus Kostengründen zunehmend im Ausland erfolgt und in Österreich nur noch die Distribution der Erzeugnisse vorgenommen wird. Welches dieser beiden Effekte stärker ist, wird im Rahmen dieser Arbeit nicht untersucht, ist jedoch ein interessantes Forschungsfeld.

cing wird die Konzentration auf einen Lieferanten pro Kaufteil verstanden.[667] Das Dual Sourcing Konzept beinhaltet eine Fokussierung auf zwei Lieferanten pro Kaufteil, um einen gewissen Wettbewerb zwischen den beiden Lieferanten zuzulassen.[668] Durch Single bzw. Dual Sourcing erfolgt eine Bündelung von Güterströmen zwischen Lieferanten- und Kundenstandorten mit der angestrebten Folge einer besseren Auslastung der Transportmittel. Die durchschnittlichen Transportkosten pro transportierter Einheit - und damit im Straßengüterverkehr auch die direkten Mautkosten - sinken folglich. Auch wird eine Verlagerung auf die Eisenbahn durch Single Sourcing bzw. Dual Sourcing unterstützt, wenn hinreichend große Volumina gebündelt werden können. Diese beiden Beschaffungsstrategien spielen vor allem bei mittleren und großen Unternehmen eine Rolle, wie Tabelle 53 hinweist.

Die Veränderung des Anteils der Fremdtransporte an der Gesamtzahl der Beschaffungstransporte in Industrie- und Gewerbeunternehmen erwarten nur sehr wenige Firmen. Nur 8 % der Unternehmen wollen weniger Fremdtransporte durchführen. Eine Verringerung der Anzahl der Fremdtransporte dient der besseren gewichts- oder volumenmäßigen Auslastung des eigenen Werkverkehrsfuhrparks. Das führt offensichtlich in vielen Fällen zur Senkung der durchschnittlichen direkten Mautkosten pro transportierte Einheit.[669]

Andererseits kann auch ein verstärktes Outsourcing von Beschaffungstransporten an Dritte Mautkosten einsparen helfen. 3 % der Industrie- und Gewerbeunternehmen streben eine häufigere Auslagerung der Transporte an. Diese Strategie ist dann vorteilhaft, wenn andere Unternehmen ein stärkeres Bündelungspotential aufweisen.[670]

Die Strategie der Erhöhung der eigenen Fertigungstiefe gaben nur 5 % der Unternehmen als relevant an. Der Grad der Fertigungstiefe ist von einer Vielzahl von Faktoren abhängig und Mautkosten spielen in diesem Zusammenhang nur eine untergeordnete Rolle.[671] Im Einzelfall kann die fahrleistungsabhängige Maut als Anlass gelten, die eigene Wertschöpfung zu erhöhen.

6.3.4.2 Strategien im Absatzbereich von Unternehmen

Eine Vielzahl von Unternehmen erwartet Änderungen in Bezug auf die Größe ihres Absatzmarktes, wie bereits dargestellt wurde. 38 % der Industrie- und Gewerbeunternehmen sowie 45 % der Transportdienstleister gehen von einer Verringerung der

---

667 Vgl. Homburg (1995), S. 814 ff; Christopher (1998), S.32 f; Weber / Kummer (1998), S.229 ff; Marbacher (2001), S.147 f; Schary / Skjott-Larsen (2001), S.186 ff; Pfohl (2004), S.191

668 Vgl. Dyer / Ouchi (1993), S.56 f; Homburg (1995), S. 814 ff; Weber / Kummer (1998), S.232; Marbacher (2001), S.149 f; Pfohl (2004), S.191

669 Die Distanzen zwischen den Quellen dürfen nicht derart hoch sein, dass die dort zusätzlich anfallenden Transportkosten die Einsparung an Kosten kompensieren.

670 Dies ist offensichtlich immer relationsbezogen zu sehen.

671 Vgl. zu Einflussfaktoren z.B. Teichmann (1995), S.139 ff; Beer (1998), S.120 ff; Franze (1998), S.16 ff; Herff (2002), S.17 ff, Barth (2003), S.13 ff; Boutellier (2003), S.458 ff; Wannenwetsch (2004), S.109

Größe ihres Absatzmarktes aus. Zur Verkleinerung des Absatzmarktes stehen mehrere Strategien zur Verfügung. Sie können wie folgt unterteilt werden:

- Rückzug auf den regionalen Markt innerhalb Österreichs,
- Konzentration auf Ballungsräume in Österreich,
- Verzicht auf die Bedienung von Grenzregionen in Österreich sowie
- Verzicht auf Bedienung bestimmter Exportmärkte.

Ein Rückzug aus bestimmten Absatzmärkten ist vor allem dann sinnvoll, wenn die auf das Produkt umgelegten gesamten Mautkosten einen höheren Betrag als dessen Gewinnmarge annehmen und keine Preiserhöhungen möglich sind.

Die Relevanz dieser Strategien für die Unternehmen in Industrie und Gewerbe ist in Abbildung 57 ersichtlich.

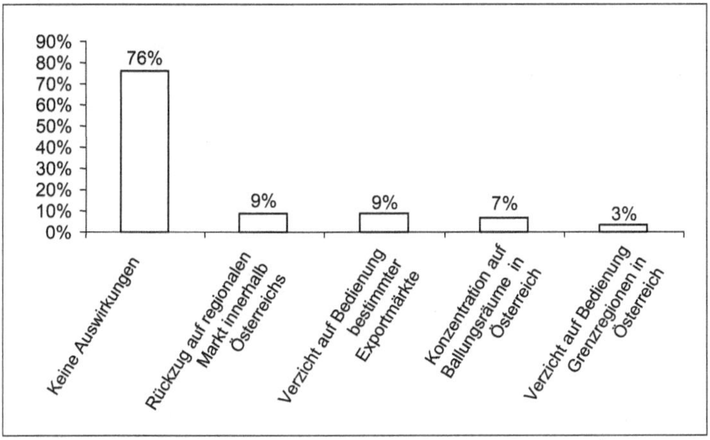

Abbildung 57: Bedeutung der Strategien zur Verkleinerung des Absatzmarktes, Industrie und Gewerbe, Mehrfachnennungen möglich

Während 76 % ihre Absatzmarktstrategie unverändert lassen werden, geben einige Unternehmen an, Veränderungen vornehmen zu wollen. 9 % der Unternehmen beabsichtigen, sich auf den regionalen Markt innerhalb Österreichs zurückzuziehen. Das ist insbesondere für kleine Unternehmen relevant, die weit entfernte Kunden in Österreich haben, deren Bedienung sich nach der Einführung der fahrleistungsabhängigen Maut nicht mehr lohnt. Ebenfalls setzen 9 % der Unternehmen auf den Rückzug aus bestimmten Exportmärkten. Dabei sind in erster Linie Deutschland und Italien genannt worden, die nach Einführung der fahrleistungsabhängigen Maut teils nicht mehr bedient werden sollen. 7 % der Befragten wollen sich verstärkt auf die Bedienung österreichischer Agglomerationsräume konzentrieren. Ein wesentlicher Grund dafür liegt darin, dass das Bündelungspotential bei der Belieferung von Ballungsräumen wesentlich stärker als in ländlichen Regionen vorhanden ist. Eine Bündelung von Strömen führt offensichtlich zu geringeren durchschnittlichen Mautkosten.

Aufgrund der kaum vorhandenen Bündelungsmöglichkeiten in ländlichen Regionen intendieren 3 % der Industrie- und Gewerbeunternehmen, auf die Bedienung österreichischer Grenzregionen, wie zum Beispiel südliches Burgenland oder Waldviertel etc., zu verzichten.

Im Vergleich zu Industrie und Gewerbe ist der prozentuale Anteil der Transportdienstleister, die keine Auswirkungen auf ihre Absatzmarktstrategie sehen, mit 71 % etwas geringer. Der Anteil der Transportdienstleister, die eine Verringerung der Größe ihres Absatzmarktes anstreben, ist etwas höher als bei den Industrie- und Gewerbeunternehmen, wie Abbildung 58 veranschaulicht.

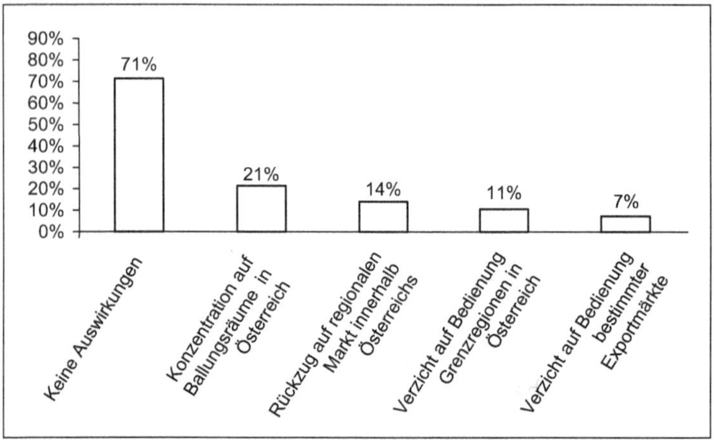

Abbildung 58: Bedeutung der Strategien zur Verkleinerung des Absatzmarktes, Transportdienstleister, Mehrfachnennungen möglich

Vor allem die Konzentration auf Ballungsräume in Österreich wird als mögliche Strategie gesehen. Sie wird von mehr als einem Fünftel (21 %) der Transportdienstleister favorisiert. Auch hier wird deutlich, dass die Transportdienstleister durch einen höheren Anteil der Transportkosten am Umsatz sowie durch die höhere Steigerung der Transportkosten stärker als die Industrie- und Gewerbeunternehmen betroffen sind.

Die bei einigen Industrie- und Gewerbeunternehmen sowie Transportdienstleistern erwartete Vergrößerung der Absatzmärkte wird hier nicht näher betrachtet, da dies generell nur von geringer Relevanz ist. Prinzipiell kann jedoch eine spiegelbildliche Betrachtung der diskutierten Strategien vorgenommen werden.

6.3.4.3 Strategien zur Verbesserung der Standortstruktur in logistischen Netzwerken

6.3.4.3.1 Grundlagen

Standortentscheidungen und damit auch Standortänderungen in logistischen Netzwerken sind aus mehreren Gründen eine komplexe Materie. Ein einmal eingenommener Standort kann nur unter hohen Kosten verändert werden; es wird in diesem Zusammenhang auch von einer Quasi-Irreversibilität der Standortentscheidung gesprochen. Standortplanungen sind in der Regel langfristig orientiert und bedürfen daher einer Abschätzung von Kosten- und Erlösströmen. Solch eine Schätzung von Strömen impliziert jedoch ein hohes Maß an Unsicherheit. In eine Standortentscheidung gehen darüber hinaus eine Vielzahl von Standortfaktoren ein.[672] Die Infrastrukturausstattung und die damit verbundene Höhe der Transportkosten ist derjenige Standortfaktor, der durch die fahrleistungsabhängige Maut einer Veränderung unterworfen wird. Ob dies zu gravierenden Auswirkungen auf die Standortattraktivität Österreichs führt, ist jedoch fraglich. Die Frage der Distanzüberwindung und der damit verbundenen Entstehung von Transportkosten wird in zunehmendem Maße nur noch eine geringe Bedeutung als einem raumprägenden und raumordnenden Faktor zugestanden.[673] Diese Tatsache ist unter anderem darauf zurückzuführen, dass „... mit zunehmender spezifischer Leistungsfähigkeit der Verkehrssysteme die *Transportkosten* relativ zu den Gesamtkosten, besonders als Folge der Kostendegression bei größer gewordenen Kapazitäten der Transporteinheiten und infolge der Beschleunigung, die die Kapitalbindung der Güter während des Transportes verringert,“[674] vermindert werden.

Dagegen spielen in der neoklassischen Standorttheorie die Transportkosten eine wichtige Rolle. Transportkosten werden in der neoklassischen Standorttheorie als Preisaufschlag verstanden, die distanzabhängig sind.[675] Eines der Ziele neoklassischer Modelle ist es, den transportkostenminimalen Standort für ein Unternehmen zu ermitteln.[676] Jedoch unterliegen diese Modelle zum einen sehr starken Einschränkungen[677] und zum anderen - wie eben erwähnt - spielen Transportkosten bei Standortentscheidungen häufig nur noch eine untergeordnete Rolle, so dass diese Modelle in dieser Arbeit nicht weiter betrachtet werden.

---

672 Vgl. Maier / Tödtling (2001), S.25

673 Vgl. Voppel (1999), S.34

674 Voppel (1999), S.34

675 Vgl. Maier / Tödtling (2001), S.47

676 Die Theorie des transportkostenminimalen Standortes geht auf Alfred Weber zurück. Vgl. Maier / Tödtling (2001), S.29 ff; Bowersox / Closs / Cooper (2002), S.449

677 Vgl. auch Alicke (2003), S.77

6.3.4.3.2 Auswirkungen auf Industrie und Gewerbe

Die Einführung der fahrleistungsabhängigen Maut kann Ursache oder Anlass sein, Veränderungen der Produktionsstandort- und Lagerstandortstruktur vorzunehmen. Produktions- oder Lagerstandorte können in Orte, bei denen die Gesamtkosten des logistischen Systems geringer sind, verlegt werden. Es können Standorte ganz geschlossen werden oder auch zusätzliche Standorte aufgebaut werden.

Das Ziel von Standortstrukturänderungen ist es grundsätzlich, die Gesamtkosten der Struktur des logistischen Netzwerkes unter Beachtung eines gegebenen Servicelevels zu minimieren. Durch die mautinduzierte Transportkostenerhöhung wird der relative Anteil der Transportkosten an den Gesamtkosten im logistischen Netzwerk zunehmen. Eine Erhöhung der Transportkosten tritt der Tendenz zur Zentralisierung von Produktions- sowie Logistikstandorten entgegen, da eine Zentralisierung zumeist einen höheren Transportaufwand bedingt.[678]

Der Trend zur Reduzierung der Anzahl der Produktionsstandorte - vor allem aufgrund des Vorliegens von Economies of Scale - kann durch erhöhte Transportkosten abgeschwächt werden. Die Vorteilhaftigkeit zentraler Produktion ist nur dann gegeben, wenn die Produktionskosten bei Zentralisierung stärker absinken als die Kosten des logistischen Systems ansteigen, die aufgrund der zunehmenden durchschnittlichen Bezugs- und Versandweiten sowie der längeren Verweildauer der Güter im logistischen Netzwerk zunehmen.[679]

Die zunehmende Tendenz der Zentralisierung von Lagerstrukturen wird aufgrund der höheren Transportkosten ebenso vermindert werden. Eine zentralere Lagerstruktur wird durch niedrige Transportkosten sowie durch den Poolingeffekt[680] bei Sicherheitsbeständen gefördert.[681]

Wie Abbildung 59 beispielhaft verdeutlicht, können Regionalläger nach der Einführung der fahrleistungsabhängigen Maut eine größere Fläche zu geringeren durchschnittlichen Transportkosten beliefern als vor der Einführung. Die Vorteilhaftigkeit einer Belieferung aus dem Zentrallager nimmt entsprechend ab. Zu beachten ist jedoch, dass Transportkosten je Einheit keinen gleichmäßigen Verlauf in Abhängigkeit der Entfernung haben, sondern darüber hinaus von einer Vielzahl weiterer Faktoren

---

[678] Eine Zentralisierung von Produktions- oder Logistikstandorten bietet sich somit nur in entwickelten Volkswirtschaften an, die über eine gut ausgebaute Verkehrsinfrastruktur verfügen. Vgl. Pfohl (2004), S.337

[679] Vgl. Pfohl (2003), S.337

[680] Der Poolingeffekt (auch als Ausgleichseffekt bezeichnet) besagt, dass die Nachfrageschwankungen von Regionallägern durch ein Zentrallager teilweise ausgeglichen werden können. Die Summe der Sicherheitsbestände in den Regionallägern ist höher als der Sicherheitsbestand in einem Zentrallager. Vgl. Chopra / Meindl (2001), S.195 ff; Bowersox / Closs / Cooper (2002), S.460 ff; Simchi-Levi / Kaminsky / Simchi-Levi (2003), S.66 ff; Stölzle / Heusler / Karrer (2004), S.98 f

[681] Vgl. Bowersox / Closs / Cooper (2002), S.454 ff

abhängen.[682] Daher stellt das in Abbildung 59 dargestellte Modell eine Simplifizierung dar.

Zusammenfassend kann festgehalten werden, dass ein Treiber der Zentralisierung von Produktions- oder Lagerstandorten, nämlich eine geringe Höhe der Transportkosten, durch die fahrleistungsabhängige Maut in seiner Wirkung auf die Zentralisierung eingeschränkt wird.

Die vergleichsweise geringe Bedeutung von Transportkosten bei Produktionsstandortstrukturveränderungen spiegelt sich auch in der Befragung wieder, wie Abbildung 60 zeigt. Für 80 % der Industrie- und Gewerbeunternehmen sind Standortstrukturveränderungen im logistischen Netzwerk von Irrelevanz. 12 % der Unternehmen planen, zusätzliche Produktionsstandorte im Ausland aufzubauen, d.h. eine Dezentralisierung der Produktionsstandortstruktur vorzunehmen.

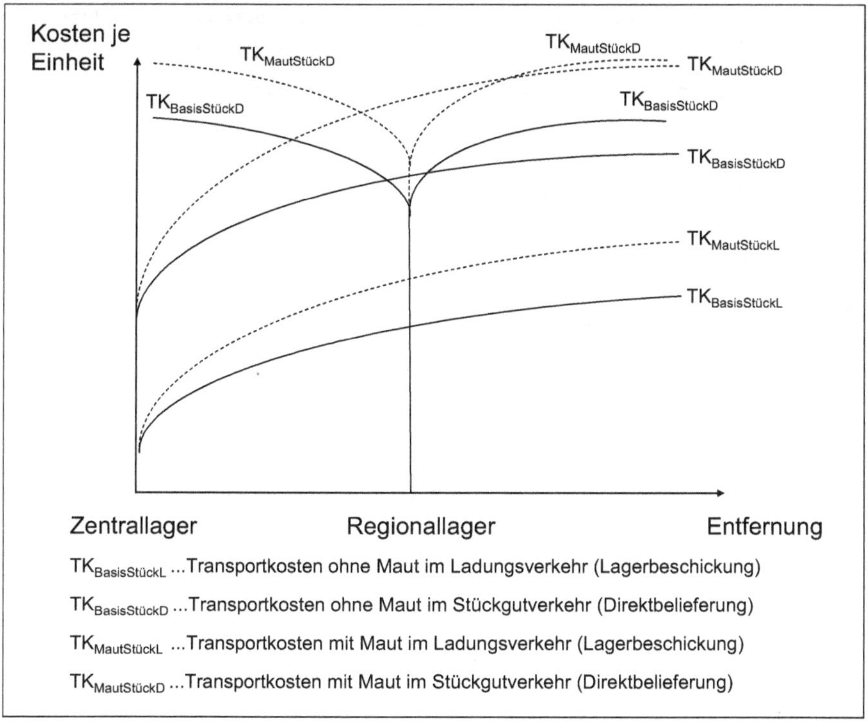

Abbildung 59: Transportkosten vor und nach der Einführung der fahrleistungsabhängigen Maut bei Belieferung über Zentrallager bzw. über Regionallager, Quelle: in Anlehnung an Ihde (2001), S.315

Ausländische Absatzmärkte können durch diese Dezentralisierung kostengünstiger beliefert werden. Andererseits geht mit dieser Strategie das Risiko einher, die Pro-

682 Vgl. Pfohl (2003), S.126; Trotzdem ist ein degressiv ansteigender Transportkostenverlauf prinzipiell richtig. Vgl. auch Magee / Copacino / Rosenfield (1985), S.253

duktionskosten zu erhöhen, da Economies of Scale nur in geringerem Umfang realisiert werden. Der Grad an Wertschöpfung in Österreich wird durch den Aufbau zusätzlicher ausländischer Produktionsstandorte reduziert.

Eine gänzliche Verlegung von Produktionsstandorten ins Ausland sehen 10 % der befragten Unternehmen als eine Strategie für ihr Unternehmen an. Eine reine Verlegung führt zwar zu keiner Änderung bezüglich des Grades an Zentralisation, jedoch dürften die Kosten des logistischen Systems dann in vielen Fällen niedriger sein als bei einem österreichischen Standort. Nachteilige volkswirtschaftliche Folge dieser Strategie ist die damit verbundene Abnahme des Umfangs der einheimischen österreichischen Wertschöpfung.

Eine vollkommene Schließung von österreichischen Standorten planen nur 4 % der Unternehmen. Das führt im Fall mehrerer österreichischer Produktionsstandorte zu einer zentralisierteren Produktion. Die Einführung der fahrleistungsabhängigen Maut ist dann demzufolge nur Anlass, über veränderte Produktionsstandortstrukturen nachzudenken, da höhere Transportkosten - wie beschrieben - tendenziell Dezentralität fördern.

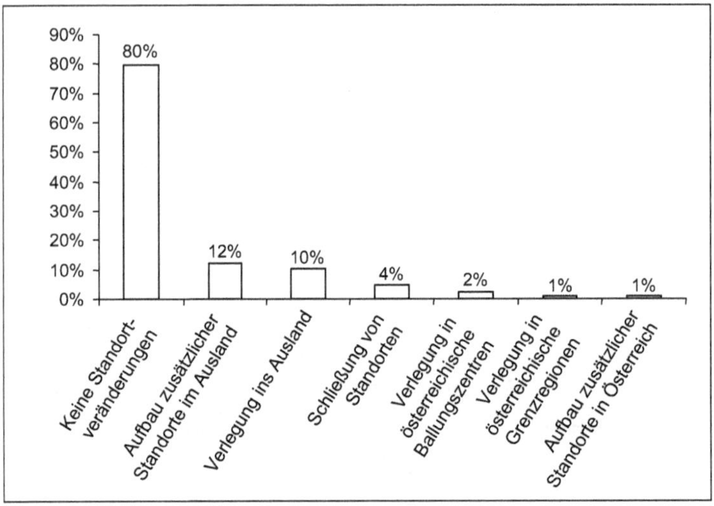

Abbildung 60: Auswirkungen der fahrleistungsabhängigen Maut auf Produktionsstandorte, Industrie und Gewerbe, Mehrfachnennungen möglich

Eine Verlegung in österreichische Ballungszentren, um die Transportkosten der Distribution und ggf. der Beschaffung zu minimieren, beabsichtigen nur 2 % der Industrie- und Gewerbeunternehmen. Weiterhin ist für Unternehmen eine Verlegung von Produktionsstandorten in österreichische Grenzregionen, um den (ausländischen) Absatzmarkt kostengünstiger beliefern zu können, mit 1 % kaum von Relevanz ebenso wie der Aufbau zusätzlicher Standorte in Österreich.

Veränderungen in der Lagerstandortstruktur von Industrie- oder Gewerbeunternehmen sind von geringerer Relevanz als Produktionsstandortstrukturveränderungen, wie Abbildung 61 hinweist. 84 % der Unternehmen sehen diesbezüglich keinen Änderungsbedarf.

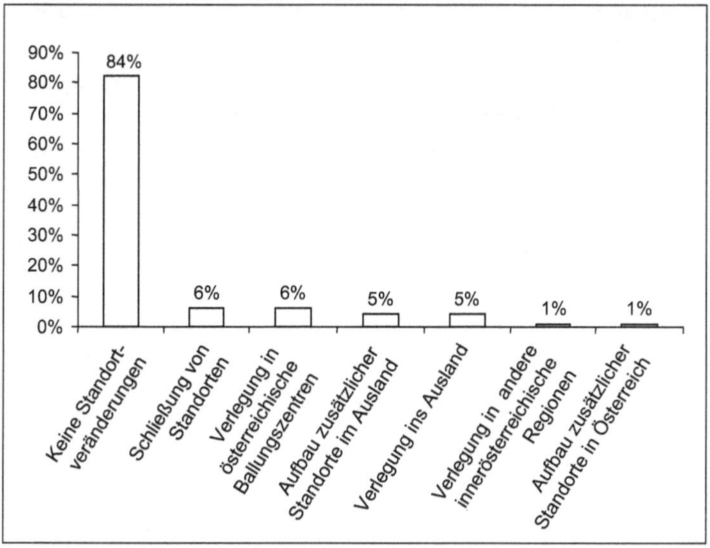

Abbildung 61: Auswirkungen der fahrleistungsabhängigen Maut auf Lagerstandorte, Industrie und Gewerbe, Mehrfachnennungen möglich

Lagerstandortstrukturveränderungen sind in erster Linie im Distributionsbereich zu erwarten. Die Transportkosten der Zulieferung zu einem Lager sowie der Auslieferung von einem Lager erhöhen sich durch die fahrleistungsabhängige Maut. In der Zulieferung zum Lager besteht grundsätzlich ein stärkeres Bündelungspotential als bei der Auslieferung zum Kunden. Daher erscheint es als sinnvoll, bei einem hohen Autobahnanteil in der Auslieferung, die Läger in der Nähe der Kunden zu positionieren. Das kann als ein Grund gelten, warum 6 % der Industrie- und Gewerbeunternehmen anstreben, Läger in österreichische Ballungszentren zu verlegen. 5 % wollen zusätzliche Lagerstandorte im Ausland aufbauen.

Eine Schließung von Lägern planen 6 % der Unternehmen. Das kann mit dem Outsourcing distributionslogistischer Aktivitäten an Transportdienstleister einhergehen, um die Durchschnittstransportkosten zu senken.

Eine Verlegung österreichischer Lagerstandorte ins Ausland ist für 5 % der Unternehmen von Relevanz. Neben dem Vorteil des Wegfalls der Mautkosten bei der Auslieferung an ausländische Kunden besteht darüber hinaus die Möglichkeit, Kunden in österreichischen Grenzregionen durch dieses Lager ggf. kostengünstiger beliefern zu können.

Andere Strategien zur Veränderung der Lagerstandortstruktur haben für die Unternehmen kaum eine Bedeutung.

6.3.4.3.3 Auswirkungen bei Transportdienstleistern

Standortstrukturfragen spielen bei den befragten Transportdienstleistern eine wichtigere Rolle als in Industrie und Gewerbe. Nur 59 % der befragten Unternehmen gehen von keiner Veränderung ihrer Logistikstandortstruktur aus, wie Abbildung 62 zeigt. Unter Logistikstandorten werden hier sämtliche Knoten, in denen ein Transportdienstleister operiert, subsumiert. Dazu zählen insbesondere Lager und Umschlagspunkte im logistischen Netzwerk.

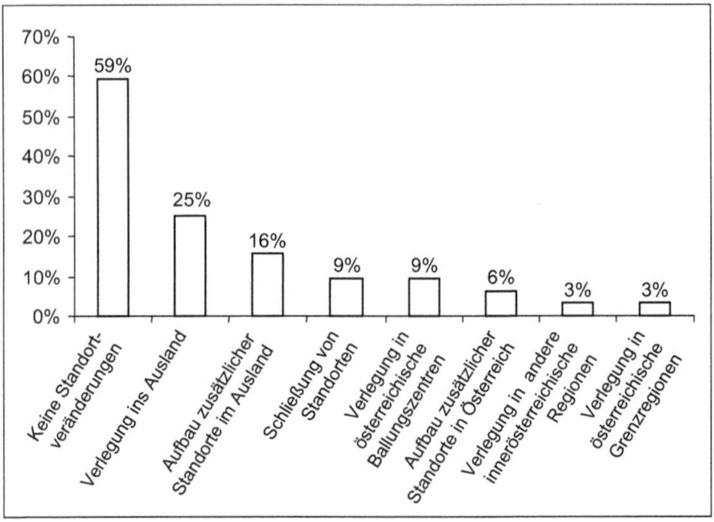

Abbildung 62: Auswirkungen der fahrleistungsabhängigen Maut auf Logistikstandorte bei Transportdienstleistern, Mehrfachnennungen möglich

Der im Vergleich zu Industrie und Gewerbe geringere Anteil der Unternehmen, die keine Veränderungen vornehmen wollen, lässt sich unter anderem auf den hohen Transportkostenanteil am Umsatz sowie auf die starke mautinduzierte Steigerung der Transportkosten bei den Transportdienstleistern zurückführen. Dadurch sind vermehrt Anreize gegeben, die Logistikstandortstruktur neu zu justieren.

Gerade bei Hub-and-Spoke-Produktionssystemen ist es fraglich, inwieweit nach der Einführung der fahrleistungsabhängigen Maut die Logistikstandortstruktur noch vorteilhaft ist. Die Kosteneinsparungen durch einen zentralen Hub, hervorgerufen durch bessere Bündelung im Hauptlauf und geringere Sortierkosten im Versanddepot, müs-

sen die Zusatzkosten überkompensieren, die durch die Umwege zum Hub und den zusätzlichen Umschlägen entstehen.[683]
Durch die höheren Transportkosten im Vor- und Nachlauf - sofern mautpflichtige Straßen benutzt werden - sowie im Hauptlauf kann die betriebswirtschaftliche Vorteilhaftigkeit eines Hub-and-Spoke-Systems eingeschränkt werden.
Ein Viertel der befragten Transportdienstleister plant eine Verlegung von Logistikstandorten ins Ausland. Weiterhin führen 16 % der Transportdienstleister an, zusätzliche Standorte im Ausland aufzubauen. Mit diesen beiden Strategien ist eine bessere Marktbearbeitung ausländischer Märkte sowie Teile Österreichs aufgrund von Transportkosteneinsparungen möglich. Knapp ein Zehntel der Unternehmen (9 %) beabsichtigt eine Schließung österreichischer Logistikstandorte. Dies kann einhergehen mit dem Rückzug aus bestimmten österreichischen Teilmärkten. Ebenso planen 9 % eine Verlegung von Logistikstandorten in österreichische Ballungszentren, um näher in den wichtigen Absatzmärkten zu sein. Andere Strategien werden nur vereinzelt angewandt.
Zusammenfassend kann festgestellt werden, dass die Einführung der fahrleistungsabhängigen Lkw-Maut zu einer Schwächung des Logistikstandortes Österreich führt. Wenn 25 % der Unternehmen eine Verlegung von Logistikstandorten ins Ausland intendieren, so führt dies zu einschneidenden Veränderungen logistischer Netzwerke in Österreich.

6.3.4.4 Strategien im Transport- und Verpackungsbereich

6.3.4.4.1 Reorganisation in der Transportlogistik

6.3.4.4.1.1 Grundlagen

Eine Reorganisation wird nur selten langfristig geplant. In einer Vielzahl von Fällen sind es singuläre Ereignisse, die den Impetus für ein Reorganisationsvorhaben liefern.[684] Die Einführung der fahrleistungsabhängigen Maut kann für Unternehmen solch ein Ereignis sein, über eine Reorganisation der Transportlogistik nachzudenken.
Generell dient eine Reorganisation der Effektivitätssteigerung der Aufbau- und Ablauforganisation eines Unternehmens bzw. eines Unternehmensteilbereiches, die durch bewusste, i.d.R. tiefgreifende und umfassende Änderungsmaßnahmen erfolgt.[685] Es wird in diesem Zusammenhang auch von einem sogenannten „major

[683] Vgl. auch Schmidt (2003c), S.7
[684] Vgl. Schmidt (2003b), S.1193; Neben der Veränderung relevanter Situationsmerkmale können darüber hinaus auch die Erfindung neuer Organisationsformen oder die Entwicklung besserer Theorien Anstoß für ein Reorganisationsvorhaben geben. Vgl. Picot / Dietl / Frank (2003), S.422 ff
[685] Vgl. Bea / Göbel (2002), S.428

change“ gesprochen.[686] Das Ziel der Reorganisation der Transportlogistik besteht darin, die Wettbewerbsfähigkeit sicherzustellen bzw. zu stärken. Stoßrichtungen der Reorganisation sind neben der Eliminierung unnötiger Tätigkeiten und der konsequenteren Ausrichtung der Organisation auf die Kunden auch die Beschleunigung, die Kostenminimierung von Prozessen sowie die Frage der Trägerschaft von Aufgaben.[687]

6.3.4.4.1.2 Industrie und Gewerbe

Zur Reorganisation der Transportlogistik in Industrie- und Gewerbeunternehmen können unter anderem folgende Strategien subsumiert werden:

- Verstärkte Auslagerung der Durchführung von Transporten,
- Verstärkte Auslagerung der Planung und Durchführung von Transporten,
- Bildung oder Verstärkung horizontaler Kooperationen mit anderen Verladern,
- Bildung oder Verstärkung vertikaler Kooperationen mit Transport- bzw. Logistikdienstleistern oder
- Intensivere Nutzung von Transportbörsen.

Eine Reorganisation kann für viele werkverkehrsbetreibende Unternehmen aus Industrie und Gewerbe als sinnvoll erachtet werden, weil durch Änderungen in der Organisation mautinduzierte Transportkostensteigerungen abgefedert werden können.

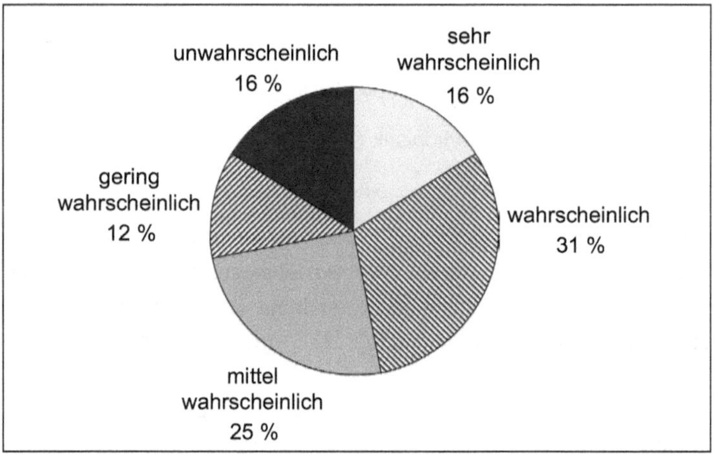

Abbildung 63: Reorganisation in der Transportlogistik, Industrie und Gewerbe

Wie Abbildung 63 zeigt, hält knapp die Hälfte der befragten Unternehmen eine Reorganisation für wahrscheinlich bzw. sehr wahrscheinlich. Nur 16 % der Unternehmen halten das Ergreifen von Reorganisationsmaßnahmen für unrealistisch. Die Vertei-

686 Vgl. Vahs (2003), S.284
687 Vgl. auch Zahn / Bullinger / Gagsch (2003), S.266

lung der Antworten zeigt, dass die fahrleistungsabhängige Maut von vielen Unternehmen als Anlass gesehen wird, eine Reorganisation der Transportlogistik durchzuführen. Ein Reorganisationspotential im Transportbereich scheint demnach bei Industrie und Gewerbe vorhanden zu sein.

6.3.4.4.1.3 Transportdienstleister

Transportdienstleister verfügen ebenfalls über mehrere Möglichkeiten zur Reorganisation ihrer Transportlogistik. Darunter sind beispielsweise zu zählen:

- Verstärkte Auslagerung von Transportdienstleistungen an Subfuhrunternehmer,
- Vollständiges Outsourcing des Fuhrparkes an Fuhrunternehmer,
- Bildung und Verstärkung horizontaler Kooperationen mit anderen Transportdienstleistern,
- Bildung und Verstärkung vertikaler Kooperationen mit Verladern,
- Intensivere Nutzung von Transportbörsen oder auch die
- Vermehrte Ausflaggung von Fahrzeugen.

Wie in Abbildung 64 dargestellt, spielt die Reorganisation eine größere Rolle als in Industrie und Gewerbe. 61 % der Transportdienstleister halten eine Reorganisation für wahrscheinlich bzw. sehr wahrscheinlich. Nur ein Fünftel (21 %) geht davon aus, dass die fahrleistungsabhängige Maut keine Veränderungen in der Aufbau- und Ablauforganisation hervorruft. Auch bei dieser Frage spiegeln sich der hohe Transportkostenanteil am Umsatz und die hohe erwartete Transportkostensteigerung wieder.

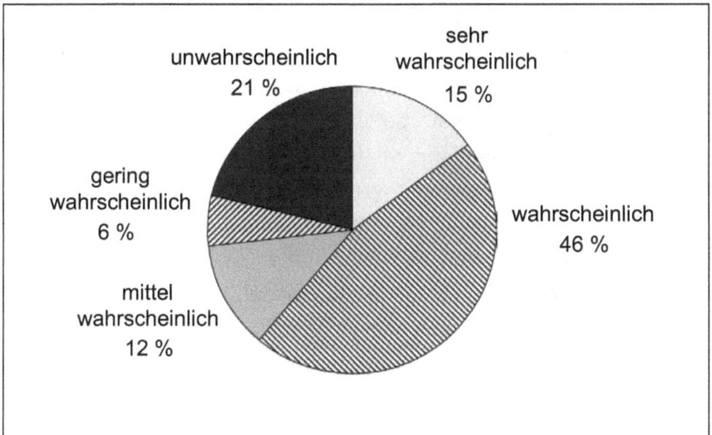

Abbildung 64: Reorganisation in der Transportlogistik, Transportdienstleister

In den folgenden Kapiteln werden einige der Reorganisationsstrategien näher beschrieben und evaluiert.

6.3.4.4.2 Verstärkte Nutzung nicht bemauteter Straßen

6.3.4.4.2.1 Grundlagen des Mautausweichverkehrs

Eine Möglichkeit zur Senkung der mautinduzierten Zusatzkosten stellt die verstärkte Nutzung nicht bemauteter Straßen dar. Diese auch als Mautausweichverkehr bezeichnete Strategie zur Minderung der gesamten Mautkosten kann jedoch mit Ausnahme des internationalen Umfahrungsverkehrs um Österreich herum nur auf einigen wenigen Streckenabschnitten des hochrangigen Straßennetzes, bei denen parallele, nicht bemautete Straßen vorhanden sind, angewandt werden. Generell kann zwischen drei Kategorien des Mautausweichverkehrs unterschieden werden, deren Grenzen allerdings teils fließend sind:

- Internationaler Umfahrungsverkehr
  Aufgrund der fahrleistungsabhängigen Maut in Österreich können Unternehmen vermehrt Anreize haben, Straßengütertransporte aus Südosteuropa nach Deutschland / Benelux / Skandinavien vice versa über Ungarn / Slowakei / Tschechien statt über Österreich zu führen.
- Großräumiger Mautausweichverkehr in Österreich
  Diese Art des Ausweichverkehrs kommt für den Fernverkehr genauso wie für den Nahverkehr in Betracht. Bei einem großräumigen Mautausweichverkehr wird über längere Distanzen in Österreich das nachrangige, nicht bemautete Straßennetz benutzt. Das trifft beispielsweise auf die B 129 Schärding - Linz oder B 137 Schärding - Wels zu, die alternativ zu A 8 Schärding - Wels benutzt werden kann.
- Kleinräumiger Mautausweichverkehr in Österreich
  Beim kleinräumigen Mautausweichverkehr befindet sich die Quelle oder Senke im regionalen untergeordneten Straßennetz, zu deren Bedienung eine Autobahnausfahrt früher bzw. eine Autobahnauffahrt später als gewöhnlicherweise benutzt wird. Zum kleinräumigen Ausweichverkehr werden auch vermiedene kurze Fahrten auf dem hochwertigen Straßennetz gezählt, die nunmehr auf dem nachrangigen Straßennetz getätigt werden. Beispiele dafür wären die B17, die parallel zur A2 liegt oder die B70, die ebenfalls parallel der A2 gelegen ist.

Ob ein Mautausweichverkehr betriebswirtschaftlich vorteilhaft ist, kann nicht pauschal beantwortet werden. Einerseits fallen die gesamten Mautkosten für diesen Streckenabschnitt weg. Andererseits ist die Nutzung nachrangiger Straßen mit Zusatzkosten verbunden, die bei Benutzung der Autobahn nicht in dieser Höhe auftreten. Die Kosten des Treibstoffverbrauchs nehmen ebenso zu wie der Verschleiß an den Kraftfahrzeugen, was höhere Reparaturkosten zur Folge hat. Darüber hinaus ist die Nutzung nicht bemauteter Straßen im Regelfall mit einem erhöhten Zeitaufwand für die Zurücklegung der Distanz verbunden. Bei Vorliegen enger Zeitfenster für die Belieferung von Kunden fällt in vielen Fällen die Benutzung des nachrangigen

Straßennetzes weg, sofern ein gleichbleibend hoher Lieferservicegrad angestrebt wird.

Eine Kostenvergleichsrechnung aller relevanten Kosten, die in unterschiedlicher Höhe je nach genutzter Straßenkategorie anfallen, ist beispielhaft für eine Fahrt von Schärding (Oberösterreich) nach Wels (Oberösterreich) in Tabelle 54 dargestellt. Kosten für kalkulatorische Abschreibung und kalkulatorische Zinsen sowie für Verwaltung werden nicht berücksichtigt.[688] Die für die Entscheidung relevanten Kosten ergeben sich durch die Addition der Treibstoffkosten, der Reparaturkosten, den Mautkosten sowie den Fahrpersonalkosten, jeweils auf die Strecke bezogen.

Wie das Beispiel zeigt, ist es in diesem Fall kostengünstiger, die nicht bemautete Strecke zu befahren. Das gilt immer dann, wenn die streckenbezogene Summe der Zusatzkosten aus dem Treibstoffverbrauch und aus den Reparaturen sowie des Fahrpersonals geringer als die direkten Mautkosten der Strecke sind. In diesem Beispiel ist die nicht bemautete Straße die kürzere Route, daher sind die Zusatzkosten der Fahrt auf der nachrangigen Straße deutlich geringer. Andererseits existiert eine Vielzahl anderer Parallelstrecken, die nur unwesentlich kürzer, gleich lang oder länger als die Route über die Autobahn sind. In diesen Fällen lohnt sich der Mautausweichverkehr in der Regel nicht.

Die Häufigkeit der Nutzung nicht bemauteter Straßen ist auf bestimmten Strecken tatsächlich seit der Einführung der fahrleistungsabhängigen Maut angestiegen.[689]

Gesamtwirtschaftlich führt jedoch eine Verlagerung von Transporten auf das niederrangige Straßennetz zu stärkeren negativen externen Effekten als auf dem hochwertigen Netz, da diese Straßen auch durch geschlossene Ortschaften führen und daher Schadstoff- oder Lärmemissionen wesentlich stärker auf Bewohner wirken. Durch oftmaliges Beschleunigen und Verzögern des Fahrzeuges auf nachgeordneten Straßen weisen die Straßengüterverkehrsfahrzeuge einen höheren Treibstoffverbrauch aus, wodurch zusätzliche Schadstoffemissionen anfallen. Die damit einhergehende größere Streuung in der Fahrgeschwindigkeit vergrößert das Ausmaß der Lärmbelastung.

---

688 Es wird demnach unterstellt, dass diese Kostengrößen nicht von der Fahrleistung eines Fahrzeuges in der Periode abhängig sind.

689 Vgl. Jagersbacher (2004), S.5 f; o.V. (2004c),S.2; o.V. (2004d), S.2; o.V. (2004e), S.12; o.V. (2004 f), S.6; Die in der Tagespresse publizierten mautinduzierten Steigerungen des Verkehrsaufkommens auf Parallelstraßen zum bemauteten Straßennetz sind mit Vorsicht zu genießen. Diese automatisierten Zählstellen werden vorzugsweise dort aufgebaut, wo besonders hohe Steigerungen aufgrund der fahrleistungsabhängigen Maut zu erwarten sind. Aussagen über die generelle Bedeutung des Mautausweichverkehrs sind damit jedoch nicht möglich. Darüber hinaus basieren die Steigerungen des Verkehrsaufkommens auf verschiedenen Faktoren. Neben der fahrleistungsabhängigen Maut können Betriebsansiedelungen an der nicht bemauteten Straße oder auch Straßensperren auf dem bemauteten Streckenabschnitt (aufgrund von Unfällen, Baustellen) zur Steigerung des Aufkommens beitragen.

Größe	Route über Autobahn A 8	Route über Landesstraße B 137
Distanz der Strecke zwischen Schärding und Wels	80,1 km	67,9 km
Angenommene Durchschnittsgeschwindigkeit[690]	80 km / h	55 km / h
Fahrzeit auf der Strecke	60 min	74 min
Jahresfahrleistung des Lkw	125.000 km	125.000 km
Treibstoffverbrauch	33 l / 100 km	38 Liter / 100 km
Treibstoffkosten mit 0,70 EUR / Liter für Strecke	18,50 EUR / Strecke	18,06 EUR / Strecke
Reparaturkosten pro Jahr[691]	7.000 EUR / Jahr	8.750 EUR / Jahr
Reparaturkosten für Strecke	4,49 EUR / Strecke	4,75 EUR / Strecke
Direkte Mautkosten für Strecke[692]	17,50 EUR / Strecke	0 EUR / Strecke
Fahrpersonalkosten pro h[693]	22,10 EUR / h	22,10 EUR / h
Fahrpersonalkosten für Strecke	22,10 EUR / Strecke	27,26 EUR / Strecke
Summe Kostenvergleich für Strecke absolut	62,59 EUR / Strecke	50,07 EUR / Strecke
Kosteneinsparung in %		- 20, 00 %

Tabelle 54: vereinfachte Kostenvergleichsrechnung für Fahrt eines vier- oder mehrachsigen Lkw zwischen Schärding und Wels auf der bemauteten A 8 bzw. nicht bemauteten B 137

690 Offensichtlich ist die durchschnittliche Fahrgeschwindigkeit auf dem nicht bemauteten Straßennetz deutlich geringer, da Ortsdurchfahrten, weniger Überholmöglichkeiten oder Lichtsignalanlagen die Fahrtgeschwindigkeit deutlich reduzieren können.

691 Der jährliche Reparaturkostenaufschlag für die intensivere Benutzung des niederrangigen Straßennetzes wird hier mit 25 % angesetzt.

692 Von einer Betrachtung indirekten Mautkosten wird hier abgesehen.

693 Die Fahrpersonalkosten je Stunde entsprechen den Arbeitskosten je geleisteter Arbeitsstunde in ÖNACE Einheit I, Kategorie 60, hochgerechnet auf Jahr 2004. Vgl. Statistik Austria (2004), S.521

Darüber hinaus ist die Unfallrate[694] auf dem niederrangigen Straßennetz höher[695], woraus höhere externe Unfallkosten resultieren können. Weiterhin wird die Straßeninfrastruktur des niederrangigen Straßennetzes überdurchschnittlich belastet, da deren Bausubstanz im Unterschied zu Autobahnen in geringerem Maße auf den schweren Nutzfahrzeugverkehr ausgelegt ist. Im Einzelfall kann aber eine nicht bemautete Ausweichroute auch gesamtwirtschaftlich vorteilhaft sein, nämlich dann, wenn dadurch die Fahrleistung zwischen Quelle und Senke beträchtlich vermindert wird, bessere Fahrbedingungen (z.B. aufgrund topographischer Gegebenheiten) vorliegen sowie durch kaum bewohntes Gebiet gefahren wird.

Mittelfristig sind aus diesen Gründen staatliche Interventionen bei Strecken, die durch starken Mautausweichverkehr betroffen sind, zu erwarten. Dazu zählen neben der Verhängung von Fahrverboten oder den Rückbau nicht bemauteter Straßen auch die flächendeckende Einführung einer fahrleistungsabhängigen Maut.

6.3.4.4.2.2 Industrie und Gewerbe

Inwieweit die an der Befragung teilgenommenen Industrie- und Gewerbeunternehmen diese Strategie für relevant halten, zeigt Abbildung 65. Es ist zu erkennen, dass der überwiegende Teil der Unternehmen (56 %) die verstärkte Nutzung nicht bemauteter Straßen nicht bzw. kaum einsetzen wird. Jedoch hält auch knapp ein Drittel der Befragten (31 %) diese Strategie für sehr wahrscheinlich bzw. wahrscheinlich.

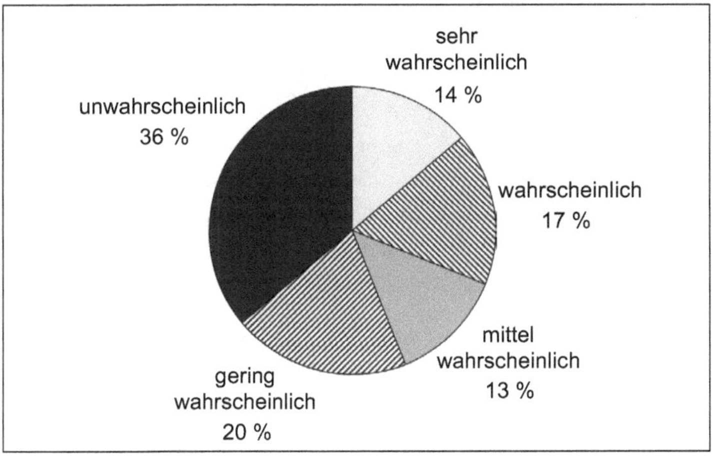

Abbildung 65: Verstärkte Nutzung nicht bemauteter Straßen, Industrie und Gewerbe

[694] Die Unfallrate ist der Quotient aus den Unfällen und der Fahrleistung in der jeweiligen Straßenkategorie in einer betrachteten Periode. Vgl. Kuratorium für Verkehrssicherheit (2004), S.95; Damit entspricht die Unfallrate der häufig verwendeten Kenngröße Unfallrisiko. Vgl. auch Ratzenberger (2000), S.70

[695] Vgl. Kuratorium für Verkehrssicherheit (2004), S.94

Die Sätze der fahrleistungsabhängigen Maut sind demnach derart hoch, dass für knapp ein Drittel der Unternehmen die Transportkosten günstiger zu sein scheinen, wenn sie auf nicht bemauteten, parallelen Strecken verkehren.

6.3.4.4.2.3 Transportdienstleister

Die Transportdienstleister weisen ein anderes Antwortverhalten auf, wie Abbildung 66 offenbart.

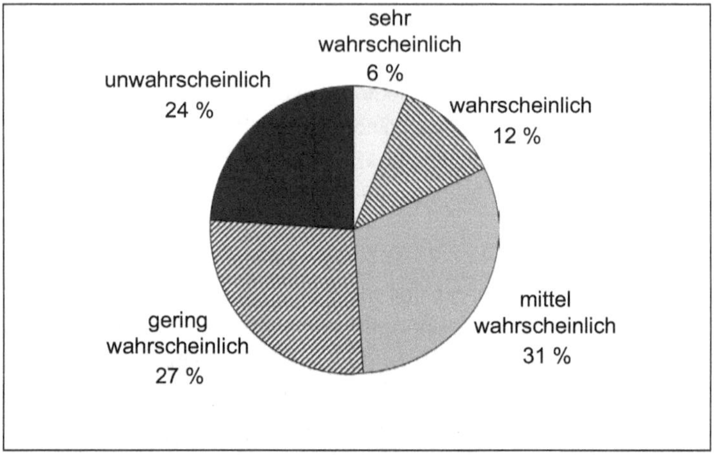

Abbildung 66: Verstärkte Nutzung nicht bemauteter Straßen, Transportdienstleister

Während für 51 % der Transportdienstleister diese Strategie nur von geringer Bedeutung ist, sind nur 18 % - bedeutend weniger als bei Industrie und Gewerbe - von der Vorteilhaftigkeit der Strategie überzeugt (6 % sehr wahrscheinlich, 12 % wahrscheinlich). Eine wesentliche Ursache der geringeren Bedeutung dieser Strategie im Vergleich zu Industrie und Gewerbe kann darin begründet liegen, dass der Zeitdruck und die damit einhergehenden kleinen Lieferzeitfenster Mautausweichverkehre nicht oder nur im geringerem Umfang zulassen.

6.3.4.4.3 Strategien der Veränderung der Fahrzeugzusammensetzung im Fuhrpark

Im Fuhrpark eines Unternehmens kann es aufgrund der definierten Gewichtsgrenze, ab der die Mauterhebung erfolgt, sowie der unterschiedlichen achsabhängigen Mautsätze zu Veränderungen in der Fahrzeugstruktur kommen. Die Festlegung der Fahrzeugstruktur gehört zu den strategischen Aufgaben im Flottenmanagement, da sie mittel- und langfristig die Fuhrparkzusammensetzung determiniert.[696]

Grundsätzlich sind folgende Strategien als Antwort auf die Einführung der fahrleistungsabhängigen Maut möglich:

[696] Vgl. Herzog (1997), S. 117 ff; Klaus (1997), S.320; Grandjot (2000), S.95

- Verstärkter Einsatz nicht-mautpflichtiger Fahrzeuge,
- Verstärkter Einsatz von kleineren, geringer bemauteten Fahrzeugen und
- Verstärkter Einsatz größerer Fahrzeuge.

Jede dieser Strategien kann aufgrund der Existenz von Mautkosten vorteilhaft sein. Darüber hinaus ist eine Veränderung der Fahrzeugstruktur dahingehend möglich, dass technische Innovationen zur Auslastungssteigerung in stärkerem Maße nachgefragt werden. Hierzu zählt zum Beispiel der Einsatz zweifacher Ladeböden zur horizontalen Laderaumtrennung.

6.3.4.4.3.1 Verstärkter Einsatz nicht-mautpflichtiger Fahrzeuge

6.3.4.4.3.1.1 Grundlagen

Beim Einsatz von nicht-mautpflichtigen Kraftfahrzeugen, d.h. von Fahrzeugen mit einem zulässigen Gesamtgewicht von unter 3,5 Tonnen, fallen im Vergleich zum Einsatz mautpflichtiger Fahrzeuge ab 3,5 Tonnen keine Mautkosten an. Auch sind die Anschaffungs- und Betriebskosten kleinerer, nicht-mautpflichtiger Fahrzeuge deutlich geringer als bei größeren Fahrzeugen. Andererseits ist das maximal mögliche Ladevolumen bzw. das maximal zulässige Ladegewicht bei einem nicht-mautpflichtigen Fahrzeug niedriger als bei einem mautpflichtigen Fahrzeug. Die nicht bemauteten Fahrzeuge eignen sich daher vor allem für jene Einsätze, bei welchen eine geringe Menge regelmäßig zwischen Quelle und Senke zu transportieren ist. Für den Transport einer Menge, die über dieser Volumen- / Gewichtsgrenze liegt, sind jedoch beim Einsatz nicht-mautpflichtiger Fahrzeuge mehr Fahrten zwischen Quelle und Senke erforderlich als bei der Nutzung größerer Fahrzeugeinheiten. Dies führt aufgrund der linearen Limitationalität der Produktionsfaktoren Fahrzeug und Fahrer zu einem Mehrbedarf an Fahrpersonal. Im Fall des Erfordernisses einer zeitgleichen Zustellung ergibt sich außerdem ein Zusatzbedarf von Fahrzeugen. Das Kriterium für die Vorteilhaftigkeit dieser Strategie ist demnach die minimale Summe der Transportkosten für die Bewältigung definierter Transportaufgaben.[697] Es ist daher eine Kostenvergleichsrechnung der Transportkosten für die beiden Alternativen nicht-mautpflichtiges Fahrzeug sowie mautpflichtiges Fahrzeug erforderlich. Darauf basierend kann einzelfallbezogen die Vorteilhaftigkeit dieser Strategie geprüft werden. Einen wesentlichen Einfluss auf die Höhe der Transportkosten hat die zu transportierende Menge, d.h. die zu definierende Transportaufgabe. Bei regelmäßig zu transportierenden kleinen Mengen (bis etwa 2,8 Tonnen) kann ein nicht-mautpflichtiges Fahrzeug durchaus vorteilhaft sein.

---

[697] Von anderen Kosten im logistischen System wird hier abgesehen.

6.3.4.4.3.1.2 Industrie und Gewerbe

Für die Mehrzahl der Industrie- und Gewerbeunternehmen (66 %) ist diese Strategie unwahrscheinlich, wie Abbildung 67 zeigt. Nur wenige Unternehmen werden sehr wahrscheinlich (8 %) oder wahrscheinlich (8 %) kleine, nicht-mautpflichtige Fahrzeuge öfters einsetzen.

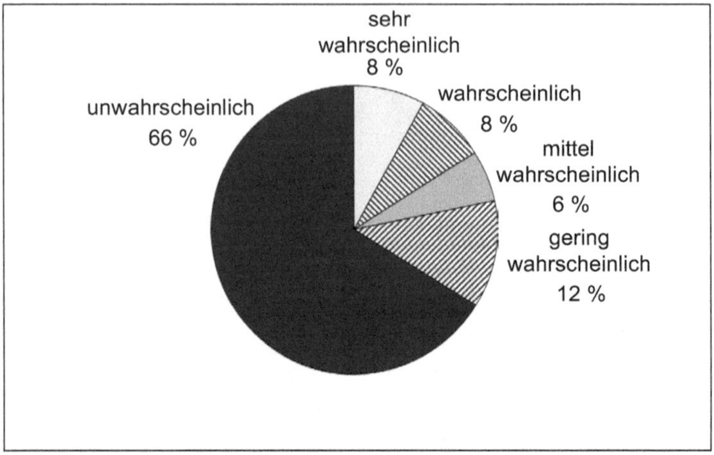

Abbildung 67: Verstärkter Einsatz kleiner, nicht-mautpflichtiger Fahrzeuge, Industrie und Gewerbe

Eine wesentliche Ursache für dieses Antwortverhalten kann darin begründet liegen, dass viele Industrie- und Gewerbeunternehmen im Regelfall Mengen zu transportieren haben, für die kleine, nicht-mautpflichtige Fahrzeuge aufgrund ihrer geringen Zuladefähigkeit nicht in Frage kommen.

6.3.4.4.3.1.3 Transportdienstleister

Die Transportdienstleister weisen ein recht ähnliches Antwortverhalten auf, sind aber dieser Strategie gegenüber geringfügig kritischer eingestellt als Industrie- und Gewerbeunternehmen. Für 70 % der Unternehmen ist diese Strategie irrelevant und nur für 3 % sehr und für 6 % wahrscheinlich.

Bei der Abholung bzw. Auslieferung von Sendungen im Sammelgutverkehr, insbesondere im Stückgut, kann der verstärkte Einsatz von nicht-mautpflichtigen Fahrzeugen bei Kunden mit geringen Aufkommensmengen im Einzelfall sinnvoll sein. Im Hauptlauf dagegen ist anzunehmen, dass nicht bemautete Fahrzeuge gar nicht oder nur sehr selten eingesetzt werden.

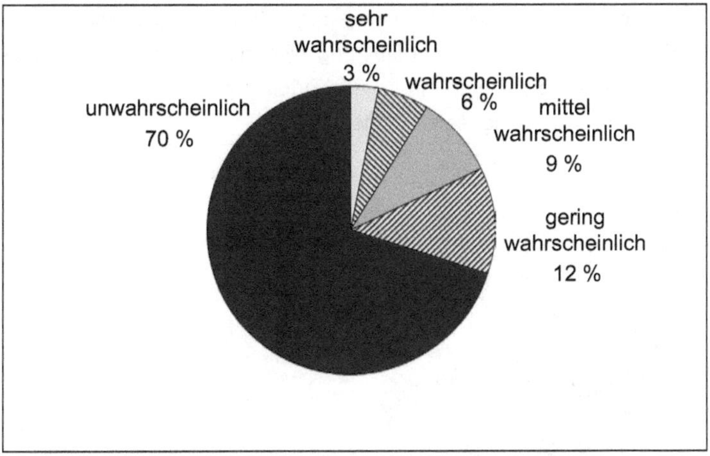

Abbildung 68: Verstärkter Einsatz kleiner, nicht-mautpflichtiger Fahrzeuge, Transportdienstleister

6.3.4.4.3.2 Verstärkter Einsatz von kleineren, geringer bemauteten Fahrzeugen

6.3.4.4.3.2.1 Grundlagen

Aufgrund der erheblichen Spreizung der Mautsätze für 2-Achser, 3-Achser sowie 4- und Mehrachser kann es vorteilhaft sein, statt auf große Fahrzeuge verstärkt auf kleinere, geringer bemautete Fahrzeuge mit weniger Achsen zu setzen, um eine Mautkostenreduktion zu erreichen. Kleinere Fahrzeuge zeichnen sich, wie bereits erwähnt, durch geringe Anschaffungs- und Betriebskosten aus. Auf der anderen Seite ergeben sich durch die Forcierung des Einsatzes kleinerer, geringer bemauteten Fahrzeuge auch Nachteile, die bereits im vorangegangenen Kapitel diskutiert wurden. Wie bereits dargestellt, ist das maximal mögliche Ladevolumen bzw. das maximal zulässige Ladegewicht bei einem kleineren mautpflichtigen Fahrzeug offensichtlich geringer als bei größeren Fahrzeugen. Je nach Transportaufgabe kann sich daraus ein Zusatzbedarf von Fahrpersonal bzw. auch von Fahrzeugen ergeben. Kleinere mautpflichtige Fahrzeuge sind dann vorteilhafter im Einsatz, wenn die summierten Transportkosten geringer sind als beim Einsatz größerer Fahrzeuge.
Es ist evident, dass die Vorteilhaftigkeit wesentlich von der zu transportierenden Menge abhängt.

6.3.4.4.3.2.2 Industrie und Gewerbe

Mehr als die Hälfte der Industrie- und Gewerbeunternehmen (54 %) halten diese Strategie für ihr Unternehmen irrelevant, wie Abbildung 69 verdeutlicht. Auf der anderen Seite werden voraussichtlich 6 % sehr wahrscheinlich und 9 % wahrscheinlich verstärkt kleinere, geringer bemautete Fahrzeuge einsetzen.

Damit sind Industrie und Gewerbe dieser Strategie gegenüber grundsätzlich offener eingestellt als der Strategie der intensiveren Nutzung nicht-mautpflichtiger Fahrzeuge. Vermutlich ist für einige Unternehmen ein Kostenvorteil gegeben, wenn kleinere, mautpflichtige Fahrzeug verstärkt eingesetzt werden.

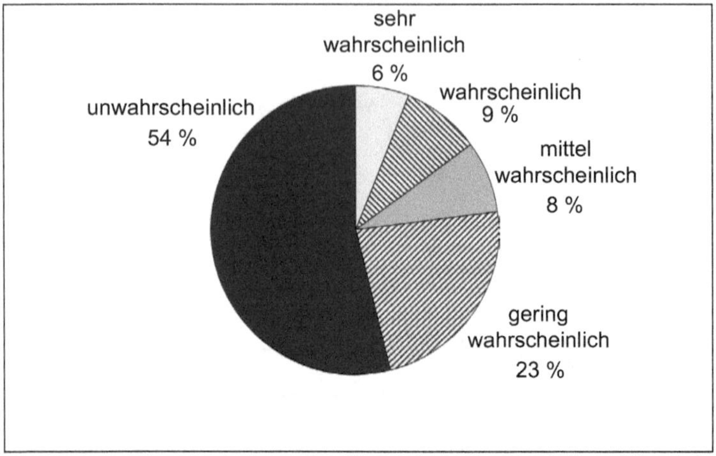

Abbildung 69: Verstärkter Einsatz von kleineren, geringer bemauteten Fahrzeugen, Industrie und Gewerbe

6.3.4.4.3.2.3 Transportdienstleister

Transportdienstleister sehen diese Strategie skeptischer als die Industrie- und Gewerbeunternehmen (Abbildung 70).

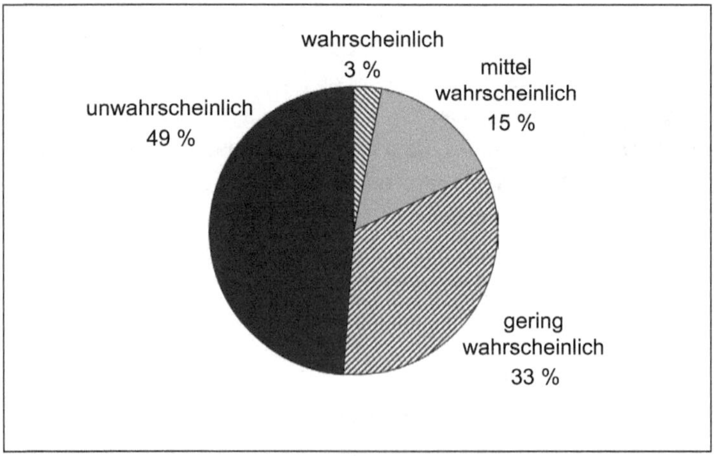

Abbildung 70: Verstärkter Einsatz von kleineren, geringer bemauteten Fahrzeugen, Transportdienstleister

Für knapp die Hälfte der Befragten ist die Strategie unrealistisch. Keiner der Transportdienstleister hält die Strategie für sehr wahrscheinlich und nur 3 % für wahrscheinlich. Daraus kann gefolgert werden, dass die Differenzierung der Mautsätze für viele Transportdienstleister zu gering ist, um betriebswirtschaftlich sinnvolle Änderungen in der Fahrzeugstruktur vorzunehmen.

6.3.4.4.3.3 Verstärkter Einsatz größerer Fahrzeuge

6.3.4.4.3.3.1 Grundlagen

Auch der verstärkte Einsatz größerer Fahrzeugeinheiten in der gleichen Achskategorie kann dazu beitragen, die Mautkosten eines Unternehmens zu reduzieren. Größere Fahrzeuge weisen ein höheres maximales Ladevolumen und -gewicht auf und können folglich eine größere Menge an Gütern auf einer Tour transportieren. Eine höhere Sendungsanzahl auf einem Fahrzeug führt zu einer Senkung der Durchschnittsmautkosten und damit der Durchschnittstransportkosten. Auch kann eine Reduzierung der Anzahl der Touren für den Transport von Gütermengen, die das maximale Ladevolumen / -gewicht kleinerer Fahrzeuge überschreiten, damit einhergehen, wodurch bei Benutzung des hochwertigen Straßennetzes offensichtlich auch Mautkosten wegfallen. Dem stehen jedoch höhere Anschaffungs- und Betriebskosten entgegen.

Bei der Benützung größerer Fahrzeuge, die anderen Achskategorien zugehörig sind, sind die höheren Mautkosten zusätzlich zu betrachten. Dieser Faktor wirkt einer Verringerung der Durchschnittstransportkosten entgegen.

Auch beim Einsatz größerer Fahrzeuge ist die Prüfung der Vorteilhaftigkeit nur mittels Berechnung der Transportkosten für beide Alternativen möglich. Allgemeingültige Aussagen über die Vorteilhaftigkeit sind auch bei dieser Strategie nicht zu treffen.

6.3.4.4.3.3.2 Industrie und Gewerbe

Welche Bedeutung der verstärkte Einsatz größerer Fahrzeuge für die Industrie- und Gewerbeunternehmen aufweist, ist in Abbildung 71 dargestellt. Während knapp die Hälfte (47 %) die Strategie als unwahrscheinlich auffasst, setzen 20 % der Unternehmen (sehr) wahrscheinlich auf größere Fahrzeugeinheiten.

Im Vergleich zum Antwortverhalten bezüglich des Einsatzes kleinerer, geringer bemauteter Fahrzeuge sind die Unternehmen dieser Strategie gegenüber offener eingestellt. Das scheint darauf hinzudeuten, dass Unternehmen generell an größeren Fahrzeugeinheiten interessiert sind, da sie vermuten, dadurch Durchschnittstransportkosten senken zu können.

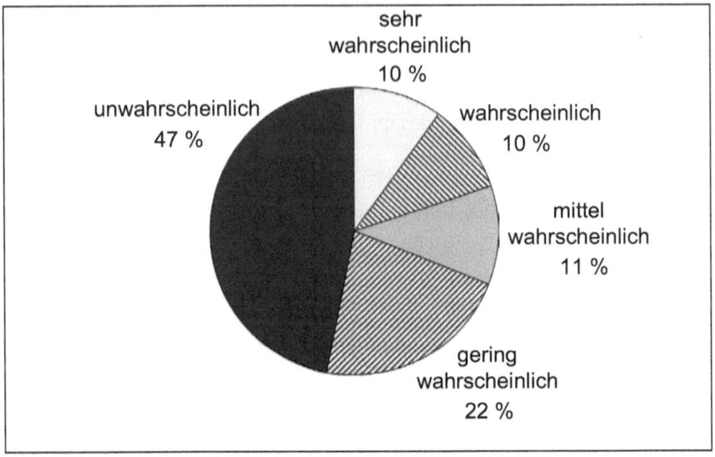

Abbildung 71: Verstärkter Einsatz größerer Fahrzeuge, Industrie und Gewerbe

6.3.4.4.3.3.3 Transportdienstleister

Für die Transportdienstleister ergibt sich ein ähnliches Bild, wobei sie tendenziell die Strategie als weniger vorteilhaft als Industrie und Gewerbe ansehen (Abbildung 72). Für etwas weniger als die Hälfte der Befragten (49 %) ist diese Strategie unrealistisch, aber 10 % halten den häufigeren Einsatz für sehr wahrscheinlich, weitere 3 % für wahrscheinlich.

Für die Mehrzahl der Transportdienstleister steht demnach eine mautinduzierte Änderung ihrer Fuhrparkstruktur nicht zur Debatte. Der Einfluss der fahrleistungsabhängigen Maut auf die Fahrzeugzusammensetzung ist demnach begrenzt.

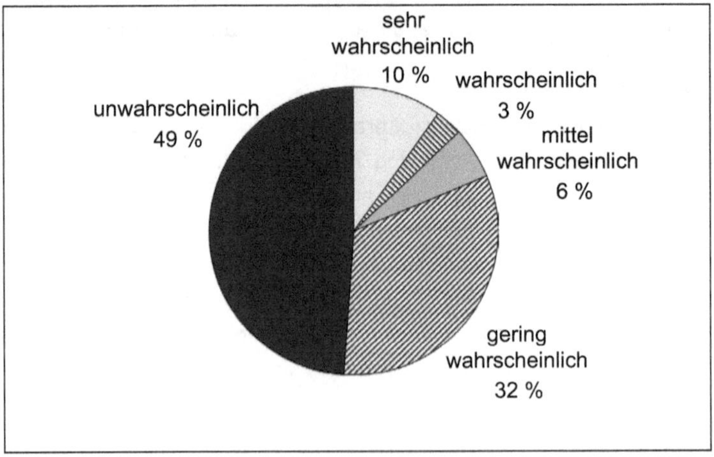

Abbildung 72: Verstärkter Einsatz größerer Fahrzeuge, Transportdienstleister

6.3.4.4.4 Verlagerung auf andere Verkehrsträger

6.3.4.4.4.1 Grundlagen

Ein vielfach geäußerter Wunsch von Seiten der Verkehrspolitik ist es, durch die Einführung der fahrleistungsabhängigen Maut eine Verlagerung von Transporten auf die Schiene zu erreichen.[698] Durch die Erhöhung der Transportkosten im Straßengüterverkehr werden die Transportkosten der Eisenbahn ceteris paribus relativ günstiger. Durch diese Veränderung der Relativpreisverhältnisses Straßengüterverkehr - Eisenbahn kann grundsätzlich davon ausgegangen werden, dass der Verkehrsträger Eisenbahn tendenziell von der fahrleistungsabhängigen Maut profitiert. Jedoch hat das marktführende Eisenbahnverkehrsunternehmen Rail Cargo Austria fünf Monate nach der Einführung der fahrleistungsabhängigen Maut die Transportpreise wieder erhöht, so dass das Relativpreisverhältnis sich wiederum zu Ungunsten der Eisenbahn verändert hat.[699]

Eine Veränderung des Relativpreisverhältnisses zugunsten der Eisenbahn allein ist jedoch keine hinreichende Bedingung für eine Verlagerung auf den Verkehrsträger Eisenbahn. Neben Transportkosten spielen eine Vielzahl weiterer Faktoren bei der Auswahl des Verkehrsträgers eine Rolle, die den Nutzen determinieren.[700] Neben dem Lieferservicegrad können u.a. auch Umweltgesichtspunkte eine Rolle spielen.[701] Die verladende Wirtschaft bemängelt jedoch regelmäßig den vergleichsweise geringen Lieferservicegrad der Eisenbahnverkehrsunternehmen.[702] Eine Verlagerung in erheblichem Ausmaß ist daher nicht zu erwarten.

Sollte jedoch die fahrleistungsabhängige Maut einen erheblichen Mengenzuwachs für die Eisenbahn bewirken, so ist fraglich, inwieweit das Eisenbahnsystem solche Erhöhungen überhaupt bewältigen kann. Es ist bekannt, dass gerade auf Hauptach-

---

698 Vgl. Küper (1997), S. 180; Richter / Riedl / Tiebler (1997), S.88 f; Barwig (2003), S.333; o.V. (2003t), S.12; Rothengatter (2003), S.319

699 Rail Cargo Austria hat die Tarife z.B. im Stückgutbereich (Regeltarif) zum 1.Mai 2004 um durchschnittlich 6 % angehoben. Vgl. Rail Cargo Austria (2003), S.19 und Rail Cargo Austria (2004), S.19; Die Preiserhöhung ist unter anderem damit zu erklären, dass Rail Cargo Austria ebenso mit Mautkosten konfrontiert ist, weil ein gewisser Anteil der Güter im Vor- und Nachlauf sowie auch im Hauptlauf über die Straßen befördert wird.

700 Vgl. Antes / Prätorius / Steger (1992), S.738 ff; Engel (1996), S.195 ff; Köberlein (1997), S.69 ff; Richter / Riedl / Tiebler (1997), S.195; Trost (1999), S.87 ff; Esser (2000), S. 186 f; Der Nutzen kann durch die Verkehrsqualität bestimmt werden. Eine Systematisierung der Verkehrsqualität nimmt z.B. Laue (1997) vor, der mehrere Teilqualitäten unterscheidet. Dazu gehören die Verkehrssicherheit und -zuverlässigkeit, die Verkehrsobjektgerechtheit, die Zeitgerechtheit, die Ortsgerechtheit sowie die Umwelt- und Verkehrskundengerechtheit. Vgl. Laue (1997), S.493; Voigt benutzt den Begriff der Verkehrswertigkeit, welche die Fähigkeit eines Verkehrssystems beschreibt, Transportleistungen mit bestimmten Qualitäten zu erbringen. Vgl. Voigt (1965a), S.198 ff

701 Vgl. Küper (1997), S.97 ff; Richter / Riedl / Tiebler (1997), S.195 f; Trost (1999), S.89

702 Vgl. z.B. Bukold (1996), S.97 f; Engel (1996), S.199 f; Richter / Riedl / Tiebler (1997), S.224 f; Polzin (1999), S.558 f; Schäfer (2000), S.154 ff und S.210; Zachcial (2000), S.28; Aberle (2003), S.547

sen des nationalen und internationalen Verkehrs bereits jetzt Kapazitätsengpässe existieren.[703]

6.3.4.4.4.2 Industrie und Gewerbe

Nur wenige Industrie- und Gewerbeunternehmen halten es für sehr wahrscheinlich (2 %) bzw. für wahrscheinlich (9 %), die Eisenbahn nach der Einführung der fahrleistungsabhängigen Maut verstärkt zu nutzen (Abbildung 73). Für die überwiegende Zahl der befragten Unternehmen ist diese Strategie unwahrscheinlich (40 %) oder zumindest gering wahrscheinlich (30 %).

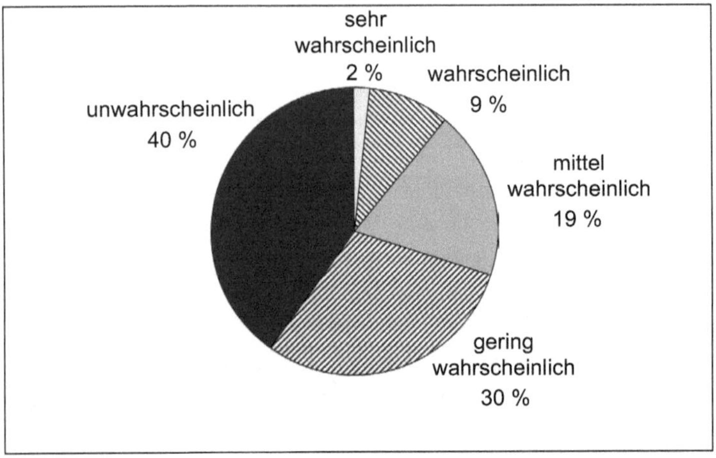

Abbildung 73: Verlagerung auf die Bahn, Industrie und Gewerbe

Die Gründe für die weitreichende Skepsis liegen vermutlich im schlechten Image des Eisenbahngüterverkehrs - basierend auf einer häufig kommunizierten und teils auch tatsächlichen geringen Qualität der Leistungserstellung - sowie der teils mangelnden Kundenorientierung der Eisenbahnverkehrsunternehmen und der Höhe der Transportkosten.

Eine Verlagerung von Güterverkehren auf das Binnenschiff ist ebenfalls eine Möglichkeit, Mautkosten zu senken. Das österreichische befahrbare Binnenschiffahrtsnetz beschränkt sich jedoch ausschließlich auf die Donau zwischen der deutschen und der slowakischen Grenze. Eine Verlagerung auf das Binnenschiff ist somit folglich allein auf dieser Achse möglich. Aufgrund des geringen Angebots an Wasserstraßeninfrastruktur sehen fast alle Industrie- und Gewerbeunternehmen keine Möglichkeiten, stärker auf die Binnenschiffahrt zu setzen. 89 % halten die Verlagerung für völlig unrealistisch, 10 % für gering wahrscheinlich und nur 1 % für sehr wahrscheinlich.

[703] Vgl. Ewers (1991a), S.15 und S.23 f; Küper (1997), S.182; Lemper (2000), S. 66 f

6.3.4.4.4.3 Transportdienstleister

Die befragten Transportdienstleister sind auch bei dieser Strategie zurückhaltender als die Industrie- und Gewerbeunternehmen, wie Abbildung 74 zeigt. Deutlich mehr Unternehmen (63 %) im Vergleich zu Industrie und Gewerbe halten eine Verlagerung auf die Eisenbahn für unwahrscheinlich. Die stärkere Skepsis lässt sich unter anderem auf das bereits erwähnte geringe Maß an Leistungserstellungsqualität zurückführen. Andererseits gehen jeweils 6 % der Transportdienstleister sehr wahrscheinlich bzw. wahrscheinlich davon aus, dass sie verstärkt den Verkehrsträger Eisenbahn benutzen werden.

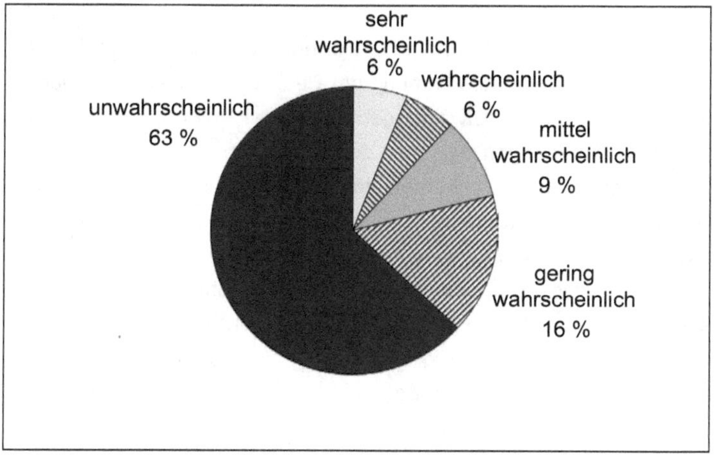

Abbildung 74: Verlagerung auf die Bahn, Transportdienstleister

Bezüglich der Verlagerung auf den Verkehrsträger Binnenschiffahrt haben die Transportdienstleister sehr ähnliche Erwartungen wie die Industrie- und Gewerbeunternehmen. Bei den Transportdienstleistern sind es 88 %, die es für vollkommen unwahrscheinlich halten, verstärkt Verkehre mit dem Binnenschiff abzuwickeln. Nur 3 % halten diese Strategie für wahrscheinlich.

6.3.4.4.5 Bildung und Intensivierung von Kooperationen

6.3.4.4.5.1 Grundlagen

Eine Kooperation bezeichnet eine interorganisatorische Beziehung zwischen Organisationseinheiten mit vorwiegend gleichgerichteten Interessen der Beteiligten unter weitgehender Beibehaltung der wirtschaftlichen und rechtlichen Selbständigkeit, die eher langfristige, beständige Interaktionen zwischen den Beteiligten fördern und die Substitution von Beteiligten grundsätzlich erschwert ist.[704] Eine Kooperation grenzt

704 Vgl. Abels (1980), S.82 ff; Pfohl (2003), S.311

sich von einer normalen Geschäftsbeziehung durch die Längerfristigkeit sowie durch ein geringes Maß an Austauschbarkeit von Beteiligten ab.[705] Eine Konzentration dagegen geht über eine Kooperation hinaus und inkludiert eine Aufgabe bzw. eine erhebliche Einschränkung wirtschaftlicher Selbständigkeit von Beteiligten.[706]

Generell dienen Kooperationen der Steigerung des Zielerfüllungsgrades der Beteiligten.[707] Konkretisierend kann in folgende Zielsetzungen unterschieden werden:[708]

- Kostensenkung (Produktions- und Koordinationskosten),
- Zeitreduzierung (z.B. Durchlaufzeiten, Lieferzeiten),
- Qualitätsverbesserung sowie
- Flexibilitätssteigerung.

Kooperationen stehen zwischen den Koordinationsformen Markt und Hierarchie. Auf dem Markt findet die wechselseitige Abstimmung der Beteiligten mittels Preismechanismus und in der Hierarchie durch Anweisungen statt. In einer Kooperation erfolgt die Koordination durch Verhandlungen zwischen den Beteiligten.[709]

Zwischenbetriebliche Kooperationen[710] werden entsprechend der Kooperationsrichtung in horizontale und vertikale Kooperationen unterteilt.[711] „Horizontale Kooperationen beziehen sich auf die Zusammenarbeit zwischen Unternehmen, die sich auf derselben Markt- bzw. Wertschöpfungsstufe befinden und somit häufig in einem Konkurrenzverhältnis stehen."[712] Der Vorteil besteht darin, auf externes Know-how und Ressourcen zuzugreifen. Als nachteilig erweist sich die große Unsicherheit, da die Unternehmen i.d.R. auf den Absatzmärkten als Mitbewerber auftreten. Opportunistisches Verhalten von Beteiligten kann nicht ausgeschlossen werden.[713]

Vertikale Kooperationen sind jene Kooperationen, die sich durch eine Zusammenarbeit von Unternehmen in der Supply Chain auszeichnen, d.h. von Unternehmen, die

---

705 Vgl. Kleer (1992), S.59; Pfohl (2003), S.311

706 Vgl. Egler (1969), S.37; Clasen (1970), S.25; Fontanari (1996), S.36; Pfohl (2003), S.311; Jung (2004), S.120; Eine Konzentration erfolgt entweder durch eine Konzernbildung (Erhalt der rechtlichen Selbständigkeit) oder durch Fusion (Aufgabe der rechtlichen Selbständigkeit). Vgl. Freichel (1992), S.55; Pfohl (2003), S.311; Jung (2004), S.137 ff

707 Vgl. Das / Teng (1998), S.491; Corsten / Gössinger (2001), S.17; Braun (2003), S.50

708 Vgl. Küting (1983), S.5 ff; Bleicher (1989), S.78; Rupprecht-Däullary (1994), S.27 ff; ausführlich bei Bruhn (2003), S.1188 ff; Wrona / Schell (2003), S.318 ff; Nach Picot / Dietl / Franck gehen Unternehmen dann Kooperationsbeziehungen ein, wenn sie dadurch Marktmacht gewinnen wollen und / oder eine Einsparung von Transaktionskosten bzw. Agency-Kosten vornehmen können. Vgl. Picot / Dietl / Franck (2003), S.185 ff

709 Vgl. Powell (1990), S. 300 ff; Willke (1995), S.87 ff u. S.136 ff; Friese (1998), S.66

710 Zwischenbetriebliche Kooperationen sind auf die direkte Zusammenarbeit zwischen Beteiligten ausgelegt. Das Pendant, die überbetrieblichen Kooperationen, zeichnen sich durch die Zusammenarbeit in Form einer gemeinsam getragenen Institution aus. Vgl. Egler (1969), S.41; Clasen (1970), S. 21; Freichel (1992), S.62; Kleer (1992), S.62; Wittig / Zentes (2002), S.343

711 Vgl. Egler (1969), S.41; Kleer (1992), S.63; Pfohl (2003), S.316 ff; Darüber hinaus werden in der Literatur diagonale bzw. laterale Kooperationen erwähnt, die für die Zusammenarbeit von Unternehmen aus verschiedenen Branchen und Marktstufen stehen. Vgl. Friese (1998), S.150; Wohlgemuth (2002), S.14; Bruhn (2003), S.1195; Morschett (2003), S.403

712 Bea / Göbel (2002), S.377

713 Vgl. Bea / Göbel (2002), S.379

in einem Zulieferer-Abnehmer-Verhältnis zueinander stehen.[714] Eine vertikale Kooperation bietet die Möglichkeit einer Abstimmung und Integration der Geschäftsprozesse in der Supply Chain.

6.3.4.4.5.2 Industrie und Gewerbe

Die fahrleistungsabhängige Maut und die damit verbundenen Transportkostenwirkungen können für Industrie- und Gewerbeunternehmen Anlass sein, horizontale Kooperationen mit anderen Verladern im Transportbereich einzugehen, beispielsweise durch eine gemeinsame Disposition der Flotten. Solch eine horizontale Kooperation ermöglicht eine bessere Auslastung von Fahrzeugen und ggf. auch eine Verminderung des Fahrzeugbestandes, was zu geringeren Transportkosten führt.[715] Diese Form der Zusammenarbeit bietet sich insbesondere bei den Unternehmen an, welche die eigenen Transportmittel nur ungenügend auslasten können und durch eine horizontale Kooperation eine signifikante Steigerung der Auslastung realisierbar wäre.

Eine zweite Möglichkeit der horizontalen Kooperation besteht in der gemeinsamen Frachtvergabe an Transportdienstleister. Verlader können ihre Transportmengen - beispielsweise auf elektronischen Plattformen - bündeln, um die Fremdvergabe an Transportdienstleister zu vereinfachen und um Transportkosten- sowie Transaktionskostenersparnisse realisieren zu können. Die Transportdienstleister haben dadurch den Vorteil, eine bessere Auslastung ihrer Fahrzeugkapazitäten bei geringeren Transaktionskosten erzielen zu können.

Als Voraussetzung für horizontale Kooperationen sind neben dem Vorhandensein einer grundsätzlichen Kooperationsbereitschaft der beteiligten Unternehmen auch das Vorhandensein einer ähnlichen Quelle-Senken-Struktur der Transportströme, wenig Restriktionen bezüglich des Transports von Gütern auf einem Transportmittel[716] und auch eine Kompabilität der dispositiven IT-Systeme der Beteiligten zu nennen. Bei der Anpassung der Prozesse der beteiligten Unternehmen ist es wichtig, dass der Abstimmungsbedarf und die daraus resultierenden Abstimmungskosten einen geringeren Betrag annehmen als die Höhe der Transportkosteneinsparung. Andernfalls ist eine horizontale Kooperation betriebswirtschaftlich nicht vorteilhaft.

---

[714] Vgl. Knoblich (1969), S.505 f; Olesch (1995), Sp. 1274; Bea / Göbel (2002), S.377; Bauer (2003), S.113; Bruhn (2003), S.1194; Morschett (2003), S.403; Thommen / Achleitner (2003), S.80; Wrona / Schell (2003), S.316 ff

[715] Generell geht es bei horizontalen Kooperationen um die Steigerung der Effizienz, wie auch Bahrami betont. Vgl. Bahrami (2003), S. 71

[716] Aus rechtlichen Gründen gibt es vielfältige Einschränkungen bei der Wahl der Güter, die auf einem Transportmittel gleichzeitig befördert werden können. So dürfen beispielsweise Lebensmittel grundsätzlich nicht mit Gefahrgütern zugleich auf einem Transportmittel befördert werden.

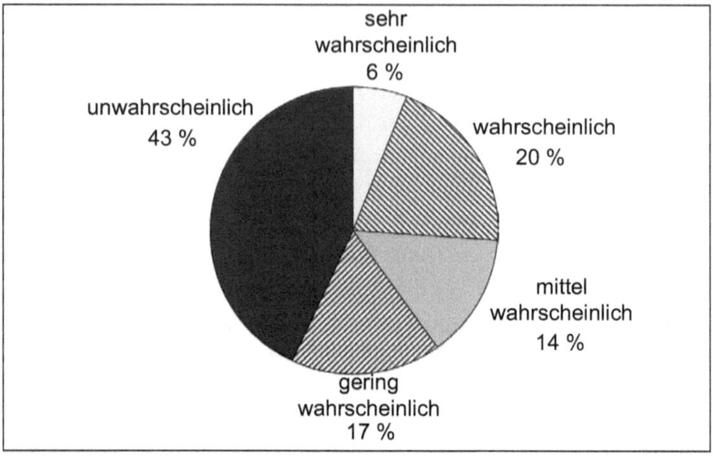

Abbildung 75: Verstärkte Kooperation mit anderen Verladern, Industrie und Gewerbe

Eine horizontale Kooperation mit anderen Verladern aus Industrie und Gewerbe ist für 6 % sehr wahrscheinlich und für 20 % wahrscheinlich, wie Abbildung 75 hinweist. Nur 43 % der befragten Unternehmen lehnen dies deutlich ab.

Neben horizontalen Kooperationen bieten sich für Industrie- und Gewerbeunternehmen auch vertikale Kooperationen mit Transport- bzw. Logistikdienstleistern an. Eine Fokussierung auf wenige oder nur auf einen Transport- bzw. Logistikdienstleister in der Beschaffung oder Distribution ermöglicht eine Bündelung von Transportströmen, die sich im Erreichen von Größendegressionseffekten niederschlägt.[717] Als nachteilig erweist sich die Abhängigkeit von einem oder wenigen Transport- bzw. Logistikdienstleistern.

Eine Verstärkung von Konzentrationstendenzen ist durch die fahrleistungsabhängige Maut in Industrie und Gewerbe nicht zu erwarten. Der Anteil der Transportkosten am Umsatz sowie die mautinduzierte Transportkostensteigerung sind zu gering, um als Treiber für Konzentrationserscheinungen zu gelten.

6.3.4.4.5.3 Transportdienstleister

Der Druck, mautinduzierte Veränderungen im interorganisationalen Beziehungsgefüge vorzunehmen, ist bei Transportdienstleistern aufgrund des hohen Anteils der Transportkosten am Umsatz sowie der mautbasierten Transportkostensteigerungsraten wesentlich stärker als bei Industrie und Gewerbe ausgeprägt.

Eine horizontale Kooperation mit anderen Transportdienstleistern kann wie in Industrie und Gewerbe dazu beitragen, die Auslastung des eigenen Fuhrparkes zu

[717] Darüber hinaus sollte eine Reduzierung von Transaktionskosten erfolgen, da die Anzahl der Verbindungen mit Transportdienstleistern vermindert wird.

verbessern und damit die Durchschnittskosten des Transports zu reduzieren. So sind beispielweise im Stückgutgeschäft horizontale Kooperationen üblich.[718] Eine Erhöhung der Auslastung kann durch die Konzentration der Unternehmen auf unterschiedliche Regionen erfolgen. Mitglieder der Kooperation sind jeweils für den Vor- und / oder Nachlauf von Sendungen in einer bestimmten Region verantwortlich. Auch im Hauptlauf können durch horizontale Kooperation ausleistungssteigernde Maßnahmen - zum Beispiel durch Zusammenlegung von Transporten - ergriffen werden, welche die Durchschnittsmautkosten reduzieren. Auch im Teilladungssegment kann aus Gründen der Auslastungssteigerung die fahrleistungsabhängige Maut einen Impetus liefern, verstärkt mit anderen Transportdienstleistern zu kooperieren. Die Voraussetzungen für die Zusammenarbeit entsprechen dem der horizontalen Kooperation in Industrie und Gewerbe.

Wie Abbildung 76 verdeutlicht, werden insgesamt knapp die Hälfte der befragten Transportdienstleister wahrscheinlich (23 %) bzw. sehr wahrscheinlich (23 %) eine horizontale Kooperation mit anderen Transportdienstleistern eingehen bzw. intensivieren. Gerade einmal 6 % der Transportdienstleister halten dies für unwahrscheinlich. Das Antwortverhalten unterscheidet sich deutlich von Industrie und Gewerbe. Es unterstreicht dadurch die Bedeutung horizontaler Kooperation für Transportdienstleister.

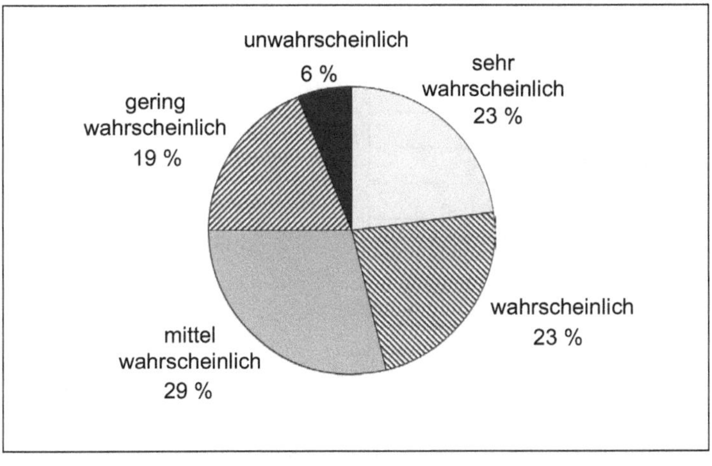

Abbildung 76: Verstärkte Kooperation mit anderen Transportdienstleistern, Transportdienstleister

Vertikale Kooperationen mit Industrie und Gewerbe werden ebenfalls, wie bereits dargestellt, durch die fahrleistungsabhängige Maut an Bedeutung gewinnen, da Auftraggeber dadurch Potential für verstärkte Bündelungsmöglichkeiten mit der Folge

718 Als Beispiele können die Stückgutkooperationen Systempo, Vöcklabruck oder DPD Austria, Wien, angeführt werden.

der Transport- und Transaktionskostensenkung sehen. Für die Transportdienstleister liegt in dieser Strategie zusätzliches Wachstumspotential.

6.3.4.4.5.4 Exkurs: Konzentrationsbestrebungen bei Transportdienstleistern

Neben der Bildung und Intensivierung von horizontalen / vertikalen Kooperationen ist darüber hinaus eine mautinduzierte Verstärkung der Konzentrationserscheinungen zu erwarten. Die Branche der Transportdienstleister zeichnet sich - insbesondere bei Frächtern - bis heute durch eine kleinbetrieblige Angebotsstruktur in Form eines Angebotspolypols aus.[719] Wie Tabelle 55 zeigt, nimmt die Anzahl der Arbeitsstätten von Frächtern in Österreich ab, je höher die Anzahl der Lkw ist. Diese Verteilung ist ein deutliches Indiz für die Existenz einer Vielzahl von kleinen Anbietern auf dem Markt.

Anzahl Arbeitsstätten mit	Anzahl Fuhrgewerbliche Betriebe in Österreich
1 Lkw	1.186
2 Lkw	605
3 Lkw	454
4 Lkw	349
5 Lkw	296
6 Lkw	220
7 Lkw	172
8 Lkw	152
9 Lkw	140
10 Lkw	111
11 – 20 Lkw	519
21 – 30 Lkw	166
31 – 40 Lkw	49
Mehr als 40 Lkw	101
Alle Arbeitsstätten	4.520

Tabelle 55: Fuhrgewerbliche Betriebe 2001 (Lkw mit mehr als 1 Tonne Nutzlast sowie Sattelzugfahrzeuge), Quelle: Wirtschaftskammer Österreich (2002), S.23

Die fahrleistungsabhängige Maut kann daher Anlass oder Ursache sein, über einen Zusammenschluss mit anderen Unternehmen nachzudenken. Eine Konzentration hat zum Ziel, die Wettbewerbsfähigkeit der Unternehmen zu verbessern. Es ist evident, dass die Folgen der Einführung der fahrleistungsabhängigen Maut grundsätzlich mit zunehmender Unternehmensgröße besser abgefedert werden können, sei es durch bessere Bündelungsmöglichkeiten, durch ein höheres Maß an Effektivität und Effi-

[719] Vgl. Aberle (2003), S.65

zienz beim Management von Geschäftsprozessen oder durch die größere Marktmacht, welche die Wahrscheinlichkeit der vollständigen Weitergabe der direkten und indirekten Mautkosten erhöht.[720] Auch in der Schweiz ist nach der Einführung der LSVA der Konzentrationsgrad in der Branche der Transportdienstleister gestiegen.[721] Auf der anderen Seite können Transportdienstleister als Folge der fahrleistungsabhängigen Maut mit Marktaustritt reagieren. Das gilt insbesondere für Klein- und Kleinstunternehmen, die vermuten, einen Teil bzw. sämtliche Mautkosten nicht weitergeben zu können. Angesichts der geringen Marge lohnt es sich für diese Unternehmen nicht mehr, im Markt zu bleiben. In der Schweiz ist nach der Einführung der fahrleistungsabhängigen Maut ebenfalls ein Marktaustritt vieler Kleinunternehmen registriert worden.

6.3.4.4.6 Verstärkte Auslagerung von Transportdienstleistungen bei Industrie- und Gewerbe

Die Einführung der fahrleistungsabhängigen Maut ist für die verladende Wirtschaft ein Anlass, die ökonomische Sinnhaftigkeit des eigenen Werkverkehrfuhrparks zu überprüfen. Es gibt mehrere Alternativen, Aktivitäten im Transportbereich eines werkverkehrsbetreibenden Unternehmens auszulagern:

- Auslagerung der Durchführung einzelner Transporte
  Bei dieser Möglichkeit wird die reine Durchführung des Transportes auf bestimmten Relationen an Dritte ausgelagert. Sie bietet sich zum Beispiel dann an, wenn die Kapazitäten des eigenen Fuhrparkes ausgelastet sind und der Spitzenbedarf nur unter Involvierung Dritter abgedeckt werden kann.
- Komplette Auslagerung der Durchführung von Transporten
  Diese Form der Auslagerung hat offensichtlich eine Abschaffung des eigenen Werkverkehrsfuhrparkes zur Folge.
- Komplette Auslagerung der Planung und Durchführung von Transporten
  Bei dieser Alternative wird nicht nur die reine Durchführung der Transporte, sondern auch deren Disposition an Transportdienstleister ausgelagert. Das verladende Unternehmen informiert den Transportdienstleister nur über die Transportbedarfe und letzterer nimmt dann die Zuweisung von Fahrzeugen und Fahrern zu den Transportbedarfen vor.

Der Werkverkehr leidet im Vergleich zum gewerblichen Verkehr unter einem generell geringeren Auslastungsgrad. Durch eine verstärkte Auslagerung ergibt sich die Möglichkeit, die Auslastung von Fahrzeugen und damit die Effizienz zu verbessern.
Generell ist eine verstärkte Auslagerung für Industrie und Gewerbe mit folgenden Vorteilen verbunden:

---

[720] Vgl. zu Gründen von Konzentrationserscheinungen im Güterverkehr Stackelberg (2002), S.79 ff
[721] o.V. (2003u), S.3

- Da Transportdienstleistungen zumeist nicht zu den Kernaktivitäten eines Industrie- und Gewerbeunternehmens zählen,[722] kann durch eine Fremdvergabe die Freisetzung und Verlagerung der im Transportbereich gebundenen Ressourcen realisiert werden.[723] Outsourcing des Anlagevermögens, d.h. des Fuhrparks, reduziert die Kapitalbindung und kann zu einer effizienteren Bindung der frei gewordenen Ressourcen führen. Fremdvergabe der Transportdienstleistungen bedingt auch ein Abbau von Personalkapazität. Ein spezialisierter Transportdienstleister besitzt Produktivitätsvorteile und das Tariflohnniveau ist im Vergleich zu Industrie und Gewerbe niedriger.[724] Deren Know-how liegt in der Planung, Realisierung und Kontrolle von Transportdienstleistungen, die als Kernkompetenz angesehen werden können.
- Transportdienstleister können Größenvorteile und Synergieeffekte bei Transportdienstleistungen grundsätzlich besser ausnutzen als Industrie- und Gewerbeunternehmen. Durch Bündelung von Transportströmen wird eine bessere Auslastung der Fahrzeuge erreicht und somit die Wirtschaftlichkeit der Kapazitäten erhöht. Nachfrageschwankungen werden besser ausgeglichen.[725] Das führt zu Kostensenkungen bei der Leistungserstellung.
- Das Ausmaß der strategischen, strukturellen, kosten- und qualitätsmäßigen Flexibilität wird durch Outsourcing gesteigert.[726]
- Risiken in Zusammenhang mit Transportdienstleistungen gehen an den Transportdienstleister über.[727]
- Outsourcing trägt dazu bei, die Kundenorientierung zu verbessern. Die Servicementalität eines Transportdienstleisters dürfte in vielen Fällen weiter vorangeschritten sein als die der Werkverkehrsabteilung eines Industrie- oder Gewerbeunternehmens.[728]

Demgegenüber stehen Risiken der Auslagerung von Transportdienstleistungen. Der mögliche Know-how-Verlust bei Planung bzw. Durchführung von Transportdienstleistungen ist vor allem bei Gefahrgütern als kritisch anzusehen. Mögliche Risiken bei der Leistungserstellung sowie bei der Abstimmung von Aktivitäten sind wichtige As-

---

722 Vgl. Weber / Kummer (1998), S.143; Stütz (2003), S.34

723 Dahinter steht der Ansatz der Kernkompetenzen. Er gehört zu den Ansätzen des „Ressource-based-view", die für die Erzielung dauerhafter Wettbewerbsvorteile unternehmensinterne Faktoren verantwortlich machen. Der Ansatz der Kernkompetenzen fordert eine Konzentration auf die Kernkompetenzen und ein Outsourcing der Nebenaktivitäten. Vgl. Prahalad / Hamel (1990), S.81 ff; Beer (1998), S.73 ff; Joyce / Woods (2001), S.250 ff; Grant (2002), S.133 ff; Macharzina (2003), S.243; Müller-Stewens / Lechner (2003), S.356 ff; Zentes / Swoboda / Morschett (2003), S.20; Hungenberg / Wulf (2004), S.172

724 Vgl. Rendez (1992), S.46; Schäfer-Kunz / Tewald (1998), S. 41 f; Bretzke (2004), S. 31; Matiaske / Mellewigt sprechen in diesem Zusammenhang von einer Branchenarbitrage. Vgl. Matiaske / Mellewigt (2002), S. 646

725 Vgl. Schäfer-Kunz (1998), S. 38 f; Bretzke (2004), S. 30

726 Vgl. zu den Arten der Flexibilität Beer (1998), S.121 f

727 Vgl. Beer (1998), S.122 f

728 Vgl. Beer (1998), S.123

pekte, die Industrie und Gewerbe von einer Auslagerung von Transportdienstleistungen abhalten können. Auch können Sicherheitsrisiken in Bezug auf sensible Datenbestände oder Instabilität des Dienstleisters (Konkursrisiko) eine Rolle spielen.[729] Problematisch kann auch das Fehlen eines direkten Kundenkontaktes in der Auslieferung sein.[730]

Die verstärkte Auslagerung von Transportdienstleistungen ist in der Tat für Industrie- und Gewerbeunternehmen eine Strategie, die Transportkostenbelastung zu senken, wie Abbildung 77 hindeutet.

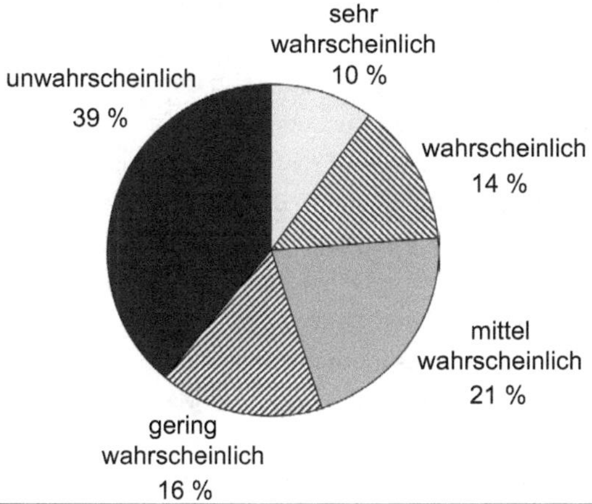

Abbildung 77: Verstärkte Auslagerung von Transportdienstleistungen, Industrie und Gewerbe

10 % halten eine verstärkte Auslagerung für sehr wahrscheinlich, weitere 14 % für wahrscheinlich. Nur 39 % der befragten Unternehmen erwarten keine diesbezügliche Veränderung im Transportbereich. Offensichtlich ergeben sich durch die verstärkte Neigung zur Auslagerung neue Wachstumschancen für Transportdienstleister.

6.3.4.4.7 Ausflaggung von Fahrzeugen bei Transportdienstleistern

Die fahrleistungsabhängige Maut kann einen Einfluss auf die Aktivitäten zur Ausflaggung von Fahrzeugen ausüben. Bei der Ausflaggung von Fahrzeugen wird generell zwischen der direkten und der indirekten Ausflaggung unterschieden. Bei der direkten Ausflaggung wird ein in Österreich bereits angemeldetes Fahrzeug in Österreich abgemeldet und in einem anderen Land zugelassen. Im Gegensatz dazu wird bei der indirekten Ausflaggung anstelle eines Erwerbs und der Zulassung eines Fahrzeuges in Österreich die Ersatz- oder Neuinvestition in ein neues Fahrzeug und damit auch

---

[729] Vgl. Beer (1998), S.128 f

[730] Vgl. allgemein zu Risiken auch Mikus (2001), S. 192 ff; Matiaske / Mellewigt (2002), S.651 ff

die Zulassung in einem anderen Land durchgeführt. Die indirekte Ausflaggung stellt den häufigeren Fall dar.[731]

In einer Ausflaggungsentscheidung spielen Kostengesichtspunkte eine herausragende Rolle. Von erheblichem Einfluss auf die Entscheidung eines Unternehmens zur Ausflaggung von Fahrzeugen kommen insbesondere die folgenden Ursachen in Betracht:[732]

- Höhe der Lohn- und Lohnnebenkosten,
- die Höhe der Kraftfahrzeugsteuer sowie
- strategische Überlegungen hinsichtlich einer verbesserten Marktposition im Ausland.

Die Einführung der fahrleistungsabhängigen Maut kann den Anreiz verstärken, über eine direkte bzw. indirekte Ausflaggung nachzudenken. Wie Abbildung 78 verdeutlicht, ist es für 22 % sehr wahrscheinlich und 17 % wahrscheinlich, zukünftig verstärkt Straßengüterverkehrsfahrzeuge auszuflaggen. Nur 17 % der Befragten sehen eine Ausflaggung als vollkommen unrealistisch an.

Eine Ausflaggung muss jedoch nicht immer zu einer niedrigeren Mautkostenbelastung führen. Die Mautkosten eines Unternehmens können sogar durch die Ausflaggung ansteigen, wenn die Fahrleistungen der Flotte auf dem hochwertigen österreichischen Straßennetz zunehmen. Die Veränderung der Mautkosten hängen demzufolge von der Struktur des logistischen Netzwerkes sowie den Transportströmen ab. Der Fokus der Ausflaggung zielt eher darauf ab, die zusätzliche Mautkostenbelastung durch eine Senkung der Personalkosten sowie der Steuerbelastung zu kompensieren.

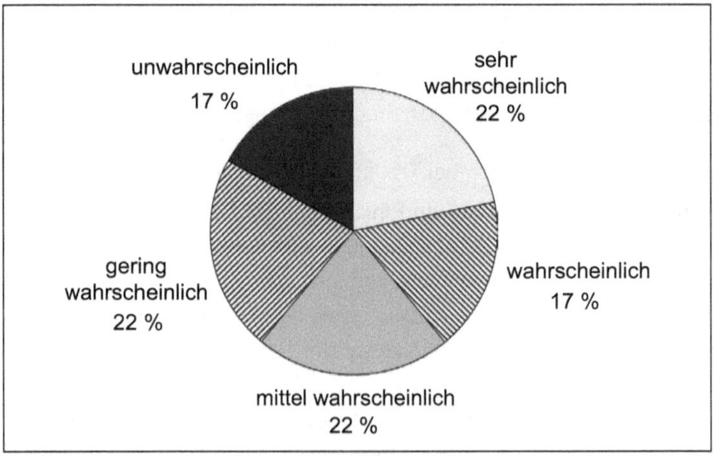

Abbildung 78: Verstärkung des Trends zur Ausflaggung bei Transportdienstleistern

[731] Vgl. Kummer / Einbock / Nagl (2003b), S.4
[732] Vgl. Kummer / Einbock / Nagl (2003b), S.11

6.3.4.4.8 Häufigere Nutzung von Einwegverpackungen

Die fahrleistungsabhängige Maut kann auch Auswirkungen auf die Verwendung von Verpackungen haben.

Bei Verpackungen wird entsprechend des Kriteriums der Verwendungshäufigkeit in Mehrweg- und Einwegverpackungen differenziert.[733] Mehrwegverpackungen erfüllen im Gegensatz zu Einwegverpackungen ihre Funktion mehrfach, wobei die Benutzungshäufigkeit und die -bandbreiten vielfältig sind.[734] Durch Mehrfachverwendung von Verpackungen werden die Ressourcenbeanspruchung sowie die Emissionen, die bei der Produktion von Verpackungen anfallen, verringert.[735] Eine ökologische Vorteilhaftigkeit von Mehrwegverpackungen ergibt sich aber nicht automatisch, da Mehrwegverpackungen auch rückgeführt und gereinigt werden müssen.[736] Einwegverpackungen dagegen zeichnen sich durch ein niedriges Eigengewicht, durch die Möglichkeit individueller Verpackungsgestaltung sowie durch den Verzicht auf Rückführung und Reinigung nach Verwendung aus.[737] Die Höhe der Transportkosten nimmt bei Einwegsystemen durch den Wegfall der Rückführung i.d.R. einen niedrigeren Betrag als bei Mehrwegverpackungen an. Darüber hinaus ermöglichen Einwegverpackungen durch ihr geringes Gewicht und Volumen eine bessere gewichts- und / oder volumenmäßige Auslastung des Transportmittels.[738] Auch aus diesen Gründen ist die Bedeutung von Einwegverpackungen in den letzten Jahren in Österreich gestiegen.[739]

Die transportkostenerhöhenden Wirkungen der fahrleistungsabhängigen Maut fördern somit verstärkt die Nutzung von Einwegverpackungen.

Für Industrie- und Gewerbeunternehmen stellt sich daher aus Anlass der Mauteinführung grundsätzlich die Frage, welche Verpackungssysteme zukünftig stärker forciert werden sollen. Wie Abbildung 79 verdeutlicht, ist für 11 % der verstärkte Einsatz von Einwegverpackungen sehr wahrscheinlich, für weitere 10 % ist er wahrscheinlich. Allerdings sehen auch 60 % der befragten Industrie- und Gewerbeunternehmen diese Strategie für ihr Unternehmen als unwahrscheinlich an.

---

733 Vgl. Sieghardt (1978), S.4; Boeckle (1992), S.13; Jakszentis (2000), S.60

734 Vgl. Stölzle (1993), S.195ff; Isermann (1997), S.1228; Jakszentis (2000), S.59

735 Vgl. Stahel (1992), S.139; Isermann (1997), S.1228

736 Vgl. Feess-Dörr / Steger / Weihrauch (1991), S.52ff; Golding (1992), S.160; Riefler (1992), S.153ff; Isermann (1997), S.1228f; Darüber hinaus hat die technische Konstruktion der Mehrwegverpackung Einfluss auf die Umweltverträglichkeit. Vgl. Golding (1992), S.160; Boeckle (1994), S.60ff

737 Vgl. Heiserich (2000), S.309

738 Vgl. Feess-Dörr / Steger / Weihrauch (1991), S.53; Als Beispiel sei eine Getränkedose angeführt, deren Platzbedarf geringer ist als der einer Glas- oder PET-Flasche. Vgl. Feess-Dörr / Steger / Weihrauch (1991), S.53

739 Vgl. Schnedlitz / Madlberger (2000), S.1

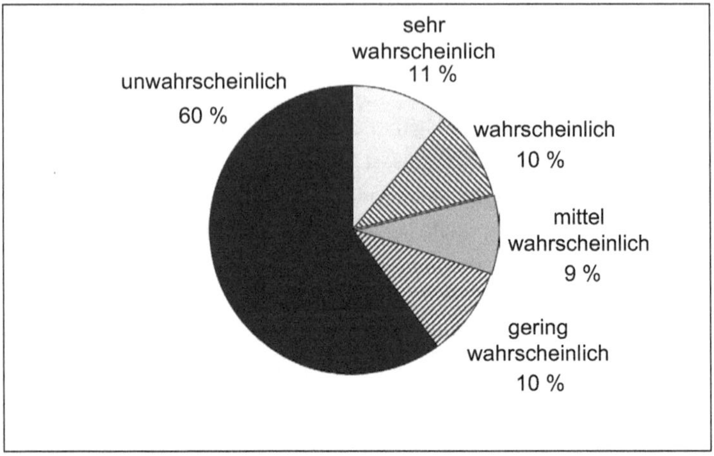

Abbildung 79: Verstärkte Nutzung von Einwegverpackungen, Industrie und Gewerbe

Für Transportdienstleister stellt sich die Frage nach Einweg- oder Mehrwegsystemen grundsätzlich nicht. Daher wird von einer Betrachtung abgesehen.

7 Schlussbetrachtung

7.1 Zusammenfassung

Diese Arbeit setzt sich mit den Auswirkungen der Einführung der fahrleistungsabhängigen Maut auf Unternehmen in Österreich auseinander. Dabei erfolgt eine Fokussierung der Deskription der Folgen der fahrleistungsabhängigen Maut auf die Führungsteilsysteme Informations-, Kontroll- und Planungssystem. Neben der Darstellung der Auswirkungen auf die Transportdienstleister werden auch die Folgen auf Industrie-, Gewerbe sowie Handelsunternehmen beschrieben und analysiert.

Die fahrleistungsabhängige Maut wird auf dem österreichischen Autobahnen- und Schnellstraßennetz für alle Kraftfahrzeuge mit einem zulässigen Gesamtgewicht von mehr als 3,5 Tonnen erhoben. Die Mautsätze betragen für einen 2-Achser 0,13 EUR / km, für einen 3-Achser 0,18 EUR / km sowie für ein vier- oder mehrachsiges Fahrzeug 0,273 EUR / km. Im Vergleich zu anderen europäischen Staaten sind die Mautsätze in Österreich damit vergleichsweise hoch. Das System der fahrleistungsabhängigen Maut weist kaum Übereinstimmungen mit dem in der wissenschaftlichen Literatur diskutieren Konzept des Road Pricing auf. Road Pricing bezeichnet eine räumlich und zeitlich differenzierte sowie stauabhängige Form der Bepreisung von Straßeninfrastruktur, welche eine optimale Allokation knapper Infrastrukturkapazitäten zum Ziel hat. Das Konzept fordert die Erhebung einer Stauabgabe, d.h. eines Road Prices, in Abhängigkeit des aktuellen Verkehrsaufkommens auf einem Streckenabschnitt. Die Anwendung des Road Pricing setzt jedoch eine Vielzahl von Bedingungen voraus, die in der Realität nicht gegeben sind. Daher werden in der Praxis reine zeitabhängige Bemautungssysteme oder eine Bepreisung entsprechend der zurückgelegten Fahrleistung auf dem mautpflichtigen Straßennetz - wie seit Januar 2004 auch in Österreich - bevorzugt. Bei der Bestimmung der Höhe der Mautsätze werden neben den Wegekosten häufig auch externe Kosten berücksichtigt sowie in Einzelfällen tages- oder wochenzeitliche Differenzierungen vorgenommen.

Die fahrleistungsabhängige Maut wirkt in vielfältiger Art und Weise auf Unternehmen. Sie hat zunächst einen unmittelbaren Einfluss auf das Ausführungssystem der Unternehmen. Mit der Durchführung von Transportleistungen im Ausführungssystem ergibt sich bei Benutzung des mautpflichtigen Straßennetzes mit mautpflichtigen Fahrzeugen die Notwendigkeit der Zahlung einer fahrleistungsabhängigen Maut. Die Zahlung der Maut hat Folgen für die Führungssysteme der Unternehmen, die entsprechend der Theorie der Unternehmensführung in die fünf Führungsteilsysteme Informations-, Kontroll-, Planungs-, Organisations- und Personalführungssystem differenziert werden können. Das Ausmaß der Auswirkungen der fahrleistungsabhängigen Maut auf die fünf Führungsteilsysteme ist jedoch sehr unterschiedlich. Verände-

rungen ergeben sich insbesondere im Informationssystem, im Kontrollsystem sowie im Planungssystem.
Im Informationssystem ist insbesondere die Kostenrechnung mit der fahrleistungsabhängigen Maut konfrontiert. Mautkosten können in direkte Mautkosten und indirekte Mautkosten unterschieden werden. Unter direkten Mautkosten werden diejenigen Kosten verstanden, die den Zahlungen an den Betreiber des Mautsystems für die Benutzung des hochrangigen Straßennetzes entsprechen. Die indirekten Mautkosten setzen sich aus den Vorfinanzierungskosten, den Kosten für das Delkredere-Risiko sowie den Kosten des Mautcontrollings zusammen. Indirekte Mautkosten sind jene Kosten, die bei Transportdienstleistern oder werkverkehrsbetreibenden Unternehmen anfallen, in einem unmittelbaren Zusammenhang mit der fahrleistungsabhängigen Maut stehen sowie nicht zu den direkten Mautkosten gehören. Mautkosten erhöhen die Transportkosten der Unternehmen. Die Steigerung der Transportkosten kann bis zu 30 % betragen. Im Vergleich zu Industrie, Gewerbe und Handel sind die Transportdienstleister aufgrund des höheren Anteils der Transportkosten am Umsatz sowie der höheren Steigerung der Transportkosten in stärkerem Maße von der fahrleistungsabhängigen Maut betroffen. Neben Transportkostensteigerungen können auch die Beschaffungskosten eine Erhöhung erfahren. Eine Zunahme der Beschaffungskosten ist dann zu erwarten, wenn der Lieferant oder ein eingeschalteter Transportdienstleister für die Lieferung verantwortlich ist und mautinduzierte Preisanpassungen vornimmt.
Sofern die mautbedingten Zusatzkosten in der Wertschöpfungskette weitergegeben werden, ergibt sich die Notwendigkeit, eine Kostenverteilung der Zusatzkosten auf Kostenträger (Sendungen, Aufträge) vorzunehmen. Neben den pauschalen Methoden existieren mehrere Verfahren, die Mautkosten verursachungsgerecht zu verrechnen. Pauschale Methoden verteilen die Mautkosten in Form eines Aufschlages auf eine zugrundegelegte Größe, zum Beispiel des Transportgewichtes. Zwar sind die pauschalen Methoden einfach in der Anwendung mit der Folge niedriger Prozesskosten, jedoch ist eine verursachungsgerechte Kostenzuordnung und -verrechnung nicht möglich. Die verursachungsgerechten Verfahren der Verteilung direkter und indirekter Mautkosten für einen Kostenträger bieten dagegen die Möglichkeit, die Kostenträger mit dem tatsächlichen Ressourcenverzehr zu bewerten und somit eine individuelle Allokation der Mautkosten vorzunehmen. Dazu gehören neben einer exakten, auftragsbezogenen Mautkostenzurechnung auch die Anwendung von Mautkostentabellen oder auch die Kostenverrechnung von Mautkosten auf Basis einer Mengenstromanalyse des logistischen Netzwerkes eines Unternehmens. Als Nachteil der verursachungsgerechten Methoden ist der hohe Prozessaufwand bei der Ermittlung bzw. teils auch bei der Anwendung zu nennen. Die Möglichkeit der partiellen bzw. vollständigen Weitergabe der Zusatzkosten an Kunden hängt von mehreren Faktoren

ab, wobei die Machtverteilung zwischen Lieferanten und Abnehmern eine wichtige Rolle spielt. Eine Weitergabe der Mautkosten führt offensichtlich zu Preissteigerungen. Bei vollständiger Weitergabe aller Mautkosten in der Supply Chain trägt der Endkonsument die gesamte Zusatzbelastung.
Innerhalb des Informationssystems kann sich auch ein Änderungsbedarf bei anderen Instrumenten ergeben. Zu nennen sind insbesondere Veränderungen bei Kennzahlen sowie bei ABC-Analysen.
Veränderungen im Kontrollsystem betreffen grundsätzlich alle Unternehmen, insbesondere jene, die mit mautpflichtigen Fahrzeugen auf dem hochrangigen Straßennetz verkehren. Eine wesentliche Änderung im Kontrollsystem stellt die Überprüfung der Einzelleistungsinformationen dar. Es kann vermutet werden, dass in den Einzelleistungsinformationen Fehler enthalten sind, die Mautzahlungen in falscher Höhe zur Folge haben. Die Kontrolle der Einzelleistungsinformationen kann manuell oder automatisiert erfolgen. Eine manuelle Kontrolle der Einzelleistungsinformation ist dann empfehlenswert, wenn der Anteil der fehlerhaften Buchungen einen sehr geringen Wert annimmt und die Mautkostenbelastung des Unternehmens niedrig ausfällt. Eine automatisierte Kontrolle mittels einer Mautkontrollsoftware ist für jene Unternehmen von Relevanz, die eine vergleichsweise hohe Mautkostenbelastung aufweisen. Die Daten der Mautkontrollsoftware können im Rahmen des Transportcontrollings weitere Verwendung finden.
Die Auswirkungen im Planungssystem von Unternehmen betreffen die strategischen Analysen, die Veränderung der Zielkonzeption sowie die Generierung entsprechender Strategien. Darüber hinaus hat die fahrleistungsabhängige Maut auch Folgen für die operativen Planungsinstrumente, die im Rahmen dieser Untersuchung jedoch nicht beleuchtet werden. In der strategischen Analyse stellt die Einführung der fahrleistungsabhängigen Maut ein Faktor der Unternehmensumwelt dar, welcher auf das Unternehmen wirkt. Die Intensität des Branchenwettbewerbs kann sich durch die Maut verändern, was Konsequenzen für die Wettbewerbsfähigkeit der Unternehmen hat. Die Wettbewerbsfähigkeit von Unternehmen gegenüber inländischen oder ausländischen Konkurrenten im Heimatmarkt bzw. in ausländischen Märkten kann sich verschlechtern oder verbessern. Es wird aber auch eine Vielzahl von Unternehmen geben, die durch die fahrleistungsabhängige Maut keine Veränderung ihrer Wettbewerbsfähigkeit erfahren. Die Transportkostensteigerung, der Anteil der Transportkosten am Umsatz sowie die Größe des Unternehmens spielen als mögliche Einflussfaktoren bei der Veränderung der Wettbewerbsfähigkeit eine Rolle.
In Bezug auf die Auswirkungen auf die Zielkonzeption eines Unternehmens ist es das generelle Oberziel, die Wettbewerbsfähigkeit des Unternehmens trotz Einführung der fahrleistungsabhängigen Maut sicherzustellen. Die Erhaltung der Wettbewerbsfähigkeit erfolgt durch die Minimierung des durch die fahrleistungsabhängige

Maut bedingten Zuwachses der Gesamtkosten des logistischen Systems. Für die Minimierung des Gesamtkostenzuwachses in Logistiksystemen bieten sich eine Reihe unterschiedlicher Strategien an. Neben Strategien im Beschaffungs- und Absatzbereich können auch Strategien zur Verbesserung der Standortstruktur in logistischen Netzwerken zur Zielerfüllung beitragen. Weiterhin existieren viele Ansätze im Transport- und Verpackungsbereich, welche die Gesamtkosten des logistischen Systems vermindern helfen. Dazu gehören u.a. neben der verstärkten Nutzung nicht bemauteter Straßen und Veränderungen in der Zusammensetzung des Fuhrparkes auch die Verlagerung von Transporten auf andere Verkehrsträger oder auch die verstärkte Auslagerung von Transportdienstleistungen.

7.2 Ausblick

Die Untersuchung zeigt, dass die Auswirkungen der fahrleistungsabhängigen Maut auf die Führungsteilsysteme vielfältiger Natur sind und Unternehmen je nach Branche in unterschiedlichem Ausmaß betroffen sind. Darauf basierend ergeben sich eine Vielzahl weiterer Forschungsfragen, die im Folgenden skizziert werden.

Zunächst stellt sich die Frage, welche weiteren Auswirkungen neben den beschriebenen Konsequenzen im Führungssystem von Unternehmen entstehen. Hier sind zum einen die Folgen für die Führungsteilsysteme Organisations- sowie Personalführungssystem, die in dieser Arbeit nur im Überblick angesprochen werden, zu nennen. Zum anderen existieren weitere Auswirkungen im Informations-, Planungs- und Kontrollsystem, welche in dieser Untersuchung nur Erwähnung finden. Dazu gehören zum Beispiel die Auswirkungen auf die operativen Planungsinstrumente oder auf weitere Kontrollobjekte.

Ein weiteres Forschungsgebiet liegt in der detaillierten Ermittlung bestimmter Auswirkungen der fahrleistungsabhängigen Maut, welche in der vorliegenden Untersuchung nur in hinreichendem Maße ausführlich angesprochen wurden. So kann beispielsweise der Mautausweichverkehr aus betriebswirtschaftlicher wie volkswirtschaftlicher Sicht näher untersucht werden, um Handlungsempfehlungen für Transportdienstleister oder werkverkehrsbetreibende Unternehmen bzw. für Verkehrsbehörden zu geben. Auch können die Veränderung der Standortstrukturen im logistischen Netzwerk einer vertieften Betrachtung unterzogen werden. Dazu gehören weiterhin die Prüfung der Vorteilhaftigkeit von Strategien im Beschaffungsbereich oder Absatzbereich. Diese Untersuchungen können nach Branchen und / oder Regionen differenziert werden.

Ein weiterer Forschungspunkt wäre die Beantwortung der Frage, inwieweit die in der empirischen Umfrage vom Herbst 2003 angegebenen Erwartungen der Unternehmen tatsächlich mit der Realität übereinstimmen. Durch eine neuerliche Wiederho-

lung der Umfrage kann eine Überprüfung der Übereinstimmung zwischen Erwartung und Realität ermittelt werden und ggf. Diskrepanzen aufgezeigt werden.
Ein weiteres Forschungsfeld ergibt sich durch die Betrachtung der Auswirkungen der fahrleistungsabhängigen Maut auf Supply Chains. Zwar wurden in dieser Arbeit Aspekte der Weiterverrechnung der mautinduzierten Zusatzkosten in der Wertschöpfungskette diskutiert, jedoch ergibt sich ein Forschungsbedarf im Hinblick auf die Veränderung von Supply Chains. Durch Wertschöpfungskettenbetrachtungen können die gesamten anteiligen Mautkosten für Produkte eruiert werden. Mautkosten können Ursache bzw. Anlass für die Verlagerung der Wertschöpfung innerhalb des Landes bzw. ins Ausland sein. Raumwirtschaftliche Folgen der Veränderung von Wertschöpfungsketten wie die Zunahme lokaler / regionaler Wertschöpfung können ebenso wie die mögliche Desintegration von Räumen untersucht werden.
Ein weiteres interessantes Forschungsfeld ergibt sich aus der Frage, inwieweit die verkehrspolitischen Zielsetzungen, die mit der Einführung der fahrleistungsabhängigen Maut intendiert wurden, tatsächlich erreicht werden.
Eine weitere mögliche Forschungsfrage ist die Ermittlung von Zusammenhängen zwischen den Komponenten des Mautsystems und der Art sowie des Ausmaßes der Auswirkungen. So ist beispielsweise vorstellbar, dass der Grad der Auswirkungen stark mit der Höhe der Mautsätze korreliert. Auch dürfte der unterschiedliche Einbezug von Fahrzeug- und Straßenkategorien in die Mautpflicht einen Einfluss auf das Ausmaß der Auswirkungen ausüben.
Darüber hinaus entsteht auch ein Forschungsbedarf aus der Frage, wie sich andere Ansätze der Bemautung von Straßeninfrastruktur - so zum Beispiel reine zeitabhängige Bemautungssysteme oder Road Pricing - auf Unternehmen wie auf die Volkswirtschaft auswirken. Diese Frage spielt bei der Auswahl des richtigen Ansatzes der Bepreisung von Straßeninfrastruktur eine wesentliche Rolle.
Dieser Überblick über weitere mögliche Forschungsfragen zeigt auf, dass über die Auswirkungen der Bepreisung von Straßeninfrastrukturen auf Unternehmen wie auch auf die Volkswirtschaft noch ein erheblicher Forschungsbedarf besteht.

Literaturverzeichnis

Abay / Zehnder (1992): Abay, G. u. C.Zehnder: Road Pricing für die Agglomeration Bern: Ein Vorschlag, in: Schweizerische Zeitschrift für Volkswirtschaft und Statistik, Vol.128, Nr.3, 1992, S.495 - 510

Abdinnour-Helm (1999): Abdinnour-Helm, S.: Network design in supply chain management, in: International Journal of Agile Management Systems, 1999, Vol. 1, Nr.2, pp. 99 - 110

Abels (1980): Abels, H.-W.: Organisation von Kooperationen kleiner und mittlerer Unternehmen mittels Ausgliederung, Frankfurt am Main, 1980

Aberle (1969): Aberle, G.: Road Pricing - Möglichkeiten einer preispolitischen Beeinflussung des Individualverkehrs in Ballungsgebieten, in: Schweizerisches Archiv für Verkehrswissenschaft und Verkehrspolitik, 24.Jg., 1969, S.303 - 315

Aberle / Weber (1987): Aberle, G. u. U.Weber: Verkehrswegebenutzungsabgaben für die Eisenbahn. Theoretische Grundlegung und verkehrspolitische Ausgestaltung, Band 1 der Giessener Studien zur Transportwirtschaft und Kommunikation, Darmstadt, 1987

Aberle / Engel (1992): Aberle, G. u. M.Engel: Verkehrswegerechnung und Optimierung der Verkehrsinfrastrukturnutzung, Hamburg, 1992

Aberle / Brenner (1994): Aberle, G. u. A.Brenner: Trassenpreissystem der Deutschen Bahn AG - eine erste kartellrechtliche und ökonomische Beurteilung, in: Internationales Verkehrswesen, 46.Jg., Heft 12, 1994, S.704 - 712

Aberle (1997): Aberle, G.: Die Internalisierung von Wege- und sozialen Kosten - Räume und Grenzen einer marktwirtschaftlichen Steuerung des Modalsplits, in: DVWG (Hrsg.): Der Verkehr in Europa im Spannungsfeld zwischen Marktwirtschaft und Reglementierung, Schriftenreihe der DVWG, Heft B 202, Bergisch Gladbach, 1997, S. 73 - 79

Aberle (1998): Aberle, G.: Von der Bahnstrukturreform zum Trassenpreissystem '98, in: Internationales Verkehrswesen, 50.Jg., Heft 10, 1998, S.471 - 475

Aberle / Eisenkopf (2000): Aberle, G. u. A.Eisenkopf: Peak Load Pricing - Grundzüge der Preisbildung bei periodisch schwankender Nachfrage, in: Das Wirtschaftsstudium, 29.Jg., Nr.2, 2000, S.238 - 244

Aberle (2003): Aberle, G.: Transportwirtschaft, 4., überarb. und erw. Aufl., München, 2003

Alicke (2003): Alicke, K.: Planung und Betrieb von Logistiknetzwerken, Berlin, 2003

Allsop (2003): Allsop, R.: Finanzierung der Verkehrspolitik in englischen Städten und die Straßenbenutzungsgebühr, in: DVWG (Hrsg.): Zukünftige Verkehrsplanung im Zeichen der Finanzkrise, Schriftenreihe der DVWG, Band B 266, Berlin, 2003, S. 198 - 217

Alt (2004): Alt, A.: Grundzüge der Unternehmensführung, München, 2001

Amberg (2004): Amberg, M.: Basistechnologien von CRM-Systemen, in: Hippner, H. u. K.Wilde (Hrsg.): IT-Systeme im CRM, Wiesbaden, 2004, S. 43 - 73

Andersson / Mohring (1997): Andersson, D. a. H.Mohring: Congestion Costs and Congestion Pricing, in: Greene, D.; Jones, D. a. M. Delucchi (Ed.): The Full Costs and Benefits of Transportation, Berlin, 1997, pp. 315 - 336

Antes / Prätorius / Steger (1992): Antes, R.; Prätorius, G. u. U.Steger: Umweltschutz und Transportmittelwahl, in: DBW, 52.Jg., 1992, Nr. 6., S. 735 - 759

Arnold (1994): Arnold, V.: "Road Pricing" und Investitionen im Verkehrswesen - Überlegungen zur Theorie der Verkehrsnachfrage, in: Hesse, H. u. H.Sauter (Hrsg.): Wirtschaftspolitik in offenen Volkswirtschaften, Göttingen, 1994, S. 223 - 239

Arnold (2002): Arnold, U.: Global Sourcing: Strategiedimensionen und Strukturanalyse, in: Hahn, D. u. L.Kaufmann (Hrsg.): Handbuch Industrielles Beschaffungsmanagement, 2.Aufl., Wiesbaden, 2002, S.201 - 220

Arnott / Palma / Lindsey (1994): Arnott, R.; Palma, A. a. R.Lindsey: The Welfare Effects of Congestion Tolls with Heterogeneous Commuters, in: Journal of Transport Economics and Policy, Vol. 28, 1994, pp.139 - 161

Arrow (1969):	Arrow, K.: The Organization of Economic Activity: Issues Pertinent to the Choice of Market versus Non-Market Allocation, in: Joint Economic Committee (Ed.): The Analysis and Evaluation of Public Expenditures: The PBB-System, 91st Congress, 1st Session, Bd.1, Washington, D.C., 1969
ASFINAG (1998):	ASFINAG: Fahrleistungsabhängige Lkw-Maut, Wien, 1998
ASFINAG (2003a):	ASFINAG: Geschäftsbericht 2002, Wien, 2003
ASFINAG (2003b):	ASFINAG: Mautsystem für Lkw und Bus, Tarife, Wien, 2003
ASFINAG (2003c):	ASFINAG: Mautsystem für Lkw und Bus, Mautaufsicht, Wien, 2003
Atteslander (2003):	Atteslander, P.: Methoden der empirischen Sozialforschung, 10., neubearb. u. erw. Aufl., Berlin, 2003
Bahrami (2003):	Bahrami, K.: Horizontale Transportlogistik-Kooperationen, Wiesbaden, 2003
Ballou (1999):	Ballou, R.: Business Logistics Management, 4.ed, Upper Saddle River, 1999
Banister / Button (1993):	Banister, D. a. K.Button: Transport, the environment and sustainable development, London, 1993
Bargehr (1990):	Bargehr, A.: Wegekostenüberlegungen zum Straßentransitverkehr durch Tirol, in: Österreichische Zeitschrift für Verkehrswissenschaft, 36.Jg., 1990, Heft 2, S. 69 - 76
Barth (2003):	Barth, T.: Outsourcing unternehmensnaher Dienstleistungen, Frankfurt am Main, 2003
Barth / Barth (2004):	Barth, T. u. D.Barth: Controlling, München, 2004
Barwig (2003):	Barwig, U.: Wohin steuert die Verkehrspolitik im Güterverkehr?, in: Merkel, H. u. B.Bjelicic (Hrsg.): Logistik und Verkehrswirtschaft im Wandel, München, 2003, S. 323 - 336
Bauer (2003):	Bauer, S.: Perspektiven in der Organisationsgestaltung, in: Bullinger, H.-J.; Warnecke, H.J. u. E.Westkämper (Hrsg.): Neue Organisationsformen im Unternehmen, 2. Aufl., Berlin, 2003, S. 93 - 128

Baum (1972): Baum, H.: Grundlagen einer Preis-Abgabepolitik für die städtische Verkehrsinfrastruktur, Düsseldorf, 1972

Baum (1991): Baum, H.: Verkehrsentlastung durch Rationalisierung des Straßenverkehrs, Kölner Diskussionsbeiträge zur Verkehrswissenschaft, Nr. 3, Köln, 1991

Baum / Esser / Höhnscheid (1998): Baum, H.; Esser, K. u. K.-J.Höhnscheid: Volkswirtschaftliche Kosten und Nutzen des Verkehrs, Forschungsarbeiten aus dem Strassen- und Verkehrswesen, Heft 108, Bonn, 1998

Baum / Fransoo / Göpfert (2004): Baum, H.; Fransoo, J. u. I.Göpfert: Die sich verändernde Welt des Gütertransports - Herausforderungen für die Verkehrspolitik, in: Zeitschrift für Verkehrswissenschaft, 75.Jg., 2004, Heft 1, S. 50 - 64

Baumgarten / Kasiske / Zadek (2002): Baumgarten, H.; Kasiske, F. u. H.Zadek: Logistik-Dienstleister - Quo vadis? - Stellenwert der Fourth Logistics Provider (4PL), in: Logistikmanagement, 4.Jg., Ausgabe 1, 2002, S. 27 - 40

Baumol (1977): Baumol, W.: On the Proper Cost for Natural Monopoly in a Multiproduct Industry, in: American Economic Review, Vol. 67, 1977, pp. 809 - 822

Baumol / Oates (1988): Baumol, W. a. W.Oates: The Theory of Environmental Policy, 2.ed., Cambridge, 1988

Bea / Göbel (2002): Bea, F.X. u. E.Göbel: Organisation, 2., neu bearb. Aufl., Stuttgart, 2002

Beckmann (1956): Beckmann, M.: Studies in Economics of Transportation, New Haven, 1956

Beer (1998): Beer, M.: Outsourcing unternehmensinterner Dienstleistungen, Wiesbaden, 1998

Bellen (1985): Bellen, A.v.d.: Mautgesellschaften, Eine internationale Übersicht, in: Zeitschrift für öffentliche und gemeinwirtschaftliche Unternehmen, Heft 4, 1985, S.446 - 462

Bellmer (2004): Bellmer, C.: Wir haben unseren Zeitplan eingehalten, in: DVZ, 58.Jg., Nr.100, 24. August 2004, S.3

Benz (1970): Benz, H.: ABC-Analyse und optimale Bestellmenge, Frankfurt a.M., 1970

Berens / Delfmann (2002): Berens, W. u. W.Delfmann: Quantitative Planung, 3., überarb. Aufl., Stuttgart, 2002

Berger / Kruse (1994): Berger, U. u. K.Kruse: Allokative Begründung des Road Pricings, in: Hamburger Jahrbuch für Wirtschafts- und Gesellschaftspolitik, Band 39, Hamburg, 1994, S.213 - 232

Berger (2000): Berger, U.: Engpässe bei Verkehrs-Infrastrukturen, Berlin, 2000

Betsch (2001): Betsch, O.: Factoring, in: Gerke, W.(Hrsg.): Handwörterbuch der Finanzierung, 3., völlig überarb. u. erw. Aufl., Stuttgart, 2001, S.681 - 691

Bickel / Friedrich (1995): Bickel, P. u. R.Friedrich: Was kostet uns die Mobilität? Externe Kosten des Verkehrs, Berlin, 1995

Binder (1973): Binder, V.: Bewertungskriterien für Infrastrukturverbesserungen im Straßenverkehr, Schriften zur wirtschaftswissenschaftlichen Forschung, Band 67, Meisenheim an der Glan, 1973

Bjelicic (1997): Bjelicic, B.: Hub-Spoke-System, in: Bloech, J. u. G.Ihde (Hrsg.): Vahlens Großes Logistiklexikon, München, 1997, S.373 - 374

Blanchard (1996): Blanchard, W.: Satellite navigation systems, in: Sensor Review, Vol. 16, 1996, Nr.1, pp.4 - 5

Bleicher / Meyer (1976): Bleicher, K. u. E.Meyer: Führung im Unternehmen - Formen und Modelle, Reinbek bei Hamburg, 1976

Bleicher (1989): Bleicher, K.: Zum Management zwischenbetrieblicher Kooperationen: Vom Joint Venture zur strategischen Allianz, in: Bühner, R. (Hrsg.): Führungsorganisation und Technologiemanagement, Berlin, 1989, S. 77 - 89

Bleymüller / Gehlert / Gülicher (2000): Bleymüller, J.; Gehlert, G. u. H.Gülicher: Statistik für Wirtschaftswissenschaftler, 12., überarb. Aufl., München, 2000

Boeckle (1994): Boeckle, U.: Modelle von Verpackungssystemen, Wiesbaden, 1994

Boos (1983): Boos, E.: Regionalwirtschaftliche Auswirkungen eines Autobahnbaus - ein Beispiel der Problematik verkehrspolitischer Beratung, in: Jahrbuch der Schweizerischen Verkehrswirtschaft 1982, St. Gallen, 1983, S.21 - 41

Borger / Swysen (1997): Borger, B.D. a. D.Swysen: Optimal Pricing and Regulation of Transport Externalities: A Welfare Comparison of Some Policy Alternatives, Antwerpen, 1997

Borger / Peirson / Vickermann (2001): Borger, B.D.; Peirson, J. a. R.Vickerman: An overview of policy instruments, in: Borger, B.D. a. S.Proost (Ed.): Reforming Transport Pricing in the European Union, Cheltenham, 2001, pp. 37 - 50

Borger / Proost (2001): Borger, B.D. a. S.Proost: Transport problems: the economic diagnosis, in: Borger, B.D. a. S.Proost (Ed.): Reforming Transport Pricing in the European Union, Cheltenham, 2001, pp. 9 - 36

Borins (1986): Borins, S.F.: The Political Economy of Road Pricing: The Case of Hong Kong, Proceedings of the World Conference on Transport Research, Vancouver, 1986, pp.1367 - 1378

Borins (1988): Borins, S.F.: Electronic Road Pricing: An idea whose time may never come, in: Transportation Research, Part A, Vol. 22, No. 1, 1988, pp. 37 - 43

Bosemann / Phatak (1989): Bosemann, F. a. A Phatak: Strategic Management, 2 ed., New York, 1989

Bottler (2003): Bottler, S.: Das System läuft bisher gut, in: DVZ, 57.Jg., Nr.131, 1.November 2003, S.3

Boutellier (2003): Boutellier, R.: Make-or-Buy. Eigenfertigung versus Fremdbezug, in: Boutellier, R.; Wagner, S. u. H.Wehrli (Hrsg.): Handbuch Beschaffung, München, 2003, S.453 - 469

Bovy / Salomon (2002): Bovy, P. a. I.Salomon: Congestion in Europe: Measurements, patterns and policies, in: Stern, E.; Salomon, I. a. P.Bovy (Ed.): Travel Behaviour, Cheltenham, 2002, pp. 143 - 179

Bovy / Van Wee (2002): Bovy, P. a. B.Van Wee: Infrastructure and congestion: can rail save the road? Can public transport replace the car?, in: Stern, E.; Salomon, I. a. P.Bovy (Ed.): Travel Behaviour, Cheltenham, 2002, pp. 123 - 142

Bowersox / Closs / Cooper (2002): Bowersox, D.; Closs, D. a. B.Cooper: Supply Chain Logistics Management, Boston, 2002

Braid (1996): Braid, R.M.: Peak-load Pricing of a Transportation Route with an Unpriced Substitute, in: Journal of Urban Economics, Vol. 40, No. 2, 1996, pp.179 - 197

Braun (2003): Braun, J.: Grundlagen der Organisationsgestaltung, in: Bullinger, H.-J.; Warnecke, H.J. u. E.Westkämper (Hrsg.): Neue Organisationsformen im Unternehmen, 2.Aufl., Berlin, 2003, S. 1 - 68

Bretzke (1997): Bretzke, W.: Logistiknetzwerk, in: Bloech, J. u. G.B.Ihde (Hrsg.): Vahlens Großes Logistiklexikon, München, 1997, S. 626 - 627

Bretzke (2004): Bretzke, W.: Vom Make zum Buy, in: Prockl, G.; Bauer, A.; Pflaum, A. u. U.Müller-Steinfarth (Hrsg.): Entwicklungspfade und Meilensteine moderner Logistik, Wiesbaden, 2004, S. 27 - 52

Brosius (2002) Brosius, F.: SPSS 11, Bonn, 2002

Brotcorne / Labbe / Marcotte / Savard (2001): Brotcorne, L.; Labbe, M.; Marcotte, P. a. G.Savard: A Bilevel Model for Toll Optimization on a Multicommodity Transportation Network, in: Transportation Science, Vol. 35, No 4, 2001, pp. 345 - 358

Brühl (2004): Brühl, R.: Controlling, München, 2004

Bruhn (2003): Bruhn, M.: Kooperationen im Dienstleistungssektor, in: Zentes, J.; Swoboda, B. u. D.Morschett (Hrsg.): Kooperationen, Allianzen und Netzwerke, Wiesbaden, 2003, S. 1181 - 1206

Brümmerhoff (2001): Brümmerhoff, D.: Finanzwissenschaft, 8., völlig überarb. u. stark erw. Aufl., München, 2001

Buchanan / Stubblebine (1962): Buchanan, J.M. a. W.C.Stubblebine: Externality, in: Economica, Vol. 29, 1962, No. 116, pp. 371 - 398

Buchholz / Clausen / Vastag (1998): Buchholz, J.; Clausen, U. u. A.Vastag: Handbuch der Verkehrslogistik, Berlin, 1998

Bujnoch / Huss / Sumpf (2003): Bujnoch, S.; Huss, Ch. u. J.Sumpf: Stauen und Staunen, Die deutsche Verkehrsinfrastruktur im europäischen Vergleich, in: Internationales Verkehrswesen, 55.Jg., Nr. 12, 2003, S. 608 - 613

Bukhres / Pitoura / Zaslavsky (2003): Bukhres, O.; Pitoura, E. a. A.Zaslavsky: Mobile Computing, in: Blazewicz, J.; Kubiak, W.; Morzy, T. a. M.Rusinkiewicz (Ed.): Handbook on Data Management in Information Systems, Berlin, 2003, pp. 431 - 486

Bukold (1996):	Bukold, S.: Kombinierter Verkehr Schiene / Straße in Europa, Frankfurt am Main, 1996
Bundesamt für Güterverkehr (2004):	Bundesamt für Güterverkehr: Marktbeobachtung Güterverkehr, Jahresbericht 2003, Köln, 2004
Bundesministerium für Verkehr, Arbeitsgruppe Wegekosten (1969):	Bundesministerium für Verkehr, Arbeitsgruppe Wegekosten: Bericht über die Kosten der Wege des Eisenbahn-, Straßen und Binnenschiffsverkehrs in der Bundesrepublik Deutschland, Bonn, 1969
Bundesminister für Verkehr (1993):	Bundesminister für Verkehr: Gesamtwirtschaftliche Bewertung von Verkehrswegeinvestitionen, Schriftenreihe des Bundesministers für Verkehr, Heft 72, Bonn, 1993
Bundesministerium für Verkehr, Innovation und Technologie (2004):	Bundesministerium für Verkehr, Innovation und Technologie: Statistik Straße & Verkehr, Wien, 2004
Bundesministerium für wirtschaftliche Angelegenheiten (1989):	Bundesministerium für wirtschaftliche Angelegenheiten: Das Mautsystem auf Bundesstraßen, Wien, 1989
Bundesverband Güterkraftverkehr, Logistik und Entsorgung (2003):	Bundesverband Güterkraftverkehr, Logistik und Entsorgung: Kraftfahrzeugsteuer in Europa für einen repräsentativen 40 t Lastzug, Frankfurt am Main, 2003
Busch (1993):	Busch, B.: Fiskalische Instrumente zur Steuerung der Verkehrsströme, in. Frank, H.J. u. N.Walter (Hrsg.): Strategien gegen den Verkehrsinfarkt, Stuttgart, 1993, S. 347 - 367
Büschken (2003):	Büschken, J.: Nicht-lineare Tarife, in: Diller, H. u. A.Herrmann (Hrsg.): Handbuch Preispolitik, Wiesbaden, 2003, S. 521 - 533
Busse (2003):	Busse, F.-J.: Grundlagen der betrieblichen Finanzwirtschaft, 5., völlig überarb. u. wesentlich erw. Aufl., München, 2003

Büttler (1983): Büttler, H.-J.: Schwerverkehrsabgabe, Treibstoffzölle und optimale Fahrpreise, in: Jahrbuch der Schweizerischen Verkehrswirtschaft 1982, St.Gallen, 1983, S.49 - 69

Button (1993): Button, K.J.: Transport Economics, 2nd ed., Aldershot, 1993

Button (2003): Button, K.J.: Die Erweiterung aus Sicht des Ökonomen, in: DVWG (Hrsg.): 1. Europäischer Verkehrskongreß, Verkehrspolitische und verkehrswirtschaftliche Strategien der EU-Erweiterung, Band B 259, Berlin, 2003, S. 39 - 60

Cassady (1946): Cassady, R.: Some Economic Aspects of Price Discrimination under Non-Perfect Market Conditions, in: Journal of Marketing, Vol. 11, No 1, 1946, S. 7 - 20,

Casson (1974): Casson, L.: Travel in the Ancient World, London, 1974

Catling / Harbord (1985): Catling, I. a. B.Harbord : Electronic Road Pricing in Hong Kong: 2. The Technology, in: Traffic Engineering and Control, Vol. 26, part 2, 1985, pp. 608 - 617

Centre d'Etudes Techniques de l'Equipement Nord-Picardie (1993): Centre d'Etudes Techniques de l'Equipement Nord-Picardie: Modulation des Peages sur A1, Studie im Auftrag der SETRA (Service d'Etude Technique des Routes et Autoroutes), Paris, 1993

Cheng / Podolsky (1993): Cheng, T. a. S.Podolsky: Just-in-Time Manufacturing, London, 1993

Chopra / Meindl (2001): Chopra, S. u. P.Meindl: Supply Chain Management, Upper Saddle River, 2001

Christopher (1998): Christopher, M.: Logistics and Supply Chain Management, 2.ed., London, 1998

Clasen (1970): Clasen, B.: Rationalisierungsvorteile und Wettbewerbsbeschränkungen durch Kooperationsformen im Verkehr, Göttingen, 1970

Clement (2002): Clement, L.: Report on Tolls on Interurban Road Infrastructure, OECD, Paris, 2002

Cline (1991): Cline, W.R.: Scientific Basis for the Greenhouse Effect, in: The Economic Journal, Vol. 101, July, 1991, pp. 904 - 919

Coase (1960): Coase, R.H.: The Problem of Social Cost, in: Journal of Law and Economics, Vol. 3, 1960, pp. 1 - 44

Coenenberg (2003):	Coenenberg, A.: Kostenrechnung und Kostenanalyse, 5., überarb. u. erw. Aufl., Stuttgart, 2003
Cole (1998):	Cole, St.: Applied Transport Economics, 2.ed, London, 1998
Conrad / Heng (2002):	Conrad, K. a. S.Heng: Financing road infrastructure by savings in congestion costs: A CGE analysis, in: The Annals of Regional Science, Vol. 36, 2002, pp.107 - 122
Corsten / Gössinger (2001):	Corsten, H. u. R.Gössinger: Einführung in das Supply Chain Management, München, 2001
Corsten / Lenz / Klose (2002):	Corsten, D.; Lenz, M. u. M.Klose: Logistics Service Providers and Information-Based Logistics Services - An exploratory Study, in: Logistikmanagement, 4.Jg., Ausgabe 1, 2002, S.45 - 50
Corsten (2003):	Corsten, H.: Produktionswirtschaft, 10., vollst. überarb. Aufl., München, 2003
Costa-Elias (1994):	Costa-Elias, M: Road Pricing in Frankreich, in: Kammer für Arbeiter und Angestellte für Wien (Hrsg.): Road Pricing, Tagungsband, Wien, 1994, S.28 - 34
Crainic / Laporte (1997):	Crainic, T. a. G.Laporte: Planning models for freight transportation, in: European Journal of Operational Research, Vol. 97, 1997, pp.409 - 438
Cremer (1979):	Cremer, M.: Der Verkehrsfluß auf Schnellstraßen, Berlin, 1979
Czerny / Kramer / Kratena / Lehner / Puwein / Schebeck (1995):	Czerny, M.; Kramer, H.; Kratena, K.; Lehner, G.; Puwein, W. u. F.Schebeck: Gesamtwirtschaftliche Bedeutung der Infrastruktur in Österreich, Studie des österreichischen Instituts für Wirtschaftsforschung, Wien, 1995
DaimlerChrysler (2003):	DaimlerChrysler: DaimlerChrysler will 100 % der Mautkosten übernehmen, Pressemitteilung vom 8.Mai 2003, Stuttgart, 2003
Das / Teng (2002):	Das, T. a. B.Teng: Between Trust and Control: Developing Confidence in Partner Cooperation in Alliances, in: Academy of Management Review, Vol. 23, 2002, pp. 491 - 512
Dawson / Catling (1983):	Dawson, J. a. I.Catling: Electronic Road Pricing in Hong Kong: the Pilot Stage, in: Traffic Engineering and Control, Vol. 24, 1983, pp. 372 - 375

Dawson (1986):	Dawson, J.: Electronic Road Pricing in Hong Kong: 4. Conclusion, in: Traffic Engineering and Control, Vol. 27, February, 1986, pp. 79 - 83
Dawson / Catling (1986):	Dawson, J. a. I.Catling: Electronic Road Pricing in Hong Kong, in: Transportation Research A, Vol. 20, March, 1986, pp. 129 - 134
Decorla-Souza / Kane (1992):	Decorla-Souza, P. a. A.Kane: Peak Period tolls: Precepts and prospects, in: Transportation, Vol. 19, 1992, pp. 293 - 311
Degraeve / Roodhooft (1999):	Degrave, Z. a. F.Roodhooft: Effectively Selecting Suppliers Using Total Cost of Ownership, in: Journal of Supply Chain Management, Vol. 35, Winter, 1999, No. 1, pp. 5 - 10
Delfmann (1989):	Delfmann, W.: Das Netzwerkprinzip als Grundlage integrierter Unternehmensführung, in: Delfmann, W. (Hrsg.): Der Integrationsgedanke in der Betriebswirtschaftslehre, Wiesbaden, 1989, S.87 - 113
Demand / Faller / Gürtlich / Lamprecht / Riebesmeier (1991):	Demand, E.; Faller, P.; Gürtlich, G.; Lamprecht, H. u. B.Riebesmeier: Verkehrswirtschaft, Linz, 1991
Der Rat von Sachverständigen für Umweltfragen (1994):	Der Rat von Sachverständigen für Umweltfragen: Umweltgutachten 1994 des Rates von Sachverständigen für Umweltfragen - Für eine dauerhaft umweltgerechte Entwicklung, Wiesbaden, 1994
Deutsche Bank Research (1994):	Deutsche Bank Research: Privatisierung des Bundesautobahnnetzes, Chancen für die Verkehrs- und Finanzpolitik, Frankfurt a.M., 1994
Deutsches Institut für Wirtschaftsforschung (1994):	Deutsches Institut für Wirtschaftsforschung: Wechselwirkungen zwischen Infrastrukturausstattung, strukturellem Wandel und Wirtschaftswachstum - Zur Bedeutung wirtschaftsnaher Infrastruktur für die Entwicklung in den neuen Bundesländern, Berlin, 1994
Dial (2000):	Dial, R.: Minimal-revenue congestion pricing part II: an efficient algorithm for the general case, in: Transportation Research, Part B, Vol. 34, No. 8, 2000, pp. 645 - 665

Dickerson / Peirson / Vickerman (2001): Dickerson, A.; Peirson, J. a. R.Vickerman (2001): External accident costs and the relationship between road accidents and traffic flows, in: Borger, B.D. a. S.Proost (Ed.): Reforming Transport Pricing in the European Union, Cheltenham, 2001, pp. 170 - 181

Diederich (1977): Diederich, H.: Verkehrsbetriebslehre, Wiesbaden, 1977

Diekmann (1995): Diekmann, A.: Towards more Rational Transport Policies in Europe, Köln, 1995

Diekmann (2003): Diekmann, A.: Empirische Sozialforschung, 10.Aufl., Reinbek bei Hamburg, 2003

Diller (2000): Diller, H.: Preispolitik, 3. überarb. Aufl., Stuttgart, 2000

Dirlewanger (1969): Dirlewanger, G.: Die Preisdifferenzierung im internationalen Luftverkehr, Bern, 1969

Diruf (1997): Diruf, G.: Tourenplanungssysteme, in: Bloech, J. u. G.B.Ihde (Hrsg.): Vahlens Großes Logistiklexikon, München, 1997, S. 1074 - 1078

Diruf (1999): Diruf, G.: Modelle und Methoden der Transportplanung, in: Weber, J. u. H.Baumgarten (Hrsg.): Handbuch Logistik, Stuttgart, 1999, S. 367 - 391

Domschke (1995): Domschke, W.: Logistik, Transport, Band 1, 4., völlig überarb. u. wesentlich erw. Aufl., München, 1995

Domschke (1996): Domschke, W.: Logistik, Standorte, Band 3, 4., überarb. u. erw. Aufl., München, 1996

Domschke (1997a): Domschke, W.: Transportmodelle, in: Bloech, J. u. G.B.Ihde (Hrsg.): Vahlens Großes Logistiklexikon, München, 1997, S. 1098 - 1101

Domschke (1997b): Domschke, W.: Logistik, Rundreisen und Touren, Band 2, 4., völlig neu bearb. u. erw. Aufl., München, 1997

Dorfwirth / Faller / Herry / Metelka (1982): Dorfwirth, J.R.; Faller, P.; Herry, M. u. M.Metelka: Wegekostenrechnung für Österreich, Bestandsaufnahme und Analyse, Schriftenreihe Straßenforschung, Bundesministerium für Bauten und Technik, Heft 194, Wien, 1982

Döring (2003): Döring, T.: Alternativen der Bereitstellung und Finanzierung kommunaler Infrastruktur, in: DVWG (Hrsg.): Zukünftige Verkehrsplanung im Zeichen der Finanzkrise, Schriftenreihe der DVWG, Band B 266, Berlin, 2003, S. 134 - 197

Dorp (2001): Dorp, K.-J.v.: Tracking and Tracing: a structure for development and contemporary practices, Vol. 15, 2001, No. 1, pp. 24 - 32

Dyer / Ouchi (1993): Dyer, J. a. W.Ouchi: Japanese-Style Partnerships: Giving Companies a Competitive Edge, in: Sloan Management Review, Vol. 35, 1993, No. 1, pp. 51 - 63

Eckey / Stock (2000): Eckey, H.-F. u. W.Stock: Verkehrsökonomie, Wiesbaden, 2000

Edinger (2003): Edinger, A.: Road Pricing, Fahrleistungsabhängige Maut in Österreich ab 2004, Wien, 2003

Egler (1969): Egler, J.: Konzentration und Kooperation im gewerblichen Güterfernverkehr, Göttingen, 1969

Eickhof / Franke (1994): Eickhof, N. u. M.Franke: Die Autobahngebühr für Lastkraftwagen, in: Wirtschaftsdienst, 74.Jg., 1994, S. 244 - 247

Eilon / Watson-Gandy / Christofides (1971): Eilon, S.; Watson-Gandy, C. a. N.Christofides: Distribution Management, London, 1971

Eisele (2002): Eisele, W.: Technik des betrieblichen Rechnungswesens, 7., überarb. und erw. Aufl., München, 2002

Eiselt / Sandblom (2004): Eiselt, H. a. C.-L.Sandblom: Decision analysis, location models, and scheduling problems, Berlin, 2004

Eisenhart-Rothe / Jütte (2003): Eisenhart-Rothe, F. u. S.Jütte: Innovative Logistikfinanzierung rund um die Supply Chain, in: Bundesvereinigung Logistik (Hrsg.): Finanzierung - eine neue Dimension der Logistik, Berlin, 2003, S. 151 - 170

Eisenkopf (1992): Eisenkopf, A.: Road Pricing, in: Wirtschaftspolitische Blätter, 39.Jg., Nr. 3, 1992, S. 317 - 326

Eisenkopf (2002): Eisenkopf, A.: Effiziente Straßenbenutzungsabgaben, Hamburg 2002

Ellinger / Beuermann / Leisten (2003): Ellinger, T.; Beuermann, G. u. R.Leisten: Operations Research, 6., durchgesehene Aufl., Berlin, 2003

Ellinghaus (1964): Ellinghaus, U.W.: Die Grundlagen der Theorie der Preisdifferenzierung, Tübingen, 1964

Ellram / Siferd (1998): Ellram, L. a. S.Siferd: Total Cost of Ownership: A Key Concept in Strategic Cost Management Decisions, in: Journal of Business Logistics, Vol. 19, No. 1, 1998, pp. 55 - 84

Ellram (2002): Ellram, L.: Total Cost of Ownership, in: Hahn, D. u. L.Kaufmann: Handbuch Industrielles Beschaffungsmanagement, 2. Aufl., Wiesbaden, 2002, S. 659 - 671

Else (1981): Else, P.K.: A Reformulation of the Theory of optimal Congestion Taxes, in: Journal of Transport Economics and Policy, Vol. 15, 1981, pp. 217 - 232

Else (1984): Else, P.K.: Road Pricing: Some further comments, in: Transport Planning and Technology, Vol. 8, 1984, pp. 295 - 300

Else (1986): Else, P.K.: No entry for congestion taxes?, in: Transportation Research, Part A, Vol. 20, No. 3, 1986, pp. 99 - 107

Emmerink / Nijkamp / Rietveld (1995): Emmerink, R.; Nijkamp, P. a. P.Rietveld: Is congestion pricing a first-best-strategy in transport policy? A critical review of arguments, in: Environment and Planning B: Planning and Design, Vol. 22, 1995, pp. 581 - 602

Emmerink (1998): Emmerink, R.: Information and Pricing in Road Transportation, Berlin, 1998

Engel (1996): Engel, M.: Modal-Split-Veränderungen im Güterfernverkehr, Hamburg, 1996

Erlei / Jost (2001): Erlei, M. u. P.Jost: Theoretische Grundlagen des Transaktionskostenansatzes, in: Jost, P. (Hrsg.): Der Transaktionskostenansatz in der Betriebswirtschaftslehre, Stuttgart, 2001, S.35 - 75

Esser (2000): Esser, K.: Kostenbasierte Entscheidungsmodelle als Instrument zur ökonomischen Verkehrsnachfrageanalyse, Köln, 2000

Europäische Kommission (1998): Europäische Kommission: Faire Preise für die Infrastrukturbenutzung: Ein abgestuftes Konzept für einen Gemeinschaftsrahmen für Verkehrsinfrastrukturgebühren in der EU, Weißbuch KOM 4566 endg., Brüssel, 1998

Europäische Kommission (2001): Europäische Kommission: Die europäische Verkehrspolitik bis 2010: Weichenstellungen für die Zukunft, Weissbuch, Brüssel, 2001

Europpass (2003): Europpass: Infofolder zum Mautsystem, Wien, 2003

Evans (1992): Evans, A.: Road Congestion Pricing: When is it a good Policy?, in: Journal of Transport Economics and Policy, Vol. 26, 1992, No. 3, pp. 213 - 243

Ewers (1991a): Ewers, H.-J.: Dem Verkehrsinfarkt vorbeugen, Vorträge und Studien aus dem Institut für Verkehrswissenschaft an der Universität Münster, Göttingen, 1991

Ewers (1991b): Ewers, H.-J.: Straßenbenutzungsgebühren als Lenkungs- und Finanzierungsinstrument, in: VDI Gesellschaft Fahrzeugtechnik (Hrsg.): Mobilität und Verkehr - Reichen die heutigen Konzepte aus?, Düsseldorf, 1991, S. 73 - 82

Ewers / Rodi (1995): Ewers, H.-J. u. H.Rodi: Privatisierung der Bundesautobahnen, Beiträge aus dem Institut für Verkehrswissenschaft an der Universität Münster, Göttingen, 1995

Ewers / Rodi (1997): Ewers, R. u. H.Rodi: Straßenbenutzungsgebühren, in: Bloech, J. u. G.B.Ihde (Hrsg.): Vahlens Großes Logistiklexikon, München, 1997, S.1020 - 1021

Fahrmeir / Künstler / Pigeot / Tutz (2004): Fahrmeir, L.; Künstler, R.; Pigeot, I. u. G.Tutz: Statistik, 5., verb. Aufl., Berlin, 2004

Faller (1973): Faller, P.: Raumwirtschaftliche Erschließungseffekte von Verkehrswegeinvestitionen, in: Berichte zur Raumforschung und Raumplanung, 17.Jg., Heft 1, 1973

Faller (1999): Faller, P.: Die volkswirtschaftlichen Kosten des Verkehrs - eine keineswegs klare Sache, in: Faller, P. (Hrsg.): Transportwirtschaft im Umbruch, Wien, 1999, S.451 - 460

Fandel / Fey / Heuft / Pitz (2004): Fandel, G.; Fey, A.; Heuft, B. u. T.Pitz: Kostenrechnung, 2., neu bearb. u. erw. Aufl., Berlin, 2004

Fantapie Altobelli (1992): Fantapie Altobelli, C.: Preisdifferenzierung, in: Wirtschaftswissenschaftliches Studium, 21.Jg, 1992, S. 2 - 8

Fassnacht (1996): Fassnacht, M.: Preisdifferenzierung bei Dienstleistungen - Implementierungsformen und Determinanten, Wiesbaden, 1996

Fassnacht / Homburg (1998): Fassnacht, M u. Ch.Homburg: Preisdifferenzierung und Yield Management bei Dienstleistungs-Anbietern, in: Meyer, A. (Hrsg.): Handbuch Dienstleistungsmarketing, Band 1, Stuttgart, 1998, S. 866 - 879

Fassnacht (2003): Fassnacht, M.. Preisdifferenzierung, in: Diller, H. u. A.Herrmann (Hrsg.): Handbuch Preispolitik, Wiesbaden, 2003, S. 485 - 502

Fayol (1916): Fayol, H.: Administration industrielle et génerale, Paris, 1916

Feess-Dörr / Steger / Weihrauch (1991): Feess-Dörr, E.; Steger, U. u. P.Weihrauch: Muß Verpackung Abfall sein?, Wiesbaden, 1991

Fitter u.a. (1975): Fitter, J.C. u.a.: Preisbildungstheorie und -politik im Verkehrswesen, in: Minister für Wissenschaft und Forschung Johannes Rau (Hrsg.): Forschungsberichte des Landes Nordrhein-Westfalen, Nr. 2524, Düsseldorf, 1975

Fontanari (1996): Fontanari, M.: Kooperationsgestaltungsprozesse in Theorie und Praxis, Betriebswirtschaftliche Schriften, Heft 138, Berlin, 1996

Forkenbrock (1999): Forkenbrock, D.J.: External costs of intercity truck freight transportation, in: Transportation Research, Part A, Vol. 33, 1999, pp. 505 - 526

Forschungsgemeinschaft für das Straßenwesen e.V. (1968): Forschungsgemeinschaft für das Straßenwesen e.V.: Der AASHO-Road-Test - Hauptergebnisse und Folgerungen zum Problem der Bemessung von Fahrbahnbefestigungen, Forschungsarbeiten aus dem Straßenwesen, Heft 73, Bad Godesberg, 1968

Frank / Münch (1993): Frank, H.J. u. R.Münch: Straßenbenutzungspreise gegen den Verkehrsinfarkt, in: Frank, H.J. u. N.Walter (Hrsg.): Strategien gegen den Verkehrsinfarkt, Stuttgart, 1993, S.369 - 381

Frank (1995): Frank, H.-J.: Straßenbenutzungsgebühren - Eine Beurteilung aus gesamtwirtschaftlicher Sicht, in: Müller, G. u. G. Hohlweg (Hrsg.): Telematik im Straßenverkehr, Berlin, 1995, S.131 - 149

Franke (1997): Franke, M.: Die Engpaß- und CO_2-Problematik im Straßenverkehr, Lohmar, 1997

Franze (1998): Franze, F.: Outsourcing, Bern, 1998

Freeman / Haveman (1977): Freeman, A. a. R.Haveman: Congestion, quality deterioration, and heterogeneous tastes, in: Journal of Public Economics, Vol. 8, 1977, pp. 225 - 232

Freichel (1992): Freichel, S.: Organisation von Logistikservice-Netzwerken, Berlin, 1992

Freudenberg (2002): Freudenberg, T.: Zuliefererstrukturen im 21.Jahrhundert, in: Hahn, D. u. L.Kaufmann (Hrsg.): Handbuch Industrielles Beschaffungsmanagement, 2.Aufl., Wiesbaden, 2002, S. 153 - 164

Frey / Isenmann (1993): Frey, R.L. u. T.Isenmann: Energie und Verkehr, in: Frey, R.L.; Staehlin-Witt, E. u. H.Blöchinger (Hrsg.): Mit Ökonomie zur Ökologie, 2.Aufl., Basel, 1993

Frey / Langloh (1993): Frey, R.L. u. P.Langloh: Internalisierung externer Kosten des Agglomerationsverkehrs: Ausländische Erfahrungen und Folgerungen für die Schweiz, in: Jahrbuch der Schweizerischen Verkehrswirtschaft 1992/93, St.Gallen, 1993, S. 25 - 38

Frey (2003): Frey, B.: Why are efficient transport policy instruments so seldom used?, Schade, J. a. B.Schlag (Ed.): Acceptability of Transport Pricing Strategies, Amsterdam, 2003, pp. 63 - 75

Friedl (2003): Friedl, B.: Controlling, Stuttgart, 2003

Friedrich / Bickel (2001): Friedrich, R. a. P.Bickel: Environmental External Costs of Transport, Berlin, 2001

Friese (1998): Friese, M.: Kooperationen als Wettbewerbsstrategie für Dienstleistungsunternehmen, Wiesbaden, 1998

Fritsch / Prud'homme (1997): Fritsch, B. a. R.Prud'homme: Measuring the Contribution of Road Infrastructure to Economic Development in France, in: Quinet, E. a. R.Vickerman (Ed.): The Econometrics of major Transport Infrastructures, London, 1997, pp. 45 - 67

Fritsch / Wein / Ewers (2003): Fritsch, M.; Wein, T. u. H.J.Ewers: Marktversagen und Wirtschaftspolitik, 5., überarb. u. ergänzte Aufl., München, 2003

Funck (1988): Funck, R.: Straßenverkehrssteuern, in: Albers, W. u.a. (Hrsg.): Handwörterbuch der Wirtschaftswissenschaft, Band 7, Stuttgart, 1988, S. 468 - 479

Gabele (1981): Gabele, E.: Unternehmensgrundsätze, in: ZfO, 50.Jg., 1981, S. 245 - 252

Georgi (1970): Georgi, H.P.: Cost-benefit-analysis als Instrument öffentlicher Investitionen im Verkehr, Göttingen, 1970

Gerke / Bank (2003): Gerke, W. u. M.Bank: Finanzierung, 2., überarb. u. erw. Aufl., Stuttgart, 2003

Gillen (1997): Gillen, D.: Efficient Use and Provision of Transportation Infrastructure with Imperfect Pricing: Second Best Rules, in: Greene, D.; Jones, D. a. M.Delucchi (Ed.): The Full Costs and Benefits of Transportation, Berlin, 1997, pp. 193 - 218

Giuliano (1992): Giuliano, G.: An assessment of the political acceptability of congestion pricing, in: Transportation, Vol. 19., 1992, pp. 335 - 358

Glaser (1992): Glaser, Ch.: Externe Kosten des Straßenverkehrs, München, 1992

Glisic (2004): Glisic, N.: Themenpapier zur Mautkonferenz, Vortragsunterlagen zur Konferenz „Die ersten 90 Tage mit der Lkw-Maut", WU Wien, 31.März 2004, S. 1 - 3

Gohout (2003): Gohout, W.: Operations Research, 2., erw. Aufl., München, 2003

Golding (1992): Golding, A.: Mehrweg-Verkaufsverpackungen für pastöse und feste Güter - Standardisierung tut Not!, in: Golding, A. u. A.Fußer (Hrsg.): Verpackungen, Bad Dürkheim, 1992, S. 160 - 168

Golob (2001): Golob, T.: Joint models of attitudes and behaviour in evaluation of the San Diego I-15 congestion pricing project, in: Transportation Research, Part A, Vol. 35, July, 2001, pp. 495 - 514

Gomez-Ibanez (1999): Gomez-Ibanez, J.: Pricing, in: Gomez-Ibanez, J.; Tye, W. a. C.Winston (Ed.): Essays in Transportation Economics and Policy, Washington, D.C., 1999, pp. 99 - 136

Gottschalk (1973): Gottschalk, E.: Der Spediteur als Frachtführer und seine Tätigkeit im kombinierten Verkehr, in: DVWG (Hrsg.): Der Spediteur in der Verkehrswirtschaft, Schriftenreihe der DVWG, Band B 17, Bergisch Gladbach, 1973, S. 37 - 54

Götze (1997): Götze, U.: Standortmodelle, in: Bloech, J. u. G.B.Ihde (Hrsg.): Vahlens Großes Logistiklexikon, München, 1997, S. 984 - 986

Götze (2004): Götze, U.: Kostenrechnung und Kostenmanagement, 3. Aufl., Berlin, 2004

Gramlich (1994): Gramlich, E.: Infrastructure Investment: A Review Essay, in: Journal of Economic Literature, Vol. 32, September, 1994, pp. 1176 - 1196

Grandjot (2000): Grandjot, H.-H.: Flottenmanagement, in: Internationales Verkehrswesen, 52.Jg., 2000, Nr. 3, S.95 - 96

Grandjot (2003): Grandjot, H.-H.: Die Maut - Fakten und Hintergründe, in: Hector, B. u.a.: Maut-Management, Hamburg, 2003, S. 21 - 31

Grant (2002): Grant, R.: Contemporary Strategy Analysis, 4. Ed., Malden, 2002

Graumann (2003): Graumann, M.: Controlling, Düsseldorf, 2003

Greenwood / Bennett (1996): Greenwood, I. a. C.Bennett: The effects of traffic congestion on fuel consumption, in: Road & Transport Research, Vol. 5, No. 2, 1996, pp.18 - 32

Grob / Reepmeyer / Bensberg (2004): Grob, H.; Reepmeyer, J.-A. u. F.Bensberg: Einführung in die Wirtschaftsinformatik, 5., vollständig überarb. u. erw. Aufl., München, 2004

Groß (2001): Groß, W.: Preisdifferenzierung auf Telekommunikationsmärkten, Baden-Baden, 2001

Grübler (1990):	Grübler, A.: The Rise and Fall Of Infrastructures, Heidelberg, 1990
Grunzel (1908):	Grunzel, J.: System der Verkehrspolitik, Leipzig, 1908
Gulick / Urwick (1937):	Gulick, L. a. L.Urwick: Papers on the Science of Administration, New York, 1937
Günther / Kracke (1998):	Günther, O. u. U.Kracke: Transportbörsen und Sendungsverfolgungssysteme im Internet, in: Internationales Verkehrswesen, 50.Jg., 1998, Nr. 7+8, S. 340 - 341
Guria (1986):	Guria, J.C.: Traffic Flow Control for backward bending Cost Curves, in: International Journal of Transport Economics, Vol. 13, 1986, pp. 331 - 350
Gutenberg (1951):	Gutenberg, E.: Grundlagen der Betriebswirtschaftslehre, Band 1, Die Produktion, Berlin, 1951
Gutenberg (1973):	Gutenberg, E.: Grundlagen der Betriebswirtschaftslehre, Band 3, Die Finanzen, 6.Aufl., Berlin, 1973
Haase (2004):	Haase, R.: Verkehr in Deutschland braucht Reformen und Innovation, in: Internationales Verkehrswesen, 56.Jg., Heft 4, 2004, S.155 - 157
Haaskamp / Vreden (1976):	Haaskamp, H. u. R.Vreden: Europastraßen - Hauptstraßen des internationalen Verkehrs, in: Straße und Autobahn, 27.Jg., 1976, S.419 - 430
Haberstock (1998):	Haberstock, L.: Kostenrechnung, Einführung, 10. Aufl., Berlin, 1998
Haight (1963):	Haight, F.A.: Mathematical Theories of Traffic Flow, New York, 1963
Hansen (1959):	Hansen, W.G.: How accessibility shapes land-use, in: Journal of the American Institute of Planners, Vol. 25, 1959, pp. 73 - 76
Hansjürgens (2001):	Hansjürgens, B.: Äquivalenzprinzip und Staatsfinanzierung, Berlin, 2001
Harrington / Krupnick / Alberini (2001):	Harrington, W.; Krupnick, A. a. A.Alberini: Overcoming public aversion to congestion pricing, in: Transportation Research, Part A, Vol. 35, February, 2001, pp. 87 - 105

Hartmann (2002): Hartmann, H.: Optimierung der Einkaufsorganisation, 2. Aufl., Gernsbach, 2002

Hau (1990): Hau, T.: Electronic Road Pricing, Developments in Hong Kong 1983 - 1989, in: Journal of Transport Economics and Policy, Vol. 24, No. 2, 1990, pp. 203 - 214

Hau (1992): Hau, T.: Economic Fundamentals of Road Pricing: A Diagrammatical Analysis, World Bank Policy Research Working Papers Series, No. 1070, Washington, 1992

Haug (1994): Haug, T.: Elektronische Straßenmaut in Ballungsräumen (Oslo), in: Kammer für Arbeiter und Angestellte für Wien (Hrsg.): Road Pricing, Tagungsband, Wien, 1994, S. 25 - 27

Hauser (1992): Hauser, G.: Setzt sich das Road Pricing doch noch durch?, in: Jahrbuch der Schweizerischen Verkehrswirtschaft 1991/ 92, St.Gallen, 1992, S.65 - 78

Hauser / Hidber (1992): Hauser, G. u. C.Hidber: Das Prinzip der Kostenwahrheit in seinen Auswirkungen auf den Stadtverkehr und auf die wirtschaftliche Entwicklung der Ballungsgebiete, in: Faller, P.; Gürtlich, G. u. H.Baudisch (Hrsg.): Ballungsgebiete in der Mobilitätskrise, ÖVG Spezial, Band 31, Wien, 1992, S. 109 - 124

Häusler (1983) u.a.: Häusler, U. u.a.: Schienen statt Straßen?, Würzburg, 1983

Hector (2003): Hector, B.: Maut: Dekra fordert europaweit gleiche Systeme, in: DVZ, 57.Jg., Nr. 96, 12. August 2003, S. 6

Heidstra / Goldenbeld / Mäkinen / Nilsson / Sagberg (2000): Heidstra, J.; Goldenbeld, C.; Mäkinen, T.; Nilsson, G. a. F. Sagberg: New concepts in automatic enforcement, Recommended applications in a European enforcement project, Brusssels, 2000

Heinsch (1986): Heinsch, B.: Der Einfluß des öffentlichen Inputs Verkehrsinfrastruktur auf die Wettbewerbsfähigkeit einer Volkswirtschaft unter besonderer Berücksichtigung des Faktorproportionentheorems von Heckscher und Ohlin, Europäische Hochschulschriften, Bd. 727, Frankfurt a.M., 1986

Heiserich (2000): Heiserich, O.-E.: Logistik, 2.Aufl., Wiesbaden, 2000

Helfrich (1963): Helfrich, P.: Die Basisfunktion des Verkehrs unter besonderer Berücksichtigung der Beziehung von Verkehr und Staat, Hannover, 1963

Herff (2002):	Herff, M.v.: Outsourcing-Entscheidungen, Aachen, 2002
Herry / Faller / Metelka / Snizek / Van der Bellen (1993):	Herry, M.; Faller, P.; Metelka, M.; Snizek, S. u. A.van der Bellen: Verkehrswegerechnung Straße für Österreich, Studie im Auftrag des Bundesministeriums für wirtschaftliche Angelegenheiten, Kurzfassung, Wien, 1993
Herry / Judmayr (2000):	Herry, M. u. S.Judmayr: Finanzielle Belastung der Straßenbenutzer in Europa, Teil 1: Lkw, Heft 488 des Bundesministeriums für wirtschaftliche Angelegenheiten, Straßenforschung, Wien, 2000
Herry / Sedlacek / Link (2000):	Herry, M.; Sedlacek, N. u. H.Link: ASFINAG-Wegekostenrechnung, Wien, 2000
Herry (2002):	Herry, M.: Report on Tolls on Interurban Road Infrastructure, OECD, Paris, 2002, pp. 9 - 32
Herzog (1997):	Herzog, B.: Fuhrparkmanagement, Neuwied, 1997
Highway Research Board (1962):	Highway Research Board: The AASHO-Road-Test, Special Report 61G, Washington, D.C., 1962
Hills (1993):	Hills, P.: Road Congestion Pricing: When is it a good Policy?, in: Journal of Transport Economics and Policy, Vol. 27, 1993, pp. 91 - 99
HMSO (1964):	HMSO: Road Pricing: The Economic and Technical Possibilities, London, 1964
HMSO (2000):	HMSO: Road Charging Options for London. A Technical Assessment, The Stationery Office, London, 2000
Hoffmann (1961):	Hoffmann, R.: Die Gestaltung der Verkehrswegenetze, Hannover, 1961
Hohberger (2001):	Hohberger, S.: Operationalisierung der Transaktionskostentheorie im Controlling, Wiesbaden, 2001
Hohenstein (1996):	Hohenstein, G.: Cash-Flow, Cash-Management, 2., überarb. Aufl., Wiesbaden, 1996
Hohlweg (1997):	Hohlweg, G.: Spezifikation eines dezentralen Telematiksystems zur ökonomisch wirksamen Erhebung von Straßenbenutzungsabgaben, Aachen, 1997

Holocher (1988): Holocher, K.H.: Wegerechnungen für Straßen, Giessener Studien zu Transportwirtschaft und Kommunikation, Band 3, Darmstadt, 1988

Hölscher (2001): Hölscher, R.: Kreditarten, in: Gerke, W. (Hrsg.): Handwörterbuch der Finanzierung, 3., völlig überarb. u. erw. Aufl., Stuttgart, 2001, S. 1371 - 1386

Holzhey (1999): Holzhey, M.: Koordinationseffizienz in der Theorie verkehrlicher Infrastrukturgüter: ein Überblick, in: Hartwig, K.-H. (Hrsg.): Neuere Ansätze zu einer effizienten Infrastrukturpolitik, Beiträge aus dem Institut für Verkehrswissenschaft an der Universität Münster, Heft 148, Göttingen, 1999, S. 7 - 128

Holzinger (2002): Holzinger, A.: Basiswissen IT / Informatik, Band 1, Würzburg, 2002

Homburg (1995): Homburg, C.: Single Sourcing, Double Sourcing, Multiple Sourcing...?, in: Zeitschrift für Betriebswirtschaft, 65.Jg., 1995, S. 813 - 834

Homburg / Krohmer (2003): Homburg, C. u. H.Krohmer: Marketingmanagement, Wiesbaden, 2003

Hopf et. al. (1994): Hopf, R. et. al: Verminderung der Luft- und Lärmbelästigung im Güterfernverkehr 2010, Berichte des Umweltbundesamtes, Heft 5, Berlin, 1994

Horsman (2003): Horsman, B.: Success and Failure: Experiences from Cities, in: Schade, J. a. B.Schlag (Ed.): Acceptability of Transport Pricing Strategies, Amsterdam, 2003, pp. 137 - 151

Horvath (2003a): Horvath, J.: Auch die Zusatzkosten wollen beglichen sein, in: Österreichische Verkehrszeitung, Nr. 28, 11.Juli 2003, S.5

Horvath (2003b): Horvath, P.: Controlling, 9., vollständig überarb. Aufl., München, 2003

Huber (1982): Huber, M.J.: Estimation of pce's of trucks in the traffic stream, in: Transportation Research Record, 1982, pp. 60 - 68

Hug / Mock-Hecker / Radermacher (1995): Hug, K.; Mock-Hecker, R. u. F.J.Radermacher: Systemkonzept Road Pricing, in: Müller, G. u. G.Hohlweg (Hrsg.): Telematik im Straßenverkehr, Berlin, 1995, S.111 - 130

Humer (1989): Humer, H.: Spitzenlastpreisbildung und Deregulierung in der Elektrizitätswirtschaft, Wien, 1989

Hummel / Männel (1986): Hummel, S. u. W.Männel: Kostenrechnung 1, 4., völlig neu bearb. u. erw. Aufl., Wiesbaden, 1986

Hungenberg / Wulf (2004): Hungenberg, H. u. T.Wulf: Grundlagen der Unternehmensführung, Berlin, 2002

Hunkel (2001): Hunkel, M.: Segmentorientierte Preisdifferenzierung für Verkehrsdienstleistungen, Wiesbaden, 2001

Ihde (2001): Ihde, G.B.: Transport, Verkehr, Logistik, 3.,völlig überarb. u. erw. Aufl., München, 2001

Ilgmann (1993): Ilgmann, G.: Anteil der Fahrwegkosten im Straßen- und Schienenverkehr, in: Zeitschrift für Verkehrswissenschaft, 64.Jg., 1993, S. 237 - 248

Illetschko (1966): Illetschko, L.L.: Transport-Betriebswirtschaftslehre, 2., neub. Aufl., Wien, 1966

Institut für Wirtschaftsforschung (1994): Institut für Wirtschaftsforschung (Hrsg.): Regionale Wirtschaftsförderung in Sachsen-Anhalt - Analyse des Einsatzes von Fördermitteln der Gemeinschaftsaufgabe „Verbesserung der regionalen Wirtschaftsstruktur in den Jahren 1991 bis 1993“, Halle, 1994

Isenmann (1994): Isenmann, T.: Marktwirtschaftliche Verkehrspolitik: Wirtschaftsverträglichkeit und Raumwirksamkeit, Chur, 1994

Isermann (1997): Isermann, H.: Verpackung, in: Bloech, J. u. G.B.Ihde (Hrsg.): Vahlens Großes Logistiklexikon, München, 1997, S. 1227 - 1234

Ison (2000): Ison, S.: Local authority and academic attitudes to urban road pricing: a UK perspective, in: Transport Policy, Vol. 7, 2000, pp. 269 - 277

Izquierdo / Vassallo (2002): Izquierdo, R. a. J.Vassallo: Report on Tolls on Interurban Road Infrastructure, OECD, Paris, 2002, pp. 33 - 65

Jagersbacher (2004): Jagersbacher, K.: 90 Tage Lkw-Maut, in: Internationale Transport Revue, Nr.4, 2004, S.4 - 7

Jahrmann (2003): Jahrmann, F.-U.: Finanzierung, 5., wesentlich überarb. Aufl., Herne, 2003

Jakszentis (2000): Jakszentis, C.: Redistributionslogistik, Wiesbaden, 2000

Jansson (1980): Jansson, J.O.: Transport System Optimization and Pricing, Stockholm, 1980

Jansson (1993): Jansson, J.O.: Government and Transport Infrastructure - Pricing, in: Polak, J. a. A.Heertje (Ed.): European Transport Economics, Oxford, 1993, pp. 189 - 220

Jeanrenaud (1990): Jeanrenaud, C.: Externe Vorteile der Straßeninfrastruktur, in: Jahrbuch der Schweizerischen Verkehrswirtschaft 1989/ 90, St.Gallen, 1990, S. 53 - 65

Johnson (1964): Johnson, B.: On the Economics of Road Congestion, in: Econometrica, Vol. 32, No. 1-2, 1964, pp. 137 - 150

Jones (1991a): Jones, P.: UK Public Attitudes to Urban Traffic Problems and Possible Countermeasures: a Poll of Polls, in: Environment and Planning C: Government and Policy, Vol. 9, 1991, pp. 245 - 256

Jones (1991b): Jones, P.: Gaining public support for road pricing through a package approach, in: Traffic Engineering and Control, Vol. 32, 1991, pp. 194 - 196

Jones (2003): Jones, P.: Acceptability of Road User Charging. Meeting the Challenge, in: Schade, J. a. B.Schlag (Ed.): Acceptability of Transport Pricing Strategies, Amsterdam, 2003, pp. 27 - 62

Jost (2001): Jost, P.: Der Transaktionskostenansatz im Unternehmenskontext, in: Jost, P. (Hrsg.): Der Transaktionskostenansatz in der Betriebswirtschaftslehre, Stuttgart, 2001, S. 9 - 34

Joyce / Woods (2001): Joyce, P. a. A.Woods: Strategic Management, London, 2001

Jung (1999): Jung, S.: Das Management von Geschäftsbeziehungen, Wiesbaden, 1999

Jung (2003): Jung, H.: Controlling, München, 2003

Jung (2004): Jung, H.: Allgemeine Betriebswirtschaftslehre, 9., überarb. Aufl., München, 2004

Just (1992): Just, K.: Mautsysteme und Finanzierung von Autobahnen aus gesamteuropäischer Sicht, in: Interalp Verkehrsforum (Hrsg.): Verkehrsforum 1992, Tagungsband, Germering, 1992, S. 64 - 68

Kaniowski (1958): Kaniowski, P.W.: Organisation und Planung im Kraftverkehr, Berlin, 1958

Keeler / Small (1977): Keeler, T. a. K.Small: Optimal Peak-Load Pricing, Investment and Service Levels on urban Expressways, in: Journal of Political Economy, Vol. 85, No. 1, 1977, pp. 1 - 25

Kentner (1970): Kentner, W.: Zeitbewertung im Personenverkehr, in: Zeitschrift für Verkehrswissenschaft, 41.Jg., 1970, S. 93 - 119

Kerler (2003): Kerler, S.: Maut, Lösungen für die Praxis, 2.Aufl., München, 2003

Keuchel (1992): Keuchel, S.: Internationale Erfahrungen mit Straßenbenutzungsgebühren im Stadtverkehr, in: Internationales Verkehrswesen, 44.Jg., Heft 10, 1992, S. 377 - 386

Keuchel / Rodi (1994): Keuchel, S. u. H.Rodi: Erhebung von Straßenbenutzungsgebühren, Beispiel Norwegen, in: Internationales Verkehrswesen, 46.Jg., Nr. 4, 1994, S. 203 - 205

Kiesl (2000): Kiesl, B.: Citizen Value, Bewertung von Finanzierungs- und Organisationsalternativen zur Bereitstellung von Infrastrukturleistungen, Bamberg, 2000

Klaus (1997): Klaus, P.: Fuhrparkmanagement, in: Bloech, J. u. G.B.Ihde (Hrsg.): Vahlens Großes Logistiklexikon, München, 1997, S. 320 - 322

Kleer (1992): Kleer, M.: Gestaltung von Kooperationen zwischen Industrie- und Logistikunternehmen, Berlin, 1992

Klemmer (1982): Klemmer, P.: Funktion und Bedeutung der Verkehrsinfrastruktur in der entwickelten Industriegesellschaft, in: DVWG (Hrsg.): Jahrestagung 1981 Verkehrsinfrastruktur in der Industriegesellschaft von morgen - Rationalisierung der Infrastrukturpolitik, Schriftenreihe der DVWG, B 59, Köln, 1982, S.45 - 58

Klinski (2001): Klinski, S.: Umweltorientierte Schwerverkehrsabgaben aus der Sicht des Verfassungs- und Europarechts, im Auftrag des Bundesumweltamtes, Berlin, 2001

Kluck (2002): Kluck, D.: Materialwirtschaft und Logistik, 2., überarb. Aufl., Stuttgart, 2002

Knapp (1998): Knapp, F.D.: Determinanten der Verkehrsmittelwahl, Berlin 1998

Knauth / Lux (1989): Knauth, P. u. T.Lux: Ökonomische Analyse von Verkehrsstaus, in: Wirtschaftsdienst, 69.Jg., Heft 11, 1989, S. 583 - 586

Knieps (1992): Knieps, G.: Wettbewerb im europäischen Verkehrssektor: Das Problem des Zugangs zu Wegeinfrastrukturen, in: ifo-Studien, 38.Jg., Nr. 3 - 4, 1992, S. 317 - 328

Knieps (1995): Knieps, G.: Staugebühren: Eine ökonomische Analyse, in: Müller, G. u. G.Hohlweg (Hrsg.): Telematik im Straßenverkehr, Berlin, 1995, S. 151 - 164

Knieps (1998): Knieps, G.: Das neue Trassenpreissystem: volkswirtschaftliche Vorteile eines zweistufigen Systems, in: Internationales Verkehrswesen, 50.Jg., Nr.10, 1998, S. 466 - 470

Knieps (2000): Knieps, G.: Marktkonforme Infrastrukturbenutzungsgebühren: Notwendigkeit eines mehrstufigen Tarifkonzepts, in: DVWG (Hrsg.): Grenzkosten als Grundlage für die Preisbildung im Verkehrsbereich, Band B 229, Bergisch Gladbach, 2000, S.72 - 80

Knieps (2002): Knieps, G.: Knappheitsprobleme in Netzen: Was leistet die Ökonomie?, in: DVWG (Hrsg.): Knappe Netzkapazitäten - Probleme und Lösungsstrategien in offenen Verkehrs- und Versorgungsnetzen, Schriftenreihe der DVWG, Band B 252, Bergisch Gladbach, 2002, S.7 - 22

Knight (1924): Knight, F.: Some Fallacies in the Interpretation of Social Costs, in: Quarterly Journal of Economics, Vol. 38, 1924, pp. 582 - 606

Knoblich (1969): Knoblich, H.: Zwischenbetriebliche Kooperation. Wesen, Formen und Ziele, in: Zeitschrift für Betriebswirtschaft, 39. Jg., Nr. 8, 1969, S. 497 - 514

Knop (1977): Knop, B.: Verkehr und regionaler Entwicklungsstand, Bochum, 1977

Köberlein (1992): Köberlein, Ch.: Die ökonomische und verkehrspolitische Bedeutung des Straßengütertransitverkehrs in der Bundesrepublik Deutschland, Ravenstein, 1992

Köberlein (1997): Köberlein, Ch.: Kompendium der Verkehrspolitik, München, 1997

Kommission Verkehrsinfrastrukturfinanzierung (2000): Kommission Verkehrsinfrastrukturfinanzierung: Schlussbericht, Berlin, 2000

Koppelmann (2000): Koppelman, U.: Beschaffungsmarketing, 3., neu bearb. u. erw. Aufl., Berlin, 2000

Kornrumpf (1990): Kornrumpf, M.: HAFRABA e.V. - deutsche Autobahnplanung 1926 - 1934, Bonn, 1990

Kossak (2004): Kossak, A.: Straßenbenutzungsgebühren weltweit, in: Internationales Verkehrswesen, 56. Jg., Nr. 6, 2004, S. 246 - 249

Kratena / Puwein (2002): Kratena, K. a. W.Puwein: Road Pricing for Heavy Goods Vehicles Transport, WIFO Working Papers, Nr.180, Wien, 2002

Krause (2003): Krause, T.: Dynamische Straßenbenutzungsgebühren zur Reduzierung von Staus, Frankfurt am Main, 2003

Kreikebaum (1997): Kreikebaum, H.: Strategische Unternehmensplanung, 6. Aufl., Stuttgart, 1997

Kreilenkamp (1987): Kreilenkamp, E.: Strategisches Management und Marketing, Berlin, 1987

Krugman / Obstfeld (2004): Krugman, P. u. M.Obstfeld: Internationale Wirtschaft, 6. Aufl., München, 2004

Krupnick / Rowe / Lang (1997): Krupnick, A.J.; Rowe, R.D. a. C.M.Lang: Transportation and Air Pollution: The Environmental Damages, in: Greene, D.L.; Jones, D.W. a. M.A.Delucchi (Hrsg.): The Full Costs and Benefits of Transportation, Berlin, 1997, pp. 337 - 369

Kruse (1996): Kruse, J.: Engpässe in Verkehrsinfrastrukturen, in: Zeitschrift für Verkehrswissenschaft, 67.Jg., Heft 3, 1996, S.183 - 203

Kühne (1960): Kühne, K.: Koordinierung - Wunschbild und Realität, in: Osterkamp, K. u. K.Kühne (Hrsg.): Handbuch der öffentlichen Wirtschaft, Band 1, Stuttgart, 1960, S. 853 - 858

Kummer / Riebesmeier / Einbock / Fürst / Kotnik (2002): Kummer, S.; Riebesmeier, B.; Einbock, M.; Fürst, E. u. S.Kotnik: Auswirkungen der LKW-Maut auf Industrie und Handel unter Berücksichtigung branchenbezogener und regionaler Aspekte in Österreich, Wien, 2002

Kummer / Riebesmeier / Einbock / Gierke (2002): Kummer, S.; Riebesmeier, B.; Einbock, M. u. G.Gierke: Abschätzung externer Kosten für das Lkw-Mautsystem Österreich, Wien, 2002

Kummer (2003): Kummer, S.: Die österreichische Lkw-Maut, Gutachten und Kalkulationstabellen, Wien, 2003

Kummer / Einbock (2003a): Kummer, S. u. M.Einbock: Darstellung der Konsequenzen der Lkw-Maut auf die Nahrungs- und Genussmittelbranche (Hersteller und Handel) und sich daraus ergebende Entlastungsalternativen, Wien, 2003

Kummer / Einbock (2003b): Kummer, S. u. M.Einbock: Auswirkungen der Einführung der fahrleistungsabhängigen Lkw-Maut in Österreich - Ergebnisse einer empirischen Umfrage, Wien, 2003

Kummer / Einbock / Nagl (2003a): Kummer, S.; Einbock, M. u. P.Nagl: Erstellung von Mautkostentabellen für das Unternehmen Neuber GmbH, Wien, 2003

Kummer / Einbock / Nagl (2003b): Kummer, S.; Einbock, M. u. P.Nagl: Auswirkungen der Ausflaggung von Fahrzeugen im Straßengüterverkehr, Wien, 2003

Kummer / Einbock / Stöcklmair (2003): Kummer, S.; Einbock, M. u. R.Stöcklmair: Die Einführung der fahrleistungsabhängigen LKW-Maut und ihre Auswirkungen auf die in der Fahrzeugdistribution tätigen Unternehmen, Wien, 2003

Kummer / Einbock (2004): Kummer, S. u. M.Einbock: Die fahrleistungsabhängige Maut in Österreich und deren Kostenauswirkungen auf Unternehmen, in: Logistikmanagement, 6.Jg., 2004, Ausgabe 2, S. 36 - 51

Kunert (1997): Kunert, U.: Zu erwartende Veränderungen der Nachfrage durch Internalisierung externer Effekte im Verkehr, in: DVWG (Hrsg.): Verkehr im Spannungsfeld von Ökologie, Wettbewerb und technischen Innovationen, Schriftenreihe der DVWG, B 195, Bergisch Gladbach, 1997, S.112 - 141

Küper (1997): Küper, N.: Entlastung des Straßengüterverkehrs durch den Schienengüterverkehr, Münster, 1997

Küpper (1987): Küpper, H.-U.: Konzeption des Controlling aus betriebswirtschaftlicher Sicht, in: Scheer, A.-W. (Hrsg.): Rechnungswesen und EDV, Heidelberg, 1987, S. 82 - 116

Küpper (2001): Küpper, H.-U.: Controlling, 3.,überarb. u. erw. Aufl., Stuttgart, 2001

Kuratorium für Verkehrssicherheit (2004): Kuratorium für Verkehrssicherheit: Unfallstatistik 2003, Wien, 2004

Küting (1983): Küting, K.: Der Entscheidungsrahmen einer unternehmerischen Zusammenarbeit, in: Küting, K. u. K.J.Zink (Hrsg.): Unternehmerische Zusammenarbeit, Berlin, 1983, S. 1 - 35

Laaser (1991): Laaser, C.-F.: Wettbewerb im Verkehrswesen, Kieler Studien 256, Tübingen, 1991

Lakshmanan / Nijkamp / Rietveld / Verhoef (2001): Lakshmanan, T.R.; Nijkamp, P.; Rietveld, P. a. E.T.Verhoef: Benefits and costs of transport, in: Papers in Regional Science, Vol. 80, 2001, pp. 139 - 164

Lamprecht (1997): Lamprecht, H.: Unreflektorische Ansätze in der Verkehrspolitik, in: Faller, P. u. G.Gürtlich (Hrsg.): Verkehrsinfrastruktur - Voraussetzung für Kommunikation, Mobilität und Güteraustausch, ÖVG Spezial, Band 40, Wien, 1997, S. 174 - 186

Lanz (1992): Lanz, R.: Controlling in kleineren und mittleren Unternehmen, 3.Aufl., Bern, 1992

Laue (1997): Laue, U.: Begriff, Struktur und Bestimmbarkeit von Verkehrsqualität, in: Internationales Verkehrswesen, 49.Jg., Nr.10, 1997, S. 491 - 494

Lay (1994): Lay, M.G.: Die Geschichte der Straße, Frankfurt / Main, 1994

Lehmacher (1975): Lehmacher, H.: Die Ökonomie der Stauungen im Straßenverkehr von Ballungsräumen, Schriftenreihe des Instituts für Industrie- und Verkehrspolitik der Universität Bonn, Berlin, 1975

Lehmann (1996): Lehmann, C.: Die politische Ökonomie des Road Pricing, Vorträge und Studien aus dem Institut für Verkehrswissenschaft an der Universität Münster, Heft 30, Göttingen, 1996

Lemper (2000): Lemper, B.: Möglichkeiten und Grenzen einer Substitution des Straßengüterverkehrs durch andere Verkehrsträger, in: Bremer Gesellschaft für Wirtschaftsforschung e.V. (Hrsg.): Engpass Verkehr, Frankfurt am Main, 2000, S. 37 - 71

Leutzbach (1991): Leutzbach, W.: Kann eine effizientere Nutzung der vorhandenen Straßennetze ab sofort den Bau weiterer Strassen ersetzen?, in: Faller, P.; G.Gürtlich u. H.Baudisch (Hrsg.): Leistungsfähige Verkehrssysteme - im Interesse des Menschen und der Umwelt, ÖVG Spezial, Band 29, Wien 1991, S.34 - 40

Levinson (2002): Levinson, D.: Financing Transportation Networks, Cheltenham, 2002

Limao / Venables (2001): Limao, N. a. A.Venables : Infrastructure, Geographical Disadvantage, Transport Costs, and Trade, in: The World Bank Economic Review, Vol. 15, No.3, 2001, pp. 451 - 479

Lindberg (2001): Lindberg, G.: Traffic Insurance and Accident Externality Charges, in: Journal of Transport Economics and Policy, Vol. 35, Part 3, 2001, pp. 399 - 416

Linden (1966): Linden, W.: Verkehrs-Lexikon, Wiesbaden, 1966

Link / Rieke / Schmied (2000): Link, H.; Rieke, H. u. M.Schmied: Wegekosten und Wegekostendeckung des Straßen- und Schienenverkehrs in Deutschland im Jahre 1997, Berlin, 2000

Link (2003): Link, H.: Public and Political Acceptability of Transport Pricing: Are there Differences?, in: Schade, J. a. B.Schlag (Ed.): Acceptability of Transport Pricing Strategies, Amsterdam, 2003, pp. 297 - 314

Liu / McDonald (1998): Liu, N.L. a. J. F.McDonald: Efficient Congestion Tolls in the Presence of Unpriced Congestion: a Peak and Off-Peak Simulation Model, in: Journal of Urban Economics, Vol. 44, No. 3, 1998, pp. 352 - 366

Liu / McDonald (1999): Liu, N.L. a. J.F.McDonald: Economic efficiency of second-best congestion pricing schemes in urban highway systems, in: Transportation Research, Part B, Vol. 33, No. 3, 1999, pp. 157 - 188

Luckenbach (2000): Luckenbach, H.: Theoretische Grundlagen der Wirtschaftspolitik, 2.Aufl., München 2000

Macharzina (2003): Macharzina, K.: Unternehmensführung, 4., grundlegend überarb. Aufl., Wiesbaden, 2003

Magee / Copacino / Rosenfield (1985): Magee, J.; Copacino, W. a. D.Rosenfield: Modern Logistics Management, New York, 1985

Maibach / Iten (1997): Maibach, M. u. R.Iten: Angst vor der Kostenwahrheit?, in: Jahrbuch der Schweizerischen Verkehrswirtschaft 1996/ 97, St.Gallen, 1997, S.77 - 85

Maibach / Schreyer / Banfi / Iten / de Haan (1999): Maibach, M.; Schreyer, Ch.; Banfi, S.; Iten, R. u. P.de Haan: Faire und effiziente Preise im Verkehr. Ansätze für eine verursachungsgerechte Verkehrspolitik in der Schweiz, Bern, 1999

Maier / Tödtling (2001): Maier, G. u. F.Tödtling: Regional- und Stadtökonomik 1, Standorttheorie und Raumstruktur, 3., aktualisierte Aufl., Wien, 2001

Mankiw (2001): Mankiw, G.: Grundzüge der Volkswirtschaftslehre, 2., überarb. Aufl., Stuttgart, 2001

Männel (1996): Männel, B.: Netzwerke in der Zulieferindustrie, Wiesbaden, 1996

Mansfield / Yohe (2000): Mansfield, E. a. G.Yohe: Microeconomics, 10.ed., New York, 2000

Marbacher (2001): Marbacher, A.: Demand & Supply Chain Management, Bern, 2001

Marcucci (1998): Marcucci, E.: Road Pricing: Old Beliefs, Present Awareness and Future Research Patterns, Urbino, 1998

Marrewijk (2002): Marrewijk, C.: International Trade and the world economy, Oxford, 2002

Martellato et.al. (1999): Martellato, D. et.al: Measurement and measures of network accessibility, in: Beuthe, M. a. P.Nijkamp: New contributions to transportation analysis in Europe, Aldershot, 1999, pp. 68 - 87

Martinez-Zarzoso / Garcia-Menendez / Suarez-Burguet (2003): Martinez-Zarzoso, I.; Garcia-Menendez, L. a. C. Suarez-Burguet: Impact of Transport Costs on International Trade: The Case of Spanish Ceramic Exports, in: Maritime Economics & Logistics, Vol. 5, 2003, pp. 179 - 198

Matiaske / Mellewigt (2002): Matiaske, W. u. T.Mellewigt: Motive, Erfolge und Risiken des Outsourcings - Befunde und Defizite der empirischen Outsourcing-Forschung, in: ZfB, 72.Jg., 2002, H. 6, S. 641 - 659

May (1992): May, A.D.: Road pricing: An international perspective, in: Transportation, Vol. 19, 1992, pp. 313 - 333

Mayer (2004): Mayer, H.: Interview und schriftliche Befragung, 2., verb. Aufl., München, 2004

Mayeres / Dender (2001): Mayeres, I. a. K.v.Dender: The external cost of transport, in: Borger, B. a. S.Proost (Ed.): Reforming Transport Pricing in the European Union, Cheltenham, 2001, pp. 135 - 169

Mayring (1999): Mayring, P.: Einführung in die qualitative Sozialforschung, Weinheim, 1999

Mazzoleni (2001): Mazzoleni, R.: Electronic Toll Collection (ETC) in the Dulles Corridor, in: Stough, R. (Ed.): Intelligent Transport Systems, Cheltenham, 2001, pp. 47 - 72

McCarthy / Tay (1993): McCarthy, P. a. R.Tay: Economic Efficiency vs. Traffic Restraint: A Note on Singapore's Area License Scheme, in: Journal of Urban Economics, Vol. 34, 1993, pp. 96 - 100

McKay (1989): McKay, C.: Möglichkeiten einer privatwirtschaftlichen Finanzierung von Verkehrsinfrastrukturinvestitionen in der EG, Beiträge aus dem Institut für Verkehrswissenschaft an der Universität Münster, Heft 119, Göttingen, 1989

McKinnon (1996): McKinnon, A: The contribution of Road Construction to Economic Development, in: European Federation for Transport and Environment (Ed.): Roads and Economy, Brussels, 1996, pp.19 - 26

Meißner (2004): Meißner, J.-D.: Statistik, München, 2004

Meng / Yang / Bell (2001): Meng, Q.; Yang, H. a. M.G.H.Bell: An equivalent continuously differentiable model and a locally convergent algorithm for the continuous network design problem, in: Transportation Research, Part B, Vol. 35, No. 1, 2001, pp. 83 - 105

Menon / Lam (1993): Menon, A.P.G. a. S.H.Lam: Singapore's Road Pricing Systems 1989-1993, Transportation Research Report NTU/CTS/93-2, Center for Transportation Studies, Nanyang Technological University, Singapore, November, 1993

Merath (1995): Merath, F.: Verkehrswege als Einsatzfaktor effizienter Produktion: Zum Zusammenhang zwischen Produktionsverlagerungen und verkehrlichen Wirkungen, in: Zeitschrift für Verkehrswissenschaft, 66.Jg., 1995, S. 279 - 290

Merath (1997): Merath, F.: Straßenverkehr, in: Bloech, J. u. G.B.Ihde (Hrsg.): Vahlens Großes Logistiklexikon, München, 1997, S. 1030 - 1032

Meyer (1999): Meyer, C.: Straßenbenutzungsgebühren als Instrument zur Internalisierung der externen Kosten des Pkw-Verkehrs, Aachen, 1999

Meyer (2002): Meyer, C.: Betriebswirtschaftliches Rechnungswesen, Zürich, 2002

Michalski (1932): Michalski, K.: Das Prinzip der Preisdifferenzierung, Leipzig, 1932

Mikus (1997): Mikus, B.: ABC-Analyse, in: Bloech, J. u. G.B.Ihde (Hrsg.): Vahlens Großes Logistiklexikon, München, 1997, S.1 - 2

Mikus (2001): Mikus, B.: Make-or-buy-Entscheidungen, 2. Aufl., Chemnitz, 2001

Miller / Shaw (2001): Miller, H. a. S.-L.Shaw: Geographic Information Systems for Transportation, New York, 2001

Milne / Niskanen / Verhoef (2001): Milne, D., Niskanen, E. a. E.Verhoef: Legal and Institutional Framework for Marginal Cost Pricing in Urban Transport in Europe, VATT Research Report 76, Helsinki 2001

Minge / Schaefer / Schoenenberger / Sonnemann (2001): Minge, O.; Schaefer, J.; Schoenenberger, H. a. B.Sonnemann: How Communication Technology Influence the Future of Mobility - New Perspectives in the Field of Telemedicine, in: Mayinger, F. (Ed.): Mobility and Traffic in the 21st Century, Berlin, 2001, pp. 187 - 242

Mirchandani / Head / Boyce (2000): Mirchandani, P.; Head, L. a. D.Boyce: Model-based transportation policy analysis, in: International Journal of Technology Management, Vol. 19, No. 3/4/5,2000, pp.507 - 532

Mishan (1971): Mishan, E.: The Postwar Literature on Externalities: An Interpretative Essay, in: Journal of Economic Literature, Vol. 9, 1971, pp. 1 - 28

Mohring (1961): Mohring, H.: Land Values and the Measurement of Highway Benefits, in: Journal of Political Economy, Vol. 69, No. 3, June, 1961, pp. 236 - 249

Mohring (1999): Mohring, H.: Congestion, Gomez-Ibanez, J.; Tye, W. a. C.Winston (Ed.): Essays in Transportation Economics and Policy, Washington, D.C., 1999, pp. 181 - 221

Monsees (1995): Monsees, J.: Ökonomisch-ökologische Beurteilung von Instrumenten zur Beschränkung des motorisierten Individualverkehrs in Innenstädten unter besonderer Berücksichtigung von Road-Pricing-Ansätzen, Schriftenreihe des IÖW 90, Berlin, 1995

Morrison (1986): Morrison, S.: A Survey of Road Pricing, in: Transportation Research, Part A, Vol. 20, No. 2, 1986, pp. 87 - 97

Morschett (2003): Morschett, D.: Formen von Kooperationen, Allianzen und Netzwerken, in: Zentes, J.; Swoboda, B. u. D.Morschett (Hrsg.): Kooperationen, Allianzen und Netzwerke, Wiesbaden, 2003, S. 387 - 413

Müller-Hagedorn / Schuckel (2003): Müller-Hagedorn, L. u. M.Schuckel: Einführung in das Marketing, 3., überarb. u. erw. Aufl., Stuttgart, 2003

Müller-Stewens / Lechner (2003): Müller-Stewens, G. u. C.Lechner: Strategisches Management, 2., überarb. u. erw. Aufl., Stuttgart, 2003

Munnell (1993): Munnell, A.: An Assessment of Trends in and Economic Impacts of Infrastructure Investment, in: OECD (Ed.): Infrastructure Policies for the 1990s, Paris, 1993, pp.21 - 54

Nash (1982): Nash, C.A.: A Reformulation of the Theory of optimal Congestion Taxes - A Comment, in: Journal of Transport Economics and Policy, Vol. 16, No. 3, 1982, pp. 295 - 299

Nash / Sansom / Still (2001): Nash, C.; Sansom, T. a. B.Still : Modifying transport prices to internalise externalities: evidence from European case studies, in: Regional Science and Urban Economics, Vol. 31, 2001, pp. 413 - 431

Nebl (2004): Nebl, T.: Produktionswirtschaft, 5.Aufl., München, 2004

Neumann / Morlock (2002): Neumann, K. u. M.Morlock: Operations Research, 2. Aufl., München, 2002

Neuenschwander / Suter / Walter (1998): Neuenschwander, R.; Suter, S. u. F.Walter: Urbanes Road Pricing in der Schweiz - eine Fallstudie für die Stadt Bern, in: Jahrbuch 1997/98 Schweizerische Verkehrswirtschaft, St.Gallen, 1998, S.165 - 183

Newberry (1990): Newberry, D.: Pricing and Congestion: Economic Principles relevant to Pricing Roads, in: Oxford Review of Economic Policy, Vol. 6, No. 2, 1990, pp. 22 - 38

Newole (2004): Newole, P.: Die Mauteinführung: Ein Drahtseilakt zwischen optimaler Technik und Kundenorientierung, Vortrag, Mautkonferenz: „Die ersten 90 Tage mit der Lkw-Maut“, 31.März 2004, Wirtschaftsuniversität Wien

Nickel (1991): Nickel, B.E.: In Innenstädten weltweit Verkehrsbeschränkungen. Nachfrage-Management im Stadtverkehr, in: Der Nahverkehr, 9.Jg., Nr. 1, 1991, S. 11 - 22

Nielsen (2000): Nielsen, S.-M.: Beiträge des Verkehrssystem-Managements zum stadtverträglicheren Straßenverkehr, Berlin, 2000

Oakland (1972): Oakland, W.: Congestion, Public Goods and Welfare, in: Journal of Public Economics, Vol. 1, 1972, pp. 339 - 357

Odeck / Brathen (1997): Odeck, J. a. S.Brathen: On public attitudes toward implementation of toll roads - the case of Oslo toll ring, in: Transport Policy, Vol. 4, No. 2, 1997, pp. 73 - 83

Olesch (1995): Olesch, G.: Kooperation, in: Tietz, B.v. (Hrsg.): Handwörterbuch des Marketing, 2., vollständig überarb. Aufl., Stuttgart, 1995, Sp.1273 - 1284

Olfert / Reichel (2003): Olfert, K. u. C.Reichel: Finanzierung, 12., aktualisierte und verbesserte Aufl., Ludwigshafen (Rhein), 2003

O'Mahony / Kirwan (2001): O'Mahony, M. a. K.J.Kirwan: Speed-flow relationship and feasibility of road-pricing technology, in: Borger, B.D. a. S. Proost (Ed.): Reforming Transport Pricing in the European Union, Cheltenham, 2001, pp. 191 - 207

Österreichische Nationalbank (2001): Österreichische Nationalbank: Kompendium von Texten zur Wirtschafts- und Währungsunion, Wien, 2001

Ostrowski (1993): Ostrowski, R.: Neue Wege der Infrastrukturfinanzierung, in: Zeitschrift für Verkehrswissenschaft, 64.Jg., 1993, S.49 - 66

Ott (1979): Ott, A.E.: Grundzüge der Preistheorie, 3., überarb. Aufl., Göttingen, 1979

o.V. (2003a): o.V.: Althochdeutsch: Muta = Maut, in: Verkehr, 5. September 2003, Nr.36, S.12

o.V. (2003b): o.V.: Kfz-Mautsystem, in: Straßengüterverkehr, Nr. 6, 2003, S.6

o.V. (2003c): o.V.: Autostrade will Mautsystem exportieren, in: DVZ, 57. Jg., Nr.152, 20. Dezember 2003, S.7

o.V. (2003d): o.V.: 35 Jahre Maut in Österreich, in: Verkehr, Special Lkw-Maut, Nr. 48a, 28. November 2003, S.7a - 10a

o.V. (2003e): o.V.: Schweiz und Österreich sind kompatibel, in: Verkehr, Special Lkw-Maut, Nr.48a, 28.November 2003, S.15a

o.V. (2003f): o.V.: Benettons neueste Mode: kostenpflichtige Autobahnen, in: DVZ, 57.Jg., Nr. 28, 6.März 2003, S.8

o.V. (2003g): o.V.: Ein einfaches technisches Konzept, in: DVZ, 57.Jg., Nr. 131, 1.November 2003, S.3

o.V. (2003h): o.V.: Aktuell zum Jahreswechsel 2004: Road Pricing, in: Logistik, Schenker Stinnes Logistik, 8. Ausgabe, Dezember 2003, S.3

o.V. (2003i): o.V.: Österreichs Transporteure doppelt belastet, in: Straßengüterverkehr, 57.Jg., November, 2003, S.14

o.V. (2003j): o.V.: Im Nahverkehr ein Thema, in: Straßengüterverkehr, 57. Jg., November, 2003, S.16

o.V. (2003k): o.V. Weiterverrechnung von Road Pricing, in: Straßengüterverkehr, 57. Jg., November, 2003, S.18

o.V. (2003l): o.V.: Maut = "Steuer": Weiterverrechnen, in: Straßengüterverkehr, 57. Jg., Juli, 2003, S.22 - 23

o.V. (2003m): o.V.: Österreich vor Pleitewelle, in: Verkehr, 30.Mai 2003, S.3

o.V. (2003n): o.V.: Formel 33/15 für Kostendeckung, in: Straßengüterverkehr, 57.Jg., Juli, 2003, S.15

o.V. (2003o): o.V.: Jammern hilft uns nicht, in: Verkehr, Nr.15, 11.April 2003, S.4

o.V. (2003p): o.V.: Schweiz kein Vorbild beim Road Pricing, in: Verkehr, 19.September 2003, S.3

o.V. (2003q): o.V.: 2004 wird schwieriges Jahr, in: Verkehr, 5.Dezember 2003, S.1 u. S.3

o.V. (2003r): o.V.: Chance nicht genutzt, in: Verkehr, 4.April 2003, Nr. 14, S.4

o.V. (2003s): o.V.: Maut bringt Kostenschub, in: Verkehr, 24.Oktober 2003, S.5

o.V. (2003t): o.V.: Drohende Maut lässt Kombiverkehr zweistellig zunehmen, in: DVZ, 57.Jg., 4.November 2003, S.12

o.V. (2003u): o.V.: „Wir sind besonders betroffen“, in: Verkehr, 4.April 2003, Nr.14, S.3

o.V. (2004a): o.V.: Gemeinsame Linie, in: Straßengüterverkehr, 58.Jg., April, 2004, S. 15 - 17

o.V. (2004b): o.V.: Mitwirkungspflicht des Fahrers fällt, in: Verkehr, 25. Juni 2004, Nr.26, S.4

o.V. (2004c): o.V.: Blockade und Politik, in: Verkehr, 16.April 2004, Nr.16, S.1 - 2

o.V. (2004d): o.V.: Österreich: Pläne für Flächenmaut, in: DVZ, 58.Jg., 13./15.April 2004, S.2

o.V. (2004e): o.V.: Steiermark zählt Mautflüchtlinge, in: Verkehr, 28.Mai 2004, S.12

o.V. (2004f): o.V.: Das Mautsystem soll interoperabel werden, in: DVZ, 58.Jg., 8.Juni 2004, S.6

Palma / Lindsey (2000): Palma, A. a. R.Lindsey: Private toll roads: Competition under various ownership regimes, in: Annals of Regional Sciences, Vol. 34, No. 1, 2000, pp. 13 - 35

Palupski (2002): Palupski, R.: Management von Beschaffung, Produktion und Absatz, 2.Aufl., Wiesbaden, 2002

Parasuraman / Grewal / Krishnan (2004): Parasuraman, A.; Grewal, D. a. R.Krishnan: Marketing Research, Boston 2004

Parry (2002): Parry, I.W.H.: Comparing the efficiency of alternative policies for reducing traffic congestion, in: Journal of Public Economics, Vol. 85, No. 3, 2002, pp. 333 - 362

Pechtl (2003): Pechtl, H.: Logik von Preissystemen, in: Diller, H. u. A.Herrmann (Hrsg.): Handbuch Preispolitik, Wiesbaden, 2003, S.71 - 91

Pepels (1998): Pepels, W.: Einführung in das Preismanagement, München, Wien, 1998

Pepels (2004): Pepels, W.: Marketing, 4., völlig überarb. und erw. Aufl., München 2004

Perridon / Steiner (2002): Perridon, L. u. M.Steiner: Finanzwirtschaft der Unternehmung, 11., überarb. u. erw. Aufl., München, 2002

Peschel (1963): Peschel, K.: Der Zeitfaktor in Wirtschaftlichkeitsrechnungen für den Straßenbau, in: Zeitschrift für Verkehrswissenschaft, 34.Jg, 1963, S.11 - 19

Pfohl (1981): Pfohl, H.-Chr.: Planung und Kontrolle, Stuttgart, 1981

Pfohl (2003): Pfohl, H.-Chr.: Logistiksysteme, 7., korrigierte und aktualisierte Aufl., Berlin, 2003

Pfohl / Ebert / Hofmann (2003): Pfohl, H.-Chr.; Ebert, R. u. E.Hofmann: Management der "finanziellen" Supply Chain: Charakterisierung - Aufgabenbereiche - Interdependenzen, in: Bundesvereinigung Logistik (Hrsg.): Finanzierung - eine neue Dimension der Logistik, Berlin, 2003, S.1 - 64

Phlips (1983): Phlips, L.: The Economics of Price Discrimination, Cambridge, 1983

Picot (1982): Picot, A.: Der Transaktionskostenansatz in der Organisationstheorie: Stand der Diskussion und Aussagewert, in: DBW, 42.Jg., Nr. 2, 1982, S. 267 - 284

Picot / Dietl / Franck (2003): Picot, A.; Dietl, H. u. E.Franck: Organisation, 3., überarb. u. erw. Aufl., Stuttgart, 2003

Picot / Reichwald / Wigand (2003): Picot, A.; Reichwald, R. u. R.Wigand: Die grenzenlose Unternehmung, 5. aktualisierte Aufl., Wiesbaden, 2003

Pigou (1920): Pigou, A.: The economics of welfare, London, 1920

Piontek (2003): Piontek, J.: Controlling, 2., erw. Aufl., München, 2003

Polzin (1999): Polzin, D.: Kombinierter Verkehr Straße - Schiene, in: Internationales Verkehrswesen, 51.Jg., 1999, Nr.12, S. 558 - 563

Poole (1992): Poole, R.: Introducing congestion pricing on a new toll road, in: Transportation, Vol. 19, 1992, pp. 383 - 396

Porter (1980): Porter, M.: Competitive Strategy, New York, 1980

Porter (1985): Porter, M.: Competitive Advantage, New York, 1985

Porter (1999): Porter, M.: Wettbewerbsstrategie, 10. Aufl., Frankfurt/M., 1999

Powell (1990): Powell, W.: Neither market nor hierarchy: Network forms of organization, in: Research in Organizational Behaviour, Vol. 12, 1990, pp. 295 - 336

Prahalad / Hamel (1990): Prahalad, C.K. a. G.Hamel: The Core Competence of the Corporation, in: Havard Business Review, Vol. 68, May-June, 1990, pp. 79 - 91

Preißler (2000): Preißler, P.: Controlling, 12., unwes. veränd. Aufl., München, 2000

Priemer (2003): Priemer, V.: Preisbündelung, in: Diller, H. u. A.Herrmann (Hrsg.): Handbuch Preispolitik, Wiesbaden, 2003, S. 503 - 519

Proost / Van Dender (2001): Proost, S. a. K. Van Dender: The welfare impacts of alternative policies to address atmospheric pollution in urban road transport, in: Regional Science and Urban Economics, Vol. 31, 2001, pp. 383 - 411

Puga (2002): Puga, D.: European regional policies in light of recent location theories, in: Journal of Economic Geography, Vol. 2, 2002, No. 4, pp. 373 - 406

Puwein (1999): Puwein, W.: Investitionen in die Bahn- und Straßeninfrastruktur, in: Monatsberichte des österreichischen Instituts für Wirtschaftsforschung, Heft 8, 1999, S. 577 - 587

Puwein (2000): Puwein, W.: Transportkosten in der österreichischen Wirtschaft, Österreichisches Institut für Wirtschaftsforschung, Wien, 2000

Quinet (1997): Quinet, E.: Full Social Costs of Transportation in Europe, in: Greene, D.L.; Jones, D.W. a. M.A.Delucchi (Hrsg.): The Full Costs and Benefits of Transportation, Berlin, 1997, pp. 69 - 112

Quinet (2003): Quinet, E.: Ein Überblick über Vollkosten und Gebühren für Verkehr in Europa, in: DVWG (Hrsg.): 1. Europäischer Verkehrskongreß, Verkehrspolitische und verkehrswirtschaftliche Strategien der EU-Erweiterung, Band B 259, Berlin, 2003, S.153 - 168

Quinet / Vickermann (2004): Quinet, E. a. R.Vickerman: Principles of Transport Economics, Cheltenham, 2004

Rail Cargo Austria (2003): Rail Cargo Austria: Internationaler Tarif für den RailStandard-Verkehr der Österreichischen Bundesbahnen, Güterverkehr ExpressCargo / Logistik, Wien, 2003

Rail Cargo Austria (2004): Rail Cargo Austria: Internationaler Tarif für den RailStandard-Verkehr der Österreichischen Bundesbahnen, Güterverkehr Stückgut / Lagerlogistik, Wien, 2004

Ratzenberger (2000): Ratzenberger, R.: Entwicklung der Verkehrssicherheit und ihrer Determinanten bis zum Jahr 2010, Berichte der Bundesanstalt für Straßenwesen, Heft M 120, Bergisch Gladbach, 2000

Raux / Souche (2003): Raux, C. a. S.Souche: An analytical framework of pricing acceptability: application to four case studies, in: Schade, J. a. B.Schlag (Ed.): Acceptability of Transport Pricing Strategies, Amsterdam, 2003, pp. 153 - 168

Ravn / Mazzenga (2004): Ravn, M. a. E.Mazzenga: International Business Cycles: the quantitative role of transportation costs, in: Journal of International Money and Finance, Vol. 23, June, 2004, pp. 645 - 671

Reichmann / Lachnit (1976): Reichmann, T. u. L.Lachnit: Planung, Steuerung und Kontrolle mit Hilfe von Kennzahlen, in: Zeitschrift für betriebswirtschaftliche Forschung, 28.Jg., 1976, S. 705 - 723

Reichmann (2001): Reichmann, T.: Controlling mit Kennzahlen und Managementberichten, 6., überarb. u. erw. Aufl., München, 2001

Reinecke / Hahn (2003): Reinecke, S. u. S.Hahn: Preisplanung, in: Diller, H. u. A. Herrmann (Hrsg.): Handbuch Preispolitik, Wiesbaden, 2003, S. 333 - 355

Reinhold (1997): Reinhold, T.: Zur Problematik der Monetarisierung externer Kosten des Verkehrslärms, in: Zeitschrift für Verkehrswissenschaft, 68.Jg., Heft 2, 1997, S.123 - 164

Reinhold (1998): Reinhold, T.: Die Internalisierung externer Kosten des Verkehrslärms, in: Zeitschrift für Verkehrswissenschaft, 69.Jg., Heft 4, 1998, S. 245 - 270

Rendez (1992): Rendez, H.: Konzeption integrierter logistischer Dienstleistungen, München, 1992

Richter / Riedl / Tiebler (1997): Richter, G.; Riedl, C. u. P.Tiebler: Umweltdynamik im Transport, Bern, 1997

Riebel (1955): Riebel, P.: Die Kuppelproduktion, Köln, 1955

Riebel (1974): Riebel, P.: Deckungsbeitrag und Deckungsbeitragsrechnung, in: Grochla, E. u. W.Wittmann (Hrsg.): Handwörterbuch der Betriebswirtschaft, Band I/1, 4.Aufl., Stuttgart, 1974, Sp. 1137 - 1155

Riebel (1994): Riebel, P.: Einzelkosten- und Deckungsbeitragsrechnung, 7., überarb. u. wesentlich erw. Aufl., Wiesbaden, 1994

Riebesmeier (1992): Riebesmeier, B.: Wegekosten - ein Baustein für die Beurteilung zukünftiger Verkehrsinfrastrukturinvestitionen - Datengrundlage für ein zielorientiertes Investitionscontrolling, in: Österreichische Zeitschrift für Verkehrswissenschaft, Nr.1-2, 1992, S.56 - 66

Riefler (1992): Riefler, S.: Mehrwegverpackungen im Pool der deutschen Mineralbrunnen, in: Golding, A. u. A.Fußer (Hrsg.): Verpackungen, Bad Dürkheim, 1992, S.153 - 159

Rietveld / Bruinsma (1998): Rietveld, P. a. F.Bruinsma: Is Transport Infrastructure Effective?, Berlin, 1998

Rietveld (2002): Rietveld, P.: Report on Tolls on Interurban Road Infrastructure, OECD, Paris, 2002

Rinne (2003): Rinne, H.: Taschenbuch der Statistik, 3., vollständig überarb. u. erw. Aufl., Frankfurt am Main, 2003

Ritschl (1956): Ritschl, H.: Die Deckung der Straßenkosten und der Wettbewerb der Verkehrsmittel, Berlin, 1956

Rivera-Batiz / Oliva i Armengol (2003): Rivera-Batiz, L. a. M.-A.Oliva i Armengol: International Trade, Oxford, 2003

Röck (1997): Röck, W.: Straßennutzung - Road Pricing oder kostenlos?, in: Der Gemeindehaushalt, Nr.1, 1997, S.5 - 8

Roodhooft / Hiel / Abbeele / Doveren (2003): Roodhooft, F.; Hiel, G.; Abbeele, A.v.d. a. B.v. Doveren: Optimized sourcing strategies using total cost of ownership, in: Cost Management, Vol. 17, July / August, 2003, pp. 28 - 35

Roth (1996): Roth, G.: Roads in a Market Economy, Aldershot, 1996

Rothengatter (1993): Rothengatter, W.: Externalities of Transport, in: Polak, J. a. A.Heertje (Ed.): European Transport Economics, Oxford, 1993, pp. 81 - 129

Rothengatter (1994): Rothengatter, W.: Do external benefits compensate for external costs of transport?, in: Transportation Research, Part A, Vol. 28, No. 4, 1994, pp. 321 - 328

Rothengatter (1995): Rothengatter, W.: Road Pricing, in: Forschungsgesellschaft für Straßen- und Verkehrswesen (Hrsg.): Verkehrsvermeidung - Verkehrsverlagerung - Verkehrslenkung, Bonn, 1995, S.63 - 67

Rothengatter / Seiler / Eberhard (2000): Rothengatter, W.; Seiler, G. u. C.Eberhard: Berechnung wegekostenorientierter Benutzungsentgelte für die Bundesfernstraßen und Abschätzung der wirtschaftlichen Auswirkungen, Anlage zum Schlussbericht der Kommission Verkehrsinfrastrukturfinanzierung, Berlin, 2000

Rothengatter / Doll (2001): Rothengatter, W. u. K. Doll: Anforderungen an eine umweltorientierte Schwerverkehrsabgabe für den Straßengüterverkehr, im Auftrag des Bundesumweltamtes, Berlin 2001

Rothengatter (2003): Rothengatter, W.: Entwicklungsperspektiven für den europäischen Güterverkehr, in: Merkel, H. u. B.Bjelicic (Hrsg.): Logistik und Verkehrswirtschaft im Wandel, München, 2003, S. 307 - 321

Ruiz-Mier (1990): Ruiz-Mier, F.: Transport Costs in a Ricardian Model with Multistage Production, in: Southern Economic Journal, Vol. 56, April, 1990, pp. 943 - 960

Rummel (1949): Rummel, K.: Einheitliche Kostenrechnung auf der Grundlage einer vorausgesetzten Proportionalität der Kosten zu betrieblichen Größen, 3.Aufl., Düsseldorf, 1949

Rupprecht-Däullary (1994): Rupprecht-Däullary, M.: Zwischenbetriebliche Kooperation, Wiesbaden, 1994

Sachs (1999): Sachs, L.: Angewandte Statistik, 9., überarb. Aufl., Berlin, 1999

Sammer (1993): Sammer, G.: Zukunftsorientierte Verkehrsfinanzierung und Kompetenzverteilung des Verkehrswesens in Österreich, in: Internationales Verkehrswesen. 45.Jg., Nr. 11, 1993, S. 634 - 636

Santos / Rojey (2004): Santos, G. a. L.Rojey: Distributional impacts of road pricing: the truth behind the myth, in: Transportation, Vol. 31, 2004, pp. 21 - 42

Sauerbier (2003): Sauerbier, T.: Statistik für Wirtschaftswissenschaftler, 2., überarb. Aufl., München, 2003

Sauter (1985): Sauter, F.: Transaktionskostentheorie der Organisation, München, 1985

Schade (2003): Schade, J.: European Research Results on Transport Pricing Acceptability, in: Schade, J. a. B.Schlag (Ed.): Acceptability of Transport Pricing Strategies, Amsterdam, 2003, pp.109 - 123

Schäfer (2000): Schäfer, E.: Umweltverträgliche Verkehrspolitik, Wien, 2000

Schäfer-Kunz / Tewald (1998): Schäfer-Kunz, J. u. C.Tewald: Make-or-Buy-Entscheidungen in der Logistik, Wiesbaden, 1998

Schary / Skjott-Larsen (2001): Schary, P. a. T.Skjott-Larsen: Managing the Global Supply Chain, 2.ed., Copenhagen, 2001

Schätzl (2001): Schätzl, L.: Wirtschaftsgeographie, Band 1, 8., überarb. Aufl., Paderborn, 2001

Schedl (1983): Schedl, A.: Die finanzielle Situation des österreichischen Straßenbaus, in: Österreichisches Bundesministerium für Bauten und Technik (Hrsg.): Straßenbau und Technik, Wien, 1983

Scheele (1993): Scheele, U.: Privatisierung von Infrastruktur, Köln, 1993

Schierhackl / Glaser (1995): Schierhackl, K. u. S.Glaser: Staukosten in Österreich, Abschätzung der einzel- und gesamtwirtschaftlichen Belastungen, Wien, 1995

Schiller / Lengsfeld (1998): Schiller, U. u. S.Lengsfeld: Strategische und operative Planung mit der Prozeßkostenrechnung, in: Zeitschrift für Betriebswirtschaft, 68.Jg, 1998, Nr.5, S. 525 - 547

Schlag / Teubel (1997): Schlag, B. a. U.Teubel: Public acceptability of transport pricing, in: IATSS Research, Vol. 21, 1997, pp. 134 - 142

Schleusener (2001): Schleusener, M.: Wettbewerbsorientierte Nutzenpreise, Preisbestimmung bei substituierbaren Verkehrsdienstleistungen, Wiesbaden, 2001

Schlobach / Ort (2003): Schlobach, H.-J. u. C.Ort: Mautwucher: Grasser bittet zur Kasse, in: dispo, September, 2003, S. 31 - 33

Schmalenbach (1948): Schmalenbach, E.: Pretiale Wirtschaftslenkung, Band 2, Bremen, 1948

Schmalenbach (1963): Schmalenbach, E.: Kostenrechnung und Preispolitik, 8. Aufl., Köln, 1963

Schmid (2003): Schmid, W.: Spediteure warnen vor schleichender Talfahrt, in: Österreichische Verkehrszeitung, Nr. 49, 2003, S. 14 - 15

Schmidt (1966): Schmidt, H.: Räumliche Wirkung von Investitionen im Industrialisierungsbereich, Köln, 1966

Schmidt (1986): Schmidt, A.: Das Controlling als Instrument zur Koordination der Unternehmensführung, Frankfurt / Main, 1986

Schmidt (1994a): Schmidt, F.O.: Die Finanzierung der Verkehrsinfrastruktur vor dem Hintergrund der Wiedervereinigung. Privatisierung: Eine Alternative zur öffentlichen Finanzierung?, Europäische Hochschulschriften, Band 1509, Frankfurt a.M., 1994

Schmidt (1994b): Schmidt, F.O.: Erfahrungen mit der Maut, in: Die Bank, Heft 5, 1994, S. 290 - 296

Schmidt (1997): Schmidt, K.: Frachtführer, in: Bloech, J. u. G.B.Ihde (Hrsg.): Vahlens Großes Logistiklexikon, München, 1997, S. 308 - 309

Schmidt (2003a): Schmidt, J.: Kosten unbedingt weitergeben, in: Straßengüterverkehr, April, 2003, S. 22 - 23

Schmidt (2003b): Schmidt, H-J.: Umsetzungsaspekte, in: Bullinger, H.-J.; Warnecke, H.J. u. E.Westkämper (Hrsg.): Neue Organisationsformen im Unternehmen, 2.Aufl., Berlin, 2003, S.1193 - 1201

Schmidt (2003c): Schmidt, C.: Was die Maut mit Hubs macht, in: DVZ, 57. Jg., Nr.132, 4.November 2003, S.7

Schnabel / Lohse (1997): Schnabel, W. u. D. Lohse: Grundlagen der Straßenverkehrstechnik und Verkehrsplanung, Band 1, 2. neu bearb. Aufl., Berlin, 1997

Schneck (2004): Schneck, O.: Finanzierung, 2., vollständig überarb. Aufl., München, 2004

Schnedlitz / Madlberger (2000): Schnedlitz, P. u. M.Madlberger: Zukunftschancen für Mehrweggebinde, Schriftenreihe Handel und Marketing, Band 31, Wien, 2000

Schneglberger / Kain (2003): Schneglberger, G. u. J.Kain: Road Pricing 2003, Praxisleitfaden für Lkw und Busse, Wien, 2003

Scholl (2003): Scholl, A.: Die Befragung, Konstanz, 2003

Schönsleben (2002): Schönsleben, P.: Integrales Logistikmanagement, 3., überarb. u. erw. Aufl., Berlin, 2002

Schöttler / Spulak (2003): Schöttler, J. u. R.Spulak: Technik des betrieblichen Rechnungswesens, Lehrbuch zur Finanzbuchhaltung, 9., völlig überarb. u. aktualisierte Aufl., München, 2003

Schultz (2003): Schultz, V.: Basiswissen Rechnungswesen, 3., überarb. u. erw. Aufl., München, 2003

Schulze (1998): Schulze, M.: Nachfragemacht im Lebensmitteleinzelhandel: ökonomische und kartellrechtliche Aspekte, Wiesbaden, 1998

Schumann (2000): Schumann, S.: Repräsentative Umfrage, 3., überarb. Aufl., München, 2000

Schuster (2003): Schuster, P.: Kostenrechnungsinformationen in Beschaffungs- und Absatzmarketing, in: Bogaschewsky, R. u. U. Götze (Hrsg.): Management und Controlling von Einkauf und Logistik, Gernsbach, 2003, S.331 - 349

Schwarz (2002): Schwarz, R.: Controlling-Systeme, Wiesbaden, 2002

Schweitzer / Küpper (2003): Schweitzer, M. u. H.-U.Küpper: Systeme der Kosten- und Erlösrechnung, 8., überarb. u. erw. Aufl., München, 2003

Scitovsky (1954): Scitovsky, T.: Two Concepts of External Economies, in: The Journal of Political Economy, Vol. 62, 1954, pp. 143 - 151

Seidenfus (1973): Seidenfus, H.: Heutige Stellung und künftige Bedeutung der Spedition und gewerblichen Lagerei innerhalb unserer Verkehrswirtschaft, in: DVWG (Hrsg.): Der Spediteur in der Verkehrswirtschaft, Schriftenreihe der DVWG, Band B 17, Köln, 1973, S. 1 - 12

Seidenfus (1997): Seidenfus, H.: Mobilität – eine anthropologische Konstante, in: Faller, P. u. G.Gürtlich (Hrsg.): Verkehrsinfrastruktur – Voraussetzung für Kommunikation, Mobilität und Güteraustausch, ÖVG Spezial, Band 40, Wien, 1997, S. 124 - 135

Seitz (1993): Seitz, H.: Autobahnbenutzungsgebühren: Pay-as-you-benefit, in: Zeitschrift für Verkehrswissenschaft, 64.Jg., 1993, S.187 - 205

Shaw (1993): Shaw, S.: Transport - Strategy and Policy, Oxford, 1993

Sieber (2003): Sieber, A.: Erfahrungen aus Nachbarländern - Finanzierung und Betrieb der Autobahnen in Österreich, Vortrag am 24.Juni 2003, in: DVWG (Hrsg.): Zukünftige Verkehrsplanung im Zeichen der Finanzkrise, Schriftenreihe der DVWG, Band B 266, Berlin, 2003, S. 114 - 133

Siebert (2003): Siebert, H.: Die Distanz als ökonomische Kategorie, in: Merkel, H. u. B.Bjelicic (Hrsg.): Logistik und Verkehrswirtschaft im Wandel, München, 2003, S.105 - 112

Sieghardt (1978): Sieghardt, D.: Entscheidungskriterien für die Auswahl von Transport-Mehrweg-Verpackungen, in: Rationalisierungsgemeinschaft Verpackung (Hrsg.): RGV-Handbuch Verpackungen, Berlin, 1978, S. 3 - 19

Silberer (2004): Silberer, G.: Grundlagen und Potentiale der mobilfunkbasierten Kundenbeziehungspflege (mobile eCRM), in: Hippner, H. u. K.Wilde (Hrsg.): IT-Systeme im CRM, Wiesbaden, 2004, S. 453 - 470

Simchi-Levi / Kaminski / Simchi-Levi (2003): Simchi-Levi, D.; Kaminsky, P. a. E.Simchi-Levi: Designing & Managing the Supply Chain, 2. ed., Boston, 2003

Small (1992): Small, K.A.: Using the revenues from congestion pricing, in: Transportation, Vol. 19, 1992, pp. 359 - 381

Small / Gomez-Ibanez (1997): Small, K.A. a. J.A.Gomez-Ibanez: Road Pricing for Congestion Management: The Transition from Theory to Policy, in: Oum, T.H. et. al. (Ed.): Transport Economics, Amsterdam, 1997, pp. 373 - 403

Small / Kazimi (1995): Small, K.A. a. C.Kazimi: On the costs of Air Pollution from Motor Vehicles, in: Journal of Transport Economics and Policy, Vol. 29, 1995, No. 1, pp. 7 - 32

Small / Winston (1988): Small, K.A. a. C.Winston: Optimal Highway Durability, in: The American Economic Review, Vol. 78, June, 1988, pp. 560 - 569

Small / Yan (2001): Small, K. a. J.Yan: The Value of "Value Pricing" of Roads: Second-Best-Pricing and Product Differentiation, in: Journal of Urban Economics, Vol. 49, No. 2, 2001, pp. 310 - 336

Stabenau (2003): Stabenau, H.: Netzwerkmanagement logistischer Dienstleister, in: Merkel, H. u. B.Bjelicic (Hrsg.): Logistik und Verkehrswirtschaft im Wandel, München, 2003, S. 387 - 397

Stackelberg (2002): Stackelberg, F.: Konzentrationstendenzen im Güterverkehr, in: Hartwig, K.-H. (Hrsg.): Infrastrukturpolitik und Konzentrationsentwicklung im Verkehr, Vorträge und Studien aus dem Institut für Verkehrswissenschaft an der Universität Münster, Göttingen, 2002, S. 75 - 92

Städtler-Schumann (1997): Städtler-Schumann, M.: Tracing, in: Bloech, J. u. G.B.Ihde (Hrsg.): Vahlens Großes Logistiklexikon, München, 1997, S. 1080

Staehle (1969): Staehle, W.: Kennzahlen und Kennzahlensysteme als Mittel der Organisation und Führung von Unternehmen, Wiesbaden, 1969

Staehle (1999): Staehle, W.: Management: eine verhaltenswissenschaftliche Perspektive, 8.Aufl., München, 1999

Staehlin-Witt (1992): Staehlin-Witt, E.: Kann Verkehrslärm mit marktwirtschaftlichen Instrumenten bekämpft werden?, in: Schweizerisches Jahrbuch für Verkehrwirtschaft 1991/92, St.Gallen, 1992, S. 135 - 146

Stahel (1992): Stahel, W.: Langlebigkeit als Strategie der Verpackungs-Abfallvermeidung, in: Golding, A. u. A.Fußer (Hrsg.): Verpackungen, Bad Dürkheim, 1992, S. 135 - 152

Statistik Austria (2004): Statistik Austria: Statistisches Jahrbuch Österreichs 2004, Wien, 2004

Steffen (1996): Steffen, S.: Wettbewerbsstrategien für deutsche Speditionen, Wiesbaden, 1996

Steg (2003): Steg, L.: Factors influencing the acceptability and effectiveness of transport pricing, in: Schade, J. a. B.Schlag (Ed.): Acceptability of Transport Pricing Strategies, Amsterdam, 2003, pp. 187 - 202

Steininger (2002): Steininger, K.: The Foreign Trade and Sectoral Impact of Truck Road Pricing for Cross-Border Trade, in: Environmental and Ressource Economics, Vol. 23, 2002, pp. 213 - 253

Stickler (1994): Stickler, H.: Verkehrswissenschaftliche Betrachtungen zur leistungsabhängigen Wegekostenanlastung, in: Kammer für Arbeiter und Angestellte für Wien (Hrsg.): Road Pricing, Tagungsband, Wien, 1994, S. 12 - 17

Stieglitz (1997a): Stieglitz, A.: Straßennetz, in: Bloech, J. u. G.B.Ihde (Hrsg.): Vahlens Großes Logistiklexikon, München, 1997, S. 1029 - 1030

Stieglitz (1997b): Stieglitz, A.: Leerfahrt, in: Bloech, J. u. G.B.Ihde (Hrsg.): Vahlens Großes Logistiklexikon, München, 1997, S. 519

Stölzle (1993): Stölzle, W.: Umweltschutz und Entsorgungslogistik, Berlin, 1993

Stölzle / Heusler / Karrer (2004): Stölzle, W.; Heusler, K.F. u. M.Karrer: Erfolgsfaktor Bestandsmanagement, Zürich, 2004

Stopka (2000): Stopka, U.: Telematiksysteme im Verkehrswesen, in: Schubert, W. (Hrsg.): Verkehrslogistik, München, 2000, S. 565 - 614

Stough / Maggio / Jin (2001): Stough, R.; Maggio, M. a. D.Jin: Methodological and Technical Challenges in Regional Evaluation of IST: Induced and Direct Effects, in: Stough, R. (Ed.): Intelligent Transport Systems, Cheltenham, 2001, pp. 13 - 46

Stough / Button / Clarke / Pommerening / Jefferson / Thibault (2004): Stough, R.; Button, K.; Clarke, A.; Pommerening, C.; Jefferson, K. a. M.Thibault: The political economy constraints on development of a large scale electronic ‚hot roadway': a US example, in: International Journal of Transport Economics, Vol. 31, No. 1, 2004, pp. 5 - 22

Streit (1980): Streit, M.E.: Die Straße als wirtschaftliches Gut, in: Bartlsperger, R. u.a. (Hrsg.): Ein Vierteljahrhundert Straßengesetzgebung, Hamburg, 1980

Stütz (2003): Stütz, W.: Outsourcing vs. Eigenfuhrpark, in: dispo, September, 2003, S.34 - 36

Suntum, van (1986): Suntum, van U.: Verkehrspolitik, München, 1986

Suntum, van (1989): Suntum, van U.: Ökosteuer im Verkehr?, in: Wirtschaftsdienst, 69.Jg., 1989, S.557 - 563

Swoboda (2003): Swoboda, B.: Kooperation: Erklärungsperspektiven grundlegender Theorien, Ansätze und Konzepte im Überblick, in: Zentes, J.; Swoboda, B. u. D.Morschett (Hrsg.): Kooperationen, Allianzen und Netzwerke, Wiesbaden, 2003, S. 35 - 64

Sydow (2001): Sydow, J.: Zwischenbetriebliche Kooperationen, in: Jost, P. (Hrsg.): Der Transaktionskostenansatz in der Betriebswirtschaftslehre, Stuttgart, 2001, S. 241 - 271

Taylor / Harit / English / Whicker (1995): Taylor, D.; Harit, S.; English, J. a. G.Whicker: Hub and spoke networks in truckload trucking: Configuration, testing and operational concerns, in: Logistics and Transportation Review, Vol. 35, September, 1995, pp. 209 - 238

Teichmann (1995): Teichmann, S.: Logistiktiefe als strategisches Entscheidungsproblem, Berlin, 1995

Teubel (2001): Teubel, U.: Road Pricing - effizient, aber unsozial?, Frankfurt am Main, 2001

Teufel (1993): Teufel, D.: Der Autoverkehr als Umweltfaktor, in: Frank, H.J. u. N.Walter (Hrsg.): Strategien gegen den Verkehrsinfarkt, Stuttgart, 1993, S.41 - 61

Thaller (2000):	Thaller, O.: Impact Analysis of Urban Road-Use Pricing on Travel Behaviour, the Environment and the Economy, Forschungsarbeiten aus dem Verkehrswesen, Band 102, Wien, 2000
Thommen (2002):	Thommen, J.-P.: Betriebswirtschaftslehre, 5., überarb. u. neukonzipierte Aufl., Zürich, 2002
Thommen / Achleitner (2003):	Thommen, J.-P. u. A.Achleitner: Allgemeine Betriebswirtschaftslehre, 4., überarb. u. erw. Aufl., Wiesbaden, 2003
Thomson (1978):	Thomson, M.: Grundlagen der Verkehrspolitik, Bern, 1978
Thorpe / Hills / Jaensirisak (2001):	Thorpe, N.; Hills, P. a. S.Jaensirisak: Public attitudes to TDM measures: a comparative study, in: Transport Policy, Vol. 7, 2000, pp. 243 - 257
Tichy (1992):	Tichy, G.: Die volkswirtschaftlichen Kosten des Verkehrsstaus in Ballungsgebieten, in: Faller, P.; Gürtlich, G. u. H. Baudisch (Hrsg.): Ballungsgebiete in der Mobilitätskrise, ÖVG Spezial, Band 31, Wien, 1992, S. 45 - 58
Tomas (1997):	Tomas, Chr.: Die Privatfinanzierung von Bundesfernstraßen, Frankfurt am Main, 1997
Topp (1993):	Topp, H.: Verkehrskonzepte für Stadt und Umland zwischen Krisenmanagement und Zukunftsgestaltung, in: Frank, H.J. u. N.Walter (Hrsg.): Strategien gegen den Verkehrsinfarkt, Stuttgart, 1993, S.81 - 106
Topp (1994):	Topp, H.: Weniger Verkehr bei gleicher Mobilität?, in: Internationales Verkehrswesen, 46.Jg, Nr. 9, 1994, S.486 - 493
Toth / Vigo (2002):	Toth, P. a. D.Vigo: An Overview of Vehicle Routing Problems, in: Toth, P. a. D.Vigo (Ed.): The Vehicle Routing Problem, Philadelphia, 2002, pp. 1 - 26
Treuz (1974):	Treuz, W.: Betriebliche Kontrollsysteme, Berlin, 1974
Tretvik (2003):	Tretvik, T.: Urban Road Pricing in Norway: Public Acceptability and travel behaviour, in: Schade, J. a. B.Schlag (Ed.): Acceptability of Transport Pricing Strategies, Amsterdam, 2003, pp. 77 - 92
Trost (1999):	Trost, D.: Vernetzung im Güterverkehr, Giessener Studien zur Transportwirtschaft und Kommunikation, Band 16, Hamburg, 1999

Trusiewytsch (1999): Trusiewytsch, S.: Privatisierung von Verkehrsinfrastruktur, Berlin, 1999

Umweltbundesamt (2001): Umweltbundesamt: Sechster Umweltkontrollbericht, Wien, 2001

United Nations Organizations (1971): United Nations Organization (UNO): Erläuterungen zur Weltstraßenstatistik 1966-1970, in: International Road Federation (Hrsg.): World Road Statistics, Genf, 1971

UK Ministry of Transport (1964): UK Ministry of Transport: Road Pricing: The Economic and Technical Possibilities, Smeed-Report, London, 1964

Vahrenkamp (2000): Vahrenkamp, R.: Logistikmanagement, 4., verb. Aufl., München, 2000

Vahrenkamp (2003): Vahrenkamp, R.: Quantitative Methoden für das Supply Chain Management, München, 2003

Vahs (2003): Vahs, D.: Organisation, 4., überarb. u. erw. Aufl., Stuttgart, 2003

Varian (2004): Varian, H.R.: Grundzüge der Mikroökonomik, 6., überarb. u. erw. Aufl., München, 2004

Verhoef (1996): Verhoef, E.: The Economics of Regulating Road Transport, Cheltenham, 1996

Verhoef / Nijkamp / Rietveld (1996): Verhoef, E.; Nijkamp, P. a. P.Rietveld: Second-Best Congestion Pricing: The Case of an untolled Alternative, in: Journal of Urban Economics, Vol. 40, No. 3, 1996, pp. 279 - 302

Verhoef (1997): Verhoef, E.: Time, Speeds, Flows and Densities in Static Models of Road Traffic Congestion and Congestion Pricing, Tinbergen Institute, TI-97-070/3, Tinbergen, 1997

Verhoef (2000): Verhoef, E.: The implementation of marginal external cost pricing in road transport, in: Papers in Regional Science, Vol. 79, 2000, pp. 307 - 332

Verhoef / Small (2004): Verhoef, E. a. K.Small: Product Differentiation on Roads: Constrained Congestion Pricing with Heterogeneous Users, in: Journal of Transport Economics and Policy, Vol. 38, January, 2004, pp.127 - 156

Vickrey (1969): Vickrey, W.: Congestion theory and transportation investment, in: American Economic Review, Vol. 59, 1969, pp. 251 - 261

Viner (1932): Viner, J.: Cost Curves and Supply Curves, in: Zeitschrift für Nationalökonomie, Vol. 3, 1932, pp. 23 - 46

Viton (1995): Viton, P.: Private Roads, in: Journal of Urban Economics, Vol. 37, No. 3, 1995, pp. 260 - 289

Vogt (1998): Vogt, M.: Tourenplanung in Ballungsgebieten, Wiesbaden, 1998

Voigt (1965a): Voigt, F.: Verkehr, Die Theorie der Verkehrswirtschaft, Erster Band, Erste Hälfte, Berlin, 1965

Voigt (1965b): Voigt, F.: Verkehr, Die Entwicklung des Verkehrssystems, Zweiter Band, Erste Hälfte, Berlin, 1965

Voigt (1993): Voigt, U.: Verkehrspolitische Handlungsoptionen aus ökologischer Sicht, in: Frank, H.J. u. N.Walter (Hrsg.): Strategien gegen den Verkehrsinfarkt, Stuttgart, 1993, S. 301 - 331

Voithofer / Schubert (2004): Voithofer, A. u. P.Schubert: Untersuchung der Ertrags-, Kosten- und Finanzlage der Österreichischen Verkehrsunternehmen, Studie der KMU-Forschung Österreich, Wien, 2004

Voppel (1999): Voppel, G.: Wirtschaftsgeographie, Stuttgart, 1999

Vormbaum (1977): Vormbaum, H.: Kalkulationsarten und Kalkulationsverfahren, 4., überarb. u. erw. Aufl., Stuttgart, 1977

Walters (1961): Walters, A.A: The Theory and Measurement of Private and Social Costs of Highway Congestion, in: Econometrica, Vol. 29, 1961, pp. 676 - 699

Walters (1968): Walters, A.A.: The Economics of Road User Charges, World Bank Staff Occasional Papers Number Five, Baltimore, 1968

Wannenwetsch (2004): Wannenwetsch, H.: Integrierte Materialwirtschaft und Logistik, 2., überarb. Aufl., Berlin, 2004

Watson / Holland (1978): Watson, P. a. E.Holland: Relieving Traffic Congestion: The Singapore Area License Scheme, World Bank Staff Working Paper No 281, Washington, D.C., 1978

Weber (1988): Weber, J.: Einführung in das Controlling, Stuttgart, 1988

Weber (1995): Weber, J.: Einführung in das Controlling, 6., durchgesehene und erweitere Aufl., Stuttgart, 1995

Weber / Kummer (1998): Weber, J. u. S.Kummer: Logistikmanagement, 2., aktualisierte Aufl., Stuttgart, 1998

Weber / Schäfer (2001): Weber, J. u. U.Schäfer: Controlling als Koordinationsfunktion - 10 Jahre Küpper / Weber / Zünd, in: Weber, J. u. U. Schäfer (Hrsg.): Rationalitätssicherung der Führung, Beiträge zu einer Theorie des Controlling, Wiesbaden, 2001, S. 7 - 24

Weber / Weißenberger / Löbig (2001): Weber, J.; Weißenberger, B. u. M.Löbig: Operationalisierung der Transaktionskosten, in: Jost, P.(Hrsg.): Der Transaktionskostenansatz in der Betriebswirtschaftslehre, Stuttgart, 2001, S. 417 - 447

Weber (2002): Weber, J.: Einführung in das Controlling, 9., komplett überarb. Aufl., Stuttgart, 2002

Weber / Rogler (2004): Weber, H. u. S.Rogler: Betriebswirtschaftliches Rechnungswesen, Band 1, Bilanz sowie Gewinn- und Verlustrechnung, 5., vollständig überarb. und erw. Aufl., München, 2004

Welge / Al-Laham (2003): Welge, M. u.A. Al-Laham: Strategisches Management, 4., aktualisierte Aufl., Wiesbaden, 2003

Weltin (2004): Weltin, I.: Maut- und Transportcontrolling beim Logistikdienstleister mittels EUR-ROAD Road CONTROL, Vortrag, Mautkonferenz: „Die ersten 90 Tage mit der Lkw-Maut“, 31.März 2004, Wirtschaftsuniversität Wien

Wieden (2001): Wieden, R.: Elektronische Mautsysteme Verkehrstelematik im Finanz-Einsatz, in: Donau-Universität Krems (Hrsg.): Verkehrstelematik, Schriftenreihe Telekommunikation, Information und Medien, Band 11, Krems, 2001, S. 145 - 152

Wigger (2004): Wigger, B.: Grundzüge der Finanzwissenschaft, Berlin, 2004

Wild (1974): Wild, J.: Betriebswirtschaftliche Führungslehre und Führungsmodelle, in: Wild, J.(Hrsg.): Unternehmensführung, Berlin, 1974, S.141 - 179

Wilkens (2004): Wilkens, K.: Kosten- und Leistungsrechnung, 9., überarb. u. stark erw. Aufl., München, 2004

Willeke (1971): Willeke, R.: Koordinierte Bedarfs- und Finanzplanung der Infrastruktur des Kraftverkehrs, in: ZfVW, 42.Jg., Nr. 1 / 2, 1971, S.119 - 131

Willeke / Baum (1972): Willeke, R. u. H.Baum: Theorie und Praxis des Road Pricing, in: Zeitschrift für Verkehrswissenschaft, 43.Jg, Nr. 2, 1972, S.63 - 85

Willeke (1993): Willeke, R.: Zur Frage der externen Kosten und Nutzen des motorisierten Straßenverkehrs, in: Zeitschrift für Verkehrswissenschaft, 64.Jg., 1993, S. 215 - 236

Willeke (1996): Willeke, R.: Mobilität, Verkehrsmarktordnung, externe Kosten und Nutzen des Verkehrs, in: Verband der Automobilindustrie e.V. (Hrsg.), Schriftenreihe des Verbandes der Automobilindustrie e.V., Nr. 81, Köln, 1996

Willeke (1997): Willeke, R.: Verkehrsinfrastruktur, in: Bloech, J. u. G.B.Ihde (Hrsg.): Vahlens Großes Logistiklexikon, München, 1997, S. 1174 - 1175

Willeke (2003): Willeke, R.: Bundesverkehrswegeplan 2003, in: Internationales Verkehrswesen, 55.Jg., Nr.11, 2003, S. 525 - 528

Williamson (1975): Williamson, O.: Markets and Hierarchies: Analysis and Antitrust Implications, New York, 1975

Williamson (1979): Williamson, O.: Transaction-Cost Economics: The Governance of Contractual Relations, in: Journal of Law and Economics, Vol. 22, Nr. 2, 1979, pp. 233 - 261

Williamson / Ouchi (1981): Williamson, O. a. W.Ouchi: A Rejoinder, in: Van de Ven, A. a. W.Joyce (Ed.): Perspectives on Organization Design and Behaviour, New York, 1981, pp. 387 - 390

Williamson (1985): Williamson, O.: The Economic Institutions of Capitalism, New York, 1985

Williamson (1996): Williamson, O.: Transaktionskostenökonomik, 2. Aufl., Hamburg, 1996

Williamson (1997): Williamson, O.: Hierarchies, markets and power in the economy: an economic perspective, in: Menard, C. (Ed.): Transaction Cost Economics, Cheltenham, 1997, pp. 1 - 29

Willke (1995):	Willke, H.: Systemtheorie III: Steuerungstheorie, Stuttgart, 1995
Wink (1995):	Wink, R.: Verkehrsinfrastrukturpolitik in der Marktwirtschaft, Berlin, 1995
Winston (1991):	Winston, C.: Efficient Transportation Infrastructure Policy, in : Journal of Economic Perspectives, Vol. 5, No. 1, 1991, pp. 113 - 127
Wirlinger (2003):	Wirlinger, H.: Es geht los mit der Lkw- und Bus-Maut in Österreich, in: Verkehr, Special Lkw-Maut, Nr.48A, 28. November 2003, S.4a
Wirth (2002):	Wirth, W.: Die technisch begründete Wegekostenallokation, in: Internationales Verkehrswesen, 54.Jg., 2002, Nr. 9, S. 413 - 417
Wirtschaftskammer Österreich (2002):	Wirtschaftskammer Österreich, Bundessparte Transport und Verkehr: Österreichs Verkehrswirtschaft in Zahlen, Ausgabe 2002, Wien, 2002
Wissenschaftlicher Beirat beim Bundesminister für Verkehr (1997):	Wissenschaftlicher Beirat beim Bundesminister für Verkehr: Neue Wege zur Finanzierung und Nutzungsoptimierung für die Straßeninfrastruktur, in: Zeitschrift für Verkehrswissenschaft, 68.Jg., 1997, S. 73 - 93
Wissenschaftlicher Beirat beim Bundesminister für Verkehr, Bau- und Wohnungswesen (1999):	Wissenschaftlicher Beirat beim Bundesminister für Verkehr, Bau- und Wohnungswesen: Faire Preise für die Infrastrukturbenutzung, in: Internationales Verkehrswesen, 51. Jg., Nr.10, 1999, S. 436 - 446
Wissenschaftlicher Beirat beim Bundesminister für Verkehr, Bau- und Wohnungswesen (2003):	Wissenschaftlicher Beirat beim Bundesminister für Verkehr, Bau- und Wohnungswesen: Möglichkeiten und Grenzen des Einsatzes von Telematik im Verkehr, in: Internationales Verkehrswesen, 55.Jg., Nr.12, 2003, S. 599 - 607
Witte (2001):	Witte, H.: Logistik, München, 2001
Wittig / Zentes (2002):	Wittig, A. u. J.Zentes: Gestaltungsfeld Organisation, in: Baumgarten, H.; Stabenau, H.; Weber, J. u. J.Zentes (Hrsg.): Management integrierter logistischer Netzwerke, Bern, 2002, S. 337 - 461

Wöhe / Bilstein (2002): Wöhe, G. u. J.Bilstein: Grundzüge der Unternehmensfinanzierung, 9., überab. u. erw. Aufl., München, 2002

Wohlgemuth (2002): Wohlgemuth, O.: Management netzwerkartiger Kooperationen, Wiesbaden, 2002

Woll (2000): Woll, A. (Hrsg.): Wirtschaftslexikon, 9., völlig überarb. u. erw. Aufl., München, 2000

Wolters (1973): Wolters, H.: Das Verhältnis des Speditionsgewerbes zu den verschiedenen Verkehrsträgern und die Bedeutung des Spediteurs als Wegbereiter des internationalen Verkehrs, in: DVWG (Hrsg.): Der Spediteur in der Verkehrwirtschaft, Schriftenreihe der DVWG, Band B 17, Köln, 1973, S. 26 - 36

Woratschek / Roth (2003): Woratschek, H. u. S.Roth: Kooperation: Erklärungsperspektive der Neuen Institutionenökonomik, in: Zentes, J.; Swoboda, B. u. D.Morschett (Hrsg.): Kooperationen, Allianzen und Netzwerke, Wiesbaden, 2003, S. 141 - 166

Wrona / Schell (2003): Wrona, T. u. H.Schell: Globalisierungsbetroffenheit von Unternehmen und die Potenziale der Kooperation, in: Zentes, J.; Swoboda, B. u. D.Morschett (Hrsg.): Kooperationen, Allianzen und Netzwerke, Wiesbaden, 2003, S. 305 - 332

Wübker / Schmidt-Gallas (2003): Wübker, B. u. Schmidt-Gallas, S.: Pricing-Strategien für Banken, in: Diller, H. u. A.Herrmann (Hrsg.): Handbuch Preispolitik, Wiesbaden, 2003, S. 739 - 761

Wuestefeld (1984): Wuestefeld, N.: 1983: Beyond the Nickel, in: Transportation Quarterly, Vol. 38, No.1, 1984, pp. 5 - 14

Yang / Huang (1998): Yang, H. a. H.J.Huang: Principle of marginal-cost pricing: How does it work in a general road network?, in: Transportation Research, Part A, Vol. 32, No.1, 1998, pp. 45 - 54

Yang / Huang (1999): Yang, H. a. H.J.Huang: Carpooling and congestion pricing in a multilane highway with high-occupancy-vehicle lanes, in: Transportation Research, Part A , Vol. 33, No. 2, 1999, pp. 139 - 155

Yang / Meng (2000): Yang, H. a. Q.Meng: Highway pricing and capacity choice in a road network under a build-operate-transfer scheme, in: Transport Research, Part A, Vol. 34, No. 3, 2000, pp. 207 - 222

Yang / Tang / Cheung / Meng (2002):	Yang, H.; Tang, W.; Cheung, W.M. a. Q.Meng: Profitability and welfare gain of private toll roads in a network with heterogeneous users, in: Transportation Research, Part A, Vol. 36, No. 6, 2002, pp. 537 - 554
Yang / Zhang / Meng (2004):	Yang, H.; Zhang, X. a. Q.Meng: Modelling private highways with entry-exit based toll charges, in: Transportation Research, Part B, Vol. 38, No. 3, 2004, pp. 191 - 213
Yarbrough / Yarbrough (2000):	Yarbrough, B. a. R.Yarbrough: The world economy, 5. ed., Fort Worth, 2000
Zachcial (2000):	Zachcial, M.: Das Beziehungsgefüge zwischen Wirtschaft und Verkehr, in: Bremer Gesellschaft für Wirtschaftsforschung e.V. (Hrsg.): Engpass Verkehr, Frankfurt am Main, 2000, S. 15 - 35
Zahn (1989):	Zahn, E.: Strategische Planung, in: Szyperski, N. (Hrsg.): Handwörterbuch der Planung, Stuttgart, 1980, Sp. 1903 - 1916
Zahn / Bullinger / Gagsch (2003):	Zahn, E.; Bullinger, H.-J.; Gagsch, B.: Führungskonzepte im Wandel, in: Bullinger, H.-J.; Warnecke, H.J. u. E. Westkämper (Hrsg.): Neue Organisationsformen im Unternehmen, 2.Aufl., Berlin, 2003, S. 255 - 273
Zänker (1997):	Zänker, K.: Spedition, in: Bloech, J. u. G.B.Ihde (Hrsg.): Vahlens Großes Logistiklexikon, München, 1997, S. 970 - 971
Zentes / Morschett (2003):	Zentes, J. u. D.Morschett: Die Servicebausteine in der Logistik, in: Merkel, H. u. B.Bjelicic (Hrsg.): Logistik und Verkehrswirtschaft im Wandel, München, 2003, S. 419 - 436
Zentes / Swoboda / Morschett (2003):	Zentes, J.; Swoboda, B. u. D.Morschett: Kooperationen, Allianzen und Netzwerke - Grundlagen, „Metaanalyse“ und Kurzabriss, in: Zentes, J.; Swoboda, B. u. D.Morschett (Hrsg.): Kooperationen, Allianzen und Netzwerke, Wiesbaden, 2003, S. 5 - 32
Ziegenbein (1984):	Ziegenbein, K.: Controlling, Ludwigshafen (Rhein), 1984
Zimmermann / Stache (2001):	Zimmermann, W. u. U.Stache: Operations Research, 10., überarb. Aufl., München, 2001
Zimmermann / Fries / Hoch (2003):	Zimmermann, W.; Fries, H.P. u. G.Hoch: Betriebliches Rechnungswesen, 8., überarb. und erw. Aufl., München, 2003

Zimmermann / Henke (2001):	Zimmermann, H. u. K.-D.Henke: Finanzwissenschaft, 8., völlig überarb. Aufl., München, 2001

Rechtsquellen:

Allgemeines Bürgerliches Gesetzbuch (ABGB)	idF BGBl I Nr. 77 / 2004
Bundesstraßengesetz (BStG)	idF BGBl I Nr. 95 / 2004
Bundesstraßen-Mautgesetz (BStMG)	idF BGBl. I Nr. 109 / 2002
Bundesverfassungsgesetz (BVG)	idF BGBl I Nr. 100 / 2003
Infrastrukturfinanzierungsgesetz	idF BGBl I Nr. 113 / 1997
Kartellgesetz (KartG)	idF BGBl I Nr.112 / 2003
Kraftfahrzeugsteuergesetz (KfzStG)	idF BGB I Nr. 71 / 2003
Mauthöheverordnung (Deutschland)	idF BGBL I, Teil 1, Nr.28
Maut-Inbetriebnahme-Verordnung	idF BGBl II Nr. 568 / 2003
Mautstreckenausnahme-Verordnung	idF BGBl II Nr. 329 / 2004
Mauttarifverordnung	idF BGBl II Nr. 406 / 2002
NÖ Straßengesetz (NÖStG)	idF LRNI 8500 / 00
Straßenbenützungsabgabegesetz (StraBAG)	idF BGBl I Nr. 71 / 2003

Straßenverkehrs-ordnung (StVO)	idF BGBl I Nr. 94 / 2004
Tiroler Straßengesetz	idF LGBl Nr. 13 / 1989
Vorarlberg Straßengesetz	idF LGBl Nr. 3 / 2003
1999 / 62 / EG	idF vom 20.7.1999

MIX
Papier | Fördert gute Waldnutzung
FSC® C083411

Kolibri 360 GmbH
Ferdinand-Jühlke-Straße 7
99095 Erfurt, Deutschland
produktsicherheit@kolibri360.de